INDUSTRIAL
DESIGN DATA BOOK

工业设计资料集 2

机电能基础知识·材料及加工工艺

分册主编　江建民
总　主　编　刘观庆

中国建筑工业出版社

《工业设计资料集》总编辑委员会

顾　　问　　朱　焘　　王珮云　　（以下按姓氏笔画顺序）
　　　　　　　王明旨　尹定邦　许喜华　何人可　吴静芳　林衍堂　柳冠中
主　　任　　刘观庆　江南大学设计学院教授
　　　　　　　　　　　苏州大学应用技术学院教授、艺术系主任
　　　　　　　张惠珍　中国建筑工业出版社编审、副总编
副 主 任　　（按姓氏笔画顺序）
　　　　　　　于　帆　江南大学设计学院副教授、工业设计系副主任
　　　　　　　叶　苹　江南大学设计学院副教授、副院长
　　　　　　　江建民　江南大学设计学院教授
　　　　　　　李东禧　中国建筑工业出版社第四图书中心主任
　　　　　　　何晓佑　南京艺术学院设计学院教授、院长
　　　　　　　吴　翔　东华大学服装·艺术设计学院副教授、工业设计系主任
　　　　　　　汤重熹　广州大学艺术设计学院教授、院长
　　　　　　　张　同　上海交通大学媒体与艺术学院教授
　　　　　　　　　　　复旦大学上海视觉艺术学院教授、空间与工业设计学院院长
　　　　　　　张　锡　南京理工大学机械工程学院教授、设计艺术系副主任
　　　　　　　杨向东　广东工业大学艺术设计学院教授、院长
　　　　　　　周晓江　中国计量学院工业设计系主任
　　　　　　　彭　韧　浙江大学计算机学院副教授、数字媒体系副主任
　　　　　　　雷　达　中国美术学院教授、工业设计系副主任
委　　员　　（按姓氏笔画顺序）
　　　　　　　于　帆　王文明　王自强　卢艺舟　叶　苹　朱　曦　刘观庆　刘　星
　　　　　　　江建民　严增新　李东禧　李亮之　李　娟　肖金花　何晓佑　沈　杰
　　　　　　　吴　翔　吴作光　汤重熹　张　同　张　锡　张立群　张　煜　杨向东
　　　　　　　陈丹青　陈杭悦　陈海燕　陈　嬿　周晓江　周美玉　周　波　俞　英
　　　　　　　夏颖翀　高　筠　曹瑞忻　彭　韧　蒋　雯　雷　达　潘　荣　戴时超
总 主 编　　刘观庆

《工业设计资料集》②
机电能基础知识·材料及加工工艺
编辑委员会

主　　编　江建民
副 主 编　李世国　沈　杰
编　　委　（按姓氏笔画顺序）
　　　　　　曹　鸣　陈　嬿　邓　嵘　巩淼森　顾振宇　胡起云
　　　　　　蒋　晓　刘　钢　王　昊　徐建海　许洪滨　殷润元
　　　　　　于　帆　张凌浩　张　焘　张　宪　张宇红

总　序

　　造物，是人类得以形成与发展的一项最基本的活动。自从 200 万年前早期猿人敲打出第一块砍砸器作为工具开始，创造性的造物活动就没有停止过。从旧石器到新石器，从陶瓷器到漆器，从青铜器到铁器，……材料不断更新，技艺不断长进，形形色色的工具、器具、用具、家具、舟楫、车辆以及服装、房屋等等产生出来了。在将自然物改变成人造物的过程中，也促使人类自身逐渐脱离了动物界。而且，东西方不同的民族以各自的智慧在不同的地域创造了丰富多彩的人造物形态，形成特有的衣食住行的生活方式。而后通过丝绸之路相互交流、逐渐交融，使世界的物质文化和精神文化显得如此绚丽多姿、光辉灿烂。

　　进入工业社会以后，人类的造物活动进入了全新的阶段。科学技术迅猛发展，钢铁、玻璃、塑料和种种人工材料相继登场，机器生产取代了手工业，批量大，质量好，品种多，更新快，新产品以几何级数递增，人造物包围了我们的世界。一门新的学科诞生了，这就是工业设计。产品设计自古有之，手工艺时代，设计者与制造者大体上并不分离；机器生产时代，产品批量化生产，设计者游离出来，专门提供产品的原型，工业设计就是这样一种提供工业产品原型设计的创造性活动。这种活动涉及到产品的功能、人机界面及其提供的服务问题，产品的性能、结构、机构、材料和加工工艺等技术问题，产品的造型、色彩、表面装饰等形式和包装问题，产品的成本、价格、流通、销售等市场问题，以及诸如生活方式、流行、生态环境、社会伦理等宏观背景问题。进入信息时代、体验经济时代以来，技术发生了根本性的变革，人们的观念改变、感性需求上升，不同文化交流、碰撞和交融，旧产品不断变异或淘汰，新产品不断产生和更新，信息化、系统化、虚拟化、交互化……随着人造物世界的扩展，其形态也呈现出前所未有的变化。

　　人造物世界是人类赖以生存的物质基础，是人类精神借以寄托的载体，是人类文化世界的重要组成部分。虽然说不上人造物都是完美的，虽然人造物也有许多是是非非，但她毕竟是人类的杰出成果。将这些人类的创造物汇集起来，展现出来，无疑是一件十分有意义的事情。

　　中国建筑工业出版社从 20 世纪 60 年代开始就组织出版了《建筑设计资料集》，并多次修订再版，继而有《室内设计资料集》、《城市规划资料集》、《园林设计资料集》……相继问世。三年前又力主组织出版《工业设计资料集》。这些资料集包含的其实都是各种不同类型的人造物，其中《工业设计资料集》包含的是人造物的重要组成部分，即工业化生产的产品。这些资料集的出版原意虽然是提供设计工具书，但作为各种各样人造物及其相关知识的汇总与展现，是对人类文化成果的阶段性总结，其意义更为深远。

　　《工业设计资料集》的编辑出版是工业设计事业和设计教育发展的需要。我国的工业设计经过长期酝酿，终于在 20 世纪七八十年代开始走进学校、走上社会，在世纪之交得到政府和企业的普遍关注。工业设计已经有了初步成果，可以略作盘点；工业设计正在迅速发展，需要资料借鉴。工业设计的基本理念是创新，创新要以前人的成果为基础。中国建筑工业出版社关于编辑出版《工业设计资料集》的设想得到很多高校教师的赞同。于是由具有 40 多年工业设计专业办学历史的江南大学牵头，上海交通大学、东华大学、浙江大学、中国美术学院、浙江工业大学、中国计量学院、南京理工大学、南京艺术学院、广东工业大学、广州大学、复旦大学上海视觉艺术学院、苏州大学应用技术学院等十余所高校的教师共同参加，组成总编辑委员会，启动了这一艰巨的大型设计资料集的编写工作。

中国建筑工业出版社委托笔者担任《工业设计资料集》总主编，提出总体构想和编写的内容体例，经总编委会讨论修改通过。《工业设计资料集》的定位是一部系统的关于工业化生产的各类产品及其设计知识的大型资料集。工业设计的对象几乎涉及人们生活、工作、学习、娱乐中使用的全部产品，还包括部分生产工具和机器设备。对这些产品进行分类是非常困难的事情，考虑到编写的方便和有利于供产品设计时作参考，尝试以产品用途为主兼顾行业性质进行粗分，设定分集，再由各分集对产品具体细分。由于工业产品和过去历史上的产品有一定的延续性，也收集了部分中外古代代表性的产品实例供参照。

资料集由 10 个分册构成，前两分册为通用性综述部分，后八分册为各类型的产品部分。每分册 300 页左右。第 1 分册是总论；第 2 分册是机电能基础知识·材料及加工工艺；第 3 分册是厨房用品·日常用品；第 4 分册是家用电器；第 5 分册是交通工具；第 6 分册是信息·通信产品；第 7 分册是文教·办公·娱乐用品；第 8 分册是家具·灯具·卫浴产品；第 9 分册是医疗·健身·环境设施；第 10 分册是工具·机器设备。

资料集各分册的每类产品范围大小不尽相同，但编写内容都包括该类产品设计的相关知识和产品实例两个方面。知识性内容包含产品的基本功能、基本结构、品种规格等，产品实例的选择在全面性的基础上注意代表性和特色性。

资料集编写体例以图、表为主，配以少量的文字说明。产品图主要是用计算机绘制或手绘的黑白单线图，少量是经过处理的照片或有灰色过渡面的图片。每页页首有书眉，其中大黑体字为项目名称，括号内的数字为项目编号，小黑体字为该页内容。图、表的顺序一般按页分别编排，必要时跨页编排。图内的长度单位，除特殊注明者外均采用毫米（mm）。

《工业设计资料集》经过三年多时间、十余所高校、数百位编写者的日夜苦干终于面世了。这一成果填补了国内和国际上工业设计学科领域系统资料集的出版空白，体现了规模性和系统性结合、科学性和艺术性结合、理论性和形象性结合，基本上能够满足目前我国工业设计学科和制造业迅速发展对产品资料的迫切需求，有利于业界参考，有利于国际交流。当然，由于编写时间和条件的限制，资料集并不完善，有些产品收集的资料不够全面、不够典型，内容也难免有疏漏或不当之处。祈望专家、读者不吝指正，以便再版时修正、补充。

值此资料集出版之际，谨向支持本资料集编写工作的所有院校、付出辛勤劳动的各位专家、学者和学生们表示最崇高的敬意！谨向自始至终关心、帮助、督促编写工作的中国建筑工业出版社领导尤其是第四图书中心的编辑们致以诚挚的谢意！

愿这部资料集能为推动我国工业设计事业的发展，为帮助设计师创造出更新更美的产品，为建设创新型社会作出贡献！

刘观庆

2007 年 5 月

前　言

按照世界上最负盛名的设计公司之一飞利浦设计公司的观点，一个新产品的成功取决于对于商业趋势、社会文化趋势及技术趋势的完美把握。当然，按我的理解，他们认为设计师对于把握产品造型的基本能力应该是不成问题的，所以也理所当然地不列入了。商业趋势与社会文化趋势已经在一定程度上得到国内工业设计界的重视，尽管各人有自己不同的表述方法和切入点，例如终端消费者研究、生活方式研究，消费者需求研究，消费者的价值观，消费者的价值体现，情感设计，体验设计，流行和时尚等等，举不胜举。

但是就技术趋势而言，情况要复杂得多。首先，技术本身的内容就非常复杂，门类繁多。作为工业设计师确实对此很难有既全面又深入的了解，以至于更"愿意"把问题留待科学家或工程师们去解决。但是工业设计师如果对技术一无所知，又很难想像怎么能够把产品设计好。因此，需要对技术的许多知识点有起码的了解。其次，光了解一些知识点是不够的，一个好的工业设计师要实现创新就不仅要知道技术的过去和现在，还要把握其未来的发展趋势，这就更难了。但是技术确实是在不断发展的，把握不了技术发展的趋势，又怎么能够引领产品的时尚和潮流呢？毕竟，在用造型手法来体现商业趋势和社会文化趋势时，在实现你设计的产品的创新时，你所拥有的只是技术手段。所以，技术是工业设计师不能不关心的，否则你的一切"好"设计可能完全无法实现。目前工业设计界对于技术发展趋势的关注与日俱增；相比之下，国内工业设计界的重视程度相差很远了。

因此，苹果电脑公司的设计总监乔纳森·艾夫（Jonathan Ive）说，"材料，工艺，产品机构和结构是设计的巨大驱动力"。这里他提到的材料、工艺、机构、结构等等，都是"技术"。技术的进步使我们现在可能"满足非常特殊的功能目标和要求"，"做出以前被告知是不可能做到的事"，"给了我们许多以前不会存在的功能和形态机会"（引号内均为艾夫的话）。所以他把技术称为设计的巨大驱动力是非常贴切的。

但是，作为工业设计资料集的第二集而言，要将技术发展的趋势深刻地表现出来是很困难的。就是技术所包含的知识点，因其范围非常广泛也难于在一册资料集中包罗万象。所以，本集只能列出最基本和最实用的那些内容，在设计过程中所会遇到频度最高的内容。我们只是希望，工业设计师们今后在工作中遇到了与技术有关的问题时，能够在本集中找到解决问题的初步答案或途径；然后循着这条路找下去，找到最好的技术解决方案。当然，在这个过程中免不了要与技术人员进行探讨、切磋和请教，甚至还要求教于某些专门技术部门的专家和权威。

正因为如此，本集一定会存在许多偏颇之处，差错和毛病更是难免，希望专家和读者们不吝指正。尤其希望在一线工作的设计师们对于本集的使用效果，尤其是本集遗漏而实践中又非常需要的知识点毫无保留地给我们提出来，以便在今后再版时予以修改增补。

资料集的这一册在编写过程中得到江南大学设计学院领导的鼓励与支持以及工业设计系全体老师的鼎力相助，在此一并表示谢意。

2007 年 3 月于无锡

目　录

001-045

001	**1　机械概论**
001	机器、机构及其构成
002	机械设计
003	**2　机构**
003	机构概论
004	连杆机构
009	凸轮机构
012	间歇运动机构
013	**3　静连接**
013	连接概述
013	螺纹连接
018	焊接、铆接和粘结
026	**4　机械传动**
026	带传动
027	链传动
028	齿轮传动
031	蜗杆传动
032	轮系、减速器和变速器
041	**5　重要通用机械零部件**
041	轴和轴毂连接
045	滑动轴承和滚动轴承

049-082

049	联轴器和离合器
055	弹簧
057	**6　电工原理**
057	直流电路概述
058	电阻和材料的电阻率
058	电池
060	正弦交流电路
062	磁路
065	电机
068	电气量的测量和显示
069	电气控制
071	安全用电
072	**7　日用电器**
072	日用电器概述
074	电冰箱和空调器
076	日用电热电器
077	日用电动电器
079	照明灯具
080	工业电气设备
082	**8　电子电路和电子电器**
082	电子电路概述
084	电子电器

084-140

090	**9　能源基础**
090	热力学基础
092	热力循环
092	传热学基础
094	能量转换设备
098	新能源
103	节能技术
104	**10　材料的分类、性能和选择**
104	材料的分类和性质
111	材料力学基础
117	设计材料的选用
119	**11　金属材料**
119	铁碳合金概述
121	碳钢
133	铸铁
134	铜与铜合金
135	铝与铝合金
137	其他有色金属与合金
139	**12　金属的加工成型工艺**
139	金属加工成型概述
140	铸造
148	压力加工——锻造和冲压

| 148-175 | 175-215 | 217-229 |

153 焊接	177 挤出和压延成型	218 木材
154 热处理	181 注塑成型工艺和设备	
156 切削与磨削加工	204 模压成型工艺	222 **16 复合材料**
158 快速成型技术	206 吹塑成型	222 复合材料
	207 热成型	
161 **13 塑料**	209 发泡成型	224 **17 表面处理与涂装**
161 塑料概述	209 其他塑料成型及前期准备工艺	224 金属的表面处理与涂装
169 通用塑料		226 塑料的表面处理与涂装
172 通用工程塑料	213 **15 其他非金属材料**	226 木制品的表面装饰
174 特殊工程塑料	213 橡胶	227 涂料及涂装工艺
	215 玻璃	
175 **14 塑料的加工成型工艺**	217 陶瓷	229 **参考文献**
175 塑料加工成型概述		

机器、机构及其构成

机械、机器和机构

序号	名称	特 征
1	机械	机械是机器和机构的总称
2	机器	1）机器是由若干人为的运动单元体（称为构件）组合而成的； 2）组成机器的各个构件之间具有确定的相对运动，其运动规律是周期性重复变换的（这就是机器的运动循环）； 3）机器都是用来代替人的脑力或体力，使某个过程实现机械化，亦即机器能够完成有效的机械功或能量转换
3	机构	只有上述机器的前两个特征； 但在基本组成，运动特征，受力状况等方面，机构与机器没有区别

机器按用途的分类及举例

序号	分类	举例与说明
1	交通工具	飞机，轮船，汽车，摩托车，自行车，火车，机车等
2	动力机械	各种机床，电动机，内燃机，汽轮机，发电机，锅炉，水轮机等
3	通用机械	空压机，凿岩机，水泵等
4	农业机械	拖拉机，联合收割机，机耕犁，播种机等
5	印刷机械	胶印机、轮印机等各种类型的印刷机
6	起重机械	履带式、轮胎式等各种类型的起重机，天车和行车等
7	搬运机械	叉车，铲车，皮带运输机等
8	制冷机械	空气式、冷水式等各种类型制冷机，窗式、分体式各类空调机
9	其他	机器的种类还很多。通常，还应包括大部分家用电器和商用电器；但不包括电子类的家用、商用、医用的电器、仪器、仪表和设备

机器按能量形式转换的分类

序号	分 类		特征与举例
1	力能机器	动力机器（原动机）	将热能、内能、电能等转换成机械能，如内燃机，燃气轮机，电动机；或者将某种介质（水、空气等）的机械能转换成可实际运用的机械能的机器，如风车，水轮机等
		转换机器	将机械能转换成其他形式能量的机器，如发电机，空压机等
2	工艺机器		在生产过程中完成有用功，以实现工作物外形、空间位置及性质的改变的机器，如各类机床
3	运输机器及其他机器		用于物品的运输或其他目的，其复杂程度彼此相差很大

完整机器的四个组成部分

序号	组成部分名称	功能与说明
1	原动机部分	驱动机器的动力源，多数情况下是电动机或各种热机
2	执行（工作）部分	承担机器的完成有效功和能量转换工作的主要功能部分，如起重机的吊钩，车床的刀架，磨床的砂轮，轧钢机的轧辊
3	传动部分	在上述两个部分之间完成运动形式、运动及动力参数的变换，担任变速、增（减）速、变换运动方向、分配运动和动力等任务
4	其他部分	诸如控制，照明，润滑等系统

一、机器的复杂程度差别很大。例如，风扇是只有原动机和执行部分的机器。而车床则要复杂得多，主要原因是车床的传动部分的组成元素很多。汽车的原动机是内燃机，内燃机构造复杂；车轮是汽车的工作机构，相对也比较简单；而从某个意义上说，其传动部分的构造则更为复杂。

二、在机器中，传动部分（传动装置）占有重要地位，它能改变运动的形态（如在旋转与平移之间的运动转换），变速，增（减）速，变换运动方向，分配运动和动力。

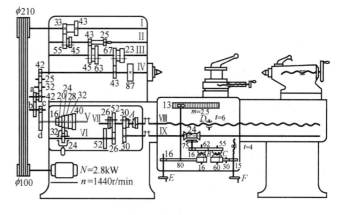

车床的传动部分

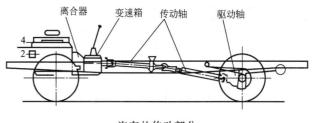

汽车的传动部分

机械概论 [1] 机器、机构及其构成·机械设计

零件

一、零件是机器中再不可能拆卸分解的基本单元件。通常的活塞，连杆，曲轴等可以是单一件，也可以是组合构件。只有单一件才能称为零件。

二、在机器中，我们把完成同一使命、彼此协同工作的一组零件所组成的、独立制造、独立装配的组合体称为部件。如：滚动轴承，联轴器，加速器，电机转子等。

机器的基础组成部分

序号	名称	举例与说明	
1	零件	机器中再不可拆卸的基本单元	通用零件：在各种机器里都要用到，如螺栓、轴、齿轮、弹簧等
			专用零件：只有在某些或某类机器中才用到，如转子、叶片、曲轴、活塞等
2	组合构件	由几个零件组合而成	
3	部件	完成同一使命、彼此协同工作的一组零件所组成、独立制作、独立装配的组合体，如滚动轴承、联轴器、电机转子等	

机械设计

机械设计，可以是利用新原理、新思想、新方法来开发创造新的机械，也可以是在原有机器的基础上重新设计或局部改进、从而改变原有机械的性能。重要的是：机械产品的质量基本上取决于设计的质量，因为制造过程本质上只是要求实现设计所规定的质量。

一、对机器的要求需要辩证综合考虑。如有相抵触之处，应照顾主要方面。

二、还应注意，随着社会的发展，科技的进步，市场的变化，人们的认识和需求都是变化的。因此，对主次的理解也是会变化的。例如，汽车的首要问题以前主要是性能问题。但在 20 世纪 70 年代石油危机以后，节能上升为主要问题。20 世纪 80 年代以后，环境保护的要求使汽车尾气污染的问题变得突出起来。近来，"以人为本"的思想又使保证乘坐人员的安全成为汽车设计的最重要的要求之一。

对机器的要求

序号	对机器的要求
1	满足功能和性能方面的需要
2	经济
3	美观

机械设计的基本要求

序号	机械设计的基本要求
1	在实现预期的运动和动力功能的前提下，尽可能做到性能好、效率高、成本低，并具有一定的可靠性
2	操作方便，维护简单，造型美观，便于运输
3	尽量采用标准零部件，以减少重复设计

机器产品的设计过程是一个由整体到细节、再由细节到整体的反复过程，直到总体上满意为止。整个机器的设计过程一般是以总布置设计为核心进行的；在此过程中，要求工业造型设计师与机械设计师密切配合，共同协作，以追求好的性能、合适的价格及美观的外形。

机器产品设计的一般过程

序号	机械设计的基本要求
1	明确要求（预定功能，有关指标和限制条件）
2	总体方案、绘制运动简图（确定工作原理）：通常要拟定几种总体布置方案，进行粗略计算，分析比较，选取最佳方案
3	运动和动力分析，确定主要零部件的运动和动力参数
4	传动零件设计计算，确定主要参数
5	零部件结构草图设计，绘制零件工作图
6	绘制部件装配图和总装图
7	编制技术文件（设计计算说明书，标准件和外购件明细表等）

机构概论

一、平面机构和空间机构。机器中的实际机构一般都是空间机构。但一定条件下它们大多数可以简化成平面机构。平面机构的所有构件都在一个平面内运动,因此分析和研究比较简便。

二、运动副:两个构件可以通过点、线或面的接触而组成具有一定相对运动关系的可动连接。两个构件分开后,这种连接关系(亦即运动副)也随之消失。

三、自由度:位置和运动的确定之维度,等于确定地描述其位置或运动所需的坐标数目。

注:1) 一个点在空间有三个自由度,在空间直角坐标系中要用三个坐标(x、y和z)才能确定地表示其位置或运动。在平面中,一个点只有两个自由度;为了确定其在平面上的位置,在平面直角坐标系中,可用两个坐标值x和y,在平面极坐标系中,可用两个坐标值ρ和ϕ。

2) 一个构件可以用一段线段来代表。因此,一个作平面运动的自由构件具有三个自由度。

3) 构件组成运动副后,其独立运动就会受到约束,自由度随之减少。

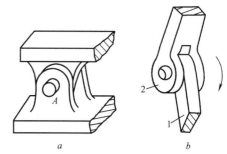

转动副:固定铰链与活动铰链

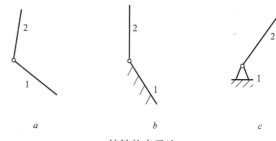

铰链的表示法

运动副的分类及描述

序号	一级和二级分类名称及其特征		
1	低副	两个构件间为面接触的运动副	移动副	只允许两个构件沿某一直线作相对运动
			转动副	也称铰链,只允许两个构件绕同一轴作相对转动
2	高副	两个构件间是点接触或线接触的移动副	凸轮副	由凸轮及从动件构成,凸轮轮廓曲线确定了从动件的运动
			齿轮副	由一对齿轮构成,主动齿轮的运动规律确定了从动齿轮的运动

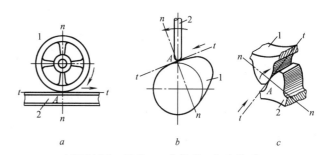

平面高副:滚轮a、凸轮副b与齿轮副c

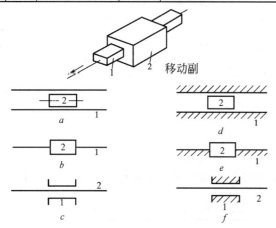

移动副的各种表示符号

转动副(铰链)的分类

序号	名称及说明
1	固定铰链 被铰链连接的两构件中有一个是固定件(机架)
2	活动铰链 被铰链连接的两构件都是运动件

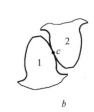

高副的各种表示符号

构件的分类

序号	分类名称	
1	固定件(机架)	
2	运动件	原动件
		从动件

构件的各种表示法

机构 [2] 机构概论·连杆机构

平面机构运动简图

一、一个构件可以具有一个移动副，也可以具有两个移动副。

二、不管构件的形状多复杂，都可以用直线来表示。

三、运动简图能用简单的运动副和构件的代表符号把机构的运动特征表示出来。虽然简单，但与原机构具有完全相同的运动特征。

四、可以根据机构运动简图对机构进行运动和动力分析。

五、运动简图虽经过简化，但几何尺寸要按比例（长度比例尺 μ）画出。

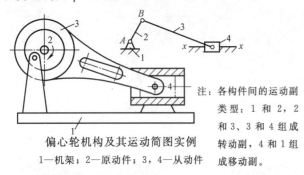

偏心轮机构及其运动简图实例

1—机架；2—原动件；3，4—从动件

注：各构件间的运动副类型：1 和 2，2 和 3，3 和 4 组成转动副，4 和 1 组成移动副。

平面机构的自由度及计算

一、机构能够产生独立运动的数目称为机构的自由度。

二、如果平面机构中除机架外的构件数目为 n，低副数目为 P_L，高副数目为 P_H，则机构的自由度数目 F 为：$F=3n-2P_L-P_H$。

三、机构具有确定运动的条件为机构的原动件数等于机构的自由度。

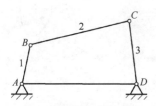

杆 1 为原动件时此四杆机构有确定运动

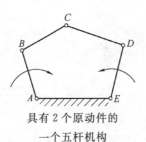

具有 2 个原动件的一个五杆机构

计算机构自由度时的注意点

序号	名　称	说　明
1	复合铰链	两个（或以上）构件在同一处用转动副连接。复合铰链实质上是两个铰链，不可少算低副数目（参阅附例图）
2	局部自由度	某些构件所能产生的局部运动但不影响其他构件的运动的自由度。其存在往往为了改善机构的其他性能（参阅附例图）
3	虚约束	机构中与其他约束作用重复的约束。虚约束常出现多个导路平行的移动副或多个轴线重合的转动副，此时只有一个在起作用；其他不起独立作用的对称部分，在计算自由度时都要扣除（参阅附例图）

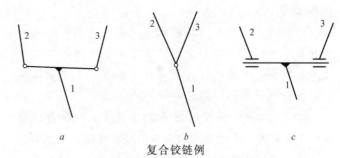

复合铰链例

注：b 实际上是 a 或 c，有 2 个铰链存在。

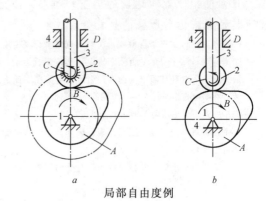

局部自由度例

注：滚子 2 改善了摩擦状况 b；若将滚子焊死 a，机构运动无变化。

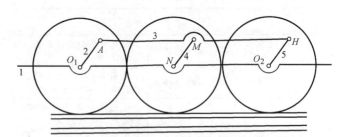

虚约束例：蒸汽机车上的车轮联动机构

注：按常规计算自由度为零，显然错误。若去掉构件 5，机构运动不变，但机构自由度为 1；这表明，构件 5 及其两端的转动副在计算自由度时不应考虑。

连杆机构

一、连杆机构是由若干杆状构件通过低副连接而成的机构。

二、平面连杆机构是在同一平面内运动的连杆机构。

三、平面连杆机构是应用最广泛的传动机构。在各类机械、仪器仪表中都有广泛的应用。

平面连杆机构的特点

序号	特点及说明
1	制造容易
2	运动副压强小，磨损轻，且便于润滑
3	机构设计复杂
4	因低副中的间隙及构件尺寸误差的积累，运动精度不高

铰链四杆机构的组成（构件编号参阅附图）

序号	名称及说明	
1	4个转动副A、B、C和D	
2	机架4	
3	连架杆（与机架相连的杆）1和3	
4	连杆2	
	曲柄	能整周（360°）回转的，称为曲柄
	摆杆	不能整周回转的，称为摇杆

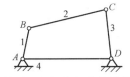

铰链四杆机构组成的附图

铰链四杆机构的分类

序号	名称	说明	实例（参见附图）
1	曲柄摇杆机构	一连杆可整周回转，另一连杆不能整周回转	颚式破碎机
2	双曲柄机构	两连杆均可整周回转	惯性筛机构的前半部分
3	双摇杆机构	两连杆均不能整周回转	

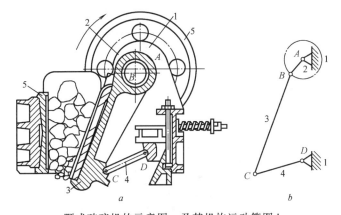

颚式破碎机的示意图 a 及其机构运动简图 b

注：用于粉碎物料的颚式破碎机在曲柄2回转时，构件4不能整周回转，故是摇杆。连杆3（即动颚板）与固定的定颚板5上大下小的间距周期变化，使物料粉碎。

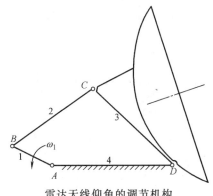

雷达天线仰角的调节机构

注：这也是个曲柄摇杆机构：曲柄1是原动件；摇杆3与碟形天线刚性连接成一体。曲柄的旋转将使天线的仰角发生变化。

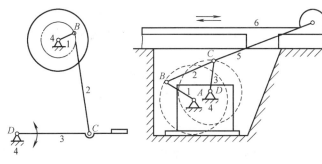

脚踏砂轮机构　　　惯性筛

注：与通常情况不同，在此脚踏摇杆3作为原动件；从动件1（砂轮）作回转运动。

注：在惯性筛的机构简图里，其前半部分是个双曲柄机构。原动件1回转，通过连杆2带动曲柄3转动。惯性筛的设计特点是使水平安置的筛子运动到左右两端改变运动方向时尽可能突然，以便达到良好的过筛效果。

平行四边形机构及其防逆

一、平行四边形机构（或称平行四连杆机构、平行双曲柄机构，参见附图）是双曲柄机构的一种特例，应用很多。此时两个摇杆（原动摇杆 AB 和从动摇杆 CD）的回转速度总保持相同。

二、但在三构件共线时，其运动可能转化成所谓逆平行四边形机构而处于不稳定状态。

三、为了防止其发生逆向，可以通过增加构件的办法予以避免。

平行四边形机构　　　逆平行四边形机构

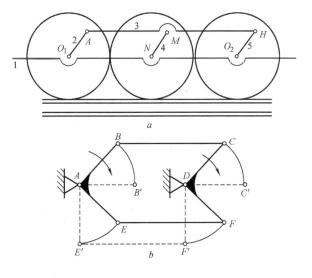

通过增加构件来避免平行四边形机构的逆转

注：蒸汽机车驱动轮联动机构用增加第三个平行曲柄 a；也可与原曲柄错开一定角度安装第二组平行四边形机构 b。

机构 [2] 连杆机构

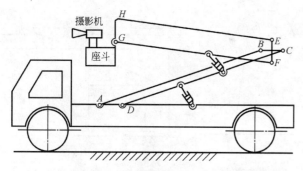

移动摄影平台

注：两个平行四边形机构的杆件 BC 和 EF 通过刚性连接，使摄影机座斗、BC 和 AD 始终保持水平。

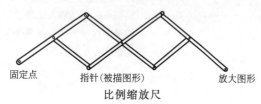

比例缩放尺

注：这是个多级平行四边形机构。

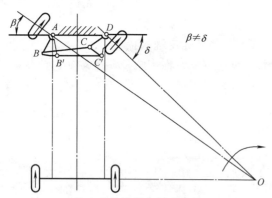

汽车前轮的转向梯形机构

注：这个等腰梯形机构是个双摇杆机构，其作用是保证在转向时内侧车轮的转角比外侧车轮的大，使前后车轮具有同一瞬时转向中心。

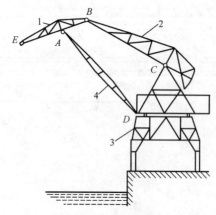

港口用鹤式起重机

注：用于港口装卸货物的鹤式起重机也是双摇杆机构。各杆件的长度设计得恰到好处，使杆件 2 和 4 起降时悬挂点 E（亦即悬吊的货物）的水平高度基本不变。

由铰链四杆机构演化出的其他机构

序号	演化后名称及说明			应用举例
1	曲柄滑块机构	由曲柄摇杆机构演化来：摇杆做成弧形，再把其长度加长到无穷大（参阅附图）	偏心曲柄滑块机构：滑块的轴线不通过曲柄中心，偏心距为 e	内燃机、活塞式空气压缩机、冲床等，广泛应用
			对心曲柄滑块机构：偏心距 e 等于零	
2	导杆机构	改变曲柄滑块机构中的固定件（机架）而来（参阅相关例图）	曲柄转动导杆机构	牛头刨床中刀架的往复切削运动
			曲柄摆动滑块机构	电器开关中利用这种机构来开合电器触点
			移动导杆机构	手动唧筒
			摆动导杆滑块机构（或称曲柄摇块机构，简称摇块机构）	自卸卡车的货箱翻转机构

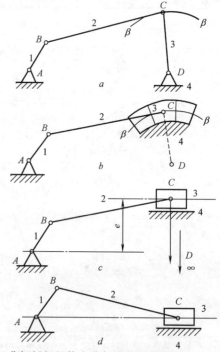

曲柄摇杆机构向曲柄滑块机构的演变过程

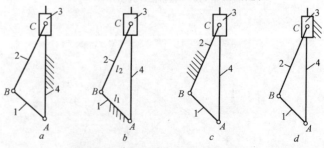

曲柄滑块机构向导杆机构的演化

注：a 为曲柄滑块机构（杆件 4 为机架）；b 为曲柄导杆机构（杆件 1 为机架），滑块 3 相对于导杆 4 滑动并随导杆一起绕 A 点转动。一般取杆件 2 为原动件（当 $L_1 \leq L_2$ 时，杆件 2 和 4 均可作整周转动，为曲柄转动导杆机构。当 $L_1 > L_2$ 时，杆件 4 只能作往复摆动，为曲柄摆动导杆机构）；c 为摇块机构（此时连杆 2 为固定件，滑块为原动件）；d 为移动导杆机构（滑块 3 为固定件，导杆 4 在滑块 3 中往复滑动）。

连杆机构 [2] 机构

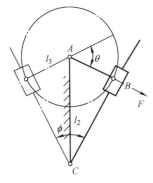

电器开关中用的曲柄摆动滑块机构

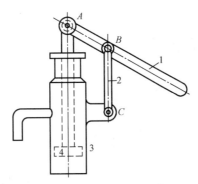

手动唧筒为移动导杆机构一例

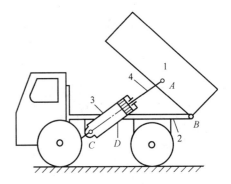

自卸卡车为摆动导杆滑块机构一例

连杆机构设计与分析时的注意点

序号	注意点	注意点详述	应对措施
1	死点问题	从动件与连杆可能共线时,从动件可能卡死或存在运动不确定现象。但此问题也可利用(如工件夹紧机构)	1)安装飞轮增加惯性使机构顺利通过死点; 2)如平行四边形机构增加防逆结构
2	压力角与传动角	推力与从动杆间夹角为传动角;其余角为压力角。压力角越小(传动角越接近90°),传动效率越高;传动角太小(<40°)对传动不利	机构设计时应于注意;不适当时可通过机构几何尺寸的修改进行压力角(或传动角)调整

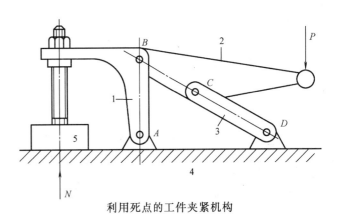

利用死点的工件夹紧机构

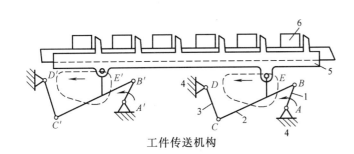

工件传送机构

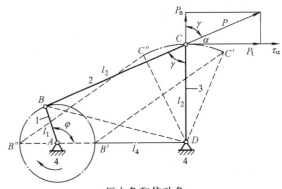

压力角和传动角

注:推力 P 与杆 CD 的夹角 γ 称为传动角;力 P 与杆 CD 垂线的夹角 α 称为压力角。

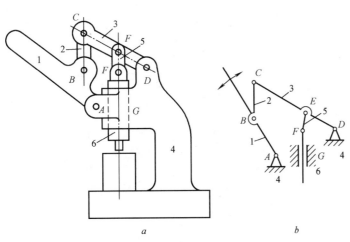

手动冲床的机构

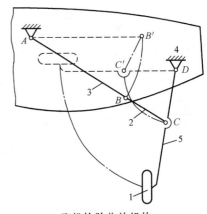

飞机轮胎收放机构

7

机构 [2] 连杆机构

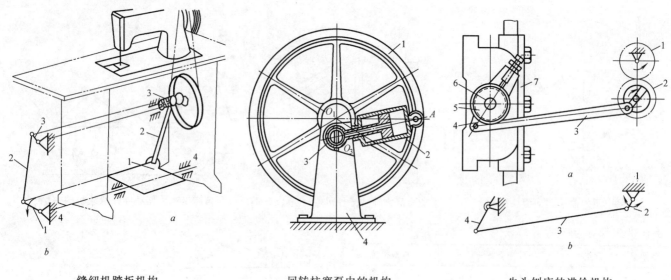

缝纫机踏板机构　　　　　回转柱塞泵中的机构　　　　牛头刨床的进给机构

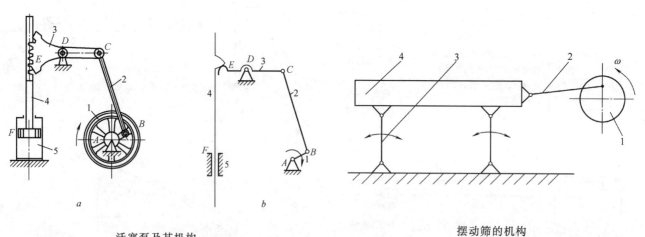

活塞泵及其机构　　　　　　　　　　　摆动筛的机构

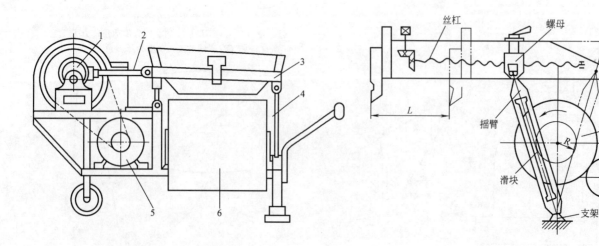

摆动式移动筛沙机的机构　　　　　　牛头刨床的摇臂机构

连杆机构·凸轮机构 [2] 机构

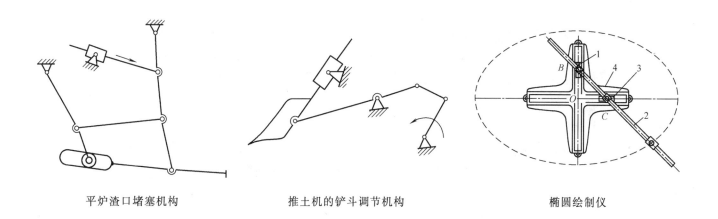

平炉渣口堵塞机构　　推土机的铲斗调节机构　　椭圆绘制仪

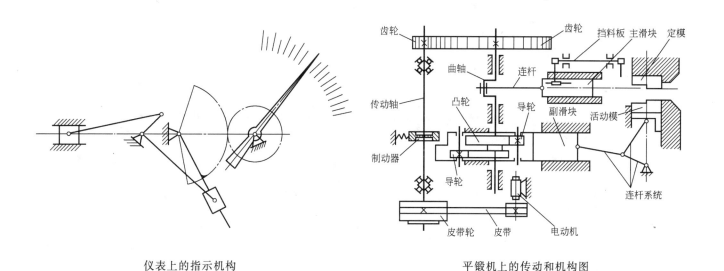

仪表上的指示机构　　平锻机上的传动和机构图

凸轮机构

凸轮机构在原动件等速运动时可使从动件作任意规律的运动。但由于原、从动件间的磨损较大（虽可加滚子减磨），常用于传力不大的控制和调节机构中。凸轮机构在自动机械及自控装置中得到广泛的应用。

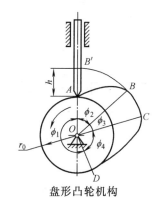

模锻用摩擦压力机的传动和机构图　　模锻用曲柄压力机的传动和机构图　　盘形凸轮机构

机构 [2] 凸轮机构

凸轮机构的特点

序号	说明
1	结构比较简单、紧凑
2	工作可靠
3	可得到预期的运动规律
4	凸轮轮廓加工复杂
5	原、从动件间的点、线接触容易磨损

凸轮机构的分类

序号	分类依据	分类名称及说明	
1	凸轮形状	盘形凸轮	凸轮的基本形式。凸轮绕固定轴旋转时,推杆位移的规律是确定的
		移动凸轮	盘形凸轮的半径增加到无穷大时的特例
		圆柱凸轮	将移动凸轮卷成圆柱状即得。不需设置专门机构可将旋转运动转换成往复运动
2	从动件形状	尖顶从动件	点接触,简单,但磨损快,只用于受力不大的低速凸轮机构中
		滚子从动件	线接触,且可加滚动轴承。故耐磨,可承受较大载荷。是常用的凸轮机构形式
		平底从动件	若不计摩擦时,作用力始终垂直于从动件平底。因此,接触面间易于形成油膜,磨损小,传动效率较高。常用于高速凸轮机构中
3	从动件移动形式	直线运动	
		摆动运动	
4	从动件与凸轮保持接触措施	依靠弹簧力	
		依靠从动件的重力	
		用凸轮上的槽	

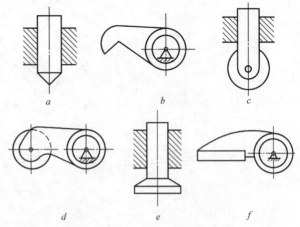

凸轮机构从动件的形状和移动形式

注:从动件形状:a、b 为尖顶,c、d 为滚子,e、f 为平顶;
从动件移动方式:a、c、e 为直线运动,b、d、f 为摆动。

对凸轮机构的注意点

序号	问题点	说明,措施及限制
1	压力角与基圆半径	压力角太大,影响传动效率;且压力角过大,机构就会发生自锁。因此压力角要小于允许值。从动件运动规律不变时加大凸轮的基圆半径,就可减小压力角。但基圆半径的加大,会增大机构尺寸。因此,万不得已时,不该用此法
2	滚子半径	从动件端部加滚子,能减小摩擦和磨损。且滚子半径越大越好。 滚子半径的增大受到凸轮轮廓曲线凹陷处曲率半径的限制。当轮廓曲线外凸时也不能无节制增大滚子半径,因为这样凸轮轮廓曲线的外凸部分将变尖,甚至产生不圆滑过渡的尖点。而且这种尖点在运转中极易磨损,也是不允许存在的

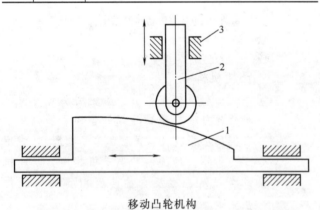

移动凸轮机构

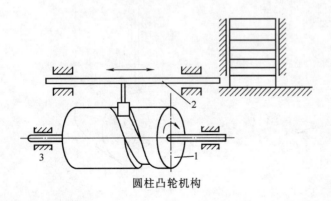

圆柱凸轮机构

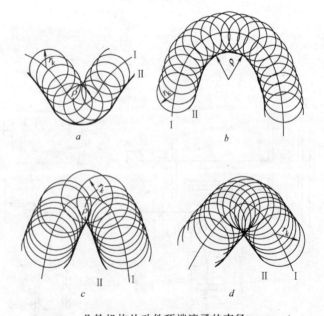

凸轮机构从动件顶端滚子的直径

注:a 在凸轮轮廓曲线凹陷部分,滚子半径受到轮廓曲线曲率半径的限制;b、c 和 d 为凸轮轮廓曲线外凸时,随滚子半径增大而使凸轮轮廓曲线变尖。

凸轮机构 [2] 机构

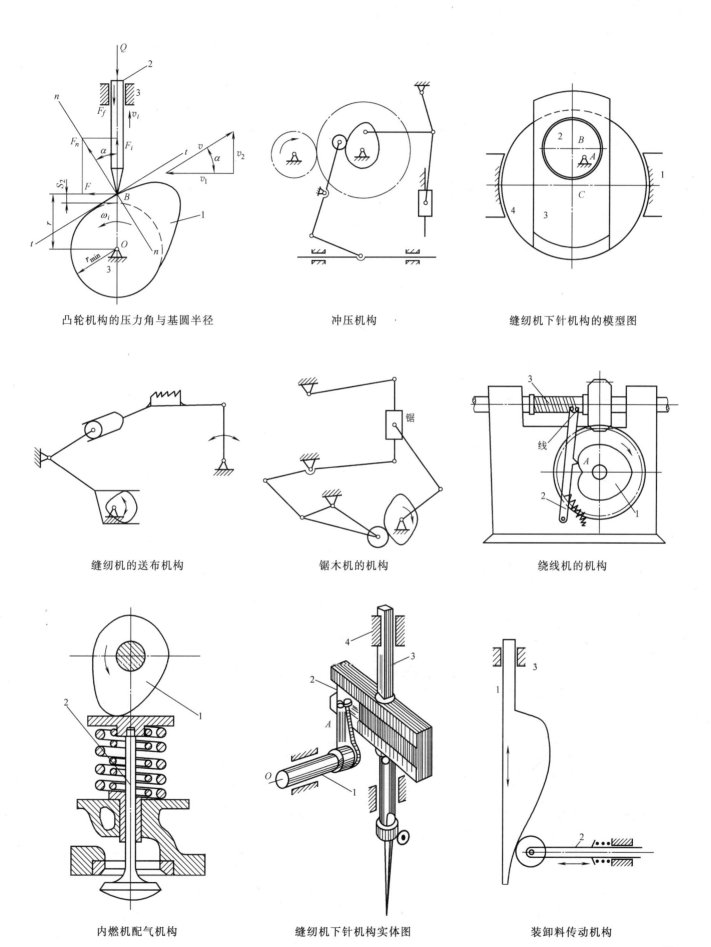

凸轮机构的压力角与基圆半径　　冲压机构　　缝纫机下针机构的模型图

缝纫机的送布机构　　锯木机的机构　　绕线机的机构

内燃机配气机构　　缝纫机下针机构实体图　　装卸料传动机构

机构 [2] 间歇运动机构

间歇运动机构

间歇运动机构在机床的进给及分度机构、自动进料机构、电影放映机的卷片—停片机构以及机械计数器的进位机构等许多场合都有广泛的应用。

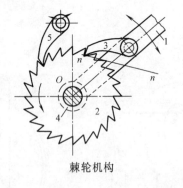

棘轮机构

常用间歇运动机构分类

序号	分类名称
1	棘轮机构
2	槽轮机构

棘轮机构的组成

序号	名称	说明
1	原动杆 1	在原动杆往复摆动时：在驱动棘爪逆时针摆动时，驱动棘爪插入棘轮的齿中，推动棘轮沿逆时针方向转动；在驱动棘爪顺时针摆动时，由于棘轮在制动棘爪的制动下静止，驱动棘爪在棘轮表面滑过。因此，棘轮将间歇运动改变棘轮齿形，棘轮可以根据需要改变转动方向而成为双向棘轮机构
2	棘轮 2	
3	驱动棘爪 3	
4	制动棘爪 5	
5	轴 4	
6	机架	

注：名称后英文字母或数字参阅棘轮机构图。

棘轮机构的特点

序号	特点内容
1	结构简单
2	制造方便
3	运动可靠
4	转角大小可在一定范围内可调
5	转角调节变化范围是有级的
6	噪声较大
7	接触瞬间有冲击，不适用于高速机械

棘轮机构的应用实例：自行车后轴（称为超越结构，即允许链轮驱动后轴，但不允许后轴带动链轮和踏板）；卷扬机、提升机、运输机等中用于防止反转和非控制下滑；铸造浇铸自动线的间歇送进。

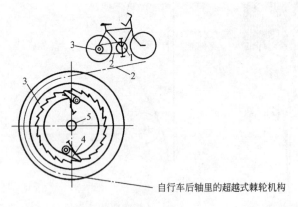

自行车后轴里的超越式棘轮机构

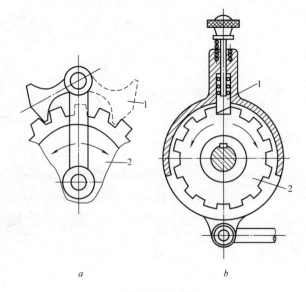

可变向棘轮机构

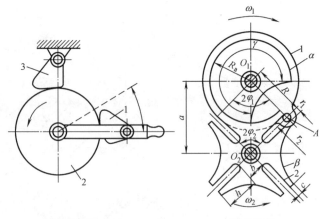

摩擦式棘轮机构   槽轮机构

槽轮机构的组成

序号	名称	特点
1	带有圆柱销 A 的拨盘 1	拨盘作等速转动时：当圆柱销 A 进入槽轮的径向槽中时，带动槽轮转动；当圆柱销离开径向槽后，槽轮不动。因此，槽轮作时转时停的间歇运动
2	具有径向槽的槽轮 2	
3	机架	

注：名称后英文字母或数字参阅棘轮机构图。

槽轮机构的特点

序号	特点
1	结构简单
2	机械效率较高
3	能平稳地改变部件的角速度

槽轮机构在自动机床的转位机构、电影放映机的卷片机构以及包装、食品、轻工机械的步进机构等自动机械中，均有广泛的应用。

连接概述

一、连接：将两个或两个以上的零件联成一体的结构称为连接。

二、为了满足结构、制造、安装及检修等方面的要求，机器设备中广泛采用各种连接。

三、广义的连接包括动连接和静连接两类。动连接实际上就是传动，亦即将两个或两个以上的零件通过各种传动装置连接起来。

四、连接（包括静连接和动连接在内）的种类很多，有机械的、电器的、磁的或者其他方式。本章只叙述机械静连接。

五、窄义的连接就是静连接。

六、机械静连接又可分为可卸连接及不可卸连接两类，划分的根据是连接完成后是否能不破坏零件而将其分开。

螺纹连接

一、螺纹连接是应用最广泛的可卸连接。

二、螺纹连接构造简单，工作可靠，螺纹连接件又是标准件，因此应用十分广泛。

三、螺纹形成的基础是螺旋线，它是一个直角三角形卷在圆柱表面上而生成。此时的圆柱面是螺纹中径所在。

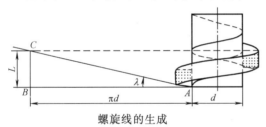

螺旋线的生成

螺纹的分类方法和分类

序号	分类方法	分类名称及说明、用途	
1	按通过螺纹轴线的截面上的牙形分	三角螺纹	常用于静连接
		矩形螺纹	多用于螺纹传动
		梯形螺纹	
		锯齿形螺纹	
2	按螺旋线旋转方向分	右旋	常用
		左旋	多用于防止松动的场合（如汽车左侧的轮胎螺柱和螺母）
3	按螺旋线数分	单线螺纹	常用
		双线及多线螺纹	少用（一般少于四线）
4	按母体形状分	圆柱螺纹	常用
		圆锥螺纹	多用于要求密封的场合（如水、汽连接接头处）
5	按分布表面分	内螺纹	内外螺纹旋合组成螺纹副，起到连接或密封作用
		外螺纹	
6	按计量单位分	公制螺纹	我国基本采用	差别主要在螺纹角和螺距等参数及表示方法不同
		英制螺纹	我国只有管螺纹和管锥螺纹采用。英美等国多基本采用	
7	按用途分	连接螺纹	粗牙螺纹	连接螺纹要求能自锁
			细牙螺纹：节距较小，牙厚，牙高较小；故螺纹升角较小，自锁性好，对管件的强度削弱也较小，多用于薄壁零件和连接要求较高的场合	
		传动螺纹	传动螺纹不要求自锁，因而传动效率较高	

广义机械连接的分类

序号	分类		
1	动连接（传动，见本资料集后续相关章节）		
2	静连接	可卸连接	螺纹连接
			弹性嵌卡连接
		不可卸连接	焊接
			铆钉连接
			黏结
			过盈配合连接

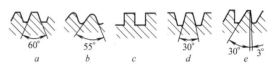

螺纹的各种牙形
a 三角形；b 管螺纹；c 矩形螺纹；
d 梯形螺纹；e 锯齿形螺纹

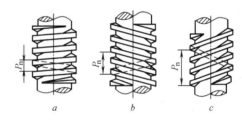

螺纹的旋向和线数
a 单线右旋（$P_n=P$）；b 双线左旋（$P_n=2P$）；
c 三线右旋（$P_n=3P$）

圆柱螺纹的主要几何参数

序号	分类	定义、说明与计算
1	大径 d、D	公称直径
2	中径 d_2、D_2	轴向截面内牙间宽度等于牙厚处的假想圆柱面直径
3	小径 d_1、D_1	外螺纹的根径或内螺纹的顶径
4	螺距 P	相邻两个牙同侧间的轴向距离
5	导程 L	螺纹上任意一点沿螺旋线旋转一周所移动的距离；$L=nP$；式中 n 为螺旋线数
6	螺纹升角 ψ	中径圆柱面上螺旋线切线与端面间的夹角；$tg\psi=L/\pi d_2=nP/\pi d_2$
7	牙形角 α	轴向截面内螺纹牙两侧边间的夹角。通常：矩形螺纹 $\alpha=0°$；三角形螺纹 $\alpha=60°$；梯形螺纹 $\alpha=30°$；英制螺纹或管锥螺纹 $\alpha=55°$

注：大、小写字母分别表示内、外螺纹的参数。参阅螺纹主要参数图。

静连接 [3] 螺纹连接

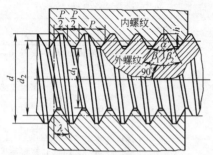

圆柱螺纹的主要几何参数

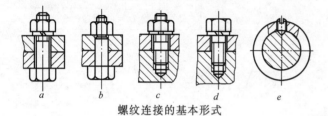

螺纹连接的基本形式

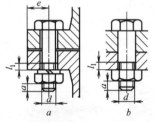

螺纹余留长度 l_1
静载荷　　　　$l_1 \geqslant (0.3 \sim 0.5)d$;
变载荷　　　　$l_1 \geqslant 0.75d$;
冲击载荷或弯曲载荷　$l_1 \geqslant d$;
铰制孔用螺栓　　$l_1 \approx 0$;
螺纹伸出长度 $a = (0.2 \sim 0.3)d$
螺栓轴线到边缘的距离 $e = d + (3 \sim 6)$mm

螺栓连接

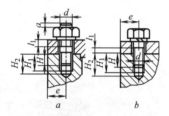

座端拧入深度 H,当螺孔材料为:
钢或青铜　$H \approx d$;
铸铁　　　$H = (1.25 \sim 1.5)d$;
铝合金　　$H = (1.5 \sim 2.5)d$;
螺纹孔深度　$H_1 = H + (2 \sim 2.5)P$;
钻孔深度　　$H_2 = H_1 + (0.5 \sim 1)d$
l_1、a、e 值同左图螺栓连接

双头螺柱连接和螺钉连接

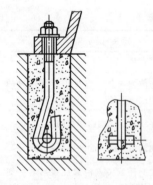
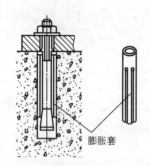

地脚螺栓连接 a 和膨胀螺栓连接 b

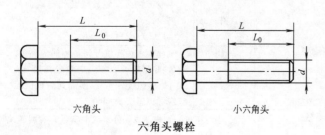

六角头螺栓

螺纹连接的基本类型

序号	名称	说明与用途	
1	螺栓连接	松螺栓连接:孔与螺栓间有间隙,靠螺栓轴向压紧,从而在两个被连接件接触表面间产生的摩擦力传递载荷 紧螺栓连接:孔与螺栓间无间隙,安装孔须经铰制,精度较高,可以直接承受较大横向载荷	被连接零件上的通孔不需加工成螺纹孔,装拆方便,成本低。广泛用于被连接件不太厚,并可从两边进行装配作业的场合
2	双头螺柱连接	其一端拧紧在较厚零件的螺纹孔中;另一端穿过另一零件上的通孔,然后用螺母拧紧。通常适用于被连接件之一较厚,不宜钻通孔或因结构原因必须采用盲孔但又需要经常装拆的场合	
3	螺钉连接	螺钉直接穿过一个被连接件上的通孔而拧入另一零件上的螺纹孔中。用途与双头螺柱相似。为了不致破坏螺纹孔,不宜经常拆卸	
4	紧定螺钉连接	紧定螺钉直接拧入一被连接零件,使其末端顶紧另一零件,以固定两个零件的相对位置,并可传递不太大的力或转矩 多用于轴与轴上零件的连接	
5	地脚螺栓连接	地脚螺栓通常用混凝土固定在预先浇筑好的螺栓孔中 常用来将机器或机架固定在地基上	
6	膨胀螺栓连接	将膨胀螺栓塞入钻好的孔中,在拧紧螺母时螺栓尾部的锥面使膨胀套胀开而胀紧在孔壁中 膨胀螺栓连接用在既不允许钻通孔、又无法铰制螺纹孔的材料(如混凝土、砖墙等)	

螺纹连接件

序号	分类	二级分类方法	二级分类名称与说明	
1	螺栓	按制造精度	粗制螺栓	
			精制螺栓(铰制孔用螺栓只有精制螺栓)	
		按螺栓头部形状	六角头螺栓	
			方形螺栓	
			内六角头螺栓	
		按制造材料	钢 Q235	普通用途
			钢 45	较高级用途,需热处理
			合金钢	高级用途,需热处理
2	双头螺柱	按精度和制造材料的分类情况与螺栓相似		
3	螺钉	按用途	连接螺钉	
			紧定螺钉	
		按头部形状	有多种形式,以适应不同拧紧程度和机械结构的要求	
		按尾部形状	有各种形状,以适应被紧定零件的不同表面硬度和结构的需要	
4	螺母	按外部形状	方形螺母	
			槽顶螺母	
			蝶形螺母	
			带槽圆螺母	
		按制造精度	粗制螺母	
			精制螺母	
		按螺母厚度	有不同厚度,可根据需要选用	
5	垫圈	普通垫圈	平垫圈	主要起保护支承面的作用。也有粗制和精制之分,边缘并有有倒角和无倒角之分
		斜垫圈	只适应于倾斜支承面(如角钢、槽钢等的倾斜面)	
		弹簧垫圈	弹簧垫圈用弹簧钢经热处理制成。装配拧紧后被压平,利用其斜口尖锐边缘的抵挡,可防止螺母的松动。也有片状弹簧垫圈	

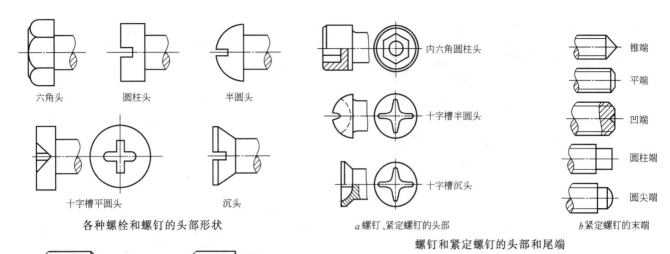

各种螺栓和螺钉的头部形状 | a 螺钉、紧定螺钉的头部 | b 紧定螺钉的末端

螺钉和紧定螺钉的头部和尾端

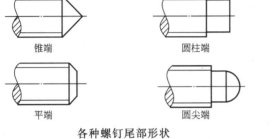

各种螺钉尾部形状

螺母

关于螺纹连接强度的几个注意点

序号	注意点	注意点详述
1	强度	确定连接螺纹的数量和公称直径。需按螺纹连接件的受力和失效方式、根据相关强度计算方法进行计算
2	横向载荷	除用于铰制孔的精制螺栓可直接承受横向载荷外,一般不可
3	拧紧力矩	根据载荷计算而得。重要场合应使用定力矩扳手或测力矩扳手拧紧螺栓或螺母。无专用扳手时,也应使用恰当的呆扳手、眼镜扳手或套筒扳手;一般不应使用活动扳手。足够的扳手空间也是保证适当拧紧力矩的条件
4	贴合	螺栓和螺母与零件的接触表面应贴合良好;否则易增加螺栓的载荷
5	拧紧次序	使用多个螺纹连接件时的拧紧次序应按对称、均匀、由中央到两边的原则逐渐拧紧,避免各连接件间的受力不均匀

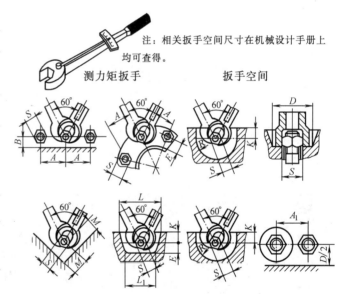

注:相关扳手空间尺寸在机械设计手册上均可查得。

测力矩扳手　　扳手空间

螺纹连接的防松措施

序号	放松措施	说　明
1	用弹簧垫圈	有螺母时,弹簧垫圈放在螺母下;无螺母时放在螺栓头下
2	用双螺母	或称对顶螺母,俗称倍帽。按规定力矩拧紧第一个(下)螺母;再在扳手固定第一个螺母的情况下,用第二把扳手将上螺母相对于下螺母拧紧
3	用开口销及槽顶螺母	将槽顶螺母拧紧到接近要求后,使螺母上的槽与螺栓尾部的孔对齐,插入开口销,并将开口销尾部掰开以保证槽顶螺母基本不能松转
4	用制动垫片	在螺栓头部或螺母与被连接零件间放入多翅制动垫片,按规定要求拧紧螺栓或螺母后将制动垫片的一个翅向螺栓头或螺母的一个棱边弯起,再将制动垫片的另一个翅向下弯向被连接零件的边缘,使螺栓或螺母不可能松动
5	用带孔螺栓(或螺母)及缠绕钢丝	按规定拧紧螺栓或螺母后,用钢丝将多个螺栓头(或螺母)上的孔穿在一起。注意钢丝要穿紧,并注意钢丝位置和方向应使螺栓(或螺母)不再可能松转
6	焊死	将螺母按规定拧紧后,在螺母与被连接件之间用电焊点焊死
7	冲铆	按规定拧紧螺母后,在螺栓尾部和螺母的螺纹接合处用冲头冲铆
8	加黏合剂	在螺栓尾部与螺母接合处加黏结剂

静连接 [3] 螺纹连接

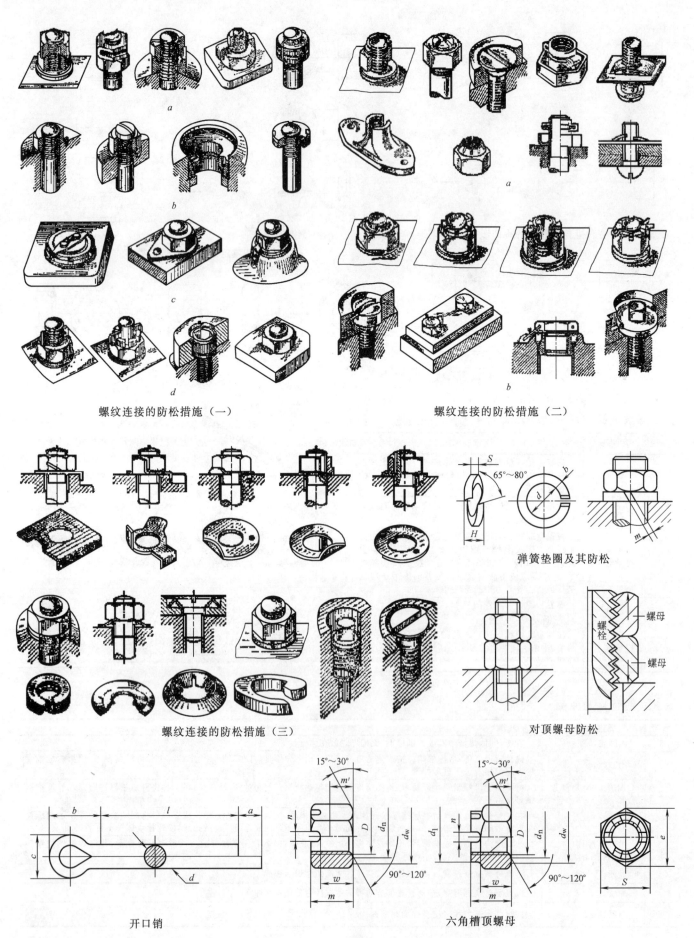

螺纹连接的防松措施（一） 螺纹连接的防松措施（二）

螺纹连接的防松措施（三） 对顶螺母防松

弹簧垫圈及其防松

开口销 六角槽顶螺母

螺纹连接 [3] 静连接

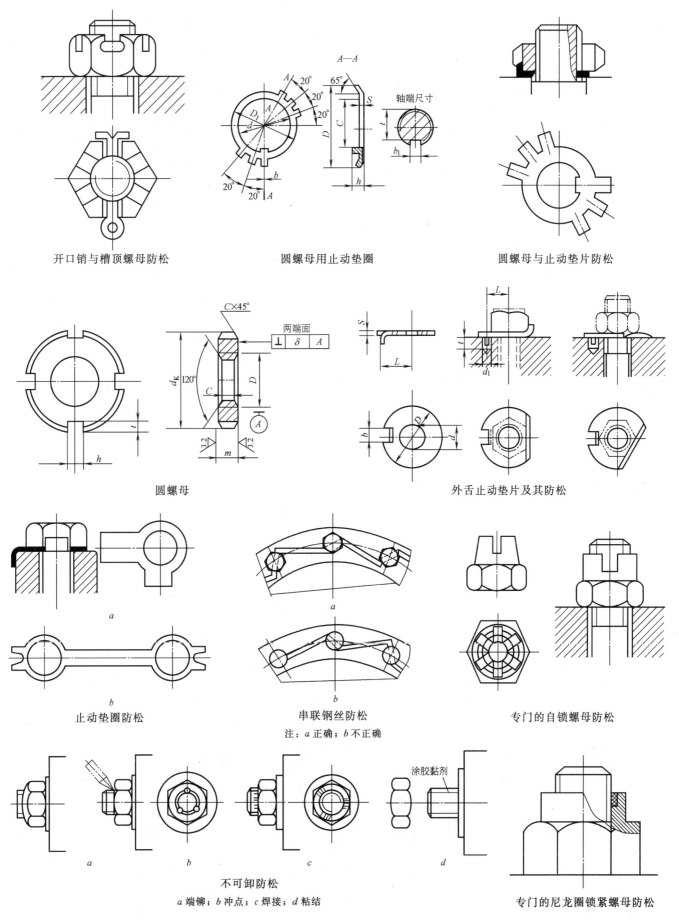

静连接 [3] 螺纹连接·焊接、铆接和粘结

螺纹传动的分类

序号	名称	说明与用途
1	传动螺纹	以传递动力为主，如螺旋压力机、千斤顶等 传动螺纹多用梯形、矩形或锯齿形牙形的螺纹。螺纹的线数取决于运动要求、效率和自锁要求。 为减小摩擦、提高强度和耐磨性，传动螺纹的螺杆多用各种热处理钢制造，而螺母多用各种铸造锡青铜制造。 为了螺纹传动具有较高的机构精度和较小的摩擦阻力，有滚动螺旋传动，即在内外螺纹间形成的空隙中放入若干钢球；钢球通过专用管道循环，因此不需要太多钢球。汽车的转向机和精密机床的进给机构中有使用
2	传导螺纹	以传递运动为主，故要求有较高的运动精度，如车床的进给机构
3	调整螺纹	用以调整并固定零部件间的相对位置，如螺旋测微仪（俗称螺旋千分尺）

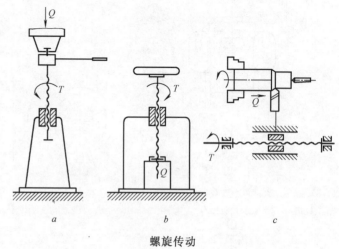

螺旋传动

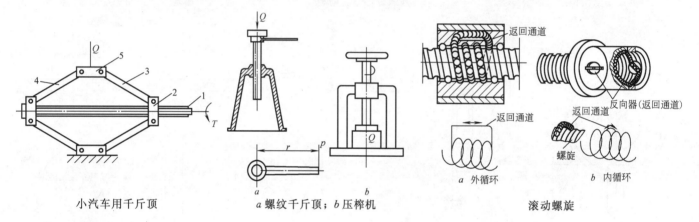

小汽车用千斤顶　　a 螺纹千斤顶；b 压榨机　　滚动螺旋

焊接、铆接和粘结

一、焊接、铆接和粘结都是不可卸连接，亦即连接完成后不能再分开，否则被连接零件将受到不同程度的破坏。

二、三者均可用于金属与金属、金属与非金属以及非金属与非金属之间的连接。

焊接的分类

序号	名称			次级分类、说明和用途	
1	气焊			常用可燃气体(乙炔为多)同时加热钎焊条(各种铜条为多)和金属零件，使焊条和零件熔化，将两零件融合到一起。 气焊通常只适用于金属薄板零件。生产效率较低，常用于修理和小批量生产	
2	电弧焊	手工电弧焊		电弧焊是用电焊机提供的低压电流、通过焊条和被焊零件间形成的电路，在两极间形成电弧来熔融被焊接部分的金属零件及焊条，使熔融金属混合并填充接缝而形成两个零件的连接。因强度高，连接紧密，工艺简单，重量轻，而广泛应用于金属结构件和箱体的加工	
		自动埋弧焊			
		手动和自动 气体保护焊			
3	钎焊	锡、银、铜焊		用电烙铁或可燃气体等热源加热低熔点合金，使被焊零件粘合到一起。被焊金属不熔化。多用于修理及电子产品印刷电路板的焊接	
4	压力焊	电阻焊	点焊	当铜电焊电极用气压夹紧两零件后，两电极间通以大电流，使零件局部合接成合成一体。点焊的电极是一对圆棒，故焊接只能一点一点地进行	只适用于薄钢板，但生产效率极高。在汽车驾驶室等薄板结构件的大批量生产中，得到广泛应用
			缝焊	缝焊的电极是一对可滚动的圆盘，所以焊接能连续地进行，从而将两个零件的一条长缝一次连续焊接完成	
			电阻对焊	用电阻加热的高温并加压实现熔合，强度可与母体金属基本一致	
		摩擦焊		用相对旋转的摩擦热产生高温而焊到一起	
		冷压焊		用被焊件间的高压产生塑性变形而焊到一起	
		爆炸焊		用爆炸的高压破坏表面氧化膜，使金属间形成波纹状锁合达到焊接到一起	
		超声波焊		被焊表面间相对运动，焊接原理与摩擦焊相似	
5	高频焊			用金属内产生的高频感应电流的电阻热局部熔化金属达到焊接目的。多用于水煤气管制造，小直径时用直缝，大直径时用螺旋缝	

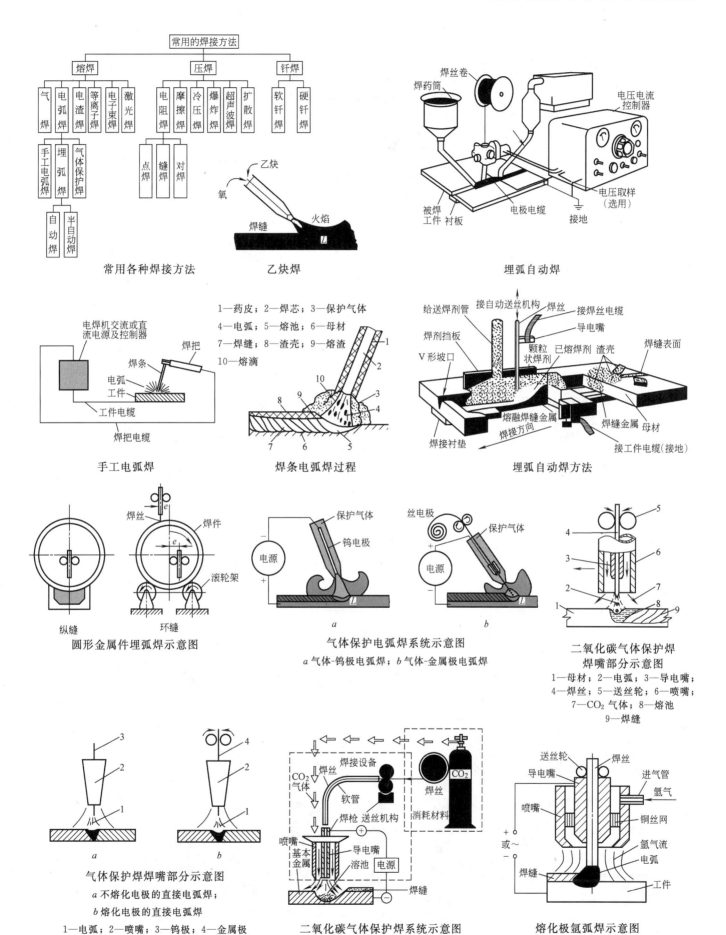

静连接 [3] 焊接、铆接和粘结

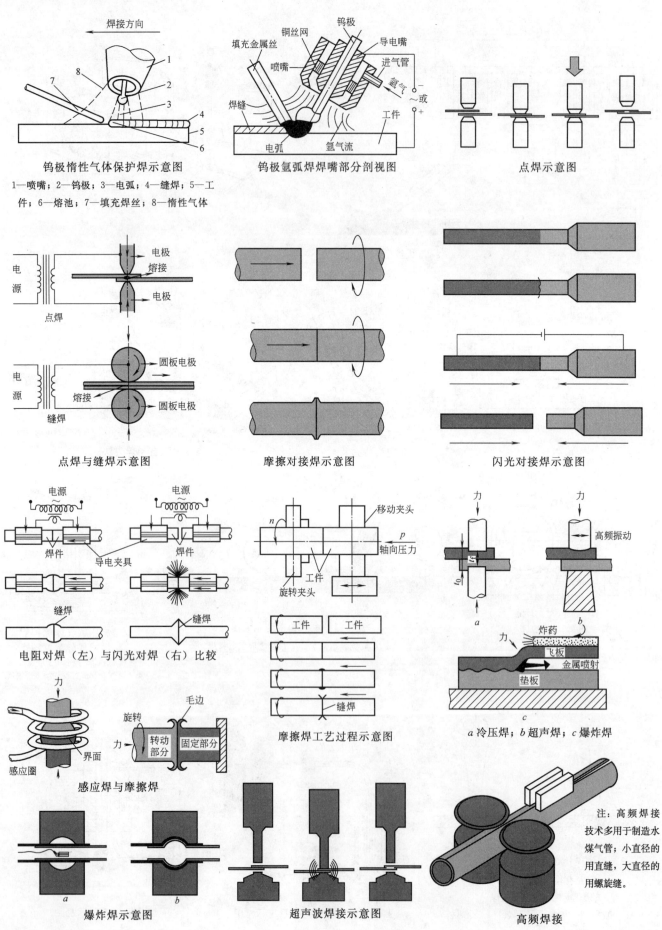

焊接、铆接和粘结 [3] 静连接

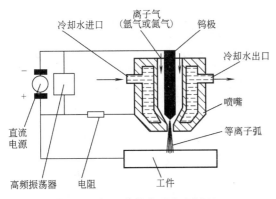

等离子弧焊及其等离子发生原理

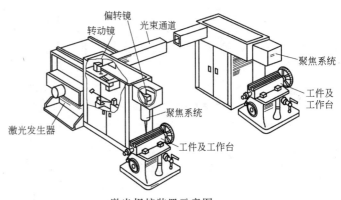

激光焊接装置示意图

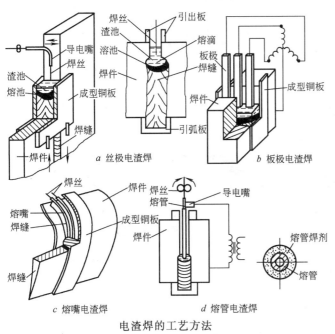

电渣焊的工艺方法

电子束焊（左）与激光焊（右）原理示意图

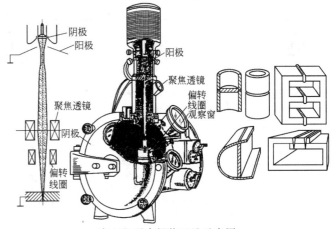

真空电子束焊装置及示意图

常用焊接质量无损检验方法

序号	名称	说明与用途
1	超声波检测	利用超声波遇到缺陷时的反射波原理
2	X射线透视	与常规人体X透视原理相同
3	磁粉检测	利用磁粉在有缺陷处的工件表面会积聚的原理

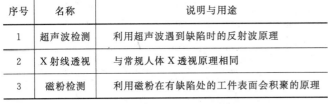

焊接质量无损检测之三——磁粉检验示意图

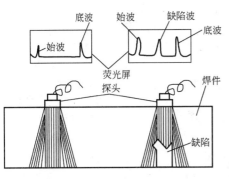

焊接质量无损检测之———超声波检验示意图

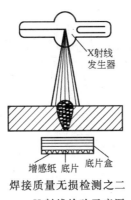

焊接质量无损检测之二——X射线检验示意图

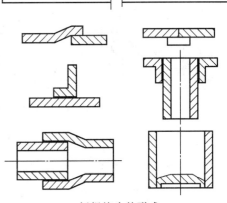

钎焊接头的形式

静连接 [3] 焊接、铆接和粘结

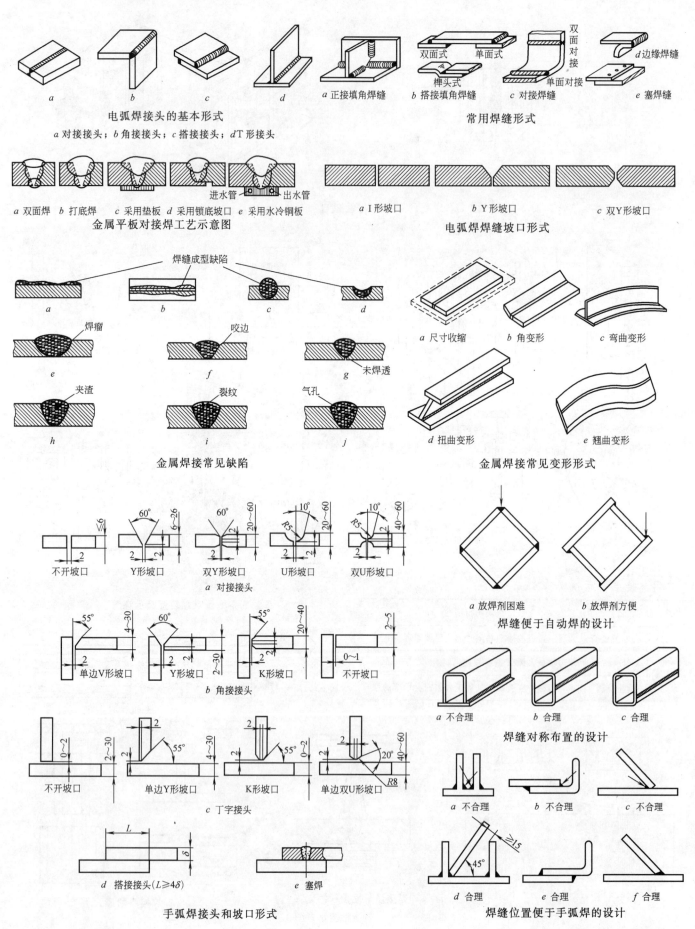

焊接、铆接和粘结 [3] 静连接

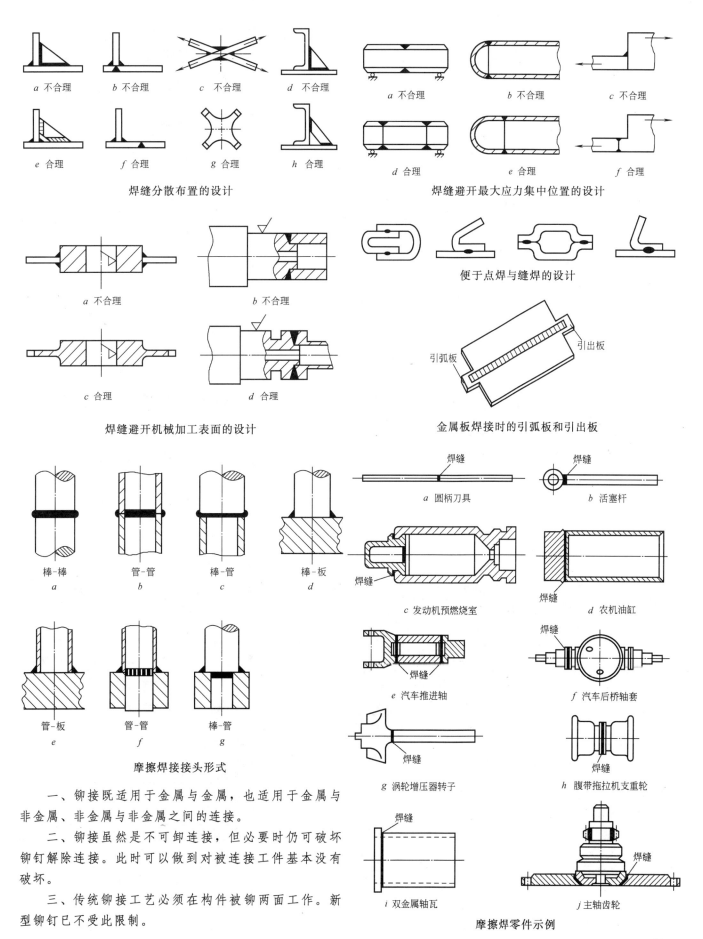

焊缝分散布置的设计

焊缝避开最大应力集中位置的设计

焊缝避开机械加工表面的设计

便于点焊与缝焊的设计

金属板焊接时的引弧板和引出板

摩擦焊接接头形式

摩擦焊零件示例

一、铆接既适用于金属与金属，也适用于金属与非金属、非金属与非金属之间的连接。

二、铆接虽然是不可卸连接，但必要时仍可破坏铆钉解除连接。此时可以做到对被连接工件基本没有破坏。

三、传统铆接工艺必须在构件被铆两面工作。新型铆钉已不受此限制。

静连接 [3] 焊接、铆接和粘结

铆接的分类

序号	分类方法	各级分类名称及说明		
1	按铆钉材料	(低碳)钢铆钉	热铆铆接	一般铆钉直径大于12mm
			冷铆铆接	一般铆钉直径小于12mm
		铝铆钉		
2	按钉头和钉尾形状	有多种形式		
3	按对铆接缝的要求	强固缝	以强度为基本要求,如桥梁、建筑钢结构和起重机等	
		强密缝	要求足够的强度和良好的密封性,如锅炉及高压容器	
		紧密缝	以紧密性为主要要求,如水槽,低压容器	
4	按铆接缝的形式	搭接	被连接板直接搭接。重量轻,但不平整	
		单盖板搭接	采用另加单面或双面盖板来提高铆接的强度和可靠性。由于增加了额外材料,使结构的重量和成本都有所提高	
		双盖板对接		

各种传统铆钉形式

铆接连接的基本形式
a 搭接连接;b 对接连接;c 角接连接

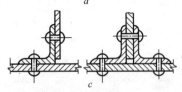

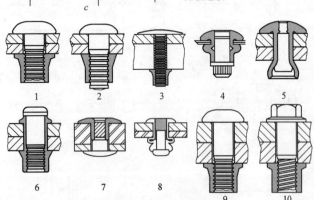

各种新型铆钉形式及其连接

一、粘结剂又称胶黏剂。粘结对象可以是各类金属或非金属材料和零件。

二、粘结的应用越来越广泛。例如,航天飞船外表面承受重返大气层时高温的陶瓷片,就是用粘结剂粘结在飞船表面的。

三、粘结剂可以是无机物(如磷酸盐、硅酸盐等),也可以是有机物(如环氧树脂、酚醛-缩醛等)。

粘结剂的分类方法

序号	分类方式	名称	说明及亚分类名称	
1	按固化方式	室温固化型	溶剂挥发	
			湿气固化	
			添加固化剂型(双组分)	
			厌氧胶	
		加热固化型	热溶胶	
			热固型胶	
		压敏胶	压敏胶、不干胶	
			热胶	
			冷胶	
		再湿胶	水基型	
			溶剂型	
2	按组分	单组分胶黏剂		
		双组分胶黏剂		
3	按使用方法	水活化型	使用时需加一定量水使之活化,才再湿具备粘合能力,如聚乙烯醇等	
		溶剂活化型	使用时加溶剂使活化形成牢固的粘合,如涂布酚醛等	
		压敏型	在粘结时必须加一定压力才能形成牢固的粘合,如橡胶类,丙烯酸酯类	
		热熔型	使用时加热使熔化,涂布在被粘表面,冷却后固化粘合,如 EVA 等	
4	按外观形态	溶剂型	水溶液型	聚乙烯醇
			有机溶剂型	热塑性树脂
		乳液型	如聚醋酸乙烯	
		固态型	乙烯-醋酸乙烯共聚物	
		其他	糊膏状、淤浆状	
5	按主要胶粘物质	天然	葡萄糖衍生物,如淀粉、糊精等	
			氨基酸衍生物,如干酪素、骨胶等	
			天然树脂,如松香、树胶等	
			天然橡胶,如橡胶乳液等	
			动物胶,如骨胶、皮胶、虫胶等	
			植物胶,如淀粉、糊精、生漆、松香等	
		有机物 合成	树脂型 热固性	聚醋酸乙烯、聚乙烯醇、聚乙烯醇缩醛类、聚丙烯酸类、聚酰胺类、聚乙烯等
			树脂型 热塑性	脲醛树脂、酚醛树脂、聚氨酯、环氧树脂等
			橡胶型	氯丁橡胶、丁腈橡胶等
			复合型	酚醛-氯丁橡胶等
		无机物(硅酸盐类)	硅酸钠	
6	按主要用途	非结构胶		
		结构胶		
		密封胶		
		导电胶		
		耐高温胶		
		耐低温胶		
		水下胶		
		点焊胶		
		医用胶		
		应变片胶		
		压敏胶等		

焊接、铆接和粘结 [3] 静连接

粘结剂的组成

序号	组成部分	受力形式及说明
1	粘料	又称主料、基料，粘结剂中起胶粘作用
2	固化剂	使粘料固化成型
3	固化促进剂	又叫催化剂，促进固化剂固化
4	填料	改善粘料机械性能或其他功能
5	稀释剂	一种是溶剂，另一种是参与固化反应的叫活性稀释剂
6	其他助剂	如增塑剂、增稠剂、耐氧化剂、防光剂、防霉剂等

粘结剂的选择原则

序号	原则内容说明
1	主要按使用要求和使用环境条件选择，主要指连接强度、工作温度、固化条件等
2	兼顾产品的特殊要求（如防锈、绝缘、导电、透明、耐高温、耐低温、耐酸、耐碱等）以及工艺上的方便
3	还要注意其他要求，如承受一般冲击、振动时选用弹性模量小的粘结剂；承受变应力时，选择膨胀系数与零件材料相近的粘结剂

粘结接头的典型受力

序号	受力形式及说明
1	拉力或压力
2	剪切力
3	剥离力
4	扯离力

对于粘结是最不利的受力状况，应尽量避免

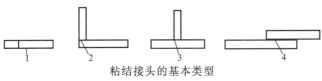

粘结接头的基本类型
1—对接；2—角接；3—T形接；4—搭接

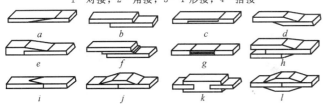

薄板粘结接头的几种形式
a 嵌接；b 单面搭接；c 双对接；d 斜面搭接；
e 搭—对接；f 搭接加强；g 双盖板嵌接；h 双面搭接；
i V形嵌接；j 单面搭板；k 插嵌接；l 双面搭板

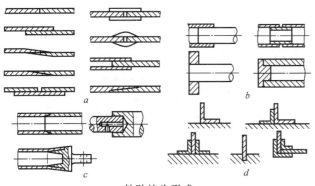

粘贴接头形式

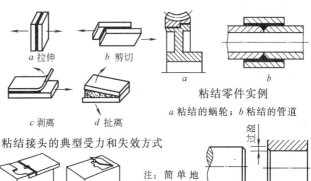

a 拉伸　b 剪切

c 剥离　d 扯离

粘结接头的典型受力和失效方式

弹性嵌卡连接
a 推压式弹性嵌卡连接
b 转压式弹性嵌卡连接

粘结零件实例
a 粘结的蜗轮；b 粘结的管道

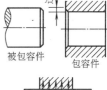

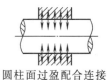

注：简单地说，轴比孔大即过盈产生相互间的压力。安装时，利用加热孔或冷冻轴，使暂时达到孔比轴大而可装入。

圆柱面过盈配合连接

常用胶黏剂的特点、性能和用途

分类	类型	牌号	特点	用途
结构胶	环氧-丁腈	自力-2	弹性及耐候性良好，耐疲劳，使用温度：−60～100℃，固化条件：160℃、2h	可粘结金属、复合材料及陶瓷材料
	酚醛-丁腈	J-03	弹性及耐候性良好，耐疲劳，使用温度：−60～150℃，固化条件：160℃、3h	可粘结金属、陶瓷及复合材料
	环氧-丁腈	HS-1	强度、韧性好，使用温度：−40～150℃，固化条件：130℃、3h	可粘结金属和非金属
	酚醛-缩醛-有机硅	204	耐湿热溶剂，使用温度：−20～200℃，固化条件：180℃、2h	可粘结金属、非金属及复合材料
修补胶	环氧-改性胺	JW-1	耐湿热，固化温度低，使用温度：−60～60℃，固化条件：20℃、24h	可修补陶瓷、复合材料及工程塑料
	环氧-丁腈-酸酐	J-48	耐湿热，化学稳定性好，使用温度：−60～170℃，固化条件：25℃、24h	铝合金，可先焊后注胶，也可先注胶后点焊
	环氧-改性胺	425	流动性好，化学稳定性好，使用温度：−60～60℃，固化条件：25℃、3h	适于铝合金，先点焊后注胶
	环氧-丁腈-胺	KH-120	耐疲劳性好，化学稳定性好，使用温度：−55～120℃，固化条件：150℃、4h	适于各种材质螺件的紧固与密封防漏
	双甲基丙烯酸多缩乙二醇酯	Y-150	较高锁固强度，慢固化厌氧胶，使用温度：−55～150℃，固化条件：25℃、24h	适于M12以下螺纹件紧固与密封防漏及零件装配后注胶填充固定
	双甲基丙烯酸多缩乙二醇酯	GY-230	较高锁固强度，使用温度：−55～120℃，固化条件：25℃、24h	适于M12以下螺纹件紧固与密封防漏及零件装配后注胶填充固定
高温胶	氧化铜-磷酸	无机胶	耐高温，化学稳定性好，性脆，使用温度：−60～700℃，固化条件：室温、24h，或60～80℃、0.5h，或100℃、1h	适于套接压、拉剪接头
	有机硅-填料	KH-505	糊状非结构耐高温，使用温度：−60～400℃，固化条件：270℃、3h	适于钢、陶瓷等非承力结构的如螺栓、小轴、螺钉的紧固
	双马来酰亚胺改性环氧	J-27H	耐热，化学稳定性好，使用温度：−60～250℃，固化条件：200℃、1h	适于石墨、石棉、陶瓷及金属材料的粘结
导电胶	环氧-固化剂-银粉	SY-11	双组分导电胶，性脆，使用温度：−55～60℃，固化条件：120℃、3h，或80℃、6h	适于各种金属、压电陶瓷、压电晶体等导电材料的粘结

机械传动 [4] 带传动

传动装置在机器中处于原动机与工作机械之间，其任务是传递及分配运动和动力。

传动装置的分类

序号	分类方法	名称及说明	
1	按传动原理	带传动：带速 $v \leqslant 30$m/s，传动比 $i \leqslant 7$，传递功率 $P \leqslant 100$kW	
		链传动：线速度 $v \leqslant 15$m/s，传动比 $i \leqslant 8$，传递功率 $P \leqslant 100$kW	
		齿轮传动：线速度 $v \leqslant 150$m/s，传动比 $i \leqslant 8$，传递功率 $P \leqslant 100$kW	
		蜗杆传动：传动比 $i=10 \sim 70$，传递功率 $P \leqslant 50$kW	
		减速箱	上述几种传动的组合
		变速箱	
2	按传动元件刚挠性	挠性的	带传动
		刚性的	齿轮传动，蜗杆传动
		本身刚性但连接后有某种程度的挠性	链传动

几种传动方式的性能对比

传动方式 性能	带传动	链传动	齿轮传动	蜗杆传动
传动元件的刚挠性	挠性	半刚-半挠性	刚性	刚性
传动中心距	大	较大	小	小
缓冲吸振功能	好	无	无	无
运行平稳	好	有动载和冲击，平稳性差	好	好
运行噪声	小	大	小	小
过载保护	有	差	差	差
要求工作环境	干净	油污和高温可	清洁或密闭	清洁或密闭
结构	简单	比较紧凑	紧凑	复杂
制造	方便	稍烦	复杂，需专门设备和刀具，制造和安装要求高	复杂，需专门设备和刀具，制造和安装要求高
维护	方便	方便	要求高	要求高
成本	低	中	高	很高
（单级）传动比	不准确	瞬时传动比变动平均传动比准确	准确	准确且大
能传递的扭矩	不大	较大（低速尤佳）	大	大
传动效率	较低	较高	高	低
对支承轴的受力	大	很小	较大	较大
对支承轴承的要求	较大	较少	较大	较大
其他		快速反转性能差	工作可靠，寿命长	可以实现自锁；发热

带传动

一、带传动是靠摩擦力来传动的。而摩擦力来自于主从动带轮间的张紧力。

二、由于传动带的弹性伸长造成带传动在正常运行时伴有弹性打滑。

三、各种原因造成的张紧力不足、或摩擦面异常、或负荷过大等原因引起的摩擦面打滑，造成带传动失效。

带传动的结构组成

序号	构成件	说　　明
1	主动轮	传动带环形、封闭，并张紧在主、从动轮上，依靠传动带与带轮间的摩擦力的作用，主动轮依次拖动传动带和从动轮一起转动，从而传递动力和运动
2	从动轮	
3	传动带	

带传动的分类

序号	分类方法	分类名称及说明	
1	按布置情况	开口传动：主从动轴平行且旋转方向相同	
		交叉传动：主从动轴平行，旋转方向相反，两段皮带有摩擦	
		半交叉传动：主从动轴成空间垂直交叉	
2	按传动带的横截面形状	平带传动	传动带断面为矩形，一般宽扁
		V带传动	在张紧力相同的情况下，V带的摩擦力由于楔形角φ的存在而增大。因此，V带传递功率的能力比平带大得多
		圆带传动	圆带横截面积小，易弯曲，多用于轻载、低速机器上（如缝纫机、牙科钻、仪器等）
		多楔带	由多个V带并排连接而成，像V带一样侧面工作，故结构紧凑，传递动力大
		同步带	传动带内侧有齿，与带轮圆周上的轮齿作啮合运动，故能实现同步传动并缓冲吸振

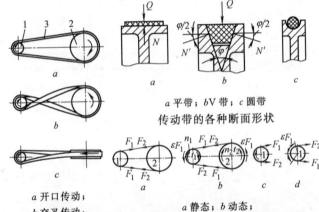

a 平带；b V带；c 圆带
传动带的各种断面形状

a 开口传动；
b 交叉传动；
c 半交叉传动
带传动的布置

a 静态；b 动态；
c 主动轮上的传动带中的拉力是渐变的，d 传动带上最大应力发生在紧边开始绕上小带轮处。
传动带中的作用力

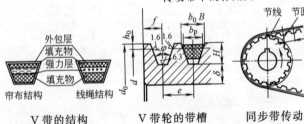

V带的结构　　V带轮的带槽　　同步带传动

带传动的特点

序号	特点说明
1	适用于中心距较大的场合
2	有减缓冲击、吸收振动之功能，运行平稳无噪声
3	过载时打滑，有安全保护作用
4	结构简单，制造维护方便，成本低
5	传动比不准确
6	传递效率低
7	对带轮的轴有较大压力，要求轴承较大

带传动的主要失效形式

序号	失效形式	原因、措施及说明	备注
1	打滑	维护不当造成张紧力减小,需从新调整张紧力	打滑应与带传动正常工作时存在弹性打滑严格区分
		传动带或带轮槽沾油,需清洁除油,必要时更换传动带	
		载荷过大,系非正常工况应予避免	

带传动的使用维护注意点

序号	注意点	详细说明
1	定期调节传动带的张紧度	除有传动带的自动张紧度自动调节机构,均应定期手动调整传动带的张紧度
2	保证两带轮轴线平行,两轮槽对正	定期进行检查,必要时进行调整
3	安装并检查防护罩	保证安装位置合适,固定牢靠
4	传动带清洁	避免接触酸、碱、油等介质
5	工作温度不宜过高	一般不超过60℃
6	新旧带不可并用	使用多根传动带时必须同时更换,不允许新旧并用

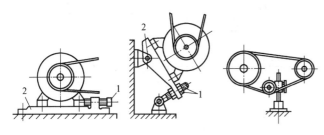

带传动的张紧方式

链传动

一、链传动是啮合传动,无打滑。

二、链节是刚性的,但链节是铰链,故总体上有一定挠度。

三、链传动因链条销轴在链轮上所处半径的微小变动而造成运动的不均匀性。

链传动的组成

序号	组成与说明	
1	主动链轮	端面齿形由多段圆弧组成;轴面上有弧度或锥度;使链条能顺利进入和退出
2	从动链轮	
3	链条:环形封闭状的链条是由许多链节通过铰链轴连接而成,故具有一定的挠性。链条由内外链板、滚子、套筒和销轴等刚性零件组装而成	

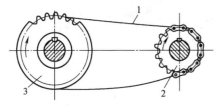

链传动:由环形链1和主从动链轮2、3组成

传动链的分类

序号	名称与说明		
1	套筒滚子链	单排链	使用较多,单排链尤多
		双排链或多排链	
2	齿形链	内导板式	相邻的链板形成齿形而可与齿轮状链轮啮合。耐冲击性好,传动平稳,噪声小。可用于线速度v≤40m/s的高速场合;但结构复杂,成本高,重量较大,故应用较少
		外导板式	

链传动的特点

序号	特点说明
1	无滑动,在低速时可传递较大载荷
2	传动效率较高(可达97%～98%)
3	有准确的平均传动比
4	链条上的张力很小,链轮轴上的载荷也较小,可减少轴承磨损
5	在油污和温度较高的环境中仍能正常工作
6	结构比较紧凑
7	瞬时传动比不是常数,因而动载和冲击较大,平稳性差,噪声也大
8	快速反转的性能差
9	制造成本较带传动高

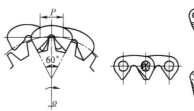

a 内导板式

b 外导板式

齿形链　　齿形链实体图

套筒滚子链的结构与组成

序号	名称与说明	
1	内链板1	与套筒固定连接形成内链节
2	外链板2	与销轴固定连接形成外链节
3	销轴3	销轴与套筒为动配合,形成转动副,使相邻的内、外链节可以相对转动
4	套筒4	
5	滚子5	滚子松套在套筒上,可自由转动;当链条与链轮啮合时,滚子与链轮的轮齿间形成滚动摩擦,减少了链条与轮齿表面的磨损

注:文字后数字请参阅套筒滚子链图。

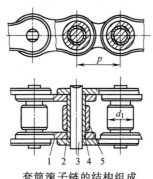

套筒滚子链的结构组成

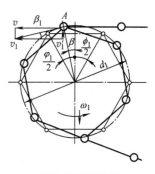

链轮的不平衡性

链条销轴所在处是个正多边形,造成链条线速度的快速而微小的变化

机械传动 [4] 链传动·齿轮传动

一、链条上相邻两销轴中心线的距离称为节距 p，是链条最重要的参数。节距越大，各元件尺寸也越大，链条所能传递的功率也越大。

二、链条的链节最好是双数，否则必须要用一节过渡链，即弯板链。弯板链的弹性较好，可缓冲和吸收振动，故重载、有冲击及经常正反转变换时常常专门用这种弯板链的链条。

三、为了传递较大功率，可用双排链或多排链。这是将两排或多排链条并排连接形成的。

四、链轮的端面齿形和轴面形状应便链条顺利进出。

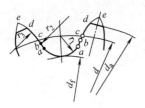 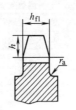

链轮的端面齿形
aa、ab、cd 三段为圆弧，bc 段为直线。通过 c 点、直径为 d 的圆称为分度圆；齿顶圆 d_a 和齿根圆 d_f 的含义是清楚的。

链轮轴面牙形
左弧度；右锥度。

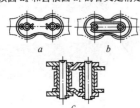 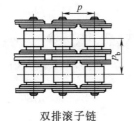

滚子链的接头形式
a 和 b—一侧外链板用弹性卡簧锁止；c—弯板链

双排滚子链

链条的主要失效形式

序号	名称	说明	应对措施
1	过载拉断	多数是在低速重载时发生（线速度 $v \leq 0.6$m/s 时）	1. 根据工作条件计算和选择合适的链传动参数和布置方式； 2. 使用中按选定的润滑方式按规定予以定期润滑，定期清洗，更换链节，定期调整链条的张紧度
2	冲击破裂	经常启动、制动、反转或受重复冲击载荷作用的链传动容易在多次激烈冲击后造成滚子、套筒、销轴破裂	
3	链条铰链磨损	由于进出啮合时，销轴与套筒相对转动造成铰链工作面磨损，使链条节距伸长。久而久之，链节与链轮的啮合点沿齿高外移，容易造成跳齿或脱链	
4	链条铰链的胶合	速度过高，冲击或动载过大，致使摩擦表面油膜破坏，此时可能因重压和摩擦产生的瞬时高温而发生金属表面间的胶合。胶合限制了链传动的极限转速	
5	疲劳破坏	链条在松边与紧边间反复受到交变应力的作用下，经过一定的应力循环次数后链板将发生疲劳断裂，滚子或套筒的工作表面将发生疲劳点蚀破坏。这是链传动在正常润滑条件下决定其承载能力的最主要因素	

齿轮传动

一、齿轮传动是现代机器中使用最广泛的传动形式。

二、齿轮对齿廓曲线有一定要求。能作齿廓的曲线种类很多，有渐开线、摆线、圆弧等。最常用的齿廓曲线是渐开线。其他齿廓曲线应用范围较小（如钟表中多用摆线齿轮，减速器中有用摆线、圆弧齿形的）。本资料集只介绍渐开线齿廓曲线。

三、渐开线齿廓能满足定传动比要求。渐开线齿廓传动的特点是传动平稳，且拉大中心距不会影响传动比（可分性）。

齿轮传动的特点

序号	特点说明
1	传动平稳
2	传动的功率和速度范围广（功率可达几万千瓦，线速度可达 150m/s）
3	结构紧凑
4	传动效率高（94%～99%）
5	工作可靠，寿命长（十几到二十年）
6	需要专用设备和刀具加工，成本高
7	对于制造和安装的要求较高（否则振动和噪声就大）
8	不适用于轴间距离大的场合

齿轮传动的类型

序号	分类名称与说明		
1	圆柱齿轮传动	外啮合齿轮传动	直齿圆柱齿轮传动
			斜齿圆柱齿轮传动
			人字形齿圆柱齿轮传动
			齿轮齿条传动
		内啮合齿轮传动	一般因加工原因，只有直齿内齿轮
			用于两轴平行的场合。应用最多
2	锥齿轮传动	直齿锥齿轮	一般用于两轴垂直相交的场合（也可以不是直角）
		螺旋锥齿轮	
3	交错轴斜齿轮传动	用于两轴空间交错的场合	
4	蜗轮蜗杆传动	用于两轴空间垂直交叉的场合	

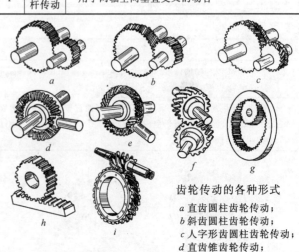

齿轮传动的各种形式
a 直齿圆柱齿轮传动；
b 斜齿圆柱齿轮传动；
c 人字形齿圆柱齿轮传动；
d 直齿锥齿轮传动；
e 螺旋锥齿轮传动；f 交叉轴斜齿轮传动；g 内啮合齿轮传动；h 齿轮齿条传动；i（蜗轮）蜗杆传动

齿轮传动 [4] 机械传动

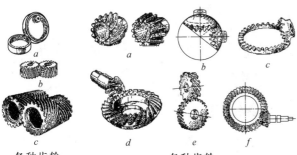

各种齿轮
a 内啮合直齿齿轮；
b 斜齿齿轮；
c 人字齿齿轮

各种齿轮
a 直齿和螺旋齿锥齿轮；b 直齿锥齿轮副；
c 齿轮与平面轮啮合；d 螺旋锥齿轮啮合；
e 螺旋齿轮传动；f 准双曲线锥齿轮传动

齿轮传动按箱体结构和润滑方式的分类

序号	名 称	
1	开式齿轮传动	箱体是不封闭或不完全封闭的。多采用人工定期加油(润滑油或润滑脂)润滑。多适用于低速、轻载场合
2	半开式齿轮传动	
3	闭式齿轮传动	闭式齿轮传动的箱体是密闭的。闭式齿轮传动大多采用浸油润滑；对中、低速齿轮传动，用油泵经由管道和喷嘴进行压力润滑

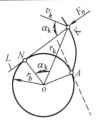

渐开线的形成

渐开线的形成：当直线 L 沿半径为 r_b 的圆周作无滑动的滚动时，直线上任意一点 K 的轨迹曲线 AK 称为该圆的渐开线；这个圆称为渐开线的基圆，直线 L 称为渐开线的发生线。

渐开线的性质

序号	性质及说明
1	发生线在基圆上滚过的一段长度等于基圆上相应的弧长，即线段 KN 等于弧长 AN
2	由于发生线沿基圆作纯滚动，故切点 N 为滚动的瞬时速度中心。所以，KN 就是渐开线在点 K 的法线。同样道理，渐开线上任意一点的法线一定是基圆的切线
3	N 为渐开线上 K 点的曲率中心；KN 是点 K 处渐开线的曲率半径。而且，越靠近基圆处的曲率半径越小
4	基圆以内无渐开线
5	半径相同的基圆，所产生的渐开线形状也相同。如果基圆半径变大，显然渐开线趋于平直；反之亦真。当基圆半径为无穷大时，渐开线变为直线；这就是渐开线齿条，其齿廓为直线
6	渐开线上任意一点的法线与齿廓上该点速度的方向间所夹的锐角 α_k 称为该点的压力角。压力角将随 r_k 的增加而增大；而在基圆上，压力角等于零

渐开线齿廓的定传动比和可分性

两齿轮齿廓的啮合点永远在两基圆的内公切线上；拉大两轮中心距，此性质不变，即传动比不变。

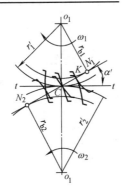

渐开线齿廓传动的特点

序号	特点名	性质及说明
1	传动平稳	基圆内公切线就是渐开线齿廓的啮合线，因此两轮间传递的力矩恒定，力的大小、方向和作用线不变，保证了传递平稳
2	可分性	制造、安装以及磨损、变形等原因引起的齿轮中心线的偏差，都不会影响传动比。这也称为渐开线齿轮中心距的可分性。这是渐开线齿轮得到广泛应用的一个重要原因

渐开线标准直齿圆柱齿轮的基本尺寸和参数

序号	名称	代号	说明	计算
1	齿数	Z	齿轮圆周上轮齿的总数	
2	齿槽宽	e_k	齿轮相邻两齿间的空间为齿槽。在任意直径 d_k 上所量得的齿槽弧长为该圆周上的齿槽宽 e_k	$p_k = e_k + s_k$；$\pi d_k = p_k Z$；分度圆上的齿厚和齿槽宽相等：$e = s = p/2 = \pi m/2$
3	齿距	p_k	任意直径 d_k 上所量得的轮齿两侧齿廓间的弧长为该圆周上的齿厚 s_k。在任意直径 d_k 上所量得的相邻两轮齿的对应点之间的弧长称为该圆上的齿距 p_k	分度圆上的齿距(节距)：$p = \pi m$
4	齿顶圆直径/半径	d_a/r_a	各轮齿顶端所在的圆的直径/半径	$d_a = m(Z+2)$
5	齿根圆直径/半径	d_f/r_f	各轮齿齿槽根部所在的圆的直径/半径	$d_f = m(Z-2.5)$
6	分度圆直径	d	在齿顶圆与齿根圆间选取齿厚等于齿槽($s=e$, $p=2s=2e$)的圆的直径	$d = Zp/\pi$
7	模数	m	定义 p/π 为模数，已由国家标准规定为一个系列化的参数	$d = Zm$
8	齿顶高	h_a	分度圆以上轮齿的高度(标准规定)	$h_a = m$
9	齿根高	h_f	分度圆到齿槽根部的高度(标准规定)	$h_f = h_a + c = 1.25m$
10	齿顶间隙	c	一齿轮齿顶与另一齿轮齿槽根之间的间隙	$c = 0.25m$
11	分度圆上的压力角	α	(定义见前渐开线的生成部分)标准规定	$\alpha = 20°$
12	基圆直径	d_b	(定义见前渐开线的生成部分)	$d_b = d\cos\alpha = mZ\cos\alpha$
13	两齿轮中心距	a		$a = (Z_1+Z_2)m/2$

渐开线标准直齿圆柱齿轮的基本尺寸和参数

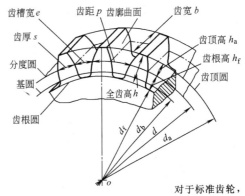

对于标准齿轮，只要模数 m 和齿数 Z 确定了，其他尺寸参数也就都确定了。

机械传动 [4] 齿轮传动

渐开线齿轮的轮齿切削加工方法（原理）

序号	名称	说 明
1	仿形法	利用与所要加工的齿间形状相同的盘形铣刀或指状铣刀，一个一个齿间加工，直到所有齿间加工完毕
2	范成法	利用轮齿的啮合原理来切削轮齿齿廓的方法

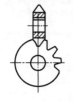  

a 用盘铣刀；b 用指状铣刀

仿形法加工齿轮轮齿

范成法切削加工齿轮渐开线轮齿

以插齿刀在插齿机上加工轮齿为例。插齿刀的形状与齿轮相似，其模数和压力角与被加工齿轮相同。加工时，插齿刀沿齿轮坯轴线作上下往复的切削运动；同时，插齿机使插齿刀与齿轮坯作严格的啮合运动。切削剩余下来的就

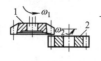

范成法加工齿轮轮齿原理

是齿轮轮齿的轮廓。这样，用一把插齿刀就可以加工模数和压力角相同、但齿数不同的齿轮。

同样道理，用齿条形状的齿条插齿刀也可以根据范成原理切削加工出齿轮来。但插齿刀的往复切削运动限制了加工速度的提高。因此，加工原理完全相同的滚齿刀和滚齿机应运而生。滚齿刀从横截面看就是一把齿条插齿刀，但插齿刀的往复切削运动已为滚齿刀的旋转运动所代替。滚齿刀的旋转相当于许多把齿条插齿刀的连续切削；同时滚齿刀横断面的缓慢横向移动又相当于齿条与被加工齿轮坯的啮合运动。因此，不仅严格的啮合运动仍得以保证，而且加工速度和效率也大大提高。

范成法加工齿轮轮齿：用插齿刀 | **范成法加工齿轮轮齿原理：用齿条代替齿轮**

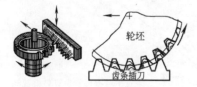 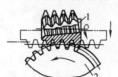

范成法加工齿轮轮齿：用齿条插齿刀 | **范成法加工齿轮轮齿：用滚齿刀提高效率**

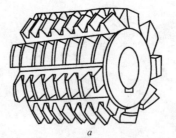 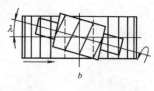

滚齿刀 a 及其加工时与齿轮相对位置 b

齿轮的失效方式

序号	名 称		说 明
1	轮齿折断	过载折断	因动静载时过载而折断
		疲劳折断	因载荷多次循环反复作用而发生的疲劳折断
2	齿面胶合		在低速重载场合下，轮齿啮合面的润滑油膜被破坏，造成齿面金属直接接触、出现粘焊而撕脱
3	齿面磨损		开式齿轮传动的主要失效形式
4	齿面塑性变形		多在低速重载和频繁启动的场合发生
5	齿面疲劳点蚀		正常运行条件下齿轮的主要失效方式。原因是因表面接触应力超过接触疲劳极限时，齿面出现疲劳裂纹，当这种疲劳裂纹扩展到金属微粒剥落时在齿面上形成凹坑（点蚀）。齿面点蚀将使啮合情况恶化，并产生冲击和噪声

齿轮的强度计算

序号	传动类型	齿轮类型	强度计算准则
1	闭式齿轮传动	软齿轮（大齿轮）	1) 抗点蚀的疲劳接触强度计算 2) 弯曲疲劳强度的校核
		硬齿轮（小齿轮）	1) 弯曲强度计算 2) 校核抗点蚀的疲劳接触强度
2	开式齿轮传动	各种齿轮	1) 计算齿根的弯曲疲劳强度，确定模数 m 2) 考虑到磨损会降低轮齿弯曲强度，将算得模数 m 增大15%左右

齿轮的材料

序号	项目		说明或叙述
1	制造齿轮的材料应具备的性能		一定的抗弯强度
			齿面有足够的硬度（抵抗齿面点蚀）和耐磨性
			芯部要有较高的冲击韧性
2	实际使用材料（毛坯用锻钢）	大齿轮	钢45和40Cr，经调质处理（淬火加高温回火）
		小齿轮	钢20和20Cr，经渗碳后再表面淬火
			钢45和40Cr，经整体或表面淬火

齿轮的实际结构

序号	适用范围	结构	说明
1	直径 $d_a \leq 200$mm 的小齿轮	空心齿轮	套在轴上，通过键连接传递力矩
		与齿轮轴做成一体	用于键槽外端到轮齿根部的距离太小时
2	直径200~500mm的大齿轮	腹板式结构	若尺寸足够，还应在腹板上开孔以减轻重量

制造齿轮的毛坯

序号	毛坯类型	适 用 范 围
1	锻造齿轮毛坯	尺寸稍小的齿轮
2	铸造毛坯	直径400mm以上的特大齿轮
3	圆钢	生产单件小批生产齿轮，直接切制加工

齿轮传动・蜗杆传动 [4] 机械传动

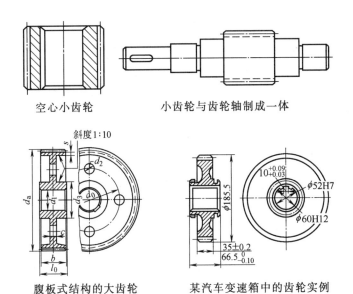

空心小齿轮　　小齿轮与齿轮轴制成一体

腹板式结构的大齿轮　　某汽车变速箱中的齿轮实例

蜗杆传动

一、蜗杆传动是从螺旋齿轮机构演化而来，其最大特点是能够通过一级传动得到较大的减速比（$i=8\sim80$），这是其他传动方式一般很难达到的。

二、蜗杆传动用于轴间夹角为 90° 时（空间垂直交叉）。蜗杆为主动件，蜗轮为从动件；主、从动关系一般不可以交换。

三、常用阿基米德蜗杆，其螺旋线形成与螺纹相同。在蜗杆轴面内，齿廓曲线为直线；在垂直蜗杆轴线的端面内，齿廓曲线为阿基米德螺线。

四、由于轴面齿廓是直线，蜗杆切削刀具刃磨简单，且加工过程类似于普通螺纹，故阿基米德蜗杆得到了广泛应用。

五、由于齿面间相对滑动速度较高（大于蜗杆和蜗轮的线速度），对润滑以及齿面的磨损和胶合失效都有很大影响。故一般要限制齿面相对滑动速度 $v_s \leq 15 \text{m/s}$，并对蜗轮材料、润滑等都有相当要求。

六、蜗杆传动的效率较低：闭式蜗杆传动、单头蜗杆时约 70%；能自锁的蜗杆传动约 50%；多头蜗杆传动约在 80%~90% 之间。

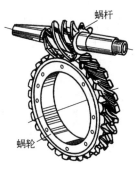

蜗杆传动

蜗杆传动的分类

序号	分类方法	一级和二级分类名称		
1	按蜗杆螺旋线的方向	右旋蜗杆传动		
		左旋蜗杆传动		
2	按蜗杆的形状	圆柱蜗杆	按蜗杆齿廓曲线形状	阿基米德蜗杆
				渐开线蜗杆
				延伸渐开线蜗杆
		弧面（环面）蜗杆		

蜗杆类型
a 圆柱蜗杆；
b 弧面蜗杆

蜗杆的头数、导程和升角

蜗杆传动的主要参数

蜗杆传动的主要参数和几何尺寸

序号	名称	代号	定义与说明	计算
1	主平面		通过蜗杆轴线并垂直于蜗轮轴线的平面。在主平面上，蜗杆与蜗轮的啮合相当于齿条与渐开线齿轮的啮合	
2	蜗杆主平面上的轴向模数	m_{a1}	两者相等，且为标准值	$m_{a1}=m_{t2}=m$
3	蜗轮的端面模数	m_{t2}		
4	蜗杆主平面上的压力角	α_{a1}	两者相等，且为标准值	$\alpha_{a1}=\alpha_{t2}=20°$
5	蜗轮的端面压力角	α_{t2}		
6	蜗杆中圆（即分度圆）直径	d_1	通常切削蜗轮的刀具（滚刀）必须与蜗杆形状相仿，为使刀具标准化、系列化，将中圆直径 d_1 定为标准值	
7	蜗杆螺旋线升角	λ	将蜗杆分度圆柱展开后蜗杆螺旋线与圆柱面母线的夹角	$\text{tg}\lambda=Z_1p_{a1}/\pi d_1=Z_1m/d_1=Z_1/q$
	蜗杆轴面节距	p_{a1}	蜗杆分度圆柱上相邻两条蜗杆螺旋线之间的距离	
8	蜗杆直径系数	q	由于模数和直径都是标准值，因此直径系数就不一定是整数	$q=m/d_1$
9	传动比	i		$i=Z_2/Z_1$
10	蜗杆头数	Z_1	蜗杆的头数为 1~4。单头蜗杆的传动效率较低，但可自锁，常用于大传动比或要求自锁的场合。多头蜗杆则用于大功率场合。头数过多时升角过大，蜗杆制造比较困难	
11	蜗轮齿数	Z_2	因加工原因，Z_2 不宜太少。但 Z_2 太多则蜗杆跨距过大，刚度下降，影响啮合精度；一般，Z_2 不大于 80	

机械传动 [4] 蜗杆传动·轮系、减速器和变速器

蜗杆传动的特点

序号	特点叙述
1	结构紧凑,单级传动比大
2	工作平稳,噪声小
3	蜗杆导程较小时可实现自锁
4	传动效率低(单头蜗杆传动约为0.7;可自锁时可低达0.5),发热大
5	传递功率较小(一般小于50kW)
6	为使轮齿具有良好的减摩和耐磨性能及抵抗胶合的能力,蜗轮齿圈常需采用青铜制造,故成本较高

蜗杆传动的润滑

序号	项目	条件	适用情况及说明
1	一般要求		因齿面相对滑动速度较大,若润滑不良,传动效率将下降,轮齿也会过早磨损或发生胶合失效。故良好润滑能提高传动效率、承载能力及使用寿命
2	润滑剂	一般情况	混有抗胶合添加剂的高黏度矿物油
		青铜蜗轮	抗胶合添加剂会腐蚀青铜材料,故不能使用这种添加剂
3	润滑方式	闭式蜗杆传动	油池或喷油润滑
		开式蜗杆传动	定期添加或涂抹高黏度润滑油或润滑脂

蜗杆传动的常用材料

序号	条件		要求或使用材料及热处理
1	蜗杆传动材料的一般要求		一定的强度,良好的耐磨性和减摩性
2	蜗杆	一般情况	钢40、45,经调质处理
		高速、重载	钢45、40Cr或40CrNi,淬火处理
			钢20、20Cr,渗碳淬火
3	蜗轮	滑动速度不大于2m/s的低速轻载情况	灰铸铁
		滑动速度不大于3m/s的一般情况	铝青铜
		滑动速度达到3m/s的高速重载情况	锡青铜(价格较昂贵)

蜗杆传动的常用结构

序号	名称		结构	说明
1	蜗杆		与轴制成一体	称蜗杆轴
2	蜗轮	尺寸较大时	有色金属齿圈、普通钢齿材或铸铁轮芯	尽量少用贵重的有色金属。齿圈与轮芯有多种连接方法
		尺寸不太大时	整体式	根据使用条件选用材料

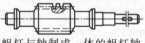

蜗杆与轴制成一体的蜗杆轴

1—油嘴;2—调整蜗轮;3—镶止球;4—蜗杆轴;5—弹簧;6—制动调整臂体;7—调整蜗杆;8—盖;9—铆钉;10—制动气室推杆;11—镶止套;12—镶止螺钉

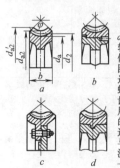

各种蜗轮结构

a 不大的蜗轮可以是整体式;b 齿圈与轮芯为过盈配合加螺钉连接;c 齿圈用带铰制孔的螺栓进行连接;d 齿圈与轮芯浇铸形成一体

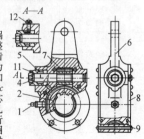

蜗杆传动应用实例—汽车制动器上的调整臂

轮系、减速器和变速器

一、轮系是由两个以上相互啮合的齿轮(包括蜗杆传动)组成的传动系统。

二、采用轮系传动的主要原因是由一对齿轮组成的传动往往不能满足使用要求。

使用轮系的目的

序号	目的说明
1	获得较大的传动比
2	获得较大的输入轴与输出轴间的中心距
3	改变从动轴的方向和(或)转向(即减速器和变速器)
4	实现分路传动,即由一个动力源同时驱动多个负荷

轮系的分类

序号	名称	说	明
1	定轴轮系(普通轮系)	轮系中各齿轮的几何轴线位置都是固定的	其传动比计算比较简单
2	周转轮系	轮系中各个齿轮的几何轴线不都是固定的,即至少有一个齿轮的几何轴线是绕另一个齿轮的固定几何轴线转动的	具有1个自由度的周转轮系为行星轮系 具有2个自由度的周转轮系称为差动轮系
3	混合轮系	由定轴轮系和周转轮系或几个周转轮系组合而成的轮系	如电动葫芦(一种起重机械)中的轮系传动,其中有普通轮系,也有行星轮系

减速器:一个定轴轮系实例

定轴轮系的传动比计算例

这个由圆柱齿轮组成的平面定轴轮系,其传动比计算是简单的,等于各级齿轮传动传动比的连乘。

一个行星轮系 一个差动轮系

此轮系只有一个自由度。给定一个原动件,轮系就有确定运动。

此轮系有2个自由度。为使其具有确定运动,必须有两个原动件。

行星轮系的传动比计算

注:图示行星轮系由齿轮1、2、3及系杆H组成a。设其绝对角速度分别为 ω_1、ω_2、ω_3 及 ω_H。为简化问题,若给整个机构以一个公共角速度($-\omega_H$),这样做不会改变各构件间相对运动关系;但使系杆速度变零,即系杆变为固定不动的机架。周转轮系因此转化为以系杆为机架的定轴轮系中,传动比计算是简单的;各件的转化后转速均为原来的绝对运动角速度加上公共角速度($-\omega_H$)。结果是:$(\omega_1 - \omega_H)/(\omega_3 - \omega_H) = -Z_3/Z_1$。

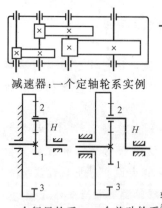

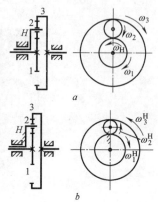

轮系、减速器和变速器 [4] 机械传动

行星轮系在实际使用中改变固定件，就可得到不同的传动比。这使行星齿轮传动在变速自行车（通常为置于后轴内的三挡变速器）及汽车无级变速器中得到广泛的应用。

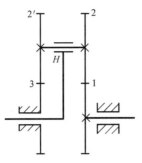

一种大传动比行星轮系

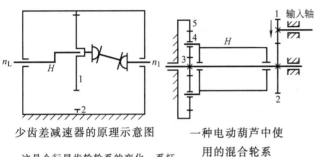

少齿差减速器的原理示意图　　一种电动葫芦中使用的混合轮系

这是个行星齿轮轮系的变化，系杆 H 是主动件，行星齿轮 1 是从动件。齿轮 1 和 2 的齿差仅为 1~4 齿，故传动比非常大。通过万向传动轴实现。

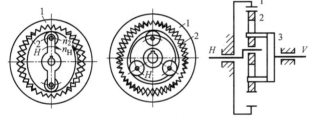

双波谐波传动　　三波谐波传动　　少齿差行星齿轮传动

与少齿差行星齿轮传动原理相同，但件 2 由柔性材料制造。

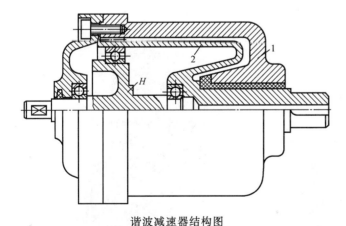

谐波减速器结构图

一、减速器是一种传动装置，由封闭的机体或机箱内的齿轮或蜗杆传动所组成的独立部件。它有固定的传动比，常用于在原动件和工作机之间起降低转速、增加力矩的作用。

二、减速器结构紧凑，传动效率较高，传动准确可靠，使用维护简便，可成批生产降低成本，在现代机器中应用极广。

三、大多数减速器已经实现标准化和系列化。通常只要根据传动比、转速和传递功率以及其他要求直接选用。

减速器的分类

序号	分类名称	二级分类方法	二级分类名称	特性和说明
1	普通减速器	按减速级数	单级减速器	传动比一般在 8 以下
			双级减速器	传动比通常为 8~40 之间
			多级减速器	超过三级的减速器很少
		按齿轮类型	圆柱齿轮减速器	各级均为圆柱齿轮传动
			圆锥齿轮减速器	至少有一级为圆锥齿轮传动
			蜗杆减速器	单级蜗杆减速器的传动比常在 10~70 之间；二级蜗杆减速器的传动比可达 70~2500 之间
			混合减速器	由圆柱齿轮、圆锥齿轮或蜗杆传动中的 2 种或 2 种以上组合而成。齿轮-蜗杆二级减速器的传动比可达 35~200 以上
		按传动布置形式	展开式	输入、输出轴处于对角位置。结构简单，应用比较广泛；但齿轮对轴承的不对称布置，使载荷沿轴向分布不均，要求齿轮轴有较高刚度
			同轴式	输入、输出轴位置与展开式相同，但用两组齿轮同时传递扭矩，使齿轮对轴承对称布置，载荷沿轴向分布比较均匀，常用于大功率、变载荷的场合
			分流式	输入、输出轴在同一中心线上。故箱体径向尺寸减小，但轴向尺寸较大，中间轴较长、刚性变差；且两级齿轮传动必须中心距相等，使第二级的承载能力未能充分利用
2	行星齿轮减速器			至少有一组行星齿轮传动。实际应用种类繁多，但真正已经实现标准化和系列化的不多

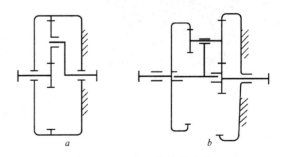

常用的两种行星齿轮减速器

机械传动 [4] 轮系、减速器和变速器

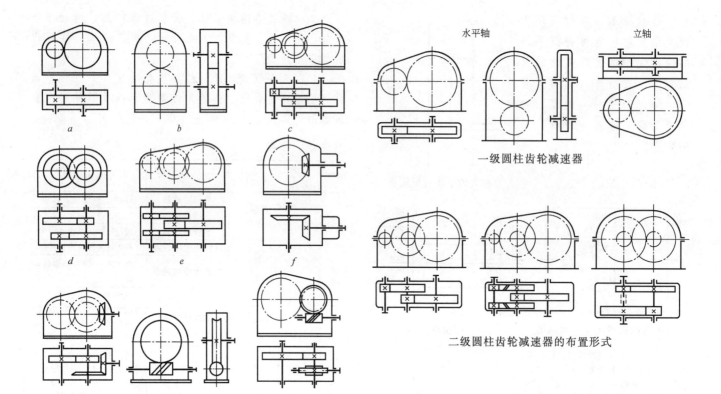

一级圆柱齿轮减速器

二级圆柱齿轮减速器的布置形式

各种齿轮减速器

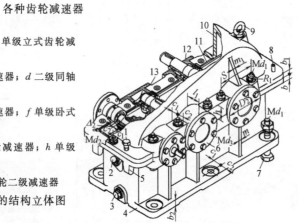

二级圆柱齿轮减速器的结构立体图

卧式二级圆柱齿轮减速器剖切立体图

a 单级卧式齿轮减速器；b 单级立式齿轮减速器；
c 二级展开式卧式齿轮减速器；d 二级同轴式卧式齿轮减速器；
e 二级分流式卧式齿轮减速器；f 单级卧式圆锥齿轮减速器；
g 二级卧式圆柱-圆锥齿轮减速器；h 单级立式蜗杆减速器；
i 立-卧混合式蜗杆-圆柱齿轮二级减速器

带电机的立式二级圆柱齿轮减速器立体图
1—油封；2—小齿轮；3—机座；
4—输出轴；5—大齿轮；6—电动机

立式一级圆柱齿轮减速器立体图

立式二级圆柱齿轮减速器剖切立体图

34

轮系、减速器和变速器 [4] 机械传动

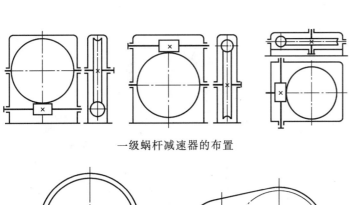

一级蜗杆减速器的布置

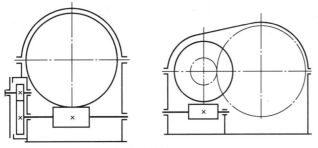

二级齿轮-蜗杆减速器

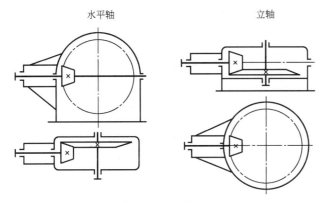

水平轴　　　　　立轴

一级圆锥齿轮减速器

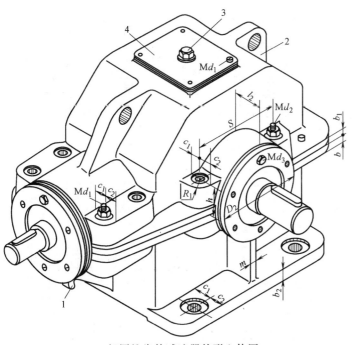

一级圆锥齿轮减速器外形立体图
1—箱体吊钩；2—箱整吊钩；3—通气管；4—窥视孔盖

一级蜗杆减速器（蜗杆上置）

一级蜗杆减速器（蜗杆下置）

带电机的圆柱齿轮-蜗杆减速器

机械传动 [4] 轮系、减速器和变速器

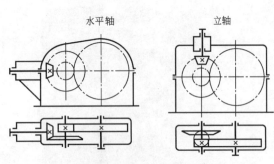

二级圆锥-圆柱齿轮减速器

二级圆锥-圆柱齿轮减速器外形立体图

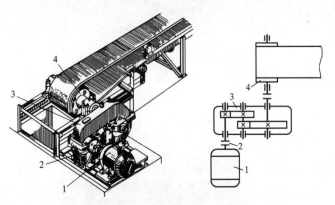

减速器应用例：带式输送机传动装置及外观简图
1—电动机；2—联轴器；3—减速器；4—驱动滚筒

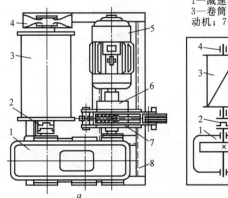 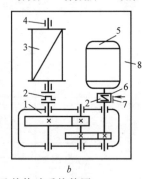

1—减速器；2、6—联轴器；3—卷筒；4—轴承；5—电动机；7—制动器；8—机架

减速器应用例：卷扬机及其传动系统简图

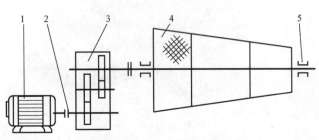

减速器应用例：滚动筛的传动系统
1—电动机；2—联轴器；3—减速器；4—筛；5—轴承

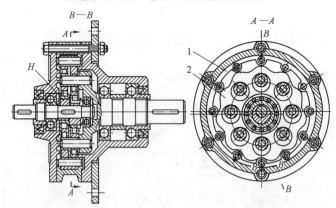

摆线针轮减速器

摆线针轮减速器的工作原理与少齿差行星齿轮减速器相似。由于轴向尺寸极其紧凑，可装在电动机输出端，应用相当广泛。

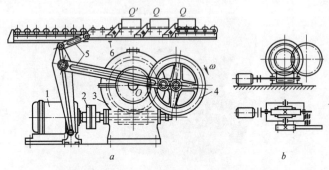

减速器应用例：热处理装料机及其传动装置
1—电动机；2—联轴器；3—蜗杆减速器；4—齿轮传动；5—四杆机构；6—装料机推杆

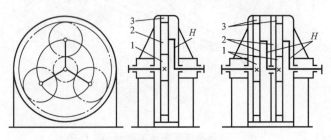

NCW型行星齿轮减速器

轮系、减速器和变速器 [4] 机械传动

一、变速器与减速器的不同之处在于：在输入轴转速不变时变速器的输出轴可以有几种不同的转速，即变速器有若干个传动比。变速器的输出轴转速可以小于、等于或大于输入轴的转速。

二、近些年来由于液力和电气变速技术的发展，机械变速的应用范围有所缩小。但应用仍然非常广泛，尤其是各类运输车辆。

差速器内的一组行星齿轮2以自身旋转来保证汽车转弯时内外后轮的转速差异；直行时行星齿轮不旋转，保证传递给左右轮的力矩相等。

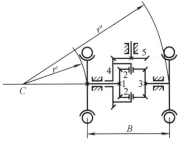

汽车后桥差速器工作原理图

变速器的分类

序号	名称	说明
1	有级变速器	可有若干个传动比，可有空挡和倒挡
2	无级变速器	传动比能在某个范围内连续、平稳地根据需要变化。机械无级变速器多为摩擦式的，结构形式多样。由于液力变扭器和电气无级变速器的出现，纯机械无级变速器使用已经极少

1—主动齿轮及轴；
2—减速器壳；
3—弹性垫圈；
4—万向节叉；
5、6—圆锥滚子轴承；
7—调整螺母；
8—半轴卡圈；
9—差速器壳；
10—半轴；
11—从动锥齿轮；
12—调整垫

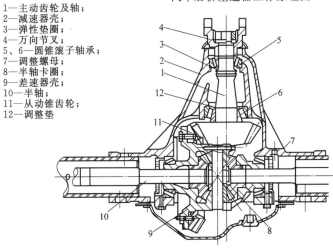

汽车主减速器（内含差速器）

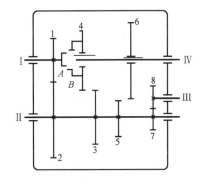 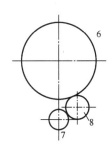

有级变速器一例：一个轿车的变速器

该变速器有三前进挡和一倒车挡。输入轴I与输出轴IV在同一轴线上，其间有牙嵌式离合器A-B可分合两轴。轴II是中间轴，其上依次有齿轮2、3、5和倒挡齿轮7。轴III只在倒车挡时起作用，其上有倒挡齿轮8。输入轴齿轮1与中间轴齿轮2是常啮合的；因此中间轴及其上所有齿轮以及倒挡齿轮8总是旋转。所有可滑动的换挡齿轮在内孔都刻有花键槽，使其既能沿轴向滑动，同时可周向传递扭矩。以下是各挡位的扭矩传递路径：一挡：输入轴I→齿轮1→齿轮2→中间轴II→齿轮5→齿轮6→花键→输出轴IV；二挡：输入轴I→齿轮1 齿轮2 中间轴II→齿轮3→齿轮4→花键→输出轴IV；三挡（直接挡，此时牙嵌离合器右半部分B移动到最前端与另一半A结合）：输入轴I→牙嵌离合器A-B→花键→输出轴IV；倒车挡（参阅右图）：输入轴I齿轮1 齿轮2 中间轴II→齿轮7→齿轮8→齿轮6→花键→输出轴IV。

1—从动斜齿圆柱齿轮；
2—差速器壳；
3—调整螺母；
4、15—轴承盖；
5—主动斜齿圆柱齿轮；
6、7、8—调整垫片；
9—主动轴；
10—轴承座；
11—主动锥齿轮；
12—主减速器壳；
14—中间轴；
16—从动锥齿轮；
17—后盖

除了二级螺旋齿轮-圆柱齿轮减速器外，第二级从动轮内还有差速器。

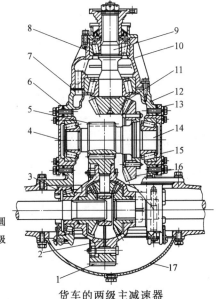

货车的两级主减速器

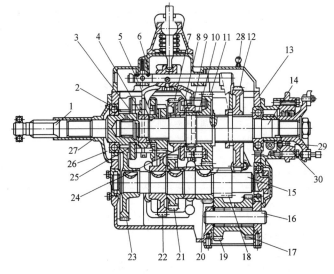

1—第一轴；2—第一轴常啮合齿轮；3—第一轴齿轮接合齿圈；4—接合套；5—四挡齿轮接合齿圈；6—第二轴四挡齿轮；7—第二轴三挡齿轮；8—三挡齿轮接合齿圈；9—接合套；10—二挡齿轮接合齿圈；11—第二轴二挡齿轮；12—第二轴一、倒挡滑动齿轮；13—变速器壳体；14—第二轴；15—中间轴；16—倒挡轴；17—倒挡齿轮；18—中间轴一、倒挡齿轮；19—倒挡齿轮；20—中间轴二挡齿轮；21—中间轴三挡齿轮；22—中间轴四挡齿轮；23—中间轴常啮合齿轮；24—花键毂；25—花键毂；26—第一轴轴承盖；27—轴承盖加油螺纹；28—通气塞；29—车速里程表驱动机构；30—中央制动器底座

一种汽车变速箱的结构图

机械传动 [4] 轮系、减速器和变速器

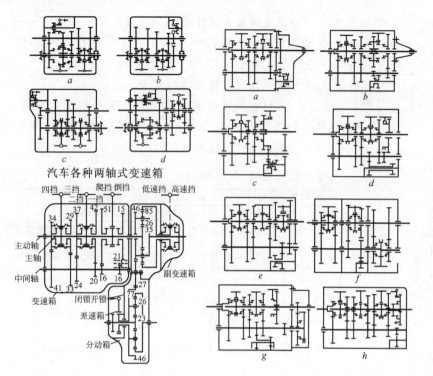

汽车各种两轴式变速箱

某重型汽车组合式变速箱原理图

汽车各种三轴式变速箱

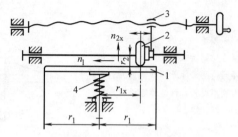

平盘式摩擦无级变速器工作原理图

平盘 1 为主动件；滚轮 2 为从动件，其半径为 r_2。转动手轮，通过螺旋副 3 改变滚轮在平盘上的位置，可以改变滚轮与平盘的接触半径 r_{1x}。弹簧 4 使主、从动件之间压紧。因为接触处两轮的线速度相等，当 r_{1x} 从 $-r_1$ 变化到 $+r_1$ 时，输出转速就可以从 $-n_{2max}$ 无级变化到 $+n_{2max}$。

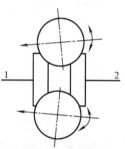

两钢球的轴同步转动，改变钢球上与主、从动盘接触处的工作半径。

一种钢球式摩擦无级变速器工作原理图

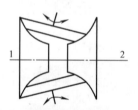

两钢盘同步转动，使钢盘与圆弧曲面的主从动盘上的接触点半径改变。

一种钢盘式摩擦无级变速器工作原理图

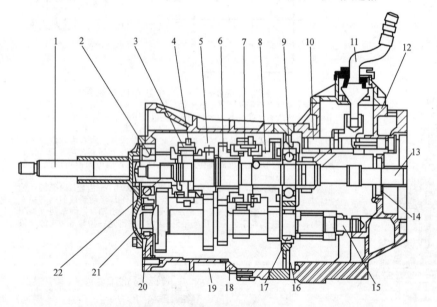

某型越野车变速箱

1—第一轴；2—单列向心球轴承；3—三、四挡同步器；5—第二轴三挡齿轮；6—第二轴二挡齿轮；7—一、二挡同步器；8—第二轴一挡齿轮；9—单列向心球轴承；10—换挡拨叉轴；11—变速杆；12—副箱体；13—第二轴；14—油封；15—中间轴；16—中间支撑板；17—滚子轴承；18—前壳体；19—加强筋；20—滚子轴承；21—轴承盖；22—滚针轴承

机械无级变速器的特点

序号	特点叙述
1	机械特性稳定
2	适用性强
3	传动效率高
4	结构简单
5	维修方便
6	对钢材品质、热处理、加工工艺以及润滑油品质等均有较高的要求

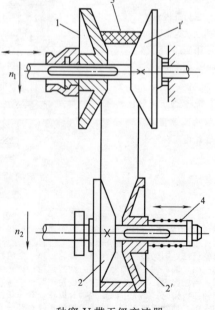

一种宽 V 带无级变速器

轮系、减速器和变速器 [4] 机械传动

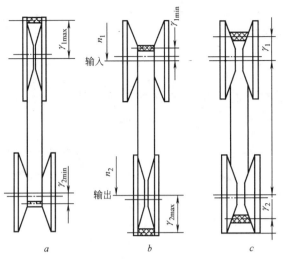

宽V带无级变速器工作原理

a 最大减速比位置；b 一般工作状态；c 输出轴转速等于输入轴转速时

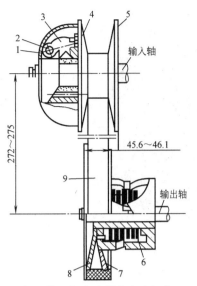

宽V带无级变速器的变速机构

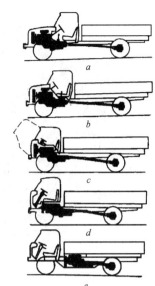

货车的发动机-驱动轮布置形式

a 长头车；b 短头车；c 平头车；d 发动机在驾驶室下的平头车；e 发动机中置的平头车

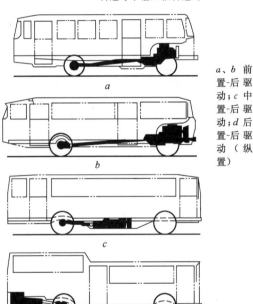

a、b 前置-后驱动；c 中置-后驱动；d 后置-后驱动（纵置）

大客车的发动机-驱动轮布置形式

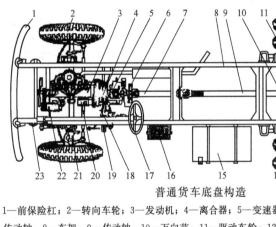

普通货车底盘构造

1—前保险杠；2—转向车轮；3—发动机；4—离合器；5—变速器；6—驻车制动器；7—中间传动轴；8—车架；9—传动轴；10—万向节；11—驱动车轮；12—后钢板弹簧；13—牵引钩；14—后桥；15—汽油箱；16—蓄电池；17—转向盘；18—制动踏板；19—离合器踏板；20—起动机；21—前桥；22—发动机；23—前钢板弹簧

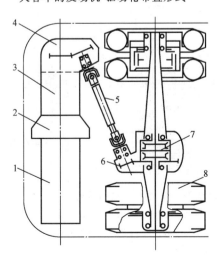

大客车（后横置-后驱动）的角传动系统

1—发动机；2—离合器；3—变速器；4—角传动器；5—传动轴；6—主减速器；7—差速器；8—车轮

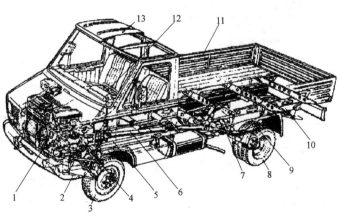

货车的总体构造

1—发动机；2—前悬架；3—转向车轮（前轮）；4—离合器；5—变速器；6—万向传动装置；7—驱动桥；8—驱动车轮（后轮）；9—后悬架；10—车架；11—货厢；12—转向盘；13—驾驶室

机械传动 [4] 轮系、减速器和变速器

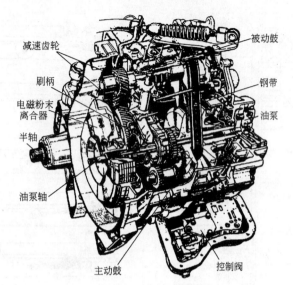

轿车宽V带无级变速器立体图

（标注：减速齿轮、被动鼓、刷柄、钢带、电磁粉末离合器、油泵、半轴、油泵轴、主动鼓、控制阀）

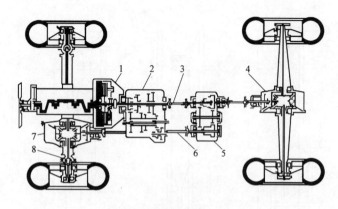

双驱动轴汽车的传动系

1—离合器；2—变速器；3、6—万向传动装置；4—后驱动轴；
5—分动器；7—前驱动轴；8—等角速万向节

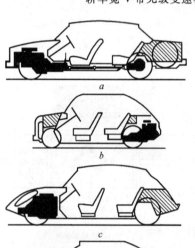

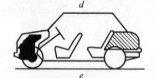

轿车的布置形式

a 前置-后驱动；
b 后置-后驱动；
c 前置-前驱动/发动机位于前轴之后；
d 前置-前驱动/发动机位于前轴之前；
e 前置-前驱动/发动机横置

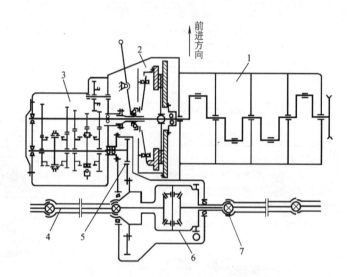

发动机横置前置前驱动型汽车的传动系

1—发动机；2—离合器；3—变速器；4—半轴；
5—主减速器；6—差速器；7—万向节

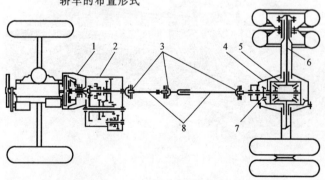

发动机前置后驱动型汽车的传动系

1—离合器；2—变速器；3—万向节；4—驱动桥；5—差速器；
6—半轴；7—主减速器；8—传动轴

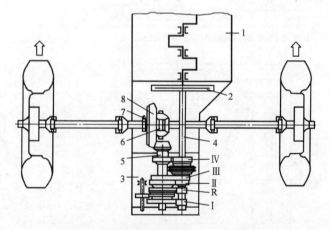

发动机纵置前置前驱动型汽车的传动系

1—发动机；2—离合器；3—变速器；4—输入轴；
5—输出轴；6—差速器；7—车速表驱动齿轮；
8—主减速器从动齿轮

轴和轴毂连接

一、轴是组成机器的重要零件。

二、轴的功用是用于支承齿轮、带轮、链轮、凸轮等工作用回转零件。

三、轴本身要用轴承来支承，以承受作用在轴上的各种载荷。

四、对轴的结构要求概括起来说就是：满足工作能力要求，尺寸要小、重量要轻，工艺性要好。

轴系的组成

序号	名称	说明或举例
1	轴	
2	传动零件	如齿轮、涡轮和蜗杆、带轮、链轮、凸轮等
3	轴毂连接件	如各种键连接零件
4	轴承	如各种滑动轴承、滚动轴承
5	联轴器和离合器	如各种套筒式、凸缘式、十字滑块式、齿轮式、万向式联轴器和牙嵌式、摩擦式离合器
6	辅助零件	如各种润滑、密封、调整和固定用零件

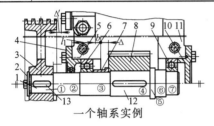

一个轴系实例

轴的分类

序号	分类法	名称及说明	
1	按受力情况	转轴	同时承受弯曲力矩（弯矩）和旋转力矩（转矩或扭矩），是最常用的一类轴
		传动轴	只承受转矩，基本不承受弯矩或只承受极小的弯矩
		心轴	只承受弯矩的轴
2	按轴的几何形状	直轴 光轴	直径在长度方向上（沿轴线）不变 其轴线是一条直线。机械上绝大多数的轴都是直轴
		直轴 阶梯轴	直径在长度方向上（沿轴线）变化
		曲轴	其轴线不是一条直线，如曲柄连杆机构中的曲柄。在内燃机、压缩机、曲柄式压力机等机器上广泛应用
		挠性轴	又称钢丝软轴。其轴线可以柔软地弯曲，同时又能灵活地传递运动和动力到不同的地方

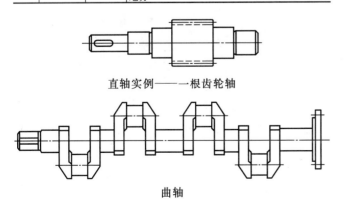

直轴实例——一根齿轮轴

曲轴

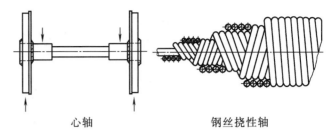

心轴　　　　钢丝挠性轴

轴的设计任务

序号	任务	内容说明
1	选择轴的材料	制造方便，成本低，能满足结构和工作条件要求
2	确定轴的结构和尺寸	结构合理，尺寸紧凑
3	计算校核轴的工作能力	强度、刚度、稳定性、抗振、耐磨等

轴用材料与热处理

序号	项目	说明
1	轴的受力	主要承受交变应力
2	轴的失效形式	主要是疲劳破坏
3	对轴的要求	较高的抗疲劳强度 对应力集中较低的敏感性 良好的加工工艺性
4	轴的材料和热处理	钢35、40、45、40Cr、40MnB等，调质处理（淬火加中温回火） 20Cr，渗碳淬火

影响轴的结构的主要因素

序号	因素	说明
1	轴的零件	零件的种类（带轮、齿轮、轴承等）、尺寸和数量
2	轴上零件的布置及轴承受的载荷	轴本身的固定和定位以及轴上零件的布置应根据工作要求认真予以考虑和安排；轴及轴上零件所承受的工作载荷最终均传递给轴承承受，轴承承受载荷的种类和大小以及轴承本身的类型，都需要予以认真考虑
3	轴上零件的定位和固定	在安装时应确定轴与其上的所有零件的相对位置（包括轴向和圆周方向）；随后工作时，这种相对位置应能保持不变 注意：对于转动的轴，其轴向定位不应妨碍轴的自由转动。故在适当位置应留有适量的热补偿间隙，使轴在轴向有少量游动间隙 常用轴向固定方法有：轴肩（轴环），套筒，圆螺母，轴用弹簧挡圈，圆锥面，轴端挡圈，紧定螺钉，锁紧挡圈，销子等；周向固定方法主要是用各种轴毂连接
4	轴的加工及装配	满足轴的加工和拆装的要求；故零件上需要有特殊安排，如轴端和螺纹的倒角，零件与轴采用过盈配合时设置的导向锥，切螺纹时用的退刀槽，磨削时用的砂轮越程槽等；为了检验方便，多键槽应在同一母线上，键槽宽度尽量相同，圆角半径、倒角、退刀槽和砂轮越程槽宽度尽量一致
5	其他要求	如空心轴

对轴的结构要求

序号	要求
1	轴及轴上零件要有准确的工作位置（轴向和径向），且可靠固定
2	有的直径（如安装滚动轴承的轴颈，安装联轴器、密封圈等的轴颈）需符合标准的直径尺寸系列
3	有利于提高轴的强度和刚度，受力要合理，应尽量减少应力集中
4	有良好的加工工艺性和装配工艺性

重要通用机械零部件 [5] 轴和轴毂连接

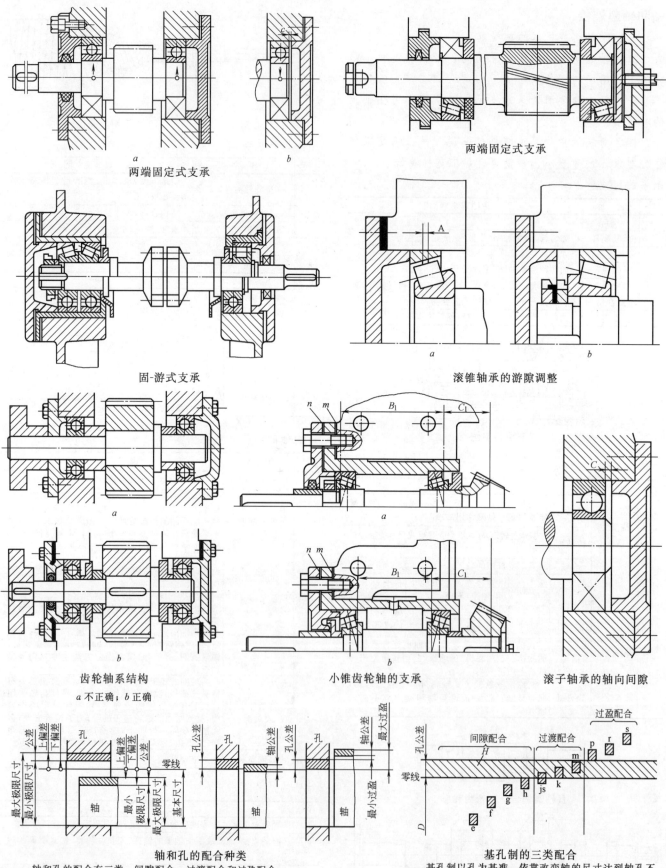

两端固定式支承
两端固定式支承
固-游式支承
滚锥轴承的游隙调整
齿轮轴系结构
a 不正确；b 正确
小锥齿轮轴的支承
滚子轴承的轴向间隙
轴和孔的配合种类
基孔制的三类配合

轴和孔的配合有三类：间隙配合、过渡配合和过盈配合。
间隙配合一般适合于轴孔需要转动的动配合场合；
过渡配合一般适合于具有良好同轴性、又便于拆装的静连接场合；
过盈配合一般用于只装不拆并需传递力矩的静连接场合。

基孔制以孔为基准、依靠改变轴的尺寸达到轴孔不同配合的制度。
由于孔的加工比轴困难，为减少加工孔用标准刀具的品种，一般推荐使用基孔制。

轴和轴毂连接 [5] 重要通用机械零部件

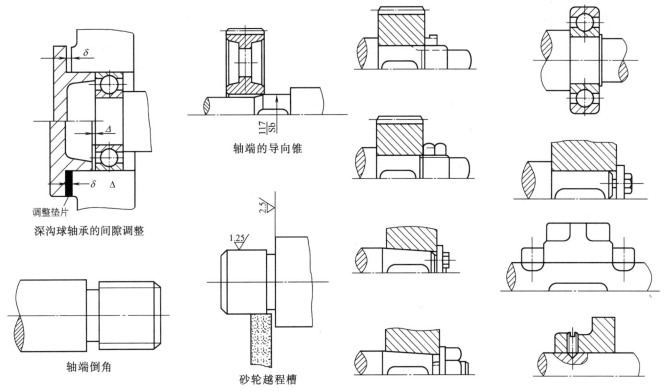

深沟球轴承的间隙调整

轴端倒角

砂轮越程槽

轴端的导向锥

轴上零件的各种固定方式

轴毂连接的主要功能是使轴与轴上零件在圆周方向固定以传递转矩。

轴毂连接分类

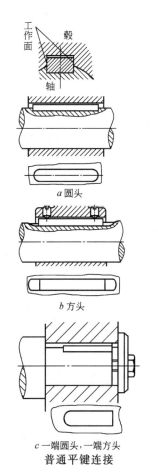

a 圆头

b 方头

c 一端圆头,一端方头
普通平键连接

序号	分类名及说明		
1	键连接	平键	普通平键：用于静连接,利用键的侧面传递转矩。键的上面与毂间有间隙。不能实现轴上零件的轴向固定。 有双圆头(A型)、双平头(B型)和单圆头(C型)之分。A型的键槽适用于用端铣刀加工;B型的键槽适用于用盘铣刀加工;C型用于轴端
			导向平键：适用于轴上零件轴向移动量不大的动连接。 键固定在轴上的槽中;键与毂槽间有间隙,能实现轴上零件的滑动
			滑键：键固定在轮毂上,轴上零件与键一起沿轴槽作轴向移动。适用于轴向移动量较大的场合
		半圆键	靠侧面传递转矩。它不能实现轴上零件的轴向移动,但键能在槽中摆动以适应轴毂的装配。 键槽较深,对轴的强度削弱较大。 主要用于轴的锥形轴端和轻载时
		楔键	分普通楔键和钩头楔键,均靠上下面工作。下表面是平的;但上表面及轮毂槽底都有1:100的斜度。装配时将楔键打入后,靠上下面楔紧而传递转矩。因此也是一种静连接。 适用于载荷平稳和低速、定心精度要求不高的场合
2	花键连接	矩形花键 渐开线花键 三角花键	由花键与轴制成一体的外花键轴和轮毂孔内相应的内花键构成。多个键齿在轴和轮毂孔内周向均匀分布,键齿的侧面为工作面。 花键连接既可作静连接,也可作动连接。 花键连接的特点是:由于是多齿承载,承载能力强;由于齿浅、应力集中小,对被连接件的强度削弱小;定心性和导向性能好。但必须专用设备和刀量具才能加工,成本较高。 花键连接适用于受重载或变载以及精度要求较高的场合
3	过盈配合		是利用包容件(轮毂)和被包容件(轴)之间的过盈配合实现的静连接。由于孔和轴的尺寸有过盈,装配后在配合面间产生径向压力,可用此压力产生的摩擦力来传递转矩或轴向力。 过盈连接特点:结构简单,定心性好,承载力高,能在变载及冲击情况下工作;加工精度要求较高(因承载能力取决于过盈量);装配时要加压(过盈量小时)、加温或深度冷却(过盈量较大时),故装配不便,不宜用于需经常装拆的场合

重要通用机械零部件 [5] 轴和轴毂连接

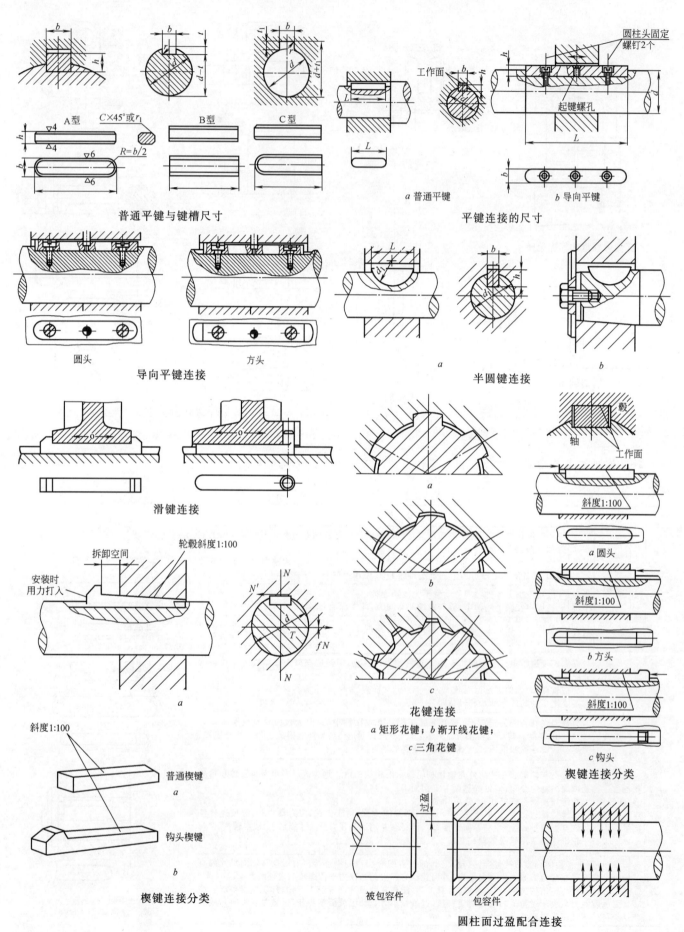

滑动轴承和滑动轴承 [5] 重要通用机械零部件

滑动轴承和滚动轴承

一、轴承的功用是支承轴及轴上零件,并保持轴的旋转精度以及减少轴与支承之间的摩擦和磨损。

二、一般来说,轴承是由若干零件组成的部件。

轴承的选用

一、选用滑动轴承还是滚动轴承,主要取决于对轴承工作性能的要求及机器设计制造、使用维护中的综合技术经济要求。

二、滚动轴承的阻力小,启动灵敏,效率高,润滑简便,易于更换,所以在机器中有十分广泛的应用。

三、在高速、高精度、重载以及结构上要求轴承剖分时,滑动轴承显示出其独特的优良性能。因此,在汽轮机、离心式压缩机、内燃机、大型电机中常采用滑动轴承。此外,在低速且有冲击载荷的机器(如水泥搅拌机、滚筒清砂机、破碎机等)中也常常采用滑动轴承。

轴承的分类

序号	分类	名称	次级分类、名称及说明			
1	按轴承工作时的摩擦性质	滑动轴承	按其工作表面的摩擦状态	液体摩擦滑动轴承	按其润滑油膜形成的方法	液体动压轴承	轴承的轴颈与轴承工作表面完全被润滑油膜所隔开,摩擦系数很小(0.1‰~0.8‰)
						液体静压轴承	
				非液体摩擦滑动轴承	非液体摩擦滑动轴承的轴颈与轴承工作表面间虽有润滑油存在,但局部仍有金属的直接接触,故摩擦系数较大,且容易磨损		
		滚动轴承	靠内外环间的滚动体使轴承内为滚动摩擦。具体分类见后			
2	按所能承受载荷的方向	向心轴承(或称径向轴承)	能承受径向载荷			
		推力轴承	能承受轴向载荷			
		向心推力轴承	能同时承受径向和轴向载荷			

滑动轴承的分类

序号	分类名	说 明	
1	整体式	由轴承座、轴瓦和紧定螺钉组成。结构简单,成本低,但必须通过轴端拆卸,且磨损后间隙无法调整。常用于轻载、低速和间歇性工作的场合	上部均钻有螺纹孔,用于安装润滑油杯、润滑脂嘴或油管
2	对开式	由可分开的底座、轴承盖、剖分的上下轴瓦及连接螺栓等组成。为使盖与底座很好对中,轴承座的剖分面上制出了定位止口,同时在剖分面间放有少量调整垫片,以便使用磨损后可以逐渐减少垫片来调整间隙。轴承盖用螺栓适度压紧轴瓦,不需紧定螺钉就可使轴瓦不在轴承座孔中转动	
3	自动调心式	轴瓦与轴承盖和轴承座的配合表面制合球面,轴瓦因此可以自动调整位置来适应轴的变形,以保证轴颈与轴瓦的面接触	
4	推力滑动轴承	形式很多。多由轴承座、衬套、径向轴瓦、止推轴瓦和止动销钉等组成。轴端部多为空心,润滑油由下部注入,从上部导出。止推轴瓦的底部常制成球面,以便于对中。轴颈的结构形式可以是实心式、单环式、空心式、多环式等几种。由于轴的端面上相对滑动速度不同,磨损也不相同,造成实心轴颈的端面上压力分布不均。故以空心式为佳,或选用多环轴颈	

滑动轴承的结构组成

序号	名称	说 明
1	壳体	可以直接利用机器的箱壁凸缘或机器的一部分形成,或者为了加工、装拆的方便,做成独立的轴承座
2	轴瓦	将主要磨损集中在轴瓦上,制成易损件可适时更换
3	润滑装置	减小摩擦力,降低磨损

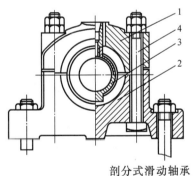

剖分式滑动轴承

1—轴承盖;2—轴承座;3—轴瓦;4—连接螺栓

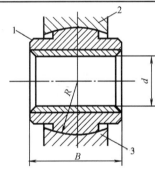

自动调心式滑动轴承

1—带轴瓦的轴承;2,3—上、下轴承座

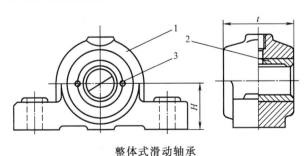

整体式滑动轴承

1—轴承座;2—轴瓦;3—紧定螺钉

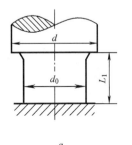
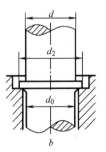
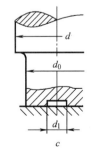

各种推力滑动轴承

a 实心轴端式;*b* 轴颈式;*c* 空心轴端式

45

重要通用机械零部件 [5] 滑动轴承和滚动轴承

一、滑动轴承的材料是指与轴颈接触的轴瓦或轴衬所用的材料。

二、轴承座一般采用铸铁制成。

三、对轴衬材料的要求是：强度足够（包括拉压、抗冲击、抗胶合等的强度及强度的持久性）；良好的减摩性和减磨性及跑合性（轴瓦表面易于消除表面的不平度）；良好的导热性、耐腐蚀性、加工工艺性，成本低。

四、以上各条中，与磨损和胶合有关的性能是最重要的，因为轴承的主要失效方式是磨损和胶合。

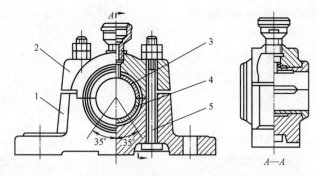

带润滑油杯的剖分式滑动轴

常用轴承材料

序号	材料	说明
1	铸造锡锑或铅锑轴承合金	各项性能都很好；但机械强度低，价格也贵，因此往往只用少量做轴承衬（轴瓦内表面与轴颈接触摩擦的薄层）
2	铸造铜合金	各项性能都很好，但硬度高，因此要求轴颈有较高硬度
3	铸铁	价格便宜，适合低速、轻载的不重要场合
4	塑料、橡胶、粉末冶金等非金属	有些塑料的耐磨/减磨性能极好，加工成型性能也好，如尼龙。粉末冶金材料的含油性好，应用也十分广泛

滑动轴承的润滑

润滑的目的是减少摩擦功耗，减轻磨损，冷却轴承，吸收振动，防止锈蚀。

滑动轴承的常用润滑剂

序号	名称	二级分类名或说明	
1	润滑油	以矿物油为多，以黏度为主要性能指标。高速、轻载时一般用低黏度油，低速、重载时用高黏度油	
2	润滑脂	钙皂润滑脂	耐水性好
		钠皂润滑脂	不耐水，但可在高温下工作
		锂皂润滑脂	耐水，也能在高低温下工作
			由润滑油加稠化剂（钙基、钠基和锂基等）调制而成。润滑脂的稠度大，承载力大，但摩擦功耗也大，效率稍低
3	固体润滑剂	石墨	可单独用于低速和高速场合，耐温也较高
		二硫化钼	也可与润滑油或润滑脂混合使用

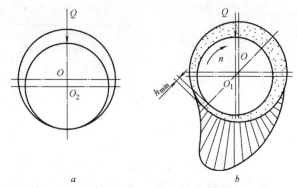

动压式液体摩擦滑动轴承的工作原理示意图

a 静止时在载荷 Q 作用下轴颈处于孔内偏下位置，因此轴颈与轴承的间隙是楔形的；b 轴转动时因油的黏度将油带入间隙。且随着轴的转速升高带入的油增多。由于油的黏度及不可压缩性，油在间隙内形成压力，并随转速的增加而加大。最后压力增加到足够高时，油压会使轴慢慢浮起，即轴颈和轴承的工作表面完全被压力油膜隔开，形成了液体摩擦。此时油压成图示分布。

滑动轴承的润滑装置

序号	类别	方式	说明
1	润滑油润滑装置	油壶注油	常用于低速和间歇工作处；定期注油
		油杯润滑方式	常用于低速和间歇工作处；定期注油。可防止杂物进入润滑油中
		针阀式油杯	自动连续注油
		油环	
		弹簧式油杯	
		油泵	自动将润滑油压入润滑处
2	润滑脂润滑装置	压配式油杯（俗称黄油嘴）	定期注油
		旋盖式油杯	

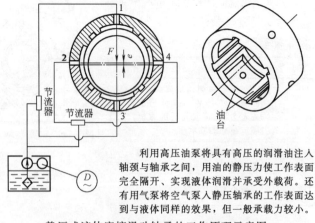

静压式液体摩擦滑动轴承的工作原理示意图

利用高压油泵将具有高压的润滑油注入轴颈与轴承之间，用油的静压力使工作表面完全隔开、实现液体润滑并承受外载荷。还有用气泵将空气泵入静压轴承的工作表面达到与液体同样的效果，但一般承载力较小。

一、滚动轴承摩擦阻力小，启动灵活，效率高，整体互换性好，但抗冲击载荷能力差，寿命也不及滑动轴承长。

二、滚动轴承的正常工作时的主要失效方式是疲劳点蚀，发生在滚动体和内外圈滚道的接触处。

三、滚动轴承的寿命通常是指其疲劳点蚀寿命，即轴承工作到任一滚动体或内外圈滚道上出现疲劳点蚀前的总转数或在一定转速下的工作小时数。但相同加工过程时其实际寿命的个异性相差很大（可达几十

滑动轴承和滚动轴承 [5] 重要通用机械零部件

倍),故规定一批轴承有10%产生疲劳点蚀时的总转数称为轴承的基本额定寿命。

滚动轴承的结构和组成

序号	名称	说明	
1	内圈	装于轴上	工作面上有滑道供滚动体滑动
2	外圈	装于机体或箱体的座孔中	
3	滚动体	在内、外圈的滚道中滚动,实现了滚动摩擦	
4	保持架	将滚动体隔开,避免滚动体的直接接触,从而减小摩擦和磨损	

滚动轴承的特点

序号	特点说明
1	摩擦阻力小
2	启动灵活
3	效率高
4	润滑简便
5	整体互换性好
6	抗冲击载荷的能力差
7	高速时有噪声
8	工作寿命不及滑动轴承长

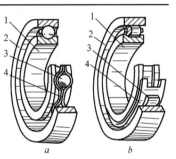

滚动轴承的结构
a 滚珠轴承;b 滚柱轴承。
1—内圈;2—外圈;3—滚动体(滚珠或滚柱);4—保持架

滚动轴承的分类

序号	分类	名称	说明
1	按承载方向	向心轴承(径向轴承)	只能或主要承受径向载荷
		推力轴承	只能承受轴向载荷
		向心推力轴承	可同时承受径向和轴向载荷
2	按滚动体形状	球轴承	
		滚子轴承	短圆柱滚子
			长圆柱滚子
			螺旋滚子
			圆锥滚子
			球面滚子
			滚针

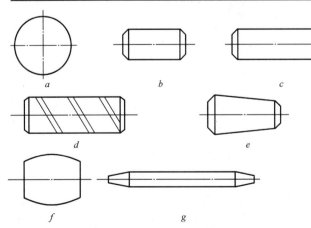

滚动轴承的各种滚动体形状
a 球;b 短圆柱;c 长圆柱;d 螺旋圆柱滚子;
e 圆锥滚子;f 球面滚子;g 滚针

滚动轴承代号 由一个汉语拼音字母加七位数字 □XXXXXX 构成。它们依次代表:精度等级/宽度系列代号/结构特点代号/类型代号/直径系列代号/内径尺寸代号。

滚动轴承代号中字母和数字的含义(左起按序)

序号	代号	符号	含义说明
1	精度等级	1个汉语拼音	分 B、C、D、E、G 五级。B级精度最高;G级最低,但应用最广,按规定可不标
2	宽度系列	1个数字	表示内、外径相同而宽度不同的轴承系列。一般可不写
3	结构形式	2个数字	正常结构为"0"。其余已在类型代号中指明
4	类型	1个数字	另见下表详细说明
5	直径系列	1个数字	这是同一轴承内径时不同的轴承外径和宽度的系列代号。有 1、2、3、4 四个系列,分别代表特轻、轻、中和重四个系列
6	内径尺寸	2个数字	表示轴承的内径。对数字"04"至"99",该代号数字乘以5等于轴承的内径。例如"08"表示轴承内径40mm;"12"表示轴承内径60mm。"00"、"01"、"02"、"03"分别表示轴承内径为10mm、12mm、15mm和17mm。内径小于10mm和大于495mm的轴承,代号另有规定

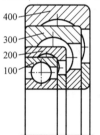

不同直径系列滚动轴承的大小对比
图示为特轻、轻、中、重4个直径系列的相对尺寸比较。

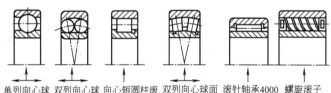

单列向心球轴承0000 / 双列向心球轴承1000 / 向心短圆柱滚子轴承2000 / 双列向心球面滚子轴承3000 / 滚针轴承4000 / 螺旋滚子轴承5000

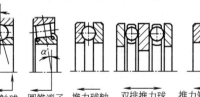

角接触球轴承0000 / 圆锥滚子轴承7000 / 推力球轴承8000 / 双排推力球轴承38000 / 推力短圆柱滚子轴承9000 / 推力向心球面滚子轴承69000

各种类型代号的滚动轴承

滚动轴承的选择

序号	选择原则	特点说明
1	载荷类型、大小和方向	决定轴承大类。载荷大时用滚柱轴承,否则可用球轴承
2	转速	高速时用球轴承
3	轴的不同心度和变形大小	不同心度或变形大时可选用调心轴承
4	经济性	轴承精度等级越高,价格也越高;滚柱轴承的价格通常比球轴承高

重要通用机械零部件 [5] 滑动轴承和滚动轴承

滚动轴承代号中常见类型代号的详细内容

序号	代号	名称	说明		
1	0000	深沟球轴承	主要承受径向载荷,也可承受小的轴向载荷;摩擦系数最小,价格最低;转速高		
2	1000	调心球轴承	可自动调心;一般不宜承受轴向载荷		
3	2000	单列向心短圆柱滚柱轴承	内(外)圈可分离,故不能承受轴向载荷;承受径向载荷的能力大。转速高		
4	3000	调心滚柱轴承	俗称球面轴承。比调心球轴承的承载能力大。转速低		
5	4000	滚针轴承	同样内径时,外径最小。内、外圈可分离。摩擦系数大。转速低		
6	5000	螺旋滚子轴承	用窄钢带卷成的滚子,有弹性,可承受径向冲击载荷,可不带内(或外)圈		
7	6000	角接触球轴承	可同时承受径向和轴向载荷;可在高速下工作;承受轴向载荷能力随接触角 α 角增大而增大	36000	$\alpha=15°$
				46000	$\alpha=25°$
				66000	$\alpha=40°$
8	7000	圆锥滚子轴承	可以同时承受径向和轴向载荷,承载能力较角接触球轴承大。外圈可分离。一般成对使用	07000	
				27000	承载力更大
9	8000	单向推力球轴承	转速低。载荷作用线须与轴线重合。工作时需加一定的轴向力,以防止钢球与滚道分离		
10	38000	双向推力球轴承	可承受双向轴向载荷。其余与 8000 系列相同		

注:上表中滚动轴承代号中的后三位数字"000"分别为直径系列和内径尺寸代号。

滚动轴承组合设计中的几个注意点

序号	问题点	说明
1	轴承的轴向固定	轴承的内圈或外圈应采用轴肩(或孔肩)、弹性挡圈、轴端挡板、圆螺母和止动垫片、轴承盖等手段予以固定。可以采用双支点单向固定或单支点双向固定,两种情况承载能力不同
2	轴承组合的结构调整	包括轴承间隙调整及轴承轴向位置调整。轴承间隙调整可用轴承端盖处改变调整垫片厚度或用调整螺钉推动压盖、移动轴承外圈来达到。轴承轴向位置调整对蜗杆或斜齿轮传动的轴是必需的,否则无法保证正确的相对啮合位置。常用增减调整垫片厚度和移动调整垫片达到(有些结构中,垫片总数决定轴承间隙;在垫片总量不变时,部分垫片从左侧移到右侧或相反就可改变轴承的轴向位置)
3	轴承内外圈与轴和轴承座孔的配合	滚动轴承是标准件。与其配合的轴或轴承座孔的尺寸都有规定。通常,轴承内圈与轴是紧配合;轴承外圈与轴承座孔的配合要松
4	轴承的拆装	轴承的安装可用榔头锤入,压力机压入,或在油里加热后套入(轴上)。轴承拆卸时要用专用工具,否则易损坏轴承
5	轴承的润滑	润滑目的是减少磨损和减小摩擦,防锈,吸振及冷却。多用润滑脂润滑。润滑脂的填充量应为轴承空隙空间的 1/3 至 1/2。也可用润滑油润滑,此时油面不应超过轴承最低滚动体的中心线。高速运转的滚动轴承常用润滑油或油雾润滑
6	轴承的密封	密封的目的是为防止灰尘和水的进入及阻止润滑剂的流失。轴承的密封是针对箱体(轴承端盖)及外伸旋转轴而言。密封有接触式密封与非接触式密封两类。接触式密封有毛毡密封圈、橡胶油封皮碗;非接触式密封是迷宫式密封

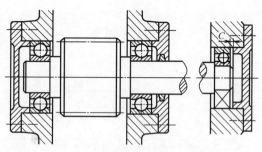

双支点单向固定
此时双向均可承受轴向载荷,但轴承外圈与端盖间要留有热补偿间隙。

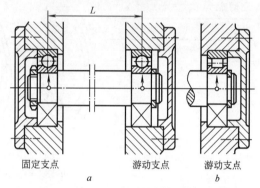

a 固定支点　游动支点　　　*b* 游动支点

单支点双向固定(注意左轴承轴向固定)
此时仅有一个轴承是双向限制移动的,它可以承受单方向的轴向载荷;但另一侧的游动轴承不能承受轴向载荷。

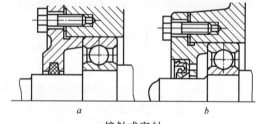

接触式密封
a 毛毡密封圈；*b* 橡胶油封

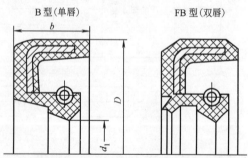

B型(单唇)　　　FB型(双唇)

旋转轴用内层包骨架的唇形橡胶油封

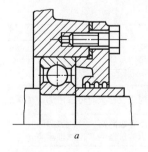
a

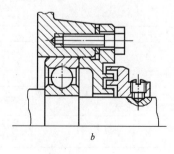
b

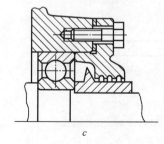
c

非接触式密封—机械迷宫式密封
迷宫式密封利用动、静表面间极小的间隙实现密封。

联轴器和离合器 [5] 重要通用机械零部件

联轴器和离合器

一、联轴器与离合器主要用于轴与轴之间的连接,以便传递旋转运动和旋转扭矩。

二、联轴器与离合器的区别是:联轴器连接只能在机器停车后经拆卸才能分离;而离合器连接的两根轴在机器旋转时也能方便地随时分离和结合。

联轴器两轴间的相对位移和偏差

序号	位移或偏差
1	轴向位移 x
2	径向位移 y
3	角位移 α

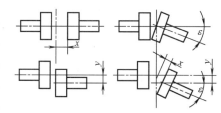

联轴器两轴间存在的位移和偏差

联轴器的分类

序号	分类	名称	二级分类名/说明	
1	内部是否包括弹性元件	刚性联轴器	固定式	不能吸振,不能缓和冲击。要求被连接两轴严格对中,且工作时不发生相对移动
			可移动式	
		弹性联轴器	因有弹性元件可吸收振动,能缓和冲击。允许两轴有一定的安装误差,并能补偿工作时可能产生的相对位移	
2	按结构	套筒联轴器	最简单,属固定式刚性联轴器。结构简单,径向尺寸小,被联两轴能严格同步运动。机器过载时如让销钉被剪断,则同时可作为安全装置使用	
		凸缘联轴器	属固定式刚性联轴器。结构简单,能传递较大扭矩,故应用广泛。缺点是要求两轴严格对中,且不能缓冲和吸振,不能消除两轴安装误差引起的不良后果。有两种结构,各有利弊:利用结合表面处的凸凹止口定心,拆卸时需轴向移动,只能用于不常拆卸场合;利用铰制孔螺栓定心,拆卸方便,但制造麻烦	
		十字滑块联轴器	属可移动式刚性联轴器。由于凸牙在凹槽中的滑动,可补偿两轴安装及运行时的轴向偏移,故允许被连接两轴有一定的径向位移和角位移。但使用转速不能太高	
		齿轮联轴器	属可移动式的刚性联轴器。允许一定的径向位移和角位移,允许转速也较高。能传递很大的扭矩和补偿适量的综合位移,故常用于重型机械中。但结构复杂,制造也较困难	
		万向联轴器	也称十字铰链联轴器,属可移动式刚性联轴器。一根轴固定后,另一轴可以在任意方向上偏移一定的角度(一般最多可达40°~45°)。用单个万向联轴器时,主动轴等速旋转时,从动轴作变速旋转。故常将两个万向联轴器串接在一起,并使中间轴的叉处于同一平面上,且让中间轴与主动轴及从动轴的夹角相等,这样就可实现主、从动轴的同步转动	
		弹性套柱销联轴器	属弹性联轴器。不仅允许两轴的径向位移、轴向位移和角位移,且能缓和冲击、吸收振动。结构简单,装卸方便,易于制造,得到广泛的应用。但弹性套容易磨损和老化,故寿命较短	
		弹性柱销联轴器	属弹性联轴器。结构与弹性套柱销联轴器相似,但直接用尼龙柱销作弹性元件连接主、从动凸缘。具有弹性联轴器的许多普遍优点。但尼龙对温度比较敏感,常用于70℃以下的环境中	

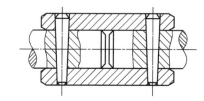

套筒联轴器

连接件分别为销钉(上)和键(下)。

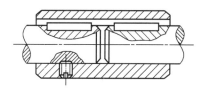

凸缘联轴器

a—止口定心;b—铰制孔螺栓定心。

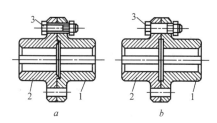

十字滑块联轴器

两端的半联轴器1和3上开有凹槽,中间盘3上两面带有凸牙。

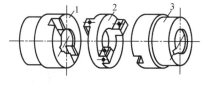

齿轮联轴器

两个内套筒1上带有外齿,两个外套筒3上带有内齿和凸缘;两内套筒与主、从动轴用键(未画出)连接,两外套筒则用螺栓(未画出)连成一体。

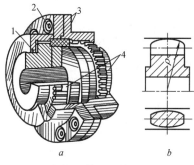

齿轮联轴器立体图

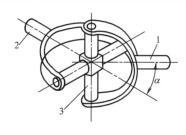

万向联轴器

由两个带叉形接头的轴1和2以及相互垂直的十字轴3组成。

重要通用机械零部件 [5] 联轴器和离合器

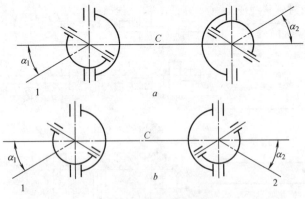

十字等速万向联轴器

将两个万向联轴器连用,使中间轴上的两个叉形接头在同一平面里,且让中间轴与主动轴及从动轴之间的夹角相等(如图示有两种相对位置),就可实现主从动轴的同步等速转动。

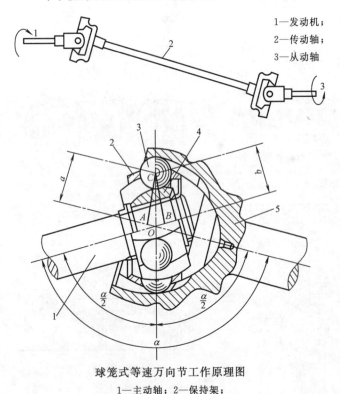

十字轴式万向联轴器的立体爆炸图

1—轴承盖;
2,6—万向节叉;
3—油嘴;
4—十字轴;
5—安全阀;
7—油封;
8—滚针;
9—套筒

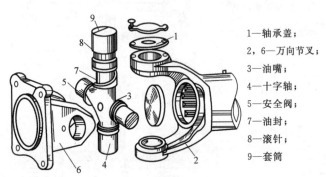

1—发动机;
2—传动轴;
3—从动轴

球笼式等速万向节工作原理图

1—主动轴;2—保持架;
3—钢球;4—星形套;5—球形壳

保持架等机构使一组钢球始终保持在主从动轴夹角的角平分面里,确保等速传动。球笼式等速万向节加工要求极严,成本很高。

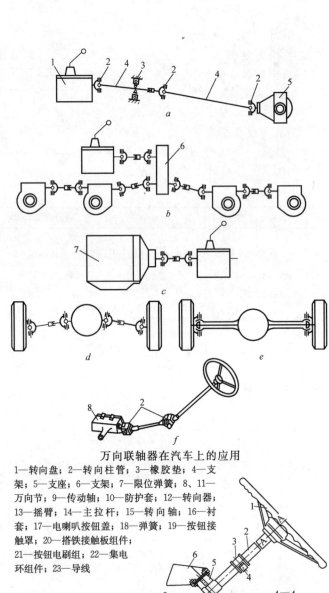

万向联轴器在汽车上的应用

1—转向盘;2—转向柱管;3—橡胶垫;4—支架;5—支座;6—支架;7—限位弹簧;8、11—万向节;9—传动轴;10—防护套;12—转向器;13—摇臂;14—主拉杆;15—转向轴;16—衬套;17—电喇叭按钮盖;18—弹簧;19—按钮接触罩;20—搭铁接触板组件;21—按钮电刷组;22—集电环组件;23—导线

货车转向操纵机构中使用万向联轴器

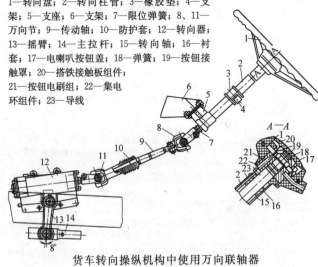

1—主动轴;
2、5—卡箍;
3—外罩;
4—保持架;
6—钢球;
7—星形套;
8—球形壳;
9—卡环

球笼式等速万向节剖面图和零件爆炸图

联轴器和离合器 [5] 重要通用机械零部件

牙嵌式离合器按牙齿形状分类

序号	名　称
1	三角形
2	矩形
3	梯形
4	锯齿形

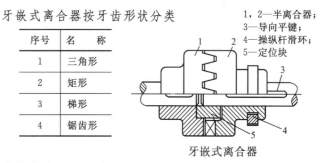

1，2—半离合器；3—导向平键；4—操纵杆滑环；5—定位块

牙嵌式离合器

摩擦式离合器的特点

序号	特点说明
1	利用两接触面间的摩擦力来传递动力和扭矩，能在两轴运转中或转速不同时进行分离和结合
2	结合过程容易控制，且能减小接合时的冲击和振动，实现比较平稳的结合
3	传递的载荷超过固定值时会打滑，从而能避免其他零件的损坏，起安全装置的作用

圆盘式摩擦离合器的分类

序号	名　称	说　明
1	单圆盘摩擦离合器	只有一个摩擦工作表面，故能传递的扭矩较小
2	双圆盘摩擦离合器	摩擦工作表面增加，可以增大传递扭矩的能力
3	多圆盘摩擦离合器	

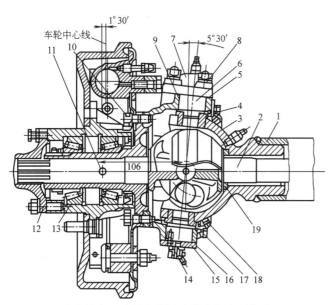

汽车转向驱动桥中使用球笼式等速万向节

1—半轴套管；2—半轴；3—球型支座；4—主销座；5、16—调整垫片；6—主销；7—转向节臂；8—锥形衬套；9—转向节外壳；10—螺栓；11—转向节轴颈；12—半轴凸缘；13—轮毂；14—止动销；15—下盖；17—主销衬套；18—密封圈；19—止动垫圈

汽车转向驱动桥中，转向轮既要驱动又要转向，要保证车轮被等速驱动，非依靠球笼式等速万向节不可。

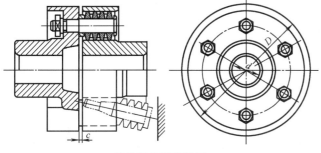

弹性套柱销联轴器

注意安装位置要使弹性套柱销可以取出以保证联轴器的拆卸。

离合器用于需要经常切断和结合两轴驱动关系之处。如汽车起步、换档和停车时，都需要频繁地使发动机和车辆的传动系统分离和结合；对大多数汽车来说，这是依靠机械式变速箱实现的。除机械式离合器外，还有大量液力或液压式离合器、电气或电磁式离合器得到应用。

机械式离合器的分类

序号	名　称	说　明
1	牙嵌式离合器	只能使用于低速及不需要在运转过程中结合的场合
2	摩擦式离合器	利用两接触面间的摩擦力来传递动力和扭矩，能在两轴运转中或转速不同时进行分离和结合

牙嵌式离合器的组成

序号	名　称	说　明
1	主动半离合器	端面带牙，固定在轴上（靠键传递扭矩）
2	从动半离合器	端面带牙，可在轴上沿导向平键滑动
3	操纵杆滑环	移动它可使离合器的两个半离合器端面的牙齿结合或分离

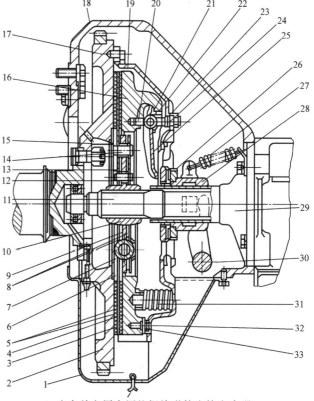

汽车单盘周布圆柱螺旋弹簧摩擦离合器

1—离合器壳底盖；2—飞轮；3—铆钉；4—从动盘本体；5—摩擦片；6—减振器盖；7—减振器弹簧；8—阻尼片；9—阻尼片铆钉；10—从动盘毂；11—变速器第一轴；12—阻尼弹簧铆钉；13—减振器阻尼弹簧；14—铆钉；15—铆钉隔套；16—压盘；17—定位销；18—离合器壳；19—离合器盖；20—分离杠杆；21—摆动支片；22—浮动销；23—分离杠杆支承柱；24—分离杠杆调整螺母；25—分离杠杆弹簧；26—分离轴承；27—分离套筒回位弹簧；28—分离套筒；29—变速器第一轴轴承盖；30—分离叉；31—压紧弹簧；32—传动片铆钉；33—传动片

重要通用机械零部件 [5] 联轴器和离合器

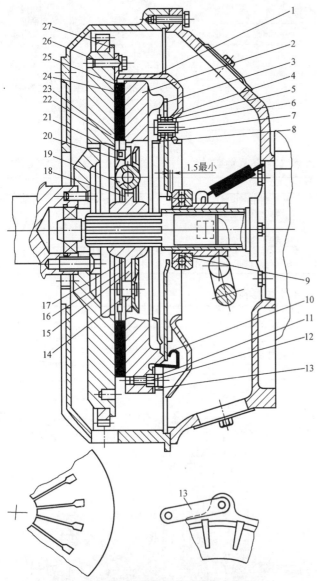

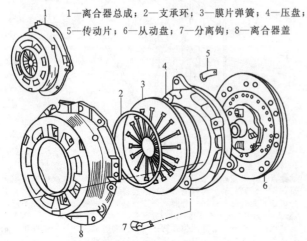

货车单片式膜片弹簧摩擦离合器
1—离合器盖；2—压盘；3—膜片弹簧；4、5—前、后支承环；6—隔套；7、21、24—铆钉；8—支撑圈；9—分离轴承；10—分离钩；11—螺栓；12—座；13—传动片；14—止动销；15—垫圈；16—摩擦片；17—摩擦垫圈；18—从动盘本体；19—减振弹簧；20—从动盘毂；22—波形片；23—减振盘；25—摩擦片；26—固定螺钉；27—飞轮

1—离合器总成；2—支承环；3—膜片弹簧；4—压盘；5—传动片；6—从动盘；7—分离钩；8—离合器盖

膜片弹簧离合器爆炸图

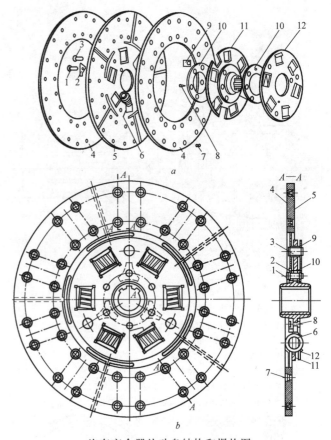

汽车离合器从动盘结构和爆炸图
1、3、7、8—铆钉；2、6—弹簧；4—摩擦片；5—从动盘本体；9—隔套；10—阻尼片；11—从动盘毂；12—减振器盘

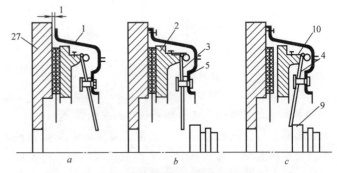

汽车膜片弹簧离合器原理图
1—离合器盖；2—压盘；3—膜片弹簧；4—前支承环；5—后支承环；9—分离轴承；10—分离钩；27—飞轮

多圆盘摩擦离合器的结构

序号	名称
1	主动轴
2	主动毂
3	主动盘
4	从动盘
5	杠杆
6	套筒

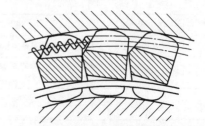

楔块式定向离合器
工作原理与滚柱式相似，此处楔块在弹簧作用下倾向于顺时针"翻倒"。外筒顺时针转动时，加剧了楔块的这种倾向，摩擦力大增，带动内轴旋转。反向则不会。

联轴器和离合器 [5] 重要通用机械零部件

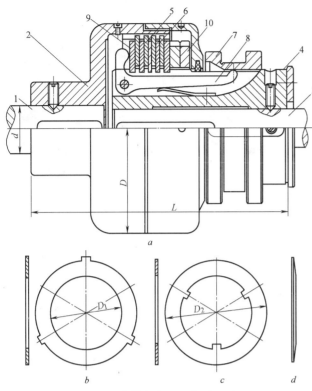

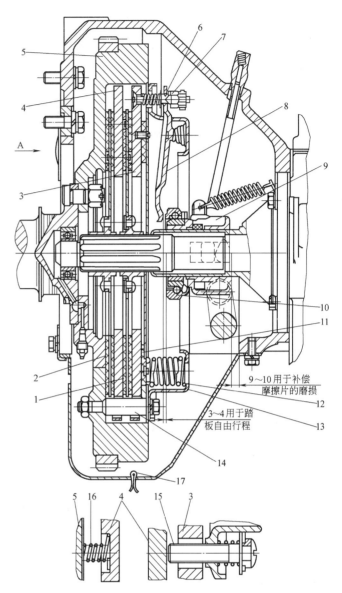

多圆盘摩擦离合器工作原理图

主动轴1与主动毂2通过紧定螺钉（或平键）连接。主动毂通过花键4与多片主动盘连接，并可在从动轴上滑动。杠杆6的位置使主、从动盘间存在一定轴向压力而可传递一定扭矩（但绝大多数多盘离合器中，主、从动盘间的轴向压力是通过弹簧产生的）。从动盘3通过花键向从动轴传递扭矩。当外力使套筒后移，内置弹簧使杠杆6后端滑入套筒7前端的空缺中，杠杆前端前摆，轴向压力撤消，使主、从圆盘分离。多数情况下为了增大摩擦力，主、从动盘的每个工作表面上常常都粘贴（或铆装）有用专门材料制成的摩擦衬片（本图中未画出）。

滚柱式定向离合器

五个圆周均布的滚柱3处于外筒2和异形内盘1之间，弹簧4将滚柱压向楔形空间的小端。当外筒（若为主动件）沿顺时针方向旋转，滚柱将被带往楔形小端，摩擦力使内盘跟随旋转。外盘逆时针旋转时，不能带动内盘旋转，故谓"定向"。

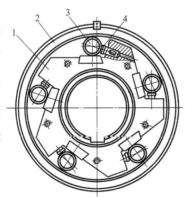

汽车双片摩擦离合器

1—从动盘；2—从动盘；3—压盘；4—中间主动盘；5—飞轮；6—分离杠杆连接螺栓；7—调整螺母；8—分离杠杆；9—分离套筒；10—分离轴承；11—隔热垫；12—压紧弹簧；13—离合器盖；14—传动销；15—限位螺钉；16—分离弹簧；17—磁性开口销

主动的泵轮和从动的涡轮间形成圆环状空间。泵轮旋转时，带动泵轮环形空间内的工作液在径向平面内"自转"，其动量将驱动涡轮转动。在汽车自动变速箱中，液力耦合器是不可或缺的。

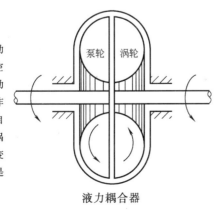

液力耦合器

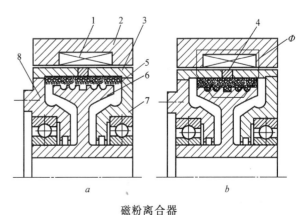

磁粉离合器

依靠通电后磁粉的磁力将主从动部分"结合"。

重要通用机械零部件 [5] 联轴器和离合器

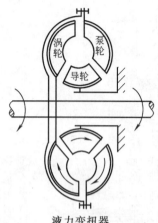

液力变扭器

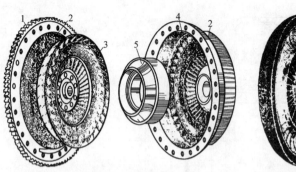

液力变扭器立体图
1—飞轮；2—变扭器外壳；3—涡轮；4—泵轮；5—导轮

液力耦合器立体图

其基本工作原理与液力耦合器相似，但此处多了个导轮，而且导轮中的叶片是可调的（与径向平面可以不重合），结果涡轮上得到的力矩就能调整变化。液力变扭器是汽车自动变速箱里不可缺少的。

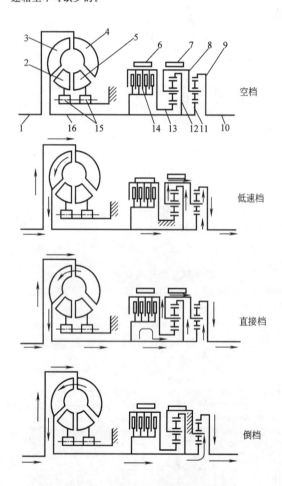

轿车液力机械变速器各档工作原理图
1—发动机曲轴；2—第一导轮；3—涡轮；4—泵轮；5—第二导轮；6—低速档制动带；7—倒档制动带；8—行星架；9—后行星排齿圈；10—变速器第二轴；11—后行星排太阳齿轮；12—前行星排齿圈；13—前行星排太阳齿轮；14—直接档离合器；15—自由轮机构；16—变速器第一轴

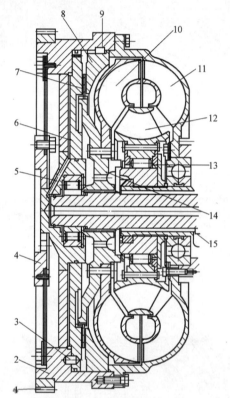

汽车液力变扭器总成图

1—起动齿圈；
2—锁止离合器操纵油缸；
3—导向销；
4—曲轴凸缘盘；
5—油道；
6—操纵油缸活塞（压盘）；
7—从动片；
8—传力盘；
9—键；
10—涡轮；
11—泵轮；
12—导轮；
13—自由轮机构；
14—涡轮轮毂；
15—变矩器输出轴

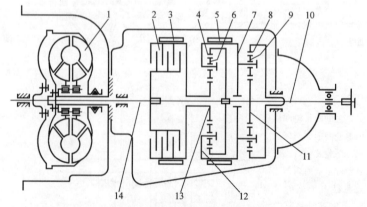

轿车液力机械变速器传动简图
1—液力变矩器；2—直接档离合器；3—低速档制动器；4—前行星排齿圈；5—倒档制动器；6—前行星排齿圈；7—前、后行星排星架；8—后行星排齿圈；9—后行星排齿轮；10—变速器第二轴；11—后行星排太阳齿轮；12—前行星排星架；13—前行星排太阳齿轮；14—变速器第一轴

弹簧 [5] 重要通用机械零部件

弹簧

弹簧是靠其弹性变形来工作的一种重要通用机械零件。

弹簧的功用

序号	功用与举例
1	缓冲吸振，如车辆悬挂中
2	控制机械运动，如离合器和凸轮机构中
3	储存能量作动力源，如钟表、玩具和枪栓中
4	测量力和力矩，如弹簧秤

弹簧的分类

序号	分类法	名称
1	接受力	拉簧
		压簧
		扭簧
		弯簧
2	按形状	圆柱螺旋弹簧
		圆锥螺旋弹簧
		碟形弹簧
		环形弹簧
		涡卷弹簧
		板状弹簧
		片弹簧
3	按材料	金属（大多数）
		非金属（如车辆悬挂用气囊式空气弹簧）

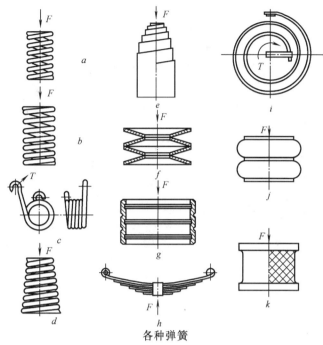

各种弹簧

a 等螺距圆柱螺旋压力弹簧；b 不等螺距圆柱螺旋压力弹簧；c 扭力弹簧；d 圆锥螺旋压力弹簧；e 涡旋弹簧；f 碟形弹簧；g 环形弹簧；h 板（叶片）弹簧；i 涡卷弹簧（发条）；j 橡胶气囊空气弹簧；k 橡胶弹簧

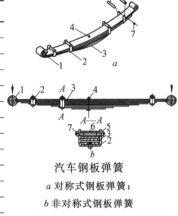

汽车钢板弹簧

a 对称式钢板弹簧；b 非对称式钢板弹簧

1—卷耳；2—弹簧夹；3—钢板弹簧；4—中心螺栓；5—螺栓；6—套管；7—螺母

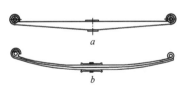

a 单片簧；b 少片簧

汽车单片弹簧和少片弹簧

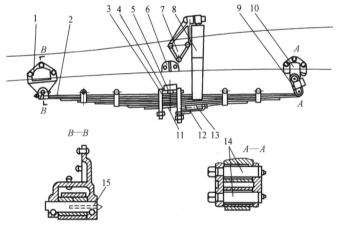

货车前悬挂

1—钢板弹簧前支架；2—钢板弹簧；3—U形螺栓；4—钢板弹簧盖板；5—缓冲块；6—限位块；7—减振器上支架；8—减振器；9—吊耳；10—吊耳支架；11—中心螺栓；12—减振器下支架；13—减振器连接销；14—吊耳销；15—钢板弹簧销

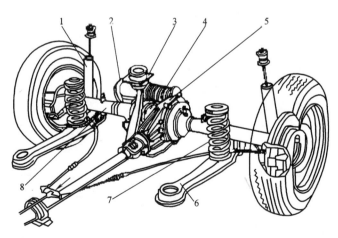

轿车单横摆杆后独立悬挂立体图

1—减振器；2—油气弹性元件；3—中间支承；4—单铰链；5—主减速壳；6—纵向推力杆；7—螺旋弹簧；8—半轴套管

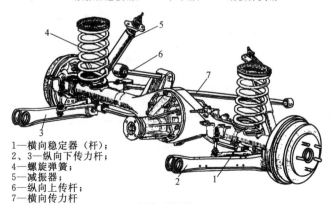

1—横向稳定器（杆）；2、3—纵向下传力杆；4—螺旋弹簧；5—减振器；6—纵向上传力杆；7—横向传力杆

轿车后悬挂

重要通用机械零部件 [5] 弹簧

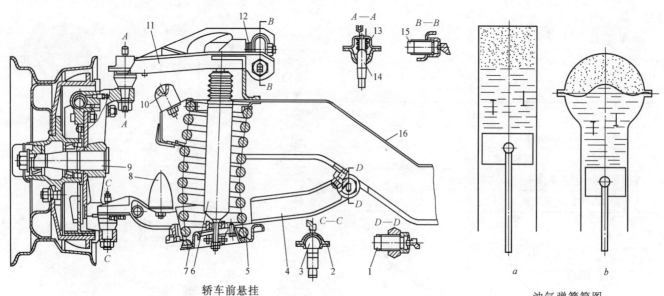

轿车前悬挂

1—下摆臂轴；2—垫片；3—下球头销；4—下摆臂；5—螺旋弹簧；6—减振器；7—橡胶垫；8—下缓冲块；9—转向节；10—上缓冲块；11—上摆臂；12—调整垫片；13—弹簧；14—上球头销；15—上摆臂轴；16—支架横梁

油气弹簧简图
a 油气不分隔式；b 油气分隔式

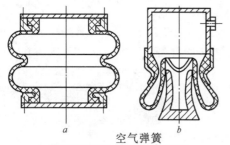

空气弹簧
a 囊式空气弹簧；b 膜式空气弹簧

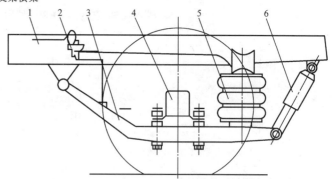

汽车空气弹簧独立悬挂示意图

1—车架；2—高度阀；3—纵向推力杆；4—车桥；5—空气弹簧；6—减振器

通过高度阀 2 的调控，空气弹簧 5 内的压力可以调节到最佳状态，无论汽车空载还是满载，都能得到最佳乘坐舒适度。

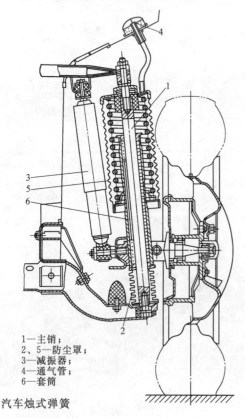

汽车烛式弹簧

1—主销；2、5—防尘罩；3—减振器；4—通气管；6—套筒

对弹簧材料的要求以及制造弹簧的材料

序号	项 目	要求或材料
1	对制造弹簧材料的要求	较高的弹性极限
		足够的韧性和塑性
		良好的热处理性能
2	制造弹簧的主要材料	碳素弹簧钢，如钢 65
		合金弹簧钢，如 65Mn、60Si2MnA、50CrVA 等
		不锈钢，如 4Cr13 等
		有色金属合金，如硅青铜 QSi3-1、锡青铜 QSn4-3

螺旋弹簧的典型制造工艺

序号	工艺内容
1	卷制：用手工、改制过的车床或专用卷簧机均可。小直径簧丝直接冷卷；大直径簧丝则常用热卷
2	端部处理：压簧端部磨平；拉簧两端制作钩环
3	热处理：对于冷卷的专用弹簧钢丝，卷后一般只进行回火即可；热卷弹簧卷后则需进行淬火再加低温回火

直流电路概述

一、各种形式的电能之间以及与其他形式的能量之间都能方便地相互转换。电能的输送和控制也十分简便。所以现代社会及其工业、农业、交通等各个经济领域以及社会生活的发展都得益于电能的应用。

二、电路就是电流的通路,它是为了某种需要由一些电工设备或元件按一定的方式连接和组合而成的。电路能实现电能的传输和转换以及信号的传递和处理。

电能的特点

序号	特点	特点说明
1	便于转换	电能(发电)与其他形式能量(如水能、热能、动能、风能、光能、化学能、原子能等)之间都能方便地相互转换;各种形式的电能之间的相互转换也很方便
2	便于输送	电能可以通过或不通过导线进行传输,电能的传输可以做到距离远、速度快、成本低
3	便于控制	电能易于接通或切断,并在需要时改变其电流、电压、功率、频率、相位等参数以适应不同的使用要求

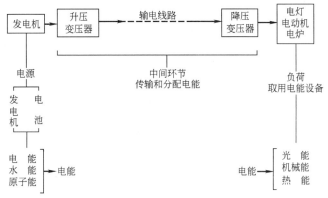

电路能实现电能的传输和转换

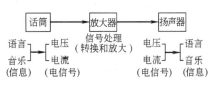

电路能实现信号的传递和处理

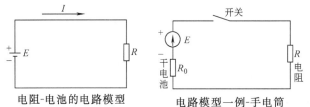

电路模型是实际电路的一种理想化和简化,它突出了实际电路的主要电磁性质,有助于实际电路的分析和描述。在电路模型中,各种元件都用规定的图形符号表示。

一、一般说,电流 i 是时间的函数(随时间而变化)。如果 i 不随时间(t)而变化,即 i 为常数,则称这种电流为恒定电流,或简称直流。直流电的所有参数都恒定,均用大写字母表示。

二、正电荷的运动方向规定为电流的正方向。

直流电路中的物理量

序号	特点说明	名称	说 明	国际单位制基本单位
1	基本电路物理量	电流	带电粒子(电荷)的有规则定向运动	安培(A)
		电压、电位差或电动势	电场力把单位正电荷从a移到b所作的功称为a、b间的电压或电位差 U_{ab}	伏特(V)
2	一般电路物理量	电阻	电阻是衡量物体对电流阻力的大小的物理量,它取决于物体的材质和尺寸	欧姆(Ω)
		电功率	单位时间内电场力所做的功	瓦特(W)
		电功	电场力所做的功	焦耳(J)

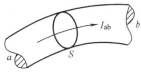

电流与电荷流动

极短的时间 Δt 内通过导体上某横截面 S 的电荷量为 Δq,则 S 处的电流为 $i=\Delta q/\Delta t$。

电路中的电压或电位差 U_{ab} 与电动势 E_{ba}

电动势数量上等于电源力把单位正电荷从电源低电位端经过电源内部移到高电位端所作的功。电压方向为高电位端指向低电位端(电位降低),而电源电动势则为电源内部低电位端指向高电位端,即电位升高的方向。

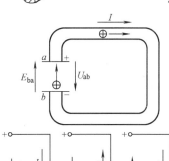

欧姆定律常用表达方式是:电路中两点间的电压 U 与流过两点间的电流 I 成正比,比例常数是两点间的电阻 R。引进符号规则后的欧姆定律认为:电路中电压或电流方向未知时可任意假设其方向;如计算结果为正,表示实际方向与假设方向一致;否则表示实际方向与假设方向相反。

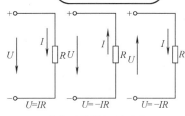

引进了符号规则后的直流电路欧姆定律

电流单位及其换算

序号	国际单位制(SI)单位及其换算			
1	单位	1A(安)	毫安(mA)	微安(μA)
2	定义或等于	1C(库)/1s(秒)	0.001A	0.000,001A

电压的单位及其换算

序号	国际单位制(SI)单位及其换算			
1	单位	伏特(V)	毫伏(mV)	微伏(μV)	千伏(kV)
2	定义或等于	电场力把1库仑电荷从一点移到另一点所作的功为1焦耳时,则两点间的电压为1伏特	0.001V	0.000,001V	1,000V

电阻的单位及其换算

序号	国际单位制(SI)单位及其换算			
1	单位	欧姆(Ω)	千欧(kΩ)	兆欧(MΩ)
2	定义或等于	当电路两点间电压为1V时,两点间流过的电流为1A时,则此两点间的电阻为1Ω	1,000Ω	1,000,000Ω

电功率的单位及其换算

序号	国际单位制(SI)单位及其换算			
1	单位	瓦特(W)	毫瓦(mW)	千瓦(kW)	兆瓦(MW)
2	定义或等于	焦耳每秒(J/s)	0.001W	1,000W	1,000,000W

电工原理 [6] 直流电路概述・电阻和材料的电阻率・电池

电功的单位及其换算

序号	国际单位制(SI)单位及其换算			
1	单位	焦耳(J)	千焦(kJ)	兆焦(MJ)	千瓦小时(kWhr)
2	定义或等于	（电功与功的单位相同）	1,000J	1,000,000J	3,600,000J 或 3.6MJ

电路的状态

序号	状态	说明	电路参数况
1	开路状态	开关未合上，外电路开路	$I=0; U=U_0=E; P=0; W=0$
2	有载工作状态	开关闭合，电路接通，正常工作	$I=E/(R+r_0); U=E-Ir_0; P=EI-I^2r_0=P_e-\Delta P$ 注1,2,3,4,5
3	短路状态	非正常状态，危险	短路电流 $I_S=E/r$。电源消耗功率 $P_e=\Delta P=I^2r$ 也会非常大；而此时负载上的电功率 $P=0$ 6)

注：1) P_e 为电源输出的总功率；ΔP 则是电源在内阻上的功率损耗。
2) 广义地讲，电源是 U 和 I 的实际方向相反的电器；而负载则是 U 和 I 的实际方向相同的电器。干电池或蓄电池可作为电源用，也可以作负载用（如蓄电池或可充电电池在充电时那样，及夹在几节新电池中的一节废电池）；判断的准则就是其 U 和 I 的实际方向是否相同。
3) 正常工作时 U 和 I 的关系称为电源的外特性。
4) 通常情况下电源的内阻很小，即 $r_0 \ll R$；所以 $U \approx E$；也就是说，一般电源的端电压近似等于电源的电动势且基本保持不变，故负载的端电压也基本不变。而负载常常并联运用（即并联的负载数增加）时，负载上的总电流和总功率增加，电源输出的总电流和总功率也增加。所以，电源输出的电流和功率的大小取决于负载的大小。
5) 各种电器产品都有个保证其正常运行的电压、电流和功率值，称之为额定值。如，某荧光灯的额定值为220V，40W。额定值与电器产品所用绝缘材料的耐热性和绝缘强度有关。额定值不一定等于实际使用值。例如，某直流电动机的额定值是40kW，230V，174A；但在实际运行时，其实际电流和功率可以小于额定值。
6) 短路时，电源被短路，此时外电路的电阻可看作零，电流回路中只有很小的电源内电阻 r_0 存在。故此时的电流（称为短路电流 I_S）非常大，足以使电源或其他电器在短时间里被烧毁或损坏。因此短路是一种事故，应尽力避免。

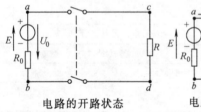

电路的开路状态

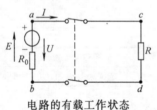

电路的有载工作状态

电源的外特性图

通常并联运用的负载

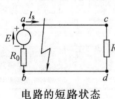

电路的短路状态

短路的预防

序号	短路预防措施
1	定期检查设备和线路的绝缘，使其经常处于良好的运行状态
2	在线中设计安装熔断器、自动断路器等保护器件

电阻和材料的电阻率

一、电阻的计算：某物体横截面积 S、长度为 L，则其电阻为 $R=\rho L/S$。

二、电阻率就是电阻计算公式中的比例常数 ρ，其量纲为 Ωm（或 $\Omega mm^2/m$）。ρ 的倒数称为电导率 γ。

物体按电阻率大小的分类

序号	名称	电阻率范围	说明
1	导体	$\rho < 10^{-7} \Omega m$	绝大多数金属是导体，例如金、银、铜、铝、钢等。少数非金属也是导体，例如碳
2	绝缘体	$\rho > 10^7 \Omega m$	大多数非金属都是绝缘体，例如：塑料、橡胶、玻璃、陶瓷、石棉、云母、纸、油漆等

注：导体的电阻率通常随温度升高而增大，因此导体的电阻通常也随温度升高而增大。利用这一原理，可以通过精确测量电阻来测量温度。

电阻的串并联计算及其应用

序号	串并联	电阻计算结果	说明与日常应用举例
1	串联	串联后的等效电阻：$R=R_1+R_2+R_3+\cdots$	修理电器时，如无阻值合适的电阻更换可用几个小电阻串联得到
			电器额定电压低于电源电压时，可用串联附加电阻的方法降低电器上的实际电压（通常交流220V工业电器中的信号灯常常就是这么做的）
			串联一个电阻（称为限流电阻）来限制负载上的电流过大
			用改变串联电阻的方法得到不同的输出电压（常用在要求负载电流很小的场合）
			用可变电阻器来调节电路中的电流大小
2	并联	并联后的等效电阻：$R=(1/R_1+1/R_2+\cdots)^{-1}$	电阻并联后，等效电阻阻值小于所有原电阻的阻值，而电路的总电流和总功率变大

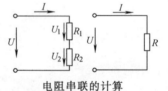

电阻串联的计算

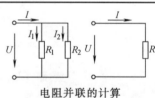

电阻并联的计算

电池

电池是通过电化学反应将内部活性物质的化学能直接转变为电能的一种独立直流电源装置。

电池的结构组成

序号	名称	说明
1	正极	电极材料与电解液之间发生电化学反应，电解液中的正离子（带正电）不断向电池正极集中，同时负离子（带负电）则向负极集中，使正负电极间产生电动势。此时，如果把电阻负载接在正负极之间，负载上就有电流通过
2	负极	
3	电解质	
4	隔膜	
5	容器（外壳）	

干电池（以锌-锰电池为例）的结构组成

序号	名称	说明
1	碳棒	正电极
2	锌筒	负电极
3	碳包	正极活性物质，为碳黑和二氧化锰的混合物
4	电糊	直接装入锌筒中、在碳包外面；是电解液与淀粉的混合物（对碱性电池是氢氧化钾，对中性电池是氯化铵、氯化锌）

电池的分类

序号	分类	名称	说明
1	按性质	原电池（一次电池）	电能用完后就不能再用，只能丢弃。如日用的干电池和钮扣电池。常用的有锌-锰电池、银-锌电池、锂电池、锌-空气电池、锌-汞电池等。各自有确定的额定开路端电压，适用于不同场合
		蓄电池（二次电池）	特点：电能用尽后可通过充电恢复到原来的正常使用状态。其工作原理与原电池基本相同，但其电化学反应是可逆的，因其极板有很好的可逆性，放电时消耗掉的活性物质在充电时可得以恢复。售价常比原电池贵，但单位电能的使用成本常要比原电池低
		燃料电池	利用氢和氧直接反应发电的装置。其原理为电解水制氢的逆反应，但须在一定的温度、压力和催化剂作用下始能运行。尚在实用化和产业化发展阶段，很有前途。由于其不污染环境，未来可能在电动车辆等方面得到广阔应用
2	按外形	圆柱形电池	方便、便宜，在日常生活和工作中广泛应用
		钮扣电池	轻便小巧，常在手表、便携式仪器设备上使用
		长方电池	一般用于较大型的电池上，如车辆和固定设备用蓄电池
3	按结构	普通电池	每个电池都是一个电池单体
		叠层电池	根据需要将2个或多个薄片型电池叠合而成一个整体。多用于仪器和便携设备上
		组合电池	根据需要将2个或多个电池单体组合而成一个整体。如汽车用蓄电池

注：不同类型的电池因其结构和工作原理不同，其开路端电压是完全不同的。

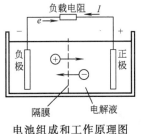

电池组成和工作原理图　　常用锌-锰干电池的结构图

蓄电池的种类

序号	名称	说明
1	铅酸电池	最常用、使用历史最久的蓄电池。正极为二氧化铅，负极为铅板，电解液是硫酸（液态）。可供较大负载电流，价格也较便宜，但寿命（充放电循环次数）较短，且不当使用（过度充电和过度放电）对寿命影响极大。单位电能的电池重量大是最大弱点。各种改进型（如胶体电池、免维护密封型电池）都得到了广泛应用
2	镉-镍电池	寿命较长，可以完全放电、不怕过放。但价格都比较昂贵
3	镍-氢电池	镍-氢电池在电未耗尽就充电会引发"记忆性"，使容量"缩水"
4	锂（离子）电池	各种蓄电池也有不同的额定开路电压

燃料电池

一、燃料电池是一种使用氢气直接发电的设备或装置。

二、燃料电池中发生的电化学过程是电解水制氢的逆过程。但电解水制氢除消耗直流电外无其他条件，而用氢、氧直接发电则在一定的温度和压力及存在催化剂为必要前提条件下才能实现。

三、燃料电池中发生的电化学过程是个非常洁净的发电过程，对环境几乎没有任何污染，为目前所有其他传统发电方法所无法比拟，所以得到了人们的高度青睐和重视。

四、目前，燃料电池主要用作偏远地区的供电和调峰电源。商业上也已推出燃料电池作为笔记本电脑的应急电源设备。

五、电动汽车是目前燃料电池看好的最大前景用途。因大气中不乏氢气，加之廉价而方便地获得氢气已不是困难，故在研制实用型的车用燃料电池（主要是重量和体积要小）的同时，需要解决的另一个难题是如何安全而方便地携带足够数量的氢气。目前，有两大类解决方案：储氢罐的开发，主要是利用某些能容易与氢气结合和分解的镍化合物把氢气"固定"在气罐中；直接利用汽油制氢（汽油本身就是碳氢化合物），其优点是目前加油站网络仍可利用，但汽油中的碳成分未被很好利用，造成了新的污染和浪费。目前仍有许多技术问题需要解决。

燃料电池的分类

序号	1	2	3		
工作温度及其分类	低温燃料电池（60～20℃）	中温燃料电池（160～220℃）	高温燃料电池（600～1000℃）		
类型	AFC 碱性燃料电池	PEMFC或SPFC 质子交换膜或固态聚合物燃料电池	PAFC 磷酸燃料电池	MCFC 熔融碳酸燃料电池	SOFC 固态氧燃料电池
应用	太空飞行、国防	汽车、潜水艇、移动电话、笔记本电脑、家庭加热器、热电联产电厂	热电联产电厂	联合循环热电厂、电厂船、铁路用车	电厂、家庭电源传送
开发的状态	在太空飞行中的应用	家庭电源试验项目、小汽车、公共汽车、试验的热电联产电厂	具有200kW功率的电池在工业上的应用（大约160个电厂）	容量为280kW至2MW的试验电厂	100kW的试验电厂
特性	无污染排放、电效率高、制造费用非常贵、不适合于工业应用、少维护	污染排放在和很低的水平之间、低噪声水平、固体电解质适合于大规模生产与常规技术相比很贵	低污染排放、低噪声水平、是热电联产电厂的三倍费用、随着连续运行电效率降低	有效利用能源、低噪声水平、没有外部气体配置、腐蚀性电解液	有效利用能源、低噪声水平、没有外部气体配置、腐蚀性电解液、对材料的要求非常苛刻
电解体	氢氧化钾溶液	质子可渗透膜	磷酸	锂和碳酸盐	固体陶瓷体
燃料	纯氢	氢，甲醇天然气	天然气，氢	天然气、煤气沼气	天然气、煤气沼气
氧化剂	纯氧	大气中的氧气	大气中的氧气	大气中的氧气	大气中的氧气
系统的电效率	60%～90%	43%～58%	37%～42%	>50%	50%～65%

电工原理 [6] 电池·正弦交流电路

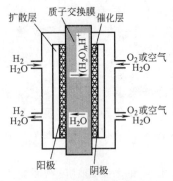

质子交换膜型燃料
电池工作原理图

燃料电池是一个电化学系统。它将化学能直接转化为电能且废物排放量很低。燃料电池由3个主要部分组成：燃料电极（正极），电解液和空气/氧气电极（负极）。其工作原理是：从正极处的氢气中抽取电子（氢气被电化学氧化掉，或称"燃烧掉了"）。这些负电子流到导电的正极，同时，余下的正原子（氢离子）通过电解液被送到负极。在负极，离子与氧气发生反应并从负极吸收电子。这一反应的产品是电流、热量和水。图中给出了质子交换膜燃料电池（PEMFC）的结构和功能图。由于燃料电池不会燃烧出火焰，也没有旋转发电机，所以燃料的化学能直接转化为电能。这一过程具有许多重要的优点：这一过程的电效率比任何其他形式的发电技术的电效率都高；废气如SO_2，NO_x和CO的排放量极低；由于燃料电池中无运动部件，燃料电池工作时很安静且无机械磨损；电与热量可结合起来用（热电联产厂）。质子交换膜燃料电池以磺酸型质子交换膜为固体电解质，无电解质腐蚀问题，能量转换效率高，无污染，可室温快速启动。质子交换膜燃料电池在固定电站、电动车、军用特种电源、可移动电源等方面都有广阔的应用前景，尤其是电动车的最佳驱动电源。它已成功地用于载人的公共汽车和奔驰轿车上。目前，电池额定输出功率密度＝$0.35W/cm^2$；目前千瓦级PEMFC技术已经成熟，具备了商业开发的条件，同时在质子交换膜燃料电池氢源开发方面取得了重大进展。

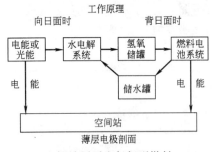

空间站用再生氢氧型燃料
电池工作原理示意图

再生氢氧燃料电池将水电解技术（电能$+2H_2O \longrightarrow 2H_2+O_2$）与氢氧燃料电池技术（$2H_2+O_2 \longrightarrow H_2O+$电能）相结合，氢氧燃料电池的燃料$H_2$、氧化剂$O_2$可通过水电解过程得以产生，起到蓄能作用。它可以用作空间站电源。目前正在进行百瓦级可逆式质子交换膜再生氢氧燃料电池的开发。

固体氧化物型燃料电池是由多孔陶瓷阴极、多孔陶瓷电解质隔膜、多孔金属阳极、金属极板构成的燃料电池。其电解质是熔融态碳酸盐，采用固体氧化物作为电解质。

阴极：$O_2+2CO_2+4e \longrightarrow 2CO_3^{2-}$；
阳极：$2H_2+2CO_3^{2-} \longrightarrow 2CO_2+2H_2O+4e$；总反应：$O_2+2H_2 \longrightarrow 2H_2O$。熔融碳酸盐燃料电池是一种高温电池（600～700℃），噪声低、无污染、燃料多样化（氢气、煤气、天然气和生物燃料等）、余热利用价值高和电池构造材料价廉等诸多优点。除了高效，环境友好的特点外，它无材料腐蚀和电解液腐蚀等问题；在高工作温度下电池排出的高质量余热可以充分利用，使其综合效率可由50%提高到70%以上；它的燃料适用范围广，不仅能用H_2，还可直接用CO、天然气（甲烷）、煤汽化气、碳氢化合物、NH_3、H_2S等作燃料。这类电池最适合于分散和集中发电，是下一世纪的绿色电站。目前，中温SOFC在800℃时的功率密度达到$0.15W/cm^2$。目前正在进行千瓦级电池组的开发。

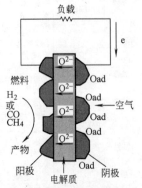

固体氧化物型燃料
电池工作原理图

正弦交流电路

一、日常生活和工农业中大量使用的交流电（所谓市电）是由交流发电机发出、通过电网供应的，其电动势随时间成正弦规律变化。日常使用的交流电几乎都是正弦交流电。只有在少数电子电路中才使用非正弦波的交流电。

二、正弦交流电的电压和电流波形都是正弦波形。

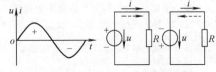

正弦交流电的电压和电流波形

图中的实线箭头表示电压或电流的正方向；虚线箭头表示正、负两半周中电流的实际方向，"＋"、"－"号代表电压的实际方向。

正弦交流电压和电流的特征

序号	特征	名称和代号	单位	说明
1	变化的快慢	频率 f	Hz(赫兹)	$f=1/T$；我国和许多国家的公用电网的使用频率是50Hz；美国、日本等国的电网使用频率是60Hz。$\omega=2\pi/T=2\pi f$
		或周期 T	sec.(秒)	
		或角频率 ω	弧度/秒	
2	变化的大小	幅值 I_m、U_m、E_m	A(安培)或V(伏特)	即最大瞬时值
		或有效值 I、U、E	A(安培)或V(伏特)	根据电流的热效应确定	$I=I_m/\sqrt{2}$ $U=U_m/\sqrt{2}$ $E=E_m/\sqrt{2}$
3	初始值	初相位或相位角 ψ	°(度)或弧度	对于一般情况，电流或电压的瞬时值都存在一个初相位的问题

注：1) 在正弦交流电中，电流和电压的瞬时值规定用小写字母（i、u、e）表示。代表幅值和有效值的符号用大写字母（I_m、U_m、E_m 和 I、U、E）表示。

2) 不考虑初始值时，正弦电流的变化可表示为 $i=I_m\sin\omega t$。

3) 一般情况（考虑初始值）下，在 t 时刻时的正弦电流的瞬时值可以表示为：$i=I_m\sin(\omega t+\psi)$；

4) 日常所说的交流电电压 380V、220V，均指有效值而言。所以 220V 的交流电电压的幅值（最大值）为 $\sqrt{2} \cdot 220V \approx 300V$。

5) 对两个或两个以上的交流电量而言，初始值或初相位就十分重要、不可或缺了。因为在实际工程中即便频率和幅值相同，相位不同的两个交流电量可能是十分不同的。例如：一台新发电机组要投入电网运行时，不仅要求其电压和频率都与电网相同，还要求其发电的相位与电网的相位一致时，才能将这台发电机并入电网。否则就会互相牵制；在极端的情况下（相位相反），这台发电机会成为原有电网的负载而起消极作用了。

交流电路的参数

序号	参数名	说 明
1	电阻(R)	发热和耗能元件
2	电感(L)	通电后产生磁场 短时间（一个周期里）的储能元件；从较长时间来看，不消耗能量
3	电容(C)	通电后产生电场

注：1) 在实际电路中往往三者同时并存。但为了分析问题的方便，可以将某段电路或某电器简化并理想化。如白炽灯和电阻炉，从它的主要功能出发可以认为它主要是电阻；空载时的变压器主要是电感（虽然也有电阻，但相对较小），可认为它是电感元件。

2) 要特别注意，在交流电路中由于电压（u）的瞬时值是变化的，因而电流（i）和功率（p）以及电场和磁场所储存的能量也都是随时间而变化的；因此电感元件中的感应电动势及电容元件的电流均不为零。而在直流电路中，电感元件可看作为短路，电容元件则可看成为开路。

正弦交流电路 [6] 电工原理

交流电路中的电阻、电感和电容元件

序 号	1	2	3
元件名	电阻	电感	电容
与瞬时电流、电压值的关系	$i=u/R$ 或 $u=iR$		
瞬时电流与瞬时电压间的相位关系	u 与 i 永远同相	瞬时电流 i 的相位落后瞬时电压 90°	瞬时电流 i 的相位超前瞬时电压 90°
与电流、电压的幅值与有效值关系	$U_m=I_mR, U=IR$ 或 $U_m/I_m=U/I=R$	$U_m/I_m=U/I=X_L$	$U_m/I_m=U/I=X_C$
元件所消耗的瞬时电功率	$p \geqslant 0$	在一个周期中电能与磁场发生四次能量交换：磁场两次储能（u 和 i 同号时），又两次释放能量（u 和 i 异号时）	在一个周期中电能与电场发生四次能量交换：电场两次储能（u 和 i 同号时），又两次释放能量（u 和 i 异号时）
平均功率，即瞬时功率的平均值	$P=U^2/R$	$P=0$（对整个周期而言，电感元件上无能量交换。亦即，在交流电路中电感元件宏观上不是耗能元件）	$P=0$（对整个周期而言，电容元件上无能量交换。亦即，在交流电路中电容元件宏观上不是耗能元件）
元件对交流电的阻碍作用（单位均为欧姆 Ω）	阻抗 R	感抗 $X_L=2fL$	容抗 $X_C=1/(fC)$
交流电频率变化时 $f=0$（直流）	不变	$X_L=0$，等同通路	$X_C \to \infty$，等同断路（开路）
f 增加		X_L 增加	X_C 减少
$f \to \infty$		$X_L \to \infty$，等同断路（开路）	$X_C \to 0$，等同通路
表征电源与电场或磁场间能量交换规模的量，无功功率 Q [单位乏（var）或千乏（kvar），量纲与瓦（W）相同]	0	$Q=I^2X_L$	$Q=-I^2X_C$（负号表示电流的相位超前电压）

电感元件和电容元件

一、电感的单位是亨利（H）或毫亨（mH，$1mH=0.001H$）。

二、对于非铁心线圈，其电感 $L=\mu SN^2/l$。

上式中：μ 为线圈内介质的导磁率 [单位是亨利/米（H/m）]；

N 为线圈的匝数；

S 和 l 分别为线圈的截面积和长度（m）。

三、电容器极板上所集电量 q 与电容器两极上的电压 u 之比称为电容器的电容量 $C=q/u$。

四、电容的单位是法拉第，简称法（F）。法的单位很大，所以工程上还常用微法（μF）和皮法（pF）等两个单位：$1\mu F=0.000,001F$；$1pF=10^{-12}F$。

五、对于平板电容器，其电容 $C=\varepsilon S/d$。

上式中：S 为电容器极板面积（m^2）；

d 为极板间距（m）；

ε 是极板间介质的介电常数（F/m）。

功率因数以及无功功率与视在功率

一、不论电路中有何种性质的负载（电阻、电感还是电容），对交流电路的实际总功率总有 $P=UI\cos\phi$；此处 $\cos\phi$ 称为交流电路的功率因数。

二、ϕ 是端电压与电流的相位差。只有纯电阻电路 $\phi=0$，即电压与电流同相；对偏感性电路，电流滞后于电压，$0° \leqslant \phi \leqslant 90°$；对于偏容性电路，电流超前于电压，$-90° \leqslant \phi \leqslant 0°$。

三、功率因数接近于1是比较理想的；否则线路中电流很大，但电功率消耗很小，线路被"空占"了，使发电设备及输电设备的容量得不到充分利用，且由于线路上"空占"的电流而使线路损失增大。

四、通常，供电部门会要求用户各自的电路功率因数达到0.8以上。

五、提高功率因数的主要手段是用户在自己的输入端并联电容，因为通常的用电电器会因为各种线圈的存在而偏感性。并联连接大容量电容器来提高功率因素，虽然会因购买价格昂贵的大电容器而付出代价，但提高了功率因数带来的长久实际经济效益和社会效益都是十分显著的。

六、$S=UI$ 称为电路的视在功率。为区别于实际功率，视在功率的单位用伏安（VA）或千伏安（kVA）。

七、实际功率 P，无功功率 Q 和视在功率 S 三者之间存在如下关系：$P^2+Q^2=S^2$。

三相交流电及其接线法

一、普通市电使用的是三相正弦交流电。

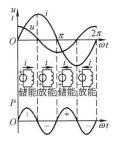

交流电路中的电感元件

在交流电路中电感元件内产生的感应电动势是一种磁场能量。电能与磁场能量之间始终处于能量交换中。

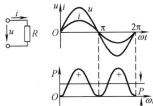

交流电路中的电阻

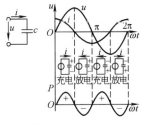

交流电路中的电容元件

电容的充放电使电能与电场之间始终处于能量交换。

一个单匝非铁心线圈就是一个电感元件

一般可假设其电阻 r 极小而可忽略。对于所有电感元件（不论是单匝还是多匝非铁心线圈）因磁通量变化产生感应电动势。因为当其磁通量 Φ 发生变化时，线圈中要产生感应电动势：$e=-d\Phi/dt$。这表示感应电动势的大小正比于磁通量的变化速率（即 $|e|=\Delta\Phi/\Delta t$）；负号代表感应电动势产生的磁通的方向永远与磁通的变化方向相反。亦即磁通量减少时，感应电动势产生的磁通将补充磁通，反之磁通量增加时感应电动势产生的磁通将抵消磁通。

电工原理 [6] 正弦交流电路·磁路

二、三相正弦交流电是用三相正弦交流发电机发出的。

三、在通常的三相四线制（Y形连接法）的连接中，三根相线与中线间的电压称为相电压，在我国其有效值 U_p 为 220 伏；三根相线之间的电压称为线电压，在我国其有效值 U_1 为 380 伏。亦即 $U_1=\sqrt{3}U_p$。

四、若三个相上负载一样（称三相平衡负载或对称负载），则中线里不会有电流流过。此时，中线可以不接（普通三相电动机常这样接线）。若三相负载不对称或不平衡，则中线里就会有电流，此时中线必须接上，不能省略。

五、三相交流电路的总功率（实际有效功率）P、无功功率 Q、视在功率 S 分别为：$P=\sum U_{pi}I_{pi}\cos\phi_i$；$Q=\sum U_{pi}I_{pi}\sin\phi_i$；$S=\sum U_{pi}I_{pi}$，此处，求和符号 $\sum$ 均表示对三相求和（从 $i=1$ 到 $i=3$）。当三相负载对称时，它们均简化为：$P=3U_pI_p\cos\phi=\sqrt{3}U_1I_1\cos\phi$；$Q=3U_pI_p\sin\phi=\sqrt{3}U_1I_1\sin\phi$；$S=3U_pI_p=\sqrt{3}U_1I_1$。

三相交流发电机的结构和工作原理

序号	一级部件	二级部件	功能说明
1	磁极（转子）	转子磁极	转子由原动机（如汽轮机或内燃机）带动以规定的转速匀速转动，在周围产生一个旋转磁场。此时，转子和定子间的空气隙中任一点处的磁场强度按正弦规律变化
		转子励磁绕组	用于必要时直流电励磁用
2	电枢（定子）	定子磁极	内圆柱表面中沿轴向有槽，供安装定子绕组用
		三相绕组	圆周上等分均布地嵌装在定子磁极内圆柱表面的槽中。三相绕组 AX、BY 和 CZ 的每相都会切割磁力线，并产生按正弦规律变化的电动势 $e=E_m\sin\omega t$。这就是单相正弦交流电。由于三相定子绕组在圆周上每隔 120° 布置，所以三相绕组都会产生频率和幅值相同的正弦电动势，而且其初相位相差 120°

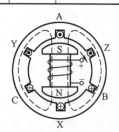

三相交流发电机的工作原理　　三相交流电动势的波形

三相绕组中的交流电动势分别是：$e_{AX}=E_m\sin\omega t$；$e_{BY}=E_m\sin(\omega t-120°)$；$e_{CZ}=E_m\sin(\omega t-240°)=E_m\sin(\omega t+120°)$。从波形图可以看出，在任何瞬间都有：$e_{AX}+e_{BY}+e_{CZ}=0$。

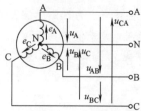

三相发电机三相绕组的连接

通常将三组绕组的末端（X、Y、Z）联在一起，此点称为中点或零点（标作 N）。这种联结方法称为三相四制或星形接法。A、B、C 三根线都称为相线（俗称火线）；中点引出线称为中线。这里，三根相线与中线间的电压称为相电压，其有效值分别用 U_A、U_B、U_C 或更一般地用 U_p 来表示。而三根相线中任意两根之间的电压称为线电压；其有效值用 U_{AB}、U_{BC}、U_{CA} 或更一般地用 U_1 表示。

磁路

磁场的物理量、电磁感应现象及材料的导磁率

一、磁场的三个基本物理量是磁感应强度 B（即磁通密度），磁通（量）Φ 以及与磁场媒质无关的磁场强度 H。

二、磁力线是与电场中的电力线一样被人为设定的概念，用以表示磁场中各点的磁场方向和强度。在外磁场中，磁力线总是从北极出发，止于南极。在磁体内部，磁力线是又从南极回到北极。磁力线是闭合曲线，它不会中途分叉，也不会中途归并。磁力线上每点的切线代表了该点磁场的方向；通过某一面积上的磁力线的总数就反映了该面积的磁通大小。磁力线的疏密是磁感应强度的反映。

三、电磁感应现象说明磁场与电场常是密不可分的。感应电动势的大小取决于单位时间里导体切割磁力线的根数，即 $e=BLv$；式中：B 为磁场的磁感应强度；L 为导体的长度；v 为导体的运动速度。此式的使用条件是：磁力线、导体的长度方向及导体运动方向两两相互垂直。在三者并不互相垂直时，只要考虑其相互几何关系、计算单位时间里在垂直于磁场方向上的实际磁通量的变化即可。亦即：$e=-d\Phi/dt$；式中负号表示感应电动势引起的回路感应电流所产生的磁场，永远是阻碍磁通量的变化的。

四、材料导磁率 μ 是一个用来表示磁场媒质磁性的物理量，单位为亨/米（H/m）。真空中的导磁率是一个常数 $\mu_0=4\pi\times 10^{-7}$ H/m。所以可以用 μ_0 做基准来表示其他材料的导磁性能，即材料的相对导磁率 μ_r 可定义为其导磁率 μ 与真空导磁率 μ_0 的比值。

相对导磁率是当磁场媒质是某种物质时某点磁感应强度 B 与同样电流值下真空中该点的磁感应强度 B_0 的比值。

表征磁场特性的物理量

序号	名称	说　　明
1	磁感应强度 B，（即磁通密度）	表示磁场内某点的磁场强弱和方向的物理量（向量或矢量）。磁场正方向为磁针北极所指方向；亦即对磁体的外磁场而言，磁场方向是从磁极北极出发、指向南极。磁场大小计算确定：1) 若一电荷为 q，在垂直于磁场方向上的速度为 v，该电荷受到磁场的作用力为 F，则磁感应强度为：$B=F/qv$；磁场的方向符合右手定则。2) 长度 L、电流为 I 的通电导线在磁场中受到的力为 F，则磁感应强度为：$B=F/LI$；B、F、I 的方向遵循左手定则。以上两种情况中，若 B、v 或 B、I 间不是直角而是任意角 θ，则两式左边（或右边分母上）要乘以 $\cos\theta$
2	磁通（量）Φ	磁通是磁感应强度与垂直于磁场方向的面积的乘积：$\Phi=BS$（或 $B=\Phi/S$）。故磁感应强度 B 又称为磁通密度
3	磁场强度 H	磁场强度 H 与磁场媒质无关。磁感应强度 B 与磁场强度 H 间存在以下关系：$H=B/\mu$。式中 μ 称为材料的导磁率

磁路 [6] 电工原理

根据磁场中通电导线受力判断磁感应强度方向的左手定则

磁感应强度的单位及换算

序号	单位制	SI(国际单位)制	工程用单位
1	单位	特斯拉(T)	高斯(Gs)
2	等于或换算	韦伯每平方米(Wb/m²)	0.000,01T

磁通的单位及换算

序号	单位制	SI(国际单位)制	工程用单位
1	单位	韦伯(Wb)	麦克斯韦(Mx)
2	等于或换算	伏-米(V-m)	$1Mx=10^{-8}Wb$

通电直导线周围的磁力线分布 | 单匝线圈周围的磁力线分布 | 螺线管周围的磁力线分布

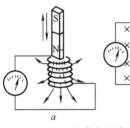 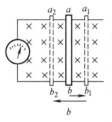

当抽出和插入磁铁瞬间 a,或把滑动导线 ab 向左(或右)滑动时 b,串联在电路中的检流计(一种精密电流表)的指针将会摆动。这表明封闭导线或线圈内的磁通发生变化时,电路中就会产生感应电动势。

电磁感应现象两例

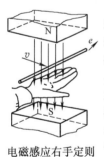 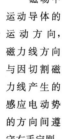

电磁感应右手定则

磁场中运动导体的运动方向,磁力线方向与因切割磁力线产生的感应电动势的方向间遵守右手定则。

材料按磁化特性的分类

序号	分类名称	说 明
1	非磁性材料	该材料的导磁率近似等于真空导磁率($\mu\cong\mu_0$),或该材料的相对导磁率近似等于一($\mu_r\cong 1$),这种材料基本不具有磁性特征。如木材、玻璃、陶瓷、橡胶、塑料等以及部分金属
2	磁性材料	

磁性材料的磁性能

序号	名称	说 明	应 用
1	高导磁率	相对导磁率可达几百、几千甚至几万,使它们具有被极度磁化(即有磁性)的特点	在电工设备中被广泛应用。因为它解决了既要磁通量大、又要励磁电流小的矛盾。利用优质的高导磁材料可减小电器设备的重量和体积
2	磁饱和性	当励磁电流(即外磁场)增大到一定值时,磁化磁场的磁感应强度即达到饱和	当有磁性物质存在时,B 与 H 不成正比;Φ 与产生磁通的励磁电流 I 也不成正比。因此不能用通过加大励磁电流的办法来达到无限加大磁感应强度的目的
3	磁滞性	铁心线圈中通入交变电流时,B 和 H 形成了一个闭合曲线	当铁心线圈中通入交变电流时,B 和 H 形成了磁滞回线,存在剩磁 H_r 和矫顽磁力 H_c

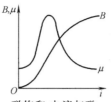

磁饱和-电流与磁通间的非线性

励磁电流增大到一定值时,磁感应强度即达到饱和;亦即 B 与 H 不成正比,材料的导磁率 μ 不是常数。

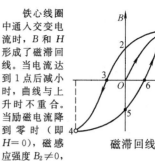

磁滞回线

铁心线圈中通入交变电流时,B 和 H 形成了磁滞回线。当电流达到1点后减小时,曲线与上升时不重合。当励磁电流降到零时(即 $H=0$),磁感应强度 $B_2 \neq 0$,存在剩磁 H_r;要消除剩磁,必须反向增加励磁电流到3点,这个消除剩磁必要要有的反向磁场强度称为矫顽磁力 H_c。

磁性材料的分类

序号	名称	特点	说明和应用
1	软磁材料	软磁材料的矫顽磁力小,磁滞回线较窄	常用材料有硅钢、铁氧体等。一般用于电机、电器和变压器等的铁心(如硅钢)。在计算机的磁芯、磁鼓以及音像录制设备中的磁带、磁头中也有广泛应用(如铁氧体)
2	永磁材料	矫顽磁力较大,磁滞回线较宽	常用材料有碳钢、钴钢、铁镍铝钴合金等。一般用来制造永久磁铁
3	矩磁材料	剩磁较大,矫顽磁力较小,其磁滞回线接近矩形	常用于计算机和控制系统中作记忆元件、开关元件和逻辑元件

一、为用较小的励磁电流产生较大的磁通或磁感应强度,在电器设备(如电机、变压器及各种铁磁元件)中常用磁性材料做成一定形状的铁心。由于铁心的导磁率比周围空气或其他物质的导磁率高得多,因此磁通的绝大部分经过铁心形成一个闭合通路。这个人为设计的磁通路径称为磁路。

二、磁路与电路是本质上完全不同的两种物理现象,但形式上有许多相似之处。

磁路与电路的对比

磁 路	电 路
磁动势 $F(=IN)$	电动势 E
磁通 Φ	电流 I
磁感应强度(磁通密度)$B(\Phi/S)$	电流密度 $J(=I/S)$
磁阻 $R_m(=L/\mu s)$	电阻 $R(=L/rS)$
磁路欧姆定律: $\Phi=IN/R_m$	电路欧姆定律: $I=E/R$

注:需要强调的是,这种对比只是形式上的。电路问题比较简单,因为几乎所有参数都是线性的;即使电阻元件的电阻 R 会随温度的变化而变化,但变化不大,常常可以看成是常数。但磁路就复杂得多,因为磁路中的导磁率 μ 是随励磁电流 I 而变化的。因此,磁路的实际计算过程是一个十分复杂的非线性问题,要比电路计算复杂得多。

电工原理 [6] 磁路

铁心线圈电路

序号	名称	说明
1	直流铁心线圈电路	励磁电流为直流电,产生的磁通是恒定的。因此,在线圈和铁心中不会感应出电动势来。在一定的电压 U 下,线圈中的电流 I 只与线圈本身的电阻 R 有关;功率损耗也只有 I^2R
2	交流铁心线圈电路	磁动势 iN 产生的磁通可以分为两部分: 1)绝大部分磁通在铁心内闭合,称为主磁通或工作磁通 Φ。由于电流 i 与磁通 Φ 间存在非线性,铁心线圈的主磁电感 L 就不是一个常数。 2)主要通过空气闭合的漏磁通 Φ_σ。它在总量中仅占很小部分。由于漏磁通主要不通过铁心,因此电流 i 与 Φ_σ 间成线性(比例)关系,即 $i \propto \Phi_\sigma$,亦即漏磁电感 L_σ 是常数。 在此,电阻上的电压降 U_R、漏磁通的电压降 U_σ(与漏磁感应电动势的方向相反)以及主磁通的电压降 U'(与主磁感应电动势的方向相反)等三者之和(瞬时值之和,或者向量和)等于外电压 U。 但因 U_R 和 U_σ 相对于主磁感应电动势 E' 比较小而可忽略,故可认为:$U \cong U' \cong fN\Phi = fNB_mS$。式中:$f$ 是交流电的频率,Φ_m、B_m 分别是主磁通和主磁感应电动势的幅值;S 是铁心截面积。 此式表明,主磁感应电动势 B_m 正比于电源频率 f、线圈圈数 N 和主磁通 Φ_m。因此,减小漏磁、提高铁心材料的导磁率,已成为提高含铁心线圈电器设备性能的主要途径

交流铁心线圈的功耗

序号	名称	二级分类和说明	
1	铜耗 ΔP_{Cu}	消耗在线圈电阻上的功率损耗。铜耗 $\Delta P_{Cu}=I^2R$	
2	铁耗 ΔP_{Fe} (指处于交变磁化下铁心中所消耗的功率)	磁滞损耗 ΔP_h	与铁心的体积大小成正比,还与该种磁性材料的磁滞回线的面积大小成正比。通常要选用软磁材料(如硅钢)制造铁心
		涡流损耗 ΔP_e	由涡流而产生的能量损耗(交变磁通也在铁心内产生感应电动势和感应电流,从而在铁心里垂直于磁通的平面内形成环流而发热)。为减小涡流损耗,通常把铁心用彼此绝缘的钢片叠制而成。此外,常用的硅钢片的电阻率较大,也可限制涡流

变压器的用途

序号	用途与说明
1	输配电:升高电压以降低电能传输中的损耗
2	信号传递与阻抗匹配

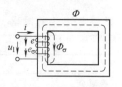

交流铁心线圈电路

变压器的主要应用

一、如果用低电压长距离大功率输电,由于电流很大,线路上的电压降就很大,线路消耗的功率也很大。这样,就需要使用很大截面积的导线以降低线路的电阻。这不仅是不经济的,在长距离输送电能时也是不可能的。如果升高输送电压,则电流就会相应减小,线路的压降和功耗也随之减小,长距离输电才真正成为可能。此时,到用电端(负荷处)再把电压降下来。因此,电网中升降电压都要大量应用变压器。

二、在电子线路中,广泛采用变压器来耦合电路、传递信号,并实现阻抗的最佳匹配,使得电子电路中微弱的电信号得以高效率地进行处理和传递。

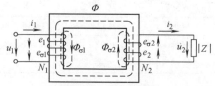

变压器的工作原理

实际变压器中与电源相联的绕组(称为原边、原绕组、初级绕组或一次绕组)以及与负载连接的绕组(称为副边、副绕组、次级绕组或二次绕组)常是里外叠绕或上下并置在封闭铁心上的。若原、副边绕组的匝数分别为 N_1、N_2,主磁通是由原、副边绕组的磁动势共同产生的合成磁动势(当副边有负载电流时),故对原、副边主感应电动势有 $E_{1,2} \propto fN_{1,2}\Phi_m$。所以,原副边的电压比为 $U_1/U_{20} \cong E_1/E_2 = N_1/N_2 = K$;式中:$U_{20}$ 是副边的空载端电压,它等于 E_2,$K=N_1/N_2$ 称为变压器的边比。同理,$I_1/I_2 \cong N_2/N_1 = 1/K$;亦即变压器原、副边的电压比近似等于其边比;而原、副边的电流比近似等于其边比的倒数。

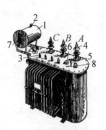

三相油冷变压器外形图

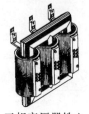

三相变压器铁心和绕组的立体图

变压器的损耗和效率

序号	损耗或效率		说明与计算
1	损耗	铜损 ΔP_{Cu}	绕组上的铜损为绕组的电阻上的功率损耗,铜损正比于负载电流的平方
2		铁损 ΔP_{Fe}	变压器铁心上的功率损失,只与铁心内磁感应强度的幅值 B_m 有关,而与负载无关
3	效率		$\eta=P_2/P_1=P_2/(P_2+\Delta P_{Fe}+\Delta P_{Cu})$; 上式中:$P_1$ 为变压器的输入功率;P_2 为变压器的输出功率

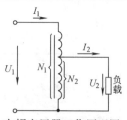

自耦变压器工作原理图

自耦变压器是一种特殊变压器,其特点为副绕组是原绕组的一部分。

调压变压器外形立体图

应用最广泛的一种自耦变压器是调压变压器,其副绕组抽头是可以在主绕组上滑动的,因此副绕组的匝数变得可以任意改变,从而(副边)输出电压可以在从零到(原边)输入电压的范围内随意调节。

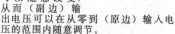

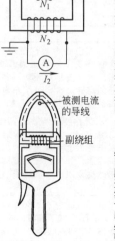

用电流互感器测量大电流的原理图

电流互感器是一种特殊的变压器,它利用变压器原、副边的电流比等于其边比的倒数这一原理,在实用中用来扩大交流电流测量仪表的量程。通常数值很大的负载电流串联接在电流互感器的原边;电流互感器的副边则与电流表相连接。电流互感器的原边匝数很少(通常只有几圈,甚至只有一圈),而副边的匝数较多,边比 K 很小。根据变压器的工作原理,副边电流将正比于原边电流,但大小只有原边电流的 $1/K$(K 很小,$1/K$ 就可以相当大)。这样,就可以用小量程的交流电表来测量大电流了,既方便,又安全。在大型电力控制系统中,可以用同一种电流表而配用不同边比的电流互感器来适应不同的电流量程,非常实用方便。

钳形电流表

钳形电流表(或称测流钳)是电流互感器的一种变形:它集电流互感器和副边回路中的电流表于一身;但原边只有一圈,且结构上制成在必要时可以方便地压开。当需要测量某根导线中流过的交流电流时,只要压开钳形表头部,将被测导线卡入钳形表后再松开(头部电路闭合),即可读出电流值。使用钳形表的优点是不必断开线路、只需将钳形表头部卡住被测电线即可,使用十分方便。

各种形式的电磁铁

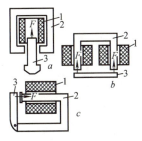

电磁铁是利用通电线圈吸引衔铁这一原理工作的一种电器。电磁铁一般由线圈1、铁心2和衔铁3三部分组成。电磁铁的吸力大小正比于气隙中的磁感应强度B_0及气隙的横截面积。电磁铁有交流和直流之分。交流电磁铁的铁心像变压器一样要用钢片叠成;而直流电磁铁的铁心则可用整块软钢制成。电磁铁广泛地用于各种电力控制电器中(如继电器、接触器等),也可单独用作执行机构(如吸引和提升废钢的电磁铁起重机等)。

磁粉离合器

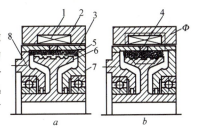

磁粉离合器是利用电磁吸引力按照需要使离合器的主动和从动部分结合或者分离的。因其分离和结合的迅速方便、控制容易而得到广泛应用。

电机

一、电机是与电能的生产、传输和使用密切相关的能量转换机械,在工业、农业、交通运输及现代社会的各个方面(包括日常生活中)都有极其广泛的应用。

二、采用电动机驱动的优点:简化生产机械结构;提高生产率和产品质量;能实现自动控制和远距离操纵;能减轻繁重的体力劳动。

三、应用最广的电机是异步电动机。其转速略低于磁场的同步转速,故谓之"异步"。

电机的分类

序号	按运转方式分类	次级分类、名称和说明		
1	直线电机	新型电机。目前只有磁悬浮列车和精密机床等场合少量应用		
2	旋转电机	按用途	发电机	将机械能转换成电能的机械
			电动机	将电能转换成机械能的机械
			控制电机	在控制系统中应用的一种电气器件
		按电能种类	直流电机	直流发电机
				直流电动机
			交流电机	同步发电机
				同步电动机
				异步电动机 日常应用最广泛的电机

异步电机

异步电动机的工作原理

序号	项目	说明
1	转子的旋转	转子外如已有旋转磁场,则一系列电磁作用的结果是转子将以低于磁场转速的速度旋转
2	旋转磁场的形成	给定子中圆周均布的三相绕组通以三相交流电后,它们产生的磁场的合成结果是旋转磁场,其转速$n_0=60f$(f为交流电的频率)。 若三根电源线中任意两根的端头对调位置,则旋转磁场转向相反

异步电动机转子旋转工作原理(横剖面图)

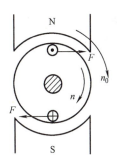

前提条件是有一对磁极 N-S 在转子外面与转子同轴并沿顺时针方向以转速n_0旋转。处于这对磁极中间的转子上有一对铜条(目前处于正上下位置)。外周磁场旋转时,磁极的磁力线切割转子铜条,铜条中产生感应电动势(电动势方向由右手定则确定)。铜条两端如用铜环联结成闭路,则铜条中就有电流产生。电流方向用箭头"⊙"表示是离开纸面的,用箭尾"⊕"表示电流是进入纸面的。此电流又与旋转磁极的磁场相互作用,而使转子铜条受到电磁作用力F,其方向如图所示,是用左手定则确定的。电磁力形成的力矩使转子以转速n转动起来,转子旋转方向与磁极旋转方向相同。

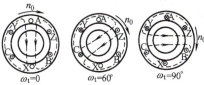

异步电动机旋转磁场的产生

$\omega t=0$时(同时参阅三绕组的"Y"形连接及其加载的三相交流电图),绕组 AX 中无电流,绕组 BY 中的电流为负(电流实际上是从 Y 流向 B);绕组 CZ 中的电流为正(电流自 C 流向 Z)。三相电流合成磁场的磁力线方向如图示。$\omega t=60°$时,绕组 AX 中的电流为正,绕组 BY 中的电流为负,而绕组 CZ 中无电流。三相电流合成磁场的轴线已在空间旋转了60°,与三相电流经过的相角相同。$\omega t=90°$的情况是类似的,三相电流合成磁场的轴线也转过了90°。结论:旋转磁场的转角等于电源经过的相位角ωt;旋转磁场的转速(用弧度/秒为单位)等于电源的圆频率ω。

三相绕组的"Y"形连接及其加载的三相交流电

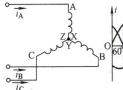 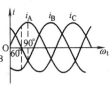

定子中均布了三组绕组,它们的"头"分别是 A、B、C;"尾"分别是 X、Y、Z。三组绕组连接成倒"Y"形(也称星形连接),并接到三相交流电源上。

三相异步电动机的极数与转速

序号	极数 p	说明	磁场转速[注]	50Hz时转速
1	1	极数就是旋转磁场的磁极对数。有三组绕组的三相交流异步电动机(亦即每相只有一个绕组)的磁场只有一对磁极,即极数$p=1$	$60f$	3000rpm
2	2	每相安置两个绕组,串联后接上三相交流电源;则产生具有两对磁极的旋转磁场,即极数$p=2$	$60f/2$	1500rpm $=3000/2$rpm
3	...			
4	n		$60f/n$	$3000/n$ rpm

注:旋转磁场的转速n_0也常称为同步转速。

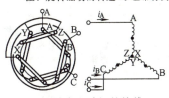

双极异步电动机的接线　　双磁极异步电动机的旋转磁场

使用多极异步电动机可以免除减速设备,从而节约投资、简化结构。但电机极数过多,结构复杂,成本提高,使用又不经济。因此,一般只用极数p为2和3的多极电机。

电工原理 [6] 电机

异步电动机的转差率 s 和转子实际转速 n（$p=1$ 时）

序号	项目	计算	说明
1	转差率 s	$s=(n_0-n)/n_0$	额定负载时的转差率 s 约为 1~9%
2	转子实际转速 n	$n=(1-s)n_0$	n_0 为 3000rpm 的异步电动机，其额定负载时的转速 n 约为 2800rpm

三相异步电动机的构成

序号	名称	说 明
1	定子（固定部分）	定子铁心及三相绕组
2	转子（旋转部分）	转子铁心用硅钢片叠成。导体多数用铜条，通过绝缘物镶嵌在转子铁心上的槽中，两端用端环联结，看似鼠笼，故常称为鼠笼式电机。也有绕线式转子。绕组为三相的，通过固定在轴上的滑环及碳刷与外电路联结
3	机座	铸铁制造
4	端盖	
5	轴承	多为标准滚珠轴承
6	冷却风扇	有色金属铸件
7	风扇罩	薄钢板冲压件

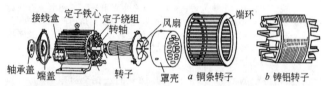

鼠笼式三相异步电动机的结构 / **鼠笼式电动机转子的立体图**
a 铜条转子；b 铸铝转子

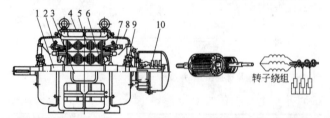

绕线式三相异步电动机的结构图
1—转轴；2—转子绕组；3—绕线盘；4—机座；5—定子铁心；6—转子铁心；7—定子绕组；8—螺盖；9—轴承；10—滑环

绕线式三相异步电动机转子的立体图和接线

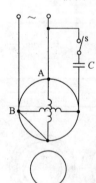

电容移相式单相异步电动机的线路示意图

单相正弦交流电产生交变脉动磁场。在交变脉动磁场中，已经转动的转子会持续旋转下去；但静止的转子，则不会转动。所以单相异步电动机的起动转矩为零。目前最常用的起动办法之一使用电容移相（或称电容分相）方式：在其定子上除原来正常的单相工作绕组 A 以外，再在空间相差 90°处设置一个起动绕组 B，并将它串联移相电容 C 后与工作绕组 A 并联联结。由于两个绕组在空间上相差 90°，同时又通过串联移相电容使两个绕组中的电流相位相差 90°，其合成磁场也是旋转的，能使转子起动。在转子具有一定的转速后，可以再把起动绕组 B 断开。

同步电机

一、同步发电机由各种原动机（如水轮机、蒸汽轮机、柴油机、燃气轮机等）驱动，把机械能转换成电能。目前各类电厂和电站所用的发电机几乎都是三相同步发电机。

二、同步发电机有可逆性，可以作为同步电动机使用。

同步电机的构成

序号	名称	组 成	说 明
1	定子（电枢）	定子铁心	与三相异步电动机的定子结构相同
		定子三相绕组	
		碳刷	与滑环一起将励磁绕组与励磁电源联结
2	转子	转子轴	调质钢制
		励磁绕组	用直流电励磁
		转子铁心	硅钢片叠成
		滑环	与碳刷一起将励磁绕组与励磁电源联结
3	其他	机座、端盖、轴承、冷却风扇、风罩壳等

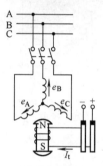

同步发电机工作原理图

空载时：发电机中只有磁极磁场，它是由直流励磁电流 I_f 产生的。当磁极由原动机以规定转速 n 驱动时，磁极磁场的磁感应强度近似地按正弦规律分布；因此电枢中每相绕组的磁通成正弦规律变化。于是在电枢绕组中感应出三相正弦电动势。感应电动势的频率（Hz）：$f=pn/60$。式中：p 为同步电机的极数（概念与异步电动机同）；n 为原动机的牵引转速（rpm）。感应电动势的幅值：$E_m \propto fN\Phi_0$；式中，N 是绕组匝数，Φ_0 是每相绕组中的最大磁通值。在发电机接有外负荷时（向外输出电能），电枢绕组中有三相电流通过。它也要产生旋转磁场，其转速为：$n_0=60f/p$；故有：$n=n_0$，亦即转子的转速与电枢旋转磁场的转速相等，故称其为同步电机。

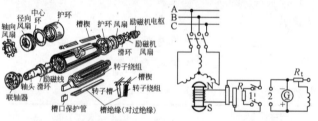

典型的三相同步发电机的立体（爆炸）图 / **三相同步电动机工作原理及其异步启动法**

流经电枢绕组的三相交流电流会产生旋转磁场。在旋转磁场的吸引下，已被励磁的转子应该跟随旋转磁场旋转。但旋转磁场转速太快，已被励磁的转子如果原来是静止的，就不可能转起来。因此，同步电动机必须采用专门的办法才能起动。最常用的办法是异步起动法：在磁极极掌上装上与鼠笼式电动机相似的起动绕组，使电动机在起动时等同于一台普通异步电动机（图中刀开关合向左边）。等到其转速接近于同步转速时，再将起动绕组连接到励磁机上（刀开关合向右边）。同步电动机的起动使其结构越加复杂，成本上升，起动繁复，因此只用于要求转速恒定的少数场合。

直流电机

一、直流电机是在机械能和直流电能间互相转换能量形式的旋转机械。

二、直流电机分为直流发电机和直流电动机。

三、尽管生产上和日常生活中，主要应用的是交流市电。但不少方面仍需要直流电源，如蓄电池充电、电镀、电解、直流电焊以及部分车辆、船舶上的用电。由于直流发电机结构复杂、价格昂贵等原因，加之电力电子技术的迅速发展，多数情况下直流发电已逐渐被半导体整流电源取代。

四、直流电动机的结构比三相异步电动机复杂，维护麻烦。但因其起动转矩大、调速性能好，在许多场合（诸如龙门刨床、轧钢机械、电力牵引设备等）也都还有应用。但随着电子变频调速装置的出现和逐渐普及，也有被逐渐取代的趋势。

直流电机的构成

序号	名称	构造和说明	
1	磁极（定子）	极心	产生磁场
		极掌	使磁隙中的磁感应强度分布合理，并保护绕在极心上的励磁绕组
2	电枢（转子）	电枢上有绕组。电枢是电机中产生感应电动势的部分	
3	换向器（整流子）	换向器是直流电机所特有的装置，通过它和碳刷使电枢绕组与外电路相联结	
4	其他	机座、端盖、轴承等	

小型直流电机中也有用永久磁铁作磁极的

电枢和换向器结构复杂，制造麻烦，是直流电机价格昂贵的主要原因

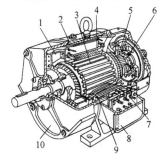

直流电机的构造
1—风扇；2—机座；3—电枢；4—主磁极；5—刷架；6—换向器；7—接线板；8—出线盒；9—换向极；10—螺盖

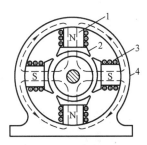

直流电机的定子和转子（横剖面）
1—极心；2—极掌；3—励磁绕组；4—机座

在直流电机作为发电机工作时，电枢由原动机驱动。电枢绕组切割磁力线，感应出电动势，电动势是交变的。但每转过半圈，与固定的碳刷接触的换向器（随转子轴旋转）上的极性也相应发生更换。结果，与换向器片接触的某个碳刷 A 或 B 上的电动势（或电压）的极性总是不变的，即碳刷上引出的就是直流电。当作为电动机工作时，图中的负载变成为直流电源，此时转子旋转时通过换向器使电磁力的方向不变，使转子磁场与定子磁场始终保持"异性相吸"而具有旋转的动力。

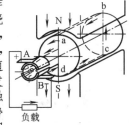

直流电机的工作原理图

直流电机的立体图

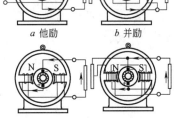

a 他励　　b 并励
直流发电机的励磁

对于直流发电机，实际上在磁极（定子）和电枢（转子）上分别有两套绕组：电枢上是为了发电而设的主绕组；定子上的是励磁绕组，它产生的磁场是为发电所必需的。励磁绕组中的励磁电流可以由外电源供应，这种励磁方法称为他励。但更多情况下是靠磁极中的剩磁来励磁发电，然后在发出电力后发出的电力供给励磁。此时，励磁绕组跟电枢的联结方法可以是并联、串联或复联。后三种励磁方法分别称为并励、串励和复励。不同的励磁方式时，直流发电机的性能是不同的。直流电动机也有以上发电机的四种励磁方式，其性能也各不相同。实用中以并励和复励最为常见，并励尤多（过去曾是无级调速的主要方法）。

并励直流电动机的特点

序号	特点叙述
1	机械特性硬，即在负荷变化时转速变化不大，稳定性好
2	能方便地实现无级调速，调速平滑
3	可得到较大的调速幅度
4	起动电流很大（比正常值要大10至20倍）
5	转矩正比于电流，转矩太大会使传动机构冲击太大，因此要限制起动电流

控制电机

一、控制电机是在各类自动控制系统中使用的电动机，在执行机构中担当执行者的使命。

二、控制电机与前述各种电机的不同之处在于：控制电机的主要任务是转换和传递控制信号，能量转换相对是次要的。亦即控制电机主要要求控制灵便、准确。因而其结构上有一些不同的特点。

控制电机的分类

序号	名称	说明
1	交流伺服电动机	转矩和转速均可由信号电压控制，旋转方向也由控制电压的极性控制。本质上就是电容移相式单相异步电动机。为便于控制、减小转动惯量，转子设计得细长
2	直流伺服电动机	与一般直流电动机相同，但更细长使转动惯量较小
3	步进电机	是一种利用电磁铁原理将电脉冲信号转变为角位移的电机。在数控系统中得到广泛应用。结构简单，维护方便，精确度高，起动灵敏，停车准确

控制绕组接在检测元件和电子放大器之后。检测元件根据控制信号给出控制电压的大小和方向。控制电压大，则伺服电机转速快；反之亦然。与一般单相异步电机不同，一旦控制电压 $U_2=0$，伺服电机立即停止转动。

1. 励磁绕组；
2. 控制绕组。

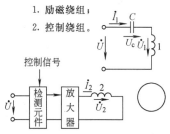

电容移相式交流伺服电动机的接线原理图

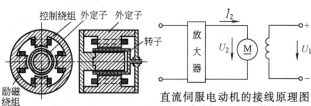

交流伺服电动机的结构

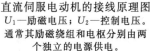

直流伺服电动机的接线原理图
U_1—励磁电压；U_2—控制电压。
通常其励磁绕组和电枢分别由两个独立的电源供给。
励磁电压 U_1 一定；而加在电枢上的控制电压 U_2 是受控制的。

步进电机是一种利用电磁铁原理将电脉冲信号转变为角位移的电机。A 相通电，转子的 1 被定子的 A 吸引；下一时刻，B 相通电（A、C 相不通电），转子将会转过 30°，转子的 4 被定子的 B 吸引；再下一时刻，轮到 C 相通电，转子将会再转过 30°。依次等等。步进电机可以有多种工作方式（每次为单相或双相通电，每次转过的角度等）。

步进电机的工作原理图

电工原理 [6] 电气量的测量和显示

电气量的测量和显示

需要测量的电路主要物理量

序号	分类	名称	常用测量仪表或方法	备注
1	直流电路	电流 I	直流毫安计[注]，直流电流表	串联入被测点，要求内阻很小
		电压 V	直流电压表	并联接入被测电压两点，要求内阻很大
		电阻 R	万用电表，交直流电桥	
2	交流电路	电流 I	交流电流表	串联入被测点，要求内阻很小
		电压 V	交流电压表	并联接入被测电压两点，要求内阻很大
		电功率 P	交流功率表	
		电能量 W	交流电能表（瓦时计）	
		电容 C	交流电桥	
		电感 L	交流电桥	
		频率 f	频率表	

注：直流电流 I 的测量是所有电工测量的基础。

电物理量测量仪表的分类

序号	名称	测量功能	特点与说明
1	磁电式	直流电流，改制后可测交流电流与电压	以直流毫安计为代表。特点见另表
2	电磁式	交流电量	结构简单，价格便宜，但刻度不均匀，精度不高
3	电动式	交直流电流，改制后可测直流电压及交流功率	精确度较高，受外磁场影响大，过载能力差

直流毫安计的构造

序号	名称	说明
1	马蹄形永久磁铁	固定的
2	极掌 N-S	固定的
	圆柱形铁心	转动的
3	铝框和线圈	转动的
4	指示标尺	固定的
5	指针	转动的
6	张丝	即螺旋弹簧，是转动部分的支承和导电通路，并提供平衡转矩

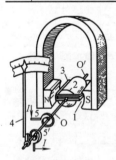

直流毫安计的工作原理

直流毫安计是一种磁电式仪表。测量时，它串联接入被测电流的部位。电流经张丝1和5导入，流经铁心2上的线圈3。线圈中的电流与磁场相互作用产生偏转力矩，使线圈连同铁心一起旋转。张丝同时还起支承铁心和线圈以及平衡偏转力矩等两个作用。指针4的偏转角度与偏转力矩的大小成正比。

直流毫安计线圈上的偏转力矩

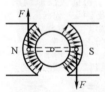

线圈的两有效边受到大小相等、方向相反的力 F。力的方向由左手定则确定，大小为 $F=BlNI$。在此，空气隙中的磁感应强度 B、线圈在磁场内的有效长度 l、线圈匝数 N 都是常数，亦即 F 只取决于被测电流 I。因此偏转力矩为：$T=Fb\propto I$；(式中 b 为线圈的宽度)。同时螺旋弹簧（即张丝）因扭转而产生阻力矩，阻力矩 T_c 的大小与指针的偏转角 α 成正比。显然达到平衡时，$\alpha \propto I$。因此指针标尺可以按线性进行刻度。

磁电式仪表的特点

序号	特点说明
1	刻度均匀
2	准确灵敏（仪表本身的电阻小，串入电路后对原电路的影响很小）
3	耗能少
4	仪表外的磁场对测量结果影响小
5	只能测量直流电流（由于惯性，交流电流和转矩的变化只能使转子静止不动）
6	价格高
7	过载能力差

直流毫安计的演进扩展

序号	项目	方法	说明
1	直流毫安计扩大电流量程	并联分流器（附加电阻）	磁电式电流表因线圈很细，不能直接测量大电流。但可通过并联分流器来扩大直流电流表的量程。在分流器实质是只精密电阻 R_A。此时电流被精确分流，只有一小部分通过毫安计
2	直流毫安计改为直流电压表	串联倍压器（附加电阻）	毫安计串联附加大电阻后，在毫安计和附加电阻上的总压降与毫安计的电流量程间具有确定的关系
3	直流电压表扩大量程	串联倍压器（附加电阻）	串联附加电阻后，最大电流不变，但总压降（即电压表量程）可大为增加
4	直流表计改为交流表计	串联整流元件	串联整流元件后，被测交流电压或电流值与整流后的直流电压或电流值间存在确定的数量关系

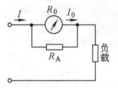

直流毫安计并联分流器扩大电流量程

将分流器（电阻 R_A）与毫安计（内阻 R_0）并联，被测电流被精确分流。总电流 $I=(R_0+R_A)I_0/R_A$。只要并联比电阻 R_0 更小的电阻 R_A 即可使 I 比 I_0 大许多倍。R_A 的阻值要求很精确，否则会影响测量结果。如果已知要求扩大量程的倍数 I/I_0 及电流表的内阻 R_0，就能计算出需并联的分流器阻值 $R_A=R_0/(I/I_0-1)$。

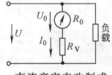

直流毫安表改制成直流电压表

直流电压是一个串联有附加电阻的毫安计。当电流达到毫安计满刻度时，毫安计和附加电阻上的总压降（即改制后电压表的满刻度值）为：$U_2=I_0(R_0+R_V)$。因此已知或确定电流表的量程 I_0、改制后的电压表量程 U 及电流表内阻 R_0 后，串联的附加电阻值 R，也就确定：$R_V=U_0/I_0-R_0$。此法还可以将直流电压表的量程扩大。

万用表

一、万用表是指能测量多种电量的电气测量设备。

二、一般而言，万用表的测量精度不很高，但使用简单，携带方便，特别适合于一般检查和修理时使用。

三、万用表有磁电式和数字式之分。此处仅介绍磁电式万用表。

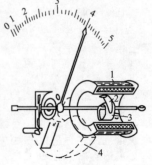

电磁式仪表原理图

工作原理：仪表中有固定的圆形线圈1，线圈内的固定铁片2和在转轴上的可动铁片3。线圈通电后产生磁场，两铁片磁化而互相排斥，带动指针偏转。故可用来测量交流电量。

电动式仪表

工作原理：仪表内有固定线圈1和可动线圈2。张丝（螺旋弹簧）支承转轴和可动线圈，供给抵御偏转力的阻力矩，并把电流引入可动线圈。两线圈间产生的磁力使转轴和指针偏转。

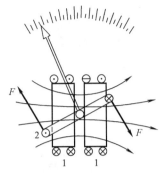

电动式仪表的工作原理

两线圈中分别通入电流 I_1 和 I_2，可动线圈上产生的偏转力矩为：$T=kI_1I_2$。

若一个线圈通入电流信号，另一个通入电压信号，则指针偏转正比于功率，故可用于测量交流功率。

磁电式万用表的结构

序号	名 称	说 明
1	表头,直流毫安表	指示测量结果
2	多位多联转换开关	一般只用一个,个别情况下也有使用两个转换开关。在不同的选择档位（即希望测量的电量及其量程），通过实现各种倍数的分流器或倍压器的并联或串联,及通过整流器将交流电量转换成直流测量电量等手段,使其能测量各种量程的交直流电压或电流
3	各种倍数的分流器和倍压器	与转换开关合作实现电量测量量程的转换
4	整流器	将交流电量转换成直流电量以便测量
5	电池	供测量电阻[注]等需要电动势的场合用
6	附加电阻	供测量电阻时分压用
7	可变电阻器	在电阻测量时调节电压到确定值时用
8	测电笔	测量方便用
9	外壳	安全、保护、携带方便

注：万用表一般都有直接测量电阻的功能。其电阻测量原理基于欧姆定律，即电阻 $R=U/I$。但万用表中只有一块表头，不能同时测量电压和电流。为此，在正式测量电阻前一般都需要将表笔短接，通过专用可变电阻将电池的实际输出电压调节到确定值。然后在正式测量电阻时就用这个确定的电压值来测量电流。因电压确定，此时测得的电流与被测电阻的阻值有确定数量关系，因而可直接按此关系进行电阻值刻度。

电气量的显示

序号	名称	次级分类名称及说明		
1	模拟显示	指针式显示		各类指针式仪表的显示
		各种指示式显示	显示元件	指示灯：色彩选择余地大，耗电大
				氖泡：省电，色彩单调，需串大电阻加高压
				发光二极管：用低电压，色彩较多，显示明亮清晰，体积小，反应快，可组大屏
		计算机屏幕模拟显示		常用于计算机控制系统中，可显示复杂的系统原理图或示意图，非常直观明晰；指示、警告、报警等清晰
2	数字显示	液晶显示		黑白液晶：低电压，省电，结构简单，成本低，可根据需要设计各种显示图案，但显示不十分清晰，适合在明亮环境下使用
				彩色液晶：比黑白液晶显示更清晰，但较贵
		数码管显示		显示清晰，工作电压低，耗电少，寿命长，但体积大

电桥的分类

序号	名 称	功 用	说 明
1	直流电桥	电阻精密测量	用于电阻得精密测量
2	交流电桥	电容和电感测量	

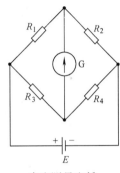

直流测量电桥

电桥由直流电源供电到桥的一个对角上。桥的另一个对角线上接检流计（精密毫安计）。四个桥臂上，一般 R_1 为被测电阻，R_2 和 R_4 为阻值已知的固定电阻，R_3 则是带阻值刻度的可变电阻（精密测量时可另用精密电阻箱）。调节 R_3 的阻值至检流计 G 指示为零，则根据欧姆定律有：$R_1 = R_2R_3/R_4$。

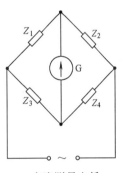

交流测量电桥

电桥由交流电源供电到桥的一个对角上。桥的另一个对角线上接交流检流计（或用耳机检测有无电流）。四个桥臂上，一般 Z_1 为被测电阻、电感或电容。为检测方便，一般 Z_2 和 Z_4 为阻值已知的固定电阻（此时 Z_2 和 Z_4 实际上是 R_2 和 R_4），且 Z_4 为带阻值刻度的可变电阻（精密测量时可另用精密电阻箱）；Z_3 是与 Z_1 同种类的、数值已知的电阻、电感或电容。调节 Z_4 的阻值至交流检流计 G 的指示为零，则根据复数欧姆定律有：$Z_1 = R_2Z_3/R_4$。

电气控制

一、电气控制的目的是对生产或其他过程中的电机及其他电气设备、机械部件的运行进行控制，使其动作按要求的程序进行，保证生产或其他过程合乎预定要求。

二、对电机而言，控制的含义主要是它的起动、停止、正反转、调速及制动。控制还包括一些必要的电气保护。

电气控制分类

序号	名 称	说 明
1	继电接触控制	用继电器、接触器及按钮等控制电器来实现自动控制的方式
2	电子控制	用电子电路实现自动控制的方式
3	计算机控制	用各种各类计算机实现自动控制的方式

电工原理 [6] 电气控制

继电接触控制的基本元件

序号	名称	次级分类名	说明
1	开关	闸刀开关	接通或断开电路，需要操纵人员手动操作
		扳动开关	
		组合开关	
		自动空气开关（自动空气断路器）	接通或断开电路，需要操纵人员手动操作闭合电路；但如果电路发生故障（如过电流、欠电压等），则自动断开电路
		行程开关	又称限位开关，动触头到达设定位置时会发出信号
2	按钮	常开	常开（常闭）是指未按按钮时所处的状态是断开（闭合）的，用以短暂地接通或断开控制电路，从而控制其他电机或设备的运行
		常闭	
3	交流接触器		由电磁铁和触点两部分组成。它利用电磁铁的吸引力而动作，使触点闭合或断开。其触点有主触点和辅助触点之分：主触点能通过较大电流，用于电动机及其他大负荷用电设备的主电路。辅助触点允许通过的电流较小，仅用于控制电路中。辅助触点有常开与常闭之分：常开（闭）触点指接触器线圈未通电时，触点处于断开（闭合）状态
4	继电器	中间继电器	结构与交流接触器基本相同，只是通过电流较小，而触点较多，主要用于传递信号和同时控制多个电路
		热继电器	用以防止电器长期过载。它串接在接触器的主回路中，当电流过大且达到一定时间后，热元件（通常是双金属片）动作，断开控制触点从而使接触器断路
		时间继电器	利用机械或电子元件达到使信号延迟若干时间后传输出去。在控制电路中这是很有用的
5	熔断保护装置	管式	快速过电流保护器
		插式	
		螺旋式	

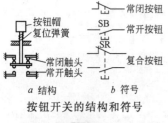

a 结构　　b 符号

按钮开关的结构和符号

a 结构　　b 符号

闸刀开关的外形和符号

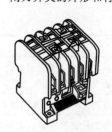

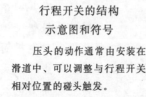

行程开关的结构示意图和符号

压头的动作通常由安装在滑道中、可以调整与行程开关相对位置的碰头触发。

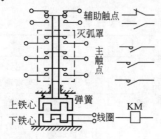

接触器的外形、结构原理和符号

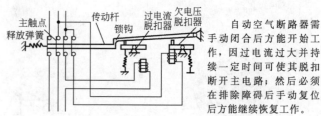

自动空气断路器的原理图

自动空气断路器需手动闭合后方能开始工作，因过电流过大并持续一定时间可使其脱扣断开主电路；然后必须在排除障碍后手动复位后方能继续恢复工作。

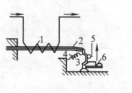

热继电器的结构原理和符号

电流过大造成热继电器的热元件过热，触发双金属片弯曲而引发脱扣；复位需人工干预。
1—热元件；2—双金属片；3—扣板；4—弹簧；5—常闭触点；6—复位按钮

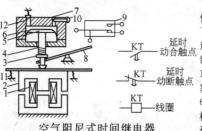

空气阻尼式时间继电器的结构示意和符号

触发电流使衔铁动作，但活塞的动作延迟了触点的实际开闭时间。延迟时间由调节螺钉控制泄气通道实现。
1—线圈；2—衔铁；3—活塞杆；4—弹簧；5—活塞；6—橡皮膜；7—气孔；8—杠杆；9—延时触点；10—调节螺钉；11—恢复弹簧；12—排气孔

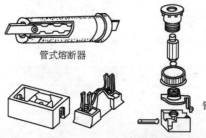

各种熔断器外观

熔断器由座体、熔体、管体等组成。熔体常可更换。

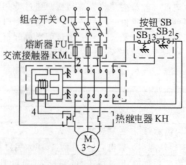

继电保护控制示例-三相异步电动机的通断控制

三相交流电源通过组合开关 Q、熔断器 FU、交流接触器 KM 的主触点组（左边三组）和热继电器 KH 与三相异步电动机 M 相联。组合开关为电源总开关。当闭合组合开关、按下起动按钮 SB_2 后，交流接触器 KM 的线圈通电，动铁心被吸合而使主触点闭合，电动机起动。当 SB_2 松开时，它在弹簧作用下恢复到断开位置；但此时与按钮并联的交流接触器辅助触点（最右边的）已与主触点同时闭合，因此接触器线圈仍然通电保持闭合状态（自保）；自保使起动按钮不需要长期维持按住，只要按一下即可。停车时只需按下 SB_1 即可。此控制线路还实现了短路保护（熔断器）、过载保护（热继电器）和失压保护（接触器）。

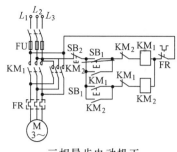

三相异步电动机正反转的继电控制

合上电源总开关后,按下起动按钮 SB_1 后,正转交流接触器 KM_1 的线圈通电动作,而使 KM_1 的常开主、副触点闭合,电动机开始正方向转动。当 SB_1 松开时,它在弹簧作用下恢复至断开位置;但此时与按钮 SB_1 并联的 KM_1 交流接触器 KM_1 已与主触点同时闭合,保持了交流接触器 KM_1 的通电状态(自保)。停车时只需按下 SB_3 即可。在停车后若希望电动机反转,只需按下反转按钮 SB_2。此控制线路同样还实现了短路保护(熔断器 FU)、过载保护(热继电器 FR)和失压保护(接触器 KM_1 和 KM_2)。此控制电路的一个特殊之处是,正转接触器 KM_1 的辅助触电也安装在反转按钮 SB_2 的电路中;反转接触器 KM_2 的触点也存在于正转接触器 KM_1 的电路中,实现了正转和反转不会同时接通(互保)。

安全用电

一、除非电压很高(几千伏以上),电对人体的伤害大小取决于通过人体的电流大小,电流的持续时间,电流通过人体的途径,电流的种类以及人体本身的状况等诸多因素。

二、安全用电涉及人和设备的安全,必须给予足够的重视。

人体对于工频交流电的反应

序号	反应项目	人体对象	
		成年男子	成年女子
1	人体对电流的感知	1.1mA	0.7mA
2	人体能自我摆脱的电流	16.0mA注	10.5mA
3	致命电流值(以引起心脏室颤为衡量标准)	50mA 以上(通电时间超过心脏搏动周期时)	
		几百 mA(通电时间短于心脏搏动周期,但超过 10 毫秒时)	
		正比于 $1/\sqrt{t}$(单位 mA;通电时间增加时,因人体出汗、电阻下降,危险加剧。此处 t 一般为 0.01 至 5 秒)	

注:根据 IEC(国际电工委员会)的报告,如果一个人身上较长时间流过大于自身的摆脱电流(60 公斤体重成年男子为 10mA,妇女为 70%,儿童为 40%),就会摔倒、昏迷和死亡。

不同电流种类对人体的危害

序号	电流种类	通电时间(s)	引起心脏室颤的电流(mA)
1	直流电	0.1	1300
		3	500
2	1000Hz 的高频电流	0.03	1100
		3	500
		10 至 100 微秒电冲击	>100A
3	工频交流电	见上表	

注:1)电流的种类及电流通过人体的途径对于伤害大小影响很大。通常以工频交流电的危害最大;直流电、高频电、冲击性电流和静电的伤害都较小。

2)电流通过人体的途径中,以左右双手触电最危险,因为此时电流将流过心脏部位,容易引起心室颤动。

3)除了男女性别差异外,还与人的体重、身体状况等关系很大。人与人之间的个体差异也相当大,因为每个人的电阻、易出汗程度、对电的敏感程度以及对电的耐受性的差别都很大。

4)电压对人体的危害也有影响。高电压对人危害很大,即使极短时间的电击也可能致人死亡或严重伤残。因此,在需要特别保证安全的场合,可以采用低压电(36 或 12V)。

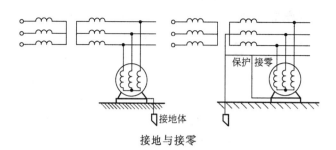

接地与接零

安全用电的一般原则

序号	原则	说明
1	合理选择导线种类和截面	各种导线有各自规定的使用环境,条件和允许的最大持续电流。应根据使用场合及使用负荷(电流)选用合适的导线种类和截面积。总之,导线不允许超负荷使用[注1]
2	电表、熔断器、开关、灯座、插头等电器均应有足够的容量	各种电器都有其各自的额定容量,不允许超负荷运行。否则容易引起各类事故。熔断丝(器)在线路中是起防止电流的作用。当发生短路等现象时,它能因电流过大熔断而起保护作用。不允许自己更换大容量熔断丝(器),更不允许用细铜丝代替熔断丝(器)。
3	特殊环境应按规定选用相应适用的电器品种	如:户外应使用防水灯头;浴室等潮湿场合应使用密封灯具;有可燃气体的场合(如煤矿井、面粉厂等多易爆气体或粉尘的场合等)应用防爆灯具和各种防爆电器。
4	定期检查电气绝缘状况	尤其是电器在长期搁置停用后再使用时,一定要检查后再用。在家用条件下最起码的检查是通电后用测电笔检查电器外壳是否带电。有条件时,要用仪表检查绝缘电阻。绝缘电阻过小时,应检查原因并采取措施、排除故障后再用(如长期存放受潮时可通电烤干)
5	在线路中按规定装置漏电保护装置	建筑物应按规定安装触(漏)电保护装置。使用前应试验一次,看是否起作用。对建筑物的线路中未安装触电保护装置,有条件时应予补装为好
6	按规定接零与接地	正确接地与接零能有效防止许多重大事故的发生。

注:1)每平方毫米截面积铜导线的允许通过电流大致在 2 至 10A 之间;细线可取大端值,粗线取小端值。用电负荷间断的导线,根据负荷率(通电时间占总时间的百分比)的不同,其允许负荷还可不同程度地加大(负荷率越低,加大比率越大)。

接地与接零

序号	名称		次级分类名称与说明	
1	接地的分类	工作接地	将电源的中性点(如用户变压器次级边的中点与大地可靠联结)	工作接地能降低触电时的电压(最多是相电压);不接地时可能达到其 3 倍。 工作接地在单相接地时近似于单相短路而能保证线路中的保护装置迅速动作,切断电源;否则一相接地时因导线与地面间存在电容和绝缘电阻,接地电流很小,保护装置可能不动作。 工作接地可以降低电器设备的绝缘要求水平;同样绝缘条件下等于提高了设备的绝缘等级
		保护接地	将电气设备的金属外壳接地。特别适用于中性点不接地的系统中。	当某一相绝缘损坏时,因人体电阻远大于接地设备的接地电阻,故通过人体的触电电流很小,不会危及人的生命
2	接零	保护接零	用于中性点接地的低压电气系统中	

注:目前,许多建筑承建单位为了省事,建筑物没有设专门的接地,因此建筑物中各电源插头上的接地极也就不可能接地,而是接在电源的中性点上,或接在自来水管上,或让它空着什么也不接。这是不允许的和极其危险的,会危及人身安全。

日用电器 [7] 日用电器概述

日用电器概述

一、日用电器是指那些在日常生活和工业生产中使用的非电子电器设备。日用电器的范畴的划定是一件困难的事。例如缝纫机本是种机械产品，但电动缝纫机也可认为是一种家用电器产品。一般认为，日用电器不包括诸如电视机、音响等以电子电路为主的电子电器。

二、有时日用电器也可以含有电子电路部分，但这些电子电路在整个电器或设备中不是其主要功能部分。例如，有些洗衣机和电冰箱也有"微电脑"控制部分，甚至现在还出现了"网络冰箱"；但是这些电器的主要功能还是依靠常规电路元器件、而不是电子元器件实现的。

三、日用电器主要包括各种家用、商用或其他用途的日用电器和工业电器设备。家用和商用在有时是界限清晰的，但有时也是不清楚的。如用若干台家用洗衣机开设自助洗衣店时，这些洗衣机就很难认定究竟是家用型还是商用型电器了。

四、日用电器一般是指日常生活中的各种用电设备，主要供个人、家庭或集体（商业）使用。

日用电器按功能和用途的分类

序号	名称	举例
1	空调类	如电扇（包括排风扇）、空气清洁（负离子发生）器、去湿机、加湿器、空调机等
2	冷冻类	如冰箱、冷藏柜、冰柜等
3	厨房用具类	如电炉、微波炉、电饭煲、电烤箱、洗碗机、食品处理机等
4	清洁用具类	如吸尘器、洗衣机、乾衣机、电熨斗、热水器、淋浴器等
5	取暖类	如取暖电炉、电油汀、电热毯、暖风机等
6	保健美容类	如电吹风、电推子、电动剃须刀、电动按摩器、周林频谱仪等
7	照明类	如白炽灯、荧光灯、高压汞灯、金属卤化物灯等各种电光源及其附件（镇流器、启辉器等）
8	其他	如电门铃、电烙铁等

日用电器按工作原理的分类

序号	名称	举例
1	电动电器	如食品处理机等
2	电热电器	如电炉等
3	电磁电器	如叮咚门铃等
4	组合式电器	工作原理上为以上几种的组合（如电吹风）

日用电器按大小和价值的分类

序号	名称	次极分类名称与说明	举例
1	大家电	体积较大或价格较高的产品	电冰箱、空调机、洗衣机、电动缝纫机
2	小家电	厨房电器	电饭锅、电炒锅、电蒸锅、电火锅、电煎锅、微波炉、电磁灶、电烤箱、电暖瓶、电热水器、电暖加热器、电咖啡壶、切菜器、绞肉机、榨汁机、多功能食品加工机、电动搅拌机、压面机、饺子机、豆腐豆浆机、电动去皮机、酸奶生成器、刨冰机、冰淇淋机、洗碗机、净水器、开罐器、电子点火器、餐具干燥消毒机、抽油烟机等
		盥洗室电器	换气扇、电淋浴器、超声波洗澡器、超声波洗脸器、烘手器、浴缸擦洗器、电动牙刷、洗头按摩器、脚浴按摩器、无雾梳妆镜、电吹风、电推剪、电热卷发器、电动剃须刀
		环境清洁用电器	空气净化器、负离子发生器、除湿机、电热取暖器、电风扇、地毯清洗机、吸尘器、擦窗机、电熨斗、除草机、扫雪机、家用水泵、石英电子钟、灯具、电子门铃、烟雾报警器
		保健电器	电动按摩器、电磁按摩器、摇骨器、保健枕、脉冲治疗器、电子凉枕、电热毯、电子灭蚊器等
3	家电配件		指家用电器的辅助物品，如直流电源、交流稳压器、电池、充电器、电器插头插座、漏电保安器、断电保护器等

日用电器按使用对象或场合的分类

序号	名称	举例
1	个人或家用电器	如洗衣机有家用和商用之分，大小形状上可有很大差异；但家用洗衣机也可用于商用
2	商用（集体用）电器	

对日用电器的一般要求

序号	要求及说明
1	在电气和机械结构上特别强调安全可靠，即使发生故障也能保证不会造成对人身伤害
2	对环境不产生破坏和干扰，振动小，噪声低，无电磁干扰
3	结构简单，操作方便
4	造型新颖美观，价格和运行费用低
5	整机及其零部件的标准化、通用化、系列化程度高

日用电器的安全标准要求

序号	项目	要求	说明
1	使用者安全	防止人体触电	触电是产品安全设计的重要内容和首先应当考虑的问题。用户在正常或故障条件下使用产品时，产品均应能在结构上保证使用者不会触及到带有超过规定电压的元器件，保证在人体与大地或其他易触及导电件间形成回路时，流过人体的电流在规定限值下
		防止过高的温升	过高的温升直接影响使用者的安全，还影响产品其他安全性能。如：造成局部自燃，或释放可燃气体造成火灾；使绝缘材料性能下降，或使塑料软化造成短路、电击；使带电元件、支承件或保护件变形，改变安全间隙引发短路或电击的危险。产品在正常或故障条件下工作时均应能防止因局部高温引致热造成的人体烫伤，并能防止起火和触电
		防止机械危害	整机的机械稳定性、操作结构件和易触及部件的结构要特殊处理，防止台架不稳或运动部件倾倒；防止外露结构部件边棱锋利、毛刺突出，直接伤人；保证用户在正常使用中或作清洁维护时，不会受到刺伤和损害
		防止有毒有害气体的危害	有些元器件和原材料中含有毒性物质，在产品发生故障、发生爆炸或燃烧时可能挥发出来。常见的有毒有害气体有一氧化碳、二硫化碳及硫化氢等。因此应保证家用电器在正常工作和故障状态下所释放出的有毒有害气体的剂量在危险值以下
		防止辐射引起的危害	辐射会损伤人体组织的细胞，引起机体不良反应，严重的还会影响受到辐射人的后代。X射线、激光辐射、微波辐射等，都会影响到消费者的安全。设计时应使其产生的各种辐射泄漏限制在规定数值以内
2	环境安全	防止火灾	家用电器的阻燃性防火设计十分重要。在产品正常或故障甚至短路时，要防止因电弧或发热而使某些元器件或材料起火；若某元器件或材料起火，应该不致造成其支承件、邻近元器件起火或整个机器起火，不应放出可燃物质，防止火势蔓延到机外而危及消费者生命财产安全
		防止爆炸危险	
		防止过量噪声	
		防止摄入和吸入异物	
		防止跌落造成人身伤害或物质损失	

日用电器的安全可靠性要求

序号	要求	说明和措施
1	防人身触电的安全措施[注]	限制产品对地的泄漏电流
		外壳要接地或提供接地方便
		保证电器有足够的漏电距离和电气间隙
		尽量采用双重绝缘结构
		必要时使用安全(低)电压
		保证电源连线有较好的耐弯折能力
		采取措施防止电容器放电击人
2	防止过高温升和引起火灾的安全措施	提高电器的绝缘性能,防止击穿,防止绕组短路
		对电器的泄漏电流、温升、火花等加以限制
		有关零部件采用耐燃材料
		要求防爆,防火,防溅等特殊的产品应符合有关标准的要求
3	防止人身损害的安全措施	外表无尖角
		运动部件不外露
		防止翻倒(重心位置适当)
		限制X射线、微波等对人体有害辐射的外泄
		接触食品的器具应符合卫生条例
4	使用的可靠性	在机械强度、超速、起动、温升、异常运行、耐久性等方面应有相应的技术措施(如电源电压在额定电压±10%的范围内变动时电器应能正常工作,不会发生以上问题)
		带电动机的电器,在电源电压低到85%的额定电压时,电器仍应能可靠起动

注:详见下表"常用电器的安全要求等级"。

常用电器的安全要求等级

序号	等级	要 求
1	0类	这类电器只靠基本工作绝缘使带电部分与外壳隔离,没有接地保护。所谓基本绝缘是指像电机的绝缘槽镇流器的沥青或树脂填料等能保证工作和防止触电的那部分绝缘。基本绝缘一旦损害,易触及部及金属外壳就会带电,人满碰就会触电。此类电器只能用于空气干燥木质地板等工作环境十分良好的场合。常用在人们接触不到的地方,如荧光灯的整流器等电器。这类的安全要求不高,近来对家电的安全要求日益严格,使用已日渐减少,老式单速拉线开关控制的吊扇就是0类电器
2	0I类	这类电器具有基本绝缘和接地端子。使用中一旦基本绝缘损坏,如果接有地线则不会发生触电危险;反之就会触电。电源软线中没有接地导线、插头上也没有接地保护插脚,不能插入带有接地端子的电源插座。如在环境不甚优良下使用,要接上可靠的地线,以提高使用电器的安全性
3	I类	有基本绝缘,并将易触及的导电部件与已安装的固定线路中的保护接地导线连接起来,使易触及的导电部件在基本绝缘损坏时不导致触电危险。要求使用时电器的接地或接零必须可靠。国产冰箱都是I类电器
4	II类	这类电器采用双重绝缘或加强绝缘要求,没有接地要求。所谓双重绝缘是基本绝缘之外,尚有独立的保护绝缘或有效的电器隔离。这类的安全程度高,适用于使用环境条件较差的情况或经常与人体接触的器具,如:电推剪、电热梳等
5	III类	使用安全特低电压(42V以下)的各种电器。依靠隔离变压器获得安全特低电压供电来进行防触电保护。在电器内部的电路中的任何部位,均不会产生比安全特低电压更高的电压。电源可是直流或交流。如剃须刀、电热梳等电器,在没有安全接地又不干燥绝缘环境的情况下,必须使用安全电压型的产品

家用电器输入功率的允许偏差

类 别	输入额定功率	允许偏差
电热器具	100W以下	±10%
	100W及以上	−5%~+10%或±10W
电动器具	33.3W及以下	+10W
	33.3~150W	+30W
	150~300W	+45W
	300W以上	+15W

日用电器安全性能的简易(冷态、不连接电源)测试方法

序号	项目	说 明	要求、使用设备和方法
1	绝缘电阻测试	绝缘电阻是指家用电器带电部分与外露非带电金属部分之间的电阻	基本绝缘条件的绝缘电阻值不应小于2MΩ;加强绝缘条件的绝缘电阻值不应小于7MΩ;II类电器的带电部件和仅用基本绝缘与带电部件隔离的金属部件之间,绝缘电阻值不小于2MΩ;II类电器的仅用基本绝缘与带电部件隔离的金属部件和壳体之间,绝缘电阻值不小于5MΩ。500V兆欧表(俗称摇表:摇表上有E、L和G三个接线端子,测量时,一般只用接地E、电路L两个,屏蔽端子G不用)。测量电机时,E端接电机外壳,L端接电机绕组;测量电机两相之间绝缘电阻时,应E、L两端分别接在两相绕组上
2	泄漏电流测试	泄漏电流是家用电器在外加电压作用下,流经绝缘部分的电流	对于各类家用电器,国家标准都规定了泄漏电流不应超过的上限值。用专用泄漏电流仪
3	绝缘电气强度试验	交流工频耐压试验	受试部位和试验电压值,在各产品标准中都作了具体说明和规定。一般来说,在工作温度下,II类电器在与手柄、旋钮、器件等接触的金属箔和它们的轴之间,施加试验电压为2500V;III类电器使用基本绝缘,试验电压500V;其他电器,采用基本绝缘试验电压1250V,采用加强绝缘,试验电压为3750V。除电动机绝缘外,其他部分的绝缘应能承受1min,正弦波、频率为50Hz的耐压试验,不应发生闪络和击穿。试验开始时,先将电压加至不大于试验电压50%,然后迅速升到试验电压规定值,并持续到规定时间

注:通常典型的电器产品在形式试验中要经受耐压试验和温湿度试验两部分。耐压试验中,分别进行历时15分钟的热态和冷态的耐压试验(试验电压不同)。而在温湿度试验中产品需要先进行绝缘电阻测试,并在40±2℃、相对湿度95±3%的环境中放置48小时后再度进行绝缘电阻的测试并进行历时15分钟的耐压试验(试验电压各异,典型值为1000V)。

日用电器各部位的允许温升

测试部位	温升(K)	允许偏差		温升(K)
绕组:		E26型、E27型灯座:		
A级绝缘	60	金属型或陶瓷型		145
E级绝缘	75	非陶瓷绝缘型		105
B级绝缘	80	除导线和绕组个所用绝缘材料:		
F级绝缘	100			
H级绝缘	125	浸渍或涂复过的纺织品纸或纸板电容器的外表面		55
电器插头的插脚:				
在高温情况下使用	115	有T标志		T-50
在低温情况下使用	80	抑制干扰的小陶瓷电容		35
在冷态情况下使用	25	其他电容		5
固定式外导线接线柱	45	开关和控温器周围:		45
没有T标志	15	无电热元件的电器外壳		
		连续握持的手柄、旋钮、夹子等		
橡胶或聚氯乙烯绝缘导线	T-40	金属制		15
没有T标志	35	陶瓷或玻璃材料制		25
有T标志	T-40	模压材料、橡胶或木材等		35
附加绝缘用的电线护套	20	短时握持的手柄、旋钮、夹子等		
作衬垫或其他零件用非合成		金属制		20
橡胶、橡胶或木材制		陶瓷或玻璃材料制		30
作附加绝缘或加强绝缘	25	模压材料、橡胶或木材等		45
其他情况	35	E14型、315型、H23型灯座:		
		金属型或陶瓷型		115
		非陶瓷绝缘型		75
		有T标志		T-40

日用电器 [7] 日用电器概述·电冰箱和空调器

家用电器耐压试验电压值

绝缘类别	电压值(50Hz 正弦波)
承受安全特低电压的基本绝缘	500V
其他基本绝缘	1000V
附加绝缘	2750V
加强绝缘	3750V

电冰箱和空调器

一、在自然状态下,热量只能从高温物体流向低温物体。要使热量从低温物体流向高温物体,则需要付出代价—做功。电冰箱或空调器所做的就是付出能量(压缩机做功)的代价,以便把热量从低温物体(对电冰箱是电冰箱的冷冻室或冷藏室,对夏季制冷的空调器是室内空间,对冬季采暖的空调器是室外环境)传送到高温物体(对电冰箱是电冰箱所处的室内空间,对夏季制冷的空调器是室外环境,对冬季采暖的空调器是室内空间)。

二、一般的家用电冰箱冷冻室温度可以达到 $-18 \sim -24^\circ C$。在这种环境中通常冷冻食品可以保存3个月。

三、与电冰箱的冷藏室和冷冻室为了减少冷量损失需要加保温层一样,冬季采暖或夏季制冷的房间也应该采取各种技术措施减少能量损失(墙体加保温层,窗户用双层玻璃,尽量减少门窗的开启次数和时间)。

电冰箱制冷循环的构成

序号	名称	说明
1	压缩机	冰箱的心脏,把低压的气体加压使其可能成为液体
2	冷凝器	盘管加冷凝片,使管内工质放热、降温以液化
3	节流器或毛细管	降低工质压力并隔离前后高低不同的压力 结构基本与冷凝器相同(盘管加冷凝片),使管内工质
4	蒸发器	吸热、升温以蒸发

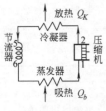

电冰箱的制冷循环

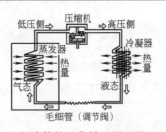

电冰箱的工作循环原理图

在管路中流动的工质是低沸点物质。液体工质流经节流器后压力降低,然后流入蒸发器;在蒸发器中,工质吸热蒸发变成为气体,使蒸发器外降温;为了让蒸发器中的吸热、蒸发过程能够持续地进行下去,让工质气体继而进入压缩机,使其压力得以提高并恢复到液体状态;再通过冷凝器放热、降温;最后,通过节流器降低压力,从而可以再进入蒸发器。蒸发器处于冷冻室或冷藏室内;而冷凝器处于电冰箱外的室内环境中或紧贴电冰箱外壳。在这个循环中,蒸发器不断吸热,冷凝器不断放热,热量源源不断地从低温的冷冻室或冷藏室里抽取到高温的室内环境中去。这个过程付出的代价是,压缩机要消耗能量。在冰箱的制冷循环中只发生热量转移,除了压缩机及其电动机中的摩擦热和电阻发热,致冷回路本身没有热量产生。以前冰箱(也包括空调)制冷循环中常用的工质是各种氟里昂及其衍生物,统称为氯氟烃。在生产和使用过程中向大气泄露和排放的氯氟烃以及包括电冰箱的泡沫塑料保温层在发泡过程中也有大量氯氟烃排放到大气中去。这破坏了地球的臭氧层,造成了大气层的温室效应,带来一系列严重后果。近几年来限制使用氯氟烃已成共识;新制造的电冰箱和空调中已经采用其他低沸点工质替代品,它们对环境无害。

电冰箱的构成

序号	部件	名称	说明
1	制冷循环部件	冷凝器	装在冰箱后部(多为老式冰箱)或两侧(多为新式冰箱;用两侧外壳钢板散热,这样外观较美,但牺牲了性能,能耗增加)
		蒸发器	多装在冷藏室或(和)冷冻室内(直冷);也有间接冷却式,通过风道送入冷风
		压缩机和电动机	通常是制成一体密封式,并装在冰箱的后部
		毛细管或减压阀	家用冰箱为简单多用毛细管
2	外壳与门	外壳	四侧通常用钢板制成;顶部多为塑料制造
		冷冻室	内壁一般用塑料薄板经吸塑成形等工艺制成。内壳与外壁间为绝热层,通常用聚胺酯等高分子材料发泡制成
		冷藏室	
		冷冻室门和冷藏室门	内外多均为塑料制成,中间有泡沫塑料保温层
3	电器与控制部分	温度控制	控制内部温度。冷藏室达到设定温度使压缩机自动停转;冷藏室温度逐渐上升到某温度时重使压缩机起动运行
		起动保护	有起动继电器在压缩机电动机起动时接通起动绕组,以防止压缩机的电动机在起动时负荷电流过大
		照明部分	置于冷藏内,当冷藏室门开启时靠限位开关自动点亮

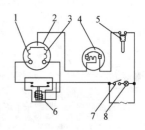

双门电冰箱的结构
(后置冷凝器式)

电冰箱的线路图
1—压缩机电动机起动绕组;2—压缩机电动机;3—压缩机电动机主绕组;4—双位温控开关;5—温度传感器;6—起动继电器;7—冷冻室门的限位开关;8—照明灯

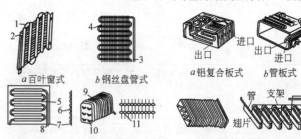

电冰箱用各种冷凝器的结构图 　　电冰箱用各种蒸发器的结构图

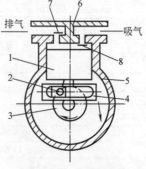

滑管式压缩机结构原理图
1—活塞;2—滑块;3—曲柄;
4—滑管(导管);5—缸体;6—气缸盖;7—高压阀片;8—低压阀片

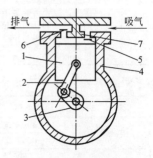

连杆式压缩机结构原理图
1—活塞;2—连杆;3—曲轴;
4—缸体;5—低压阀片;
6—高压阀片;7—气缸盖

电冰箱和空调器 [7] 日用电器

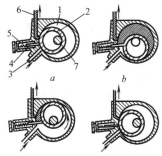
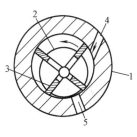
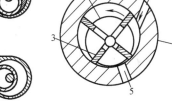

叶片回旋式压缩机结构图
1—气缸；2—旋转活塞；3—进气口；
4—叶片（刮板）；5—弹簧；
6—排气口；7—轴

旋转叶片式压缩机结构图
1—气缸缸体；2—旋转活塞；
3—叶片；4—吸气口；
5—排气口

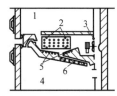
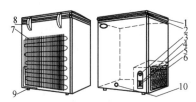

间冷式双温双门电冰箱
加热防冻装置分布图
1—冷冻室；2—蒸发器化
霜加热器；3—风扇扇叶孔
圈加热器；4—冷藏室；
5—接水盘加热器；
6—出水管加热器

卧式上开门冷冻箱的外观结构
1—门盖；2—密封条；3—温度旋钮；
4—黄灯（速冻开关）；5—绿灯；
6—机舱隔栅；7—后背冷凝器；
8—铰链；9—脚轮；10—箱内
排水孔（有塞）

 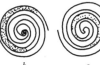
　a　　　　b　　　　c　　　　d　　　　e

蜗旋式压缩机工作原理图
a 气体从涡线敞开端进入涡旋轨道，压缩在固定涡旋盘和运动
涡旋盘间产生；b 敞开端闭合，气体被吸进涡旋；c 随着涡旋
连续工作，气体腔逐渐缩小；d 气体到达涡旋中心，达到排气
压力，气体被排出；e 实际上，在工作期间，所有六个
气腔在同时工作，吸气和排气连续进行。

空调机的分类

序号	分类	名称	说　明
1	按制冷热方式分	单冷式	无制热功能
		制冷及电加热式	在第一种的基础上加入了电加热器供冬天取暖用
		热泵（制冷及制热两用）式	从冰箱制冷循环图上可见，若工质在回路中反向流动，蒸发器与冷凝器就对调了位置：原蒸发器变成了冷凝器，放出热量；而原冷凝器变成了蒸发器，吸收热量。这样空调器在夏天可将热量从室内抽出，而冬天可从户外抽取热量供室内采暖。在制冷时压缩机电动机消耗一份电能，可得到三倍或更多的热量，比电加热更节能；但工质回路反转需增加元件，故价格较高。热泵制热在使用时还有其他缺陷（如室外机化冰造成间隙制热，起动也慢）
		热泵电热复合式	除热泵制热，还增加了电加热器
2	按结构和安装位置	分体式	元件组成与冰箱大体相同，但为适应空调的功能，安置了两个风扇（在窗式空调器中，常由一台电动机带动）及相应的风道
		窗式（一体式）	壁挂式	把冷凝器及其风扇、电动机移至户外，并通过管路与式内部分联接，减少了室内噪声
			柜式	
			顶置（天花板）式	
		中央控制空调系统	适用于建筑面积较大的建筑物及集中的建筑群。虽然结构庞大，但原理与窗式空调基本相同。由于总冷（热）量大，常用大型专用致冷机组生产冷风（或冷水，热风或热水）；然后将冷（热）风（水）通过专用风（水）道分配给各需用点（房间）

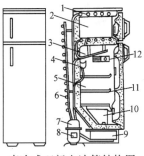
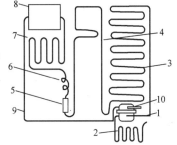

直冷式双门电冰箱结构图
1—冷冻室蒸发器；2—冷藏室蒸发器；
3—冷藏室；4—接水盒；
5—冷藏室；6—冷凝器；7—压
缩机；8—启动和过热保护继电器；
9—水蒸发盘；10—果菜盒；11—
搁架；12—温度控制器和照明灯

直冷式冷冻冷藏箱的制冷系统
1—压缩机；2—水蒸发盘加热器；
3—冷凝器；4—门防霜管；
5—干燥过滤器；6—毛细管；
7—冷藏室蒸发器；8—冷冻
室蒸发器；9—低压吸气管；
10—抽空充注制冷剂管

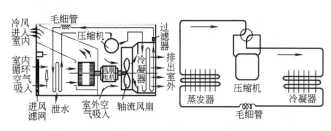

窗式空调器的结构图　　窗式空调器的制冷原理

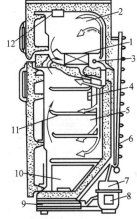
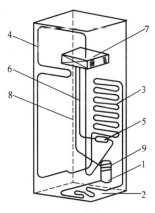

间冷式双温双门电冰箱剖面图
1—翅片管式蒸发器；2—冷冻室；
3—风扇；4—门风门温度控制器；
5—冷藏室；6—冷凝器；7—压缩机；
8—启动和过热保护继电器；9—水蒸
发器；10—果菜盒；11—搁架；
12—温度控制器

间冷式双温双门电冰箱的
制冷系统图
1—制冷压缩机；2—水蒸发加热器；
3—冷凝器；4—门口防漏管；5—干
燥过滤器；6—毛细管；7—翅片管
式蒸发器；8—低压吸气管；
9—抽空充注制冷剂管

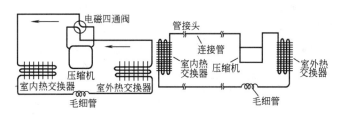

窗式空调器的制热原理　　分体式空调器的制冷系统原理图

日用电器 [7] 电冰箱和空调器·日用电热电器

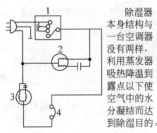

除湿器本身结构与一台空调器没有两样，利用蒸发器吸热降温到露点以下使空气中的水分凝结而达到除湿目的。

除湿器的结构示意图

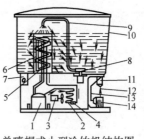

除湿器的电器原理图
A. 湿空气进口；B. 干空气出口
1—蒸发器；2—毛细管；3—压缩机；
4—冷凝器；5—风扇；6—排水管

日用电热电器

电熨斗底部有带电热元件（电热元件有管状骨式与片式之分）的底板。喷水按钮通过针阀控制储水器中的水是否流向底板下部喷出；在水喷出时，因高温使水立即成为蒸汽雾状。温度由调温旋钮控制，它调节控温元件（通常是双金属片）的起作用温度点。罩壳与手柄起保护作用，也在整机外形的美观起重要作用。

铜制烙铁头易于吸锡（焊接熔料），它由其后的电阻丝式电热元件加热。

电热元件通常用云母片或陶瓷元件绝缘。引线一般穿入瓷套管中绝缘。

电热元件和引线均置于电镀的铁制外壳内，后端的木制手柄起绝缘和手持双重功用。

日用电炉

序号	名称	说明
1	开式	根据电炉的发热元件是否可见和可触及来分类的
2	半开式	
3	闭式	

带电热管的电热盘常为闭式板状电阻元件；中心常有弹性安全开关（图中未画出），未放铝制内胆时开关装置在弹簧作用下弹起使电源断开。温控元件及开关有各种档次的，从微电子程控到简单继电控制。外壳为钢制，上盖多为铝制。

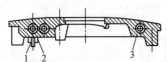

喷汽电熨斗的结构

电烙铁的结构图

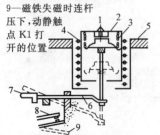

电饭锅的结构图

电热盘结构图
1—引出接线；2—封口材料；3—电热管

双层保温电饭锅的控制原理图

1—磁钢限温开关(K1)；2—双金属片保温控制开关(K2)；3—主加热器（电热盘）；4—氖灯；5—限流电阻

1—温控磁铁；2—铝盖；3—起跳弹簧；4—压紧弹簧；5—电热盘；6—连杆；7—按钮；8—动静触点(K1)；9—磁铁失磁时连杆压下，动静触点K1打开的位置

电饭锅用磁钢限温结构

1—排气筒；2—盖封圈；3—内盖；4—内盖压力圈；5—盖导热板；6—锅盖发热体；7—锅侧发热体；8—内锅；9—煮饭指示灯；10—保温指示灯；11—发热盘；12—磁负限温器

电子保温饭锅的结构

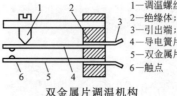

单喷帽式小型冷饮机结构图

小型冷饮机在工作原理上与电冰箱是一样的，利用蒸发器吸热降温达到使饮料降温的目的。

1—压缩机；2—冷凝器；3—小风扇；4—干燥过滤器；5—蒸发盘管；6—桶型蒸发器；7—温控器；8—微型水泵；9—喷水管；10—带盖透明饮料缸；11—放流阀；12—放水嘴；13—取水自闭推板；14—水杯

双金属片调温机构
1—调温螺丝；2—绝缘体；3—引出端；4—导电簧片；5—双金属片；6—触点

工频电磁炉的结构
1—烹调容器；2—灶台面；3—励磁线圈；4—励磁铁芯；5—虚线为假想磁力线

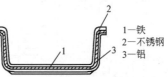

电磁炉用复合锅体
1—铁；2—不锈钢；3—铝

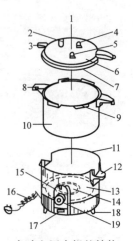

自动电压力锅的结构
1—中轴线；2—限压阀；3—锅盖把手；4—安全阀；5—安全塞；6—锅盖；7—凹旋扣；8—铝锅扣；9—凸旋扣；10—压力铝锅体；11—外壳；12—外壳把手；13—电热盘；14—磁钢限温器；15—指示灯；16—电源线；17—按键开关；18—胶脚；19—定时器

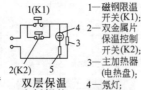

高频电磁炉的方框图

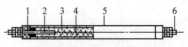

电烤箱用电热管的结构示意图
1—封口材料；2—引出杆；3—填充料；4—电热丝；5—金属护套管；6—接线端

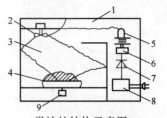

微波炉结构示意图
1—波导；2—模式搅拌器；3—炉腔；4—旋转工作台；5—微波天线；6—磁控管；7—整流器；8—电源变压器；9—微型电机

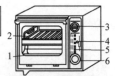

电烤箱的结构图
1—加热器；2—搁板；3—功率开关；4—电源开关；5—温度选择；6—定时器

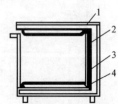

电烤箱的三层双腔壳体结构
1—外壳；2—外层腔体；3—中隔层；4—内胆

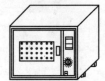

一种微波炉的外观

日用电热电器・日用电动电器 [7] 日用电器

按其工作原理微波炉是电子电器。但其"心脏"部分、产生微波的器件-磁控管又不同于一般电子元器件。另有专用电源，功率和时间调节装置，开关和开门断电机构控制磁控管的运作。因它主要是用来加热物品的电器，故列此。微波是频率在300MHz至300kMHz（波长1m至1mm）间的电磁波。微波在其他领域也有重要的应用（如微波通信）。在微波炉中磁控管产生的微波，辐射到被加热物品，可使其极性分子在电场作用下剧烈地摆动，引起分子间相互摩擦、碰撞而发热。微波加热的特点是：加热快；效率高；食物表里同时加热（实际由于食物内部不易散热而温度比表面更高）；加热功率大小控制方便。通常认为微波对人体有害，故微波炉门具有特殊结构，防止微波泄漏。内有转盘及其驱动装置，使被加热物品加热均匀。

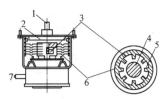

微波炉用磁控管结构
1—微波能量输出器；2—磁铁；
3—阳极；4—阴极；5—空腔；
6—散热片；7—电极引出线

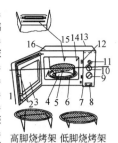

1—炉门；2—门钩；3—观察窗；4—玻璃转盘；5—烧烤架；6—转盘支架；7—控制板；8—开门开关；9—时间掣（定时器）；10—火力选择掣；11—功能选择掣；12—炉门安全联锁装置；13—通风口；14—炉灯；15—石英发热管；16—外壳

高脚烧烤架 低脚烧烤架
烧烤微波炉的结构图

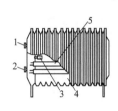

带腔体的散热式电暖器
1—温控旋钮；2—功率转换开关；3—温控元件；4—带散热片的腔体；
5—电热管

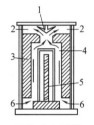

储热式电暖器
1—节气阀；2—暖风道；3—储热材料；4—风道；5—电热元件；
6—冷空气

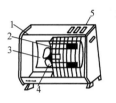

辐射式电暖器
1—外壳；2—辐射石英管；3—反射板；4—风扇；
5—功率开关

裸露式电暖器
1—电热丝；2—瓷板；
3—外壳；4—开关；
5—隔热棉

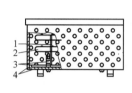

罩壳式电暖器
1—支架；2—电热管；
3—绝缘片；4—罩壳

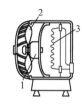

暖风器结构图
1—电机；
2—风叶；
3—电热丝

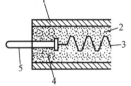

电暖器用管状电热元件剖面图
1—金属管；2—氧化镁粉；3—电热丝；4—端头密封组件；5—引出端

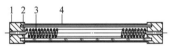

电暖器用石英管状加热器
1—金属帽；2—引出杆；
3—电热丝；4—石英管

电暖器用PTC温控器接线图
PTC是一种电阻非线性的陶瓷发热板，因此可以用来作为温控器。

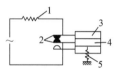

电暖器用磁性温控器的结构
1—电热丝；2—触头；
3—感温软磁体；4—永久磁钢；5—弹簧

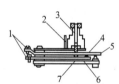

电暖器用双金属片温控器的结构
1—接线螺钉；2—轴挡；3—控制轴；4—触点；5—上弹簧片；6—双金属片；7—下弹簧片

日用电动电器

电扇的分类与结构

序号	项目	名称	说　　　明
1	电扇的分类	台扇	多也可作壁挂式
		吊扇	
		落地扇	
		鸿运扇	有转页可旋转，以改变风向
		排风扇	
		脱排油烟机	虽是厨房设备，但功用与排风扇同
2	电扇的结构	扇叶	电扇主体
		机架（机体）	稳定支承
		电动机	绝大部分电扇的电动机都是单相交流电容移相式的;其原因是为了适应调速的需要，通过有抽头的电感线圈可以对电扇进行调速
		网罩	安全设施
		其他部分	如台扇的摆动机构、鸿运扇的导风圈旋转机构等

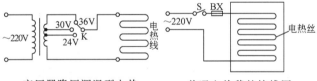

变压器降压调温型电热毯接线原理图　　普通电热毯的接线图

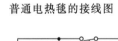

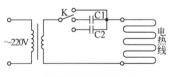

电容降压调温型电热毯接线原理图

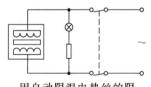

用自动限温电热丝的限温型电热毯的接线图

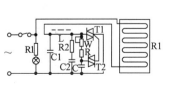

可控硅调温型电热毯接线图

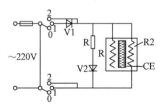

二极管整流调温型电热毯接线原理图

吊扇的结构
1—吊环；2—上罩；3—吊杆；4—下罩；5—电容器；6—扇头；7—扇叶

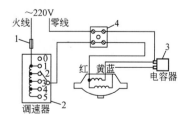

吊扇接线方式示意图

日用电器 [7] 日用电动电器

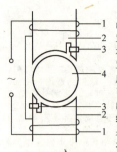

罩极式电风扇的运行原理
1—绕组线圈；2—定子铁芯；
3—罩极圈；4—转子

此种电风扇的电动机上有专门的罩极，上有罩极圈。在绕组线圈通电后，罩极圈上的电磁感应现象相当于产生了另一个有相位差的磁极，它与绕组线圈的合成作用结果是产生了旋转磁场，使转子转动。

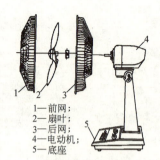

台扇的基本结构
1—前网；2—扇叶；3—后网；4—电动机；5—底座

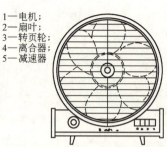

1—电机；2—扇叶；3—转页轮；4—离合器；5—减速器

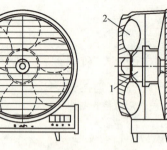

台扇的基本结构

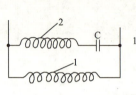

电容移相式台扇的接线原理图
1—主绕组；2—副绕组
主绕组与副绕组在几何位置上相差90°，副绕组上串联的电容使其相位与主绕组相差90°。两者合成的结果是产生了旋转磁场使转子旋转。

排风扇的基本结构
1—百叶窗；2—扇叶；3—电动机；4—框架

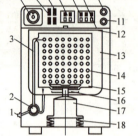

立式全自动套缸洗衣机的构造
1—排水口；2—排水管；3—侧水管；4—定时器；5～8—控制选择按钮；9—盖；10～11—控制选择钮；12—盖；13—外筒；14—内筒；15—波轮；16—离合装置；17—电动机；18—悬挂装置

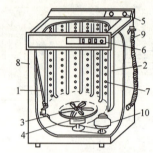

套缸洗衣机的构造原理
1—防震吊杆；2—盛水桶；3—波轮；4—离合器；5—进水口；6—控制板；7—离心桶；8—机箱；9—排水管；10—电动机

家用洗衣机的分类

序号	名称	说　　明
1	脱水机	只能脱水，不能洗涤
2	单洗机	只能洗涤，不能脱水
3	全自动套缸式	可按选择的程序自动进行浸泡、洗涤、漂洗和脱水
4	半自动双缸式	在洗涤和脱水之间需人工将衣物换缸
5	滚筒式	滚筒式洗衣机多为卧轴式，衣多从侧面窗口取放。多带有自动烘干程序及功能

注：国际电工委员会规定的洗净率是用炭黑和石蜡混合物污染的布块缝在标准织物上后、用标准洗涤剂洗涤，然后用光电反射计测量洗后的污染布块，再经结果换算得到洗净率。

家用洗衣机的结构

序号	名　称	说　　明
1	洗涤缸	用四根吊杆悬挂在机体上
2	脱水缸	置于洗涤缸内
3	波轮	在脱水缸下部中央，用以带动含被洗衣物及洗涤剂的水有规律转动
4	离合器	受程序控制分别驱动或制动洗涤缸、脱水缸及波轮
5	程序驱动装置	包括电动机、传动皮带和离合器等。洗涤时，电动机通过离合器内轴带动波轮顺序正反向旋转，并微小角度反正反旋转，但离合器外轴被制动，故脱水缸不转。脱水时，通过开关使牵引电磁铁吸引、打开排水阀，排出污水；同时，制动盘松开，内外轴因拉簧拉紧外轴而同时转动，使脱水缸与洗涤缸一起单向高速转动
6	电气控制装置	一般均有微电脑程序控制。可根据意愿选择不同的洗涤程序
7	机体(壳)及机盖	保护和美观。为安全起见，机盖打开时不能高速旋转脱水

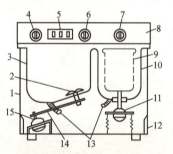

双桶洗衣机的构造原理
1—外箱；2—波轮；3—洗涤桶；4—洗涤定时器；5—强、中、弱选择开关；6—排水开关；7—脱水定时器；8—控制面板；9—脱水桶；10—脱水外桶；11—脱水电动机；12—机架；13—出水管；14—传动皮带；15—电动机

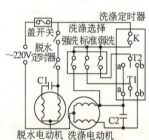

套缸洗衣机的电气原理图

各种吸尘器的外形

吸尘器的分类

序号	分类法	名称	说　　明
1	按工作原理分	蜗旋式	利用离心力作用分离灰尘和污物
		真空袋式过滤	利用真空吸力将气流通过滤带过滤污物和灰尘。滤袋分纸质(小型机)和布质，可更换；布质过滤袋可清洗。因空气流经过滤有很大阻力，气温很高，且要流经电动机周围后才排出机外，因此对吸尘器电机的绝缘要求较高
2	按外形分	卧式	
		立式	
		便携式	

真空吸尘器的构造

序号	名称	说明
1	电动机-叶轮	叶轮在转动时所产生的真空吸力或离心力以吸取或分离污物
2	吸尘头-软管	有多种形式以适应各种吸尘要求
3	壳体及电源开关	为使用方便,现电源开关多为脚踩式
4	电源线	多有收线器

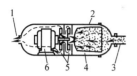 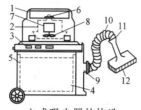

吸尘器工作原理图
1—排气口；2—外壳；3—吸尘器软管；4—滤尘袋；5—真空泵叶轮；6—电动机

立式吸尘器的构造
1—外壳；2—消音装置；3—出风口；4—集尘袋；5—滤尘器；6—电源开关；7—电动机；8—风叶组；9—进风口；10—软管；11—加长管；12—吸刷

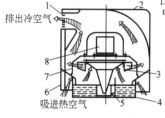

无滤层冷风器的基本结构
此类冷风器均通过水分蒸发吸热使空气降温吹出。因出风湿度较大,只适宜在空气湿度较低的环境中使用。
1—风窗；2—壳体；3—引水风扇；4—水槽；5—水量调节机构；6—前面板；7—分水栅；8—电动机

有滤层冷风器
1—出风口；2—排风扇；3—水滤层；4—时风口；5—水箱

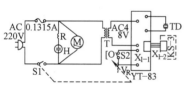 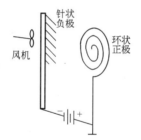

超声波加湿器的电气原理图
利用超声波发生器产生的超声波使水汽雾化喷出,增加室内的空气湿度。

电晕放电式负氧离子发生器工作原理

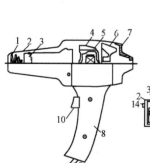 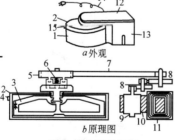

电吹风的结构图
1—导风口；2—外壳；3—电热丝架；4—导风槽；5—电动机；6—风扇叶；7—进风罩；8—手柄；9—电源线；10—按钮开关。
风机叶轮转速通常为2500至5400转/分。电吹风的出口风速约为450至1000m/分。有的有变换风速和加热功率的开关。

一种电动冰淇淋机的外观和结构示意图
1—金属容器；2—容器盖；3—搅拌器；4—自动离合器；5—齿轮；6—喷合压簧；7—传动皮带；8—减速传动齿轮；9—电机转子；10—铁芯；11—定子线圈；12—传动箱；13—电机箱；14—电源线；15—盖钮
冰淇淋机本身没有制冷部分,主要利用冰块、各种调味剂和盐在机器搅拌下逐渐均质化制成冰淇淋。

照明灯具

光源的光通量和照度

序号	术语	定义	单位	说明	举例
1	光通量	光源向周围空间辐射并引起视觉的能量	流明(lm)	流明是能量单位	40W/220V的普通灯泡,其额定光通量为350lm
2	照度	单位面积上接收的光通量	勒克斯(lx)	勒克斯是能量密度单位	在离40W/220V灯泡1米处的照度约为60lx

各种典型条件下的照度

序号	条件	照度	
1	较好的便携式摄像机能正常摄像的照度	1lx以下	
2	阴天户外	15000lx	
3	国际照明委员会对室内照明的推荐照度	500~700lx	
4	学习环境的照度标准	俄罗斯、美国	>300lx
		英国	500lx
		中国	100lx

照明灯具的分类

序号	分类法	名称	说明
1	低压(220V)	白炽灯	白炽灯就是普通灯泡,其灯丝是钨丝,靠电阻热升温发光
		荧光灯	荧光灯是辉光放电,外加电压又是交流电,因此其光照有频闪现象,不适合阅读;且在点燃10至20分钟后才能达到额定光通量;低温时光通也显著下降
2	高压	钠灯	均为高发光效率的电光源品种,它们的发光效率、色温(作为光源会影响到电影和照片的色彩还原性能)、寿命及价格等情况相互差别很大。应根据使用要求选用
		高压钠灯	
		金属卤化物灯	
		镝灯	

成套荧光灯的组成

序号	名称	说明
1	荧光灯	荧光灯管的两端有灯丝,当灯丝加热并加有一定电压时,灯管内灯丝间的含汞气体将发生辉光放电。汞蒸汽辉光放电发出的光色为紫外光,它射到灯管内壁的荧光粉上激发出可见光。如果灯管用可透过紫外线的石英玻璃制作,则荧光灯就成为紫外线灯,可用于医疗消毒等;如用其他荧光粉,则可激发出其他颜色的光而成为彩色灯管
2	镇流器	荧光灯管的工作电压仅数十至一百伏(6至20W,约为50至60V;3W约为95V;40W约为108V;100W约为87V。),因此通过镇流器(带铁心的电感线圈或同功能电子线路)与灯管串联分压
3	启辉器	灯管启动时要求电压较高(约190V),故在灯丝加热电路中串入启辉器。传统启辉器内是并联的一个电容和一个特殊氖泡,氖泡内有双金属片。冷态时,双金属片与固定电极分离;产生辉光放电后,双金属片受热伸长,使其与固定电极接触,从而停止放电,双金属片复又与固定电极分离。在分离瞬间,镇流器中感应出电动势,与电源电压叠加,使管内放电、升温、汞蒸发而放电发光
4	开关	接通电源并点亮灯管用(图中未画出)

日用电器 [7] 照明灯具·工业电气设备

白炽灯的标准光通量举例

序号	名称	灯泡或灯管瓦数	光通量
1	白炽灯	40W 灯泡	350lm
		60W 灯泡	630lm
2	荧光灯	8W 灯管	250lm
		15W 灯管	580lm

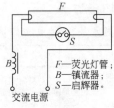

F—荧光灯管；
B—镇流器；
S—启辉器。

荧光灯接线图

注：1) 按灯泡的额定电压和额定功率计算所得之电阻与实测电阻相差很大。原因是计算所得的是灯泡热态时的电阻值；而用仪表测得的是灯泡的冷态电阻。
2) 俗称"支光"的功率单位是不符合规范的；正确的应使用"瓦"（W）。
3) 由上表可见，用荧光灯比较节能。
4) 由于荧光灯开启一次所消耗的灯管寿命相当于若干小时的点燃，因此不要频繁开关荧光灯。
5) 用普通镇流器时，常常要启动数次才能点燃。改用电子镇流器往往可以一次启动成功；因此尽管其电子镇流器一次投入较大，但既节能又能延长灯管的使用寿命。

工业电气设备

主要工矿电气设备的分类

序号	名称	说明
1	各类电机	直接使用用作动力源
2	工矿电机车	多用直流电源
3	工业电炉	用于各种金属熔化作业
4	电焊机	利用电弧产生的高温熔化金属使两件或两件以上的金属零部件永久性地连接到一起的一种工艺设备
5	电动工具	基本上由电动机、变速传动机构和工作机构三部分组成。变速传动机构的功能是传递能量，改变速度、扭矩以及改变运动方式（如将旋转变成往复运动）。工作机构则根据电动工具的性质各有不同，千差万别

工矿电机车的分类

序号	名称	次级分类与说明		
1	矿井下用窄轨机车	按轨距	600mm 轨距	
			762mm 轨距	
			900mm 轨距	
		按电源	蓄电池式 按牵引力	2.5t
				12t
			架线式 按牵引力	1.5t
				20t
2	露天矿用准轨机车	架线式	准轨，轨距1435mm，牵引力较大，达75至150t	

电机车的结构

序号	部分	名称	说明
1	电器部分	牵引电机	机车动力源
		牵引电器	受电器、断电器等
		电气线路	主电路、辅助电路和控制电路
2	机械部分	车体	整辆机车的承载
		转向架	均匀分配车体及设备的重量，并传输牵引力和制动力
3	空气管路系统	空气制动系统	用于车辆制动
		辅助管路系统	如用于制动时的撒砂等

工矿电机车的工作条件

序号	
1	路基差
2	转弯半径小（2.5t 机车为5m，150t 机车为80m。均远小于普通铁路机车）
3	冲击振动大
4	使用环境条件差（多尘,多水等）
5	频繁起动和制动
6	坡度大（20%～30%，为普通机车所难遇到）

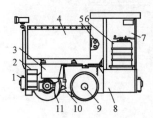

2.5t 窄轨蓄电池式电机车的总体结构
1—连接器；2—起动制动电阻箱；3—制动砂箱；4—蓄电池箱；5—电缆接头；6—控制器；7—操纵手柄；8—牵引电机及传动系统；9—驱动轮；10—制动器；11—制动轮

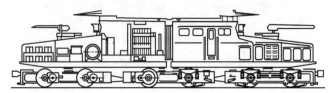

150t 准轨直流架线式电机车的总体结构

其主要组成部分有：电阻室；辅机室；驾驶室；高压电器室；受电器；牵引勾；转向架；牵引电机及其齿轮传动装置和悬挂装置；撒砂装置。

工业电炉的主要用途

序号	工业部门	用途
1	冶金工业	熔炼优质合金钢
		熔炼铁合金
		熔炼难熔金属
		熔炼半导体
		熔炼石墨等
2	机械工业	热处理
		熔炼铸钢
		熔炼铸铁等
3	化学工业	生产磷
		生产电石
		生产塑料
		生产化纤
		生产树脂等

工业电炉的分类

序号	名称	加热方法
1	电阻炉	利用电流的电阻热
2	电弧炉	利用电弧的热量
3	感应炉	利用电磁感应产生的蜗电流的电阻热
4	电子束炉	利用电子束轰击目标的动能转化的热
5	等离子炉	利用等离子体的能量轰击目标转化的热
6	高频电场加热设备	利用高频电流的电磁感应效应产生的热
7	真空电炉	在真空状态下的电加热设备
8	其他设备	如电阻炉成套设备往往配有淬火槽

工业电炉的组成

序号	名称	说明
1	电炉本体	放置被加热物料
2	配套电控设备	
3	专用电源设备	熔炼用电炉和部分电阻炉还有(如电炉变压器、中高频电源、直流电源等)
4	专用真空设备	真空电炉
5	控制气氛发生装置	控制气氛电炉
6	其他设备	如电阻炉成套设备往往配有淬火槽

工业电炉的特点

序号	特点
1	温度和能量密度较高
2	能实现炉料本身的直接加热(如感应电炉和高频电炉),加热速度快
3	温度自控精度高,温度均匀性好
4	环境污染少,操作者的劳动条件好

电阻炉的分类以及炉体的构成

序号	项目	名称	用途与说明
1	分类	箱式	多用于金属的热处理,包括渗碳、渗氮等化学热处理
		井式	
		钟罩式	
		台车式	
2	炉体的构成	炉体	多为钢制
		炉衬	分为(由内到外)耐火层、中间层和保温层等三部分

电阻炉与日用小电炉的原理相同,利用电阻通电后的热效应来进行加热。

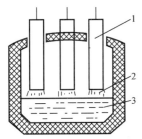

电弧炉的炉体结构示意图
1—电极棒；2—电弧；3—熔融的炉料

电弧炉利用间隔一定距离的电极间施加电压后产生电弧的高温来加热物料,主要用于金属熔炼。

电弧炉的构成

序号	名称	说明
1	炉体	钢制
2	炉衬	耐火材料制
3	电极棒	三个电极棒上通以三相交流电,插入炉内到与炉料达到一定距离时,产生电弧,将固体炉料熔化成液态
4	电极升降机构	保持电极与炉料间的间距,以补偿电极的消耗
5	电磁搅拌装置	能在不直接接触液体炉料的情况下,对液体炉料进行搅拌,使炉料温度均匀

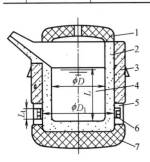

感应电炉结构示意图
1—炉盖；2—炉衬；3—炉体；4—炉料；5—感应器；6—感应器线圈；7—炉底

感应电炉是利用电磁感应原理使处于交变磁场中的炉料内部产生感应电流,进而利用感应电流的电阻热效应将炉料加热熔化的。

感应电炉的构成

序号	名称	说明
1	炉体	通常用不妨碍炉料感应磁场的材料构筑
2	炉衬	耐火材料制
3	感应器(感应线圈)	能使炉料从产生的交变磁场感应出电流来
4	电源	工频或高频电源
5	补偿电容组	提高设备使用时的功率因数
6	控制设备	涉及测量、控制、操作和保护等功能

电焊机的分类是与电焊的工艺分类密切相关的。

最常见的电焊方法及设备是交流电弧焊及其焊机。

电焊机按弧焊电源的分类

序号	名称	说明	
1	变压器	常用作交流手工电弧焊的电源为适应不同焊接的需要,变压器上有调节电流的装置	在用交流电源时,频率越高电弧越稳定,因此很多场合用整流器/逆变器产生的高频电流来进行电弧焊
2	逆变器	将直流电转变成交流电的装置。能方便地改变交流电的频率,以适应不同焊接要求,使用正日益广泛	
3	整流器	将交流电变成直流电的装置,供直流焊接用	通常,气体保护焊及等离子焊采用直流电源
4	直流发电机	常由交流电动机驱动。已较少应用	

电动工具按用途的分类

序号	类名	举例
1	金属切削类	电钻
		电动铰
		电剪
		电锯等
2	砂磨类	电动砂轮机
		磨光机
		抛光机等
3	装配类	电动扳手
		电动螺钉旋具
4	建筑及道路类	冲击钻
		电锤
		电镐
		电动打夯机
		水泥震捣器等
5	矿用	电动凿岩机
6	农牧用	电动羊毛剪
		电动喷雾器
		电动挤奶器等
7	木工用	电锯
		电动开卯机
		电刨等

电动工具的绝缘等级分类

序号	类别	叙述	说明
1	Ⅰ类	普通型,高电压(220V 或 380V)	只有工作绝缘。因此绝缘损坏就可能造成触电事故。所以机器的金属外壳虽不带电,但要可靠地接地或接零,以确保使用安全
2	Ⅱ类	双重绝缘型,高电压(220V 或 380V)	工作绝缘损坏不会引起触电,故外壳不必接地或接零
3	Ⅲ类	低压(小于 50V,常用 36V 或 12V)	比较安全,但低电压必然造成大电流,故设备价格较高,且需要低压供电设备。但在有些场合,为了人身安全,这是必需的

电子电路和电子电器 [8] 电子电路概述

电子电路概述

一、半导体是导电能力（导电率）介于导体和绝缘体之间的一类材料。除其导电性能外，半导体还有许多其他特殊性能，在电子学中有广泛用途。

二、本征半导体是纯净的具有晶体结构的半导体。本征半导体，因受光或温度的激发而常有带负电的自由电子存在；同时，外层电子数接近饱和的原子也会受激接受电子而成为"空穴"。"空穴"带正电，能在电场作用下与电子一样导电。故电子和空穴合称载流子。目前常用的本征半导体材料是锗和硅，尤以硅为多。

三、为了增强本征半导体的导电能力，往往在纯净的本征半导体中有目的地掺入杂质，使其自由电子或空穴增多。这样得到的以自由电子为主的半导体称为 N 型半导体；以空穴为主的半导体称为 P 型半导体。在纯净的本征半导体硅晶体中掺杂不同的杂质，就可得到 N 型或 P 型半导体。

四、将 P 型半导体和 N 型半导体"连结"在一起就成为 PN 结。PN 结具有单向导电性，可以制成半导体二极管（或称晶体二极管），在电子技术中有重要用途。

五、两个 PN 结可以组成半导体三极管（或称晶体三极管，或晶体管）。晶体三极管是电子技术的重要基础之一。

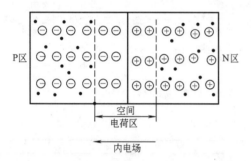

PN 结

在联结时，接合界面两边的载流子浓度相差很大。结果两边的自由电子和空穴将越过界面扩散：N 区的自由电子将向 P 区扩散，而 P 区的空穴将向 N 区扩散。扩散的结果是：N 区带正电，而 P 区带负电。同时在交界面附近形成了内电场，此区域称为空间电荷区。显然，内电场的存在将阻止载流子的进一步扩散，达到了暂时的平衡。

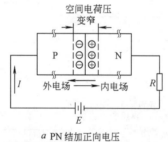

a PN 结加正向电压 *b* PN 结加反向电压

PN 结的单向导电性

当在 PN 结两端加上正向电压时（电源的正极接 P 侧，负极接 N 侧），外电场与内电场方向相反，使内电场削弱，空间电荷区变窄。这将使 P 区空穴向 N 区移动，N 区电子向 P 区移动，形成较大的正向电流，亦即正向电阻很低。当在 PN 结上加反向电压时，内外电场相同，空间电荷区变宽。这将阻止载流子的流动，即反向电流很小，反向电阻很高。PN 结的这种特性称为单向导电性。用 PN 结制成的半导体二极管可用于整流或检波（从寄生在高频电流上检出有用的低频信号）。

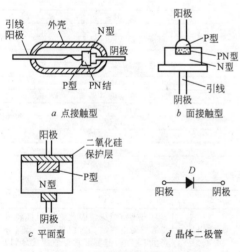

a 点接触型   *b* 面接触型

c 平面型   *d* 晶体二极管

晶体二极管的种类及其符号

晶体二极管亦就是一个 PN 结加上了电极引线和管壳。晶体二极管通常有点接触、面接触和平面型三种。根据所用半导体材料的不同，又有硅管和锗管之分。晶体二极管的图形符号如图所示，三角形箭头表示电流导通方向。

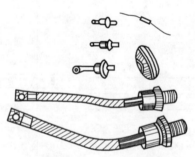

各种晶体二极管的外形

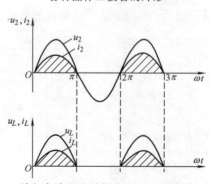

单相半波整流时的电压、电流波形

单相交流电整流的分类

序号	名称	所需二极管数	整流效果
1	半波	1 个	仅半波导通，电压脉动（不连续）
2	全波	1 个	全波导通，电压脉动（连续）
3	桥式		

注：将交流电变成直流电称为整流。

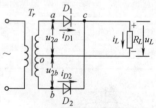

单相全波整流电路

在变压器的次级边抽取两个大小相同、相位相反的电压 U_{2a}、U_{2b}，分别再两个晶体二极管 D_1、D_2 整流后加到负载 R_L 上，则两个二极管轮流导通，负载上的电压 U_L 将是连续的单向脉动电压。这称为单相全波整流。单相全波整流必须用变压器，以获得相位相反的电压。

电子电路概述 [8] 电子电路和电子电器

分立元件和集成电路

一、一个半导体三极管的放大倍数只有几倍，几十倍或几百倍。这样的放大倍数常常是不够的。例如测量人体的心电图或脑电图时，由于人体的生物电流极其微小，就需要很高的放大倍数，需要用许多级放大电路串联起来（称为分立元件电路）。这样，在实际使用中既不方便，也带来了许多其他问题。同时还要求有许多其他性能要求相配合。结果，一台设备常常要用几十个、几百个甚至成千上万个晶体管来做；加上电阻、电容、电感及许多其他元器件，制造、调试极不方便。

二、由于晶体三极管的两个PN结，在实际制造过程中是在一小片硅（或锗）上通过许多复杂工艺过程加工出来的，这些复杂过程的核心是"掺杂"。人们就设法在一片硅片上同时加工出许多个晶体管。不仅如此，而且把晶体管间的联线以及小容量电阻都同时制造在一起。这就是集成电路，或按其英文名称的缩写称之为IC。也就是说，集成电路把许多原来分立的晶体管、小容量电阻及其联线，都按要求集成在一小片硅片上了。

三、集成电路已经历了几个发展阶段（集成电路，大规模集成电路，超大规模集成电路），目前已能达到在一小片硅片上集成数以百万、亿计甚至更多的晶体管了。不仅如此，集成电路的品种除了各种放大电路外，还有具有各种运算功能、逻辑功能、处理功能、记忆功能等等的集成电路。这样，不仅对于模拟信号而且对于数字信号（即用数值来代表信号的大小及其他特征）都可以方便地进行处理。因此，我们在制造计算机、各种通信设备、各种电子仪器仪表等设备时就大大方便了，许多功能复杂的电子电路往往只要几块集成电路就可以实现。

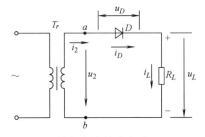

单相半波整流电路

由于晶体二极管的单向导电性，当交流电源的电压 U_2 为正时，晶体管 D 导通，其电阻很小（近似等于零），负载 R_L 上的电压 u_L 近似等于电源电压 U_2。而在电源电压 U_2 为负时，晶体二极管 D 截止，其电阻很大（近似于无穷大），负载 R_L 上没有电压。这样，负载 R_L 上最终得到的电压是不连续的、单向脉动电压。由于每个周期只有半个周期导通，故称半波整流。变压器仅是为了调整整流部分输入电压（亦即调整输出电压）所需要，并不是整流所必需。

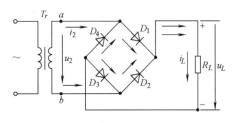

单相桥式整流线路图

所谓单相桥式整流，就是如图那样用四个晶体二极管组成的桥式电路来担任整流任务。在电源 U_2 的正半周，a 点电压高于 b 点，因此二极管 D_1、D_3 导通，二极管 D_2、D_4 截止，电流沿实线箭头所示的方向流动；在 U_2 的负半周，电流则沿虚线箭头的方向流动。与全波整流相比，桥式整流不需要变压器中心抽头，因而可以摆脱变压器，所以得到更广泛的应用。

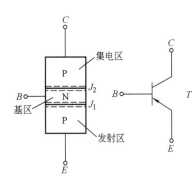

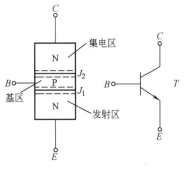

晶体三极管构成及其符号

两个PN结可以组成一个晶体三极管。晶体三极管有两种：PNP型和NPN型；由于硅三极管的温度特性较好，目前以NPN型硅三极管为多。

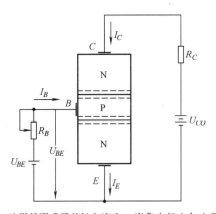

晶体三极管的共发射极放大电路

三极管有三个电极，分别称为发射极 E、基极 B 和集电极 C。如果按上图接线，则三极管在外部形成两个电路，即发射极电路和集电极电路。在联结 B、E 的发射极电路中，直流电源 U_{BE} 是正向设置的；而在联结 C、E 的集电极电路中，直流电源 U_{CC} 则是反向设置的。由于发射极上加的是正向偏置（负电位），发射区的多数载流子（电子）很容易就在外电场的作用下进入基区。亦即，形成发射极电流 I_E。电子到达基区后，由于集电极的电子很少，形成浓度差。故电子要向集电区扩散。与此同时，电子在基区时要与基区中的空穴结合，而基区正电源不断从基区拉走电子而产生基区空穴。这样就形成了基极电流 I_B。当集电极上加上了较大的反向偏置电压后，将使电子加速扩散，形成集电极电流 I_C。由于电子不可能长期积聚，因此：$I_E = I_C + I_B$。由于基极电流 I_B 很小，故 $I_E \approx I_C$。实验证明，基极电流 I_B 的一个较小变化 ΔI_B 却能引起集电极电流 I_C 的一个较大变化 ΔI_C。因此，当把信号从基极输入，就能在集电极上得到一个较大的输出信号。这就是三极管的电流放大作用。集电极电流 I_C 的变化量 ΔI_C 与基极电流 I_B 的变化量 ΔI_B 的比值称为晶体三极管的共发射极放大电路的电流放大系数：$\beta = \Delta I_C / \Delta I_B$。利用晶体三极管的这种特性，我们还可以实现信号电压和功率的放大。这就成为处理以电流或电压作为源信号的模拟电子电路的主要基础。利用模拟电子电路，就能制造出许多电子电器及仪器仪表。

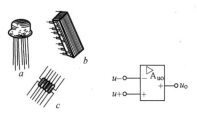

集成运算放大器的外形和符号图

电子电路和电子电器 [8] 电子电路概述·电子电器

模拟电路与数字电路

一、模拟电路是种历史悠久的电路。

二、在模拟电路中，微弱的非电量原始信号通过各种传感器转化成电量（电流或电压）。例如，麦克风可以把声音信号转变成电压或电流；光电传感器可以把光转变成电信号；贴在受力构件表面的电阻应变片可以把构件的变形转变成应变片电阻的变化，从而进一步转变成电压或电流信号。

三、电子放大器将这些信号放大。最后，再通过换能器（例如喇叭）将它们还原成人们能感受到的声、光等信号或通过显示仪表显示出来。

四、在能量形式的转变以及信号的放大过程中，最基本而又最难达到的要求是不失真（即"高保真度"）。例如，歌唱家的歌声，有一定的频谱分布（各种频率上的强度是不一样的；频率的分布范围又很宽）。放大过程中要保持频谱分布不变。

五、为了提高整体性能，还常常把信号"寄生"在高频载体中进行处理，达到目的后再从高频载体中抽取出来。这两个过程分别称为调制和解调。

六、最近若干年来，随着电子技术在脉冲电路、逻辑电路的长期积累和进步，数字电路技术已经成熟。非电量的信号通过传感器转化为电信号后，用模-数转换器转换成数字信号，处理起来就方便多了。因为，信号本身无所谓放大，只要把"放大比例"更换一下就可以了。最后，可以很方便地反向复原、转换成模拟信号（数-模转换），以便还原成我们需要的其他物理量（如声音，画面，磁等）。

七、采用数字电路的优点除了在放大的过程中可以很容易控制失真外，还在于数字电路本身的包容量极大（何况还有压缩和解压缩技术）。因此在将原始信号转换成电信号时，可以做得非常"精细"，可以充分把原始信号的内涵反应出来，这决非模拟电路所可比拟的。此外，数字信号经过精心的编排（编码），如果在加工或传输过程中发生差错，不仅很容易发现，也很容易纠正。所以，今日的众多电子仪器设备，从控制、通信到视听、医疗等领域，几乎没有可以离得开数字电路的了。

电子电器

电子电器按应用场合的分类

序号	名称	举例
1	个人及家用电器	如收录机，电视，音响，CD、VCD、DVD等碟机，MP3，家庭影院，个人电脑，手机，数码相机和摄像机等
2	办公和通信电器	如各种办公和商用电话机，计算机，传真机，程控电话交换机，扩音器，视频会议系统，监视系统等
3	医疗仪器仪表	如心电图机，脑电图机，X光机，CT，核磁共振等
4	工程仪器仪表和控制电器	如各种工控机，数控机床用数控仪，工业计算机等

电子电器关注的焦点

一、尽管电子电器在实际设计制造过程中为了达到要求的性能参数常需要绞尽脑汁，技术上各有其难点，但就这些电子电器本身的电信号处理过程而言，在原理上还是比较容易理解的。对于电子电器整体而言，就理解其工作原理和过程而言，最重要的是了解这些电子电器在其前后两端各种电量与非电物理量之间的互相转换过程及其所用的关键器件。

二、也就是说，相对于了解电子电器的电路放大和信号处理过程的原理而言，更重要的是要注意其电信号与其他能量形式的转换过程的原理。因为不论是模拟电路还是数字电路，就原理而言，电信号本身的放大和处理在原理上往往是相对"简单"的。

三、更多地关注电信号与其他形式能量间的转换的另一个原因是，电量与非电量之间的转换以及信号储存方面的任何一个新原理或新器件的出现，往往就预示着一种或者一类新的电子电器的出现，甚至可能会是某种电器的一场革命。

某些常用电子电器（例举）前后端处电量与非电物理量间有代表性的转换过程与所用器件

序号	电子电器名	电器前端		电器后端		说明
		前转换	转换元件	后转换	转换元件	
1	扩音器	声-电	麦克风	电-声	喇叭	
2	录音机（芯）	电-磁	磁头	磁-电量	磁头	最前端可为话筒
3	录像机（芯）	电-磁	磁鼓	磁-电	磁鼓	包含图像和声音信息
4	MP3	电-磁	磁头	磁-电	磁头	电信号经特殊格式压缩
5	数码照相机	光-电	CCD	电-光	液晶屏	可录像
6	摄像机各种碟	光-电	摄像管或CCD	电-光	液晶屏	包含图像和声音信息
7	碟片机	电-盘上凸凹	刻录机芯	盘上凸凹-电	光盘驱动器	刻录和读取均经过激光中介
8	电视机			电-光	显像管，或液晶屏，或等离子屏	另包含声音信息
9	B超	超声波发射和接收-电	超声波探头	电-光	阴极射线管或黑白/彩色液晶屏	

注：有些电子电器中有一连串的非电量的转换过程，上表只列举了可能是最重要的一步。

电子电器 [8] 电子电路和电子电器

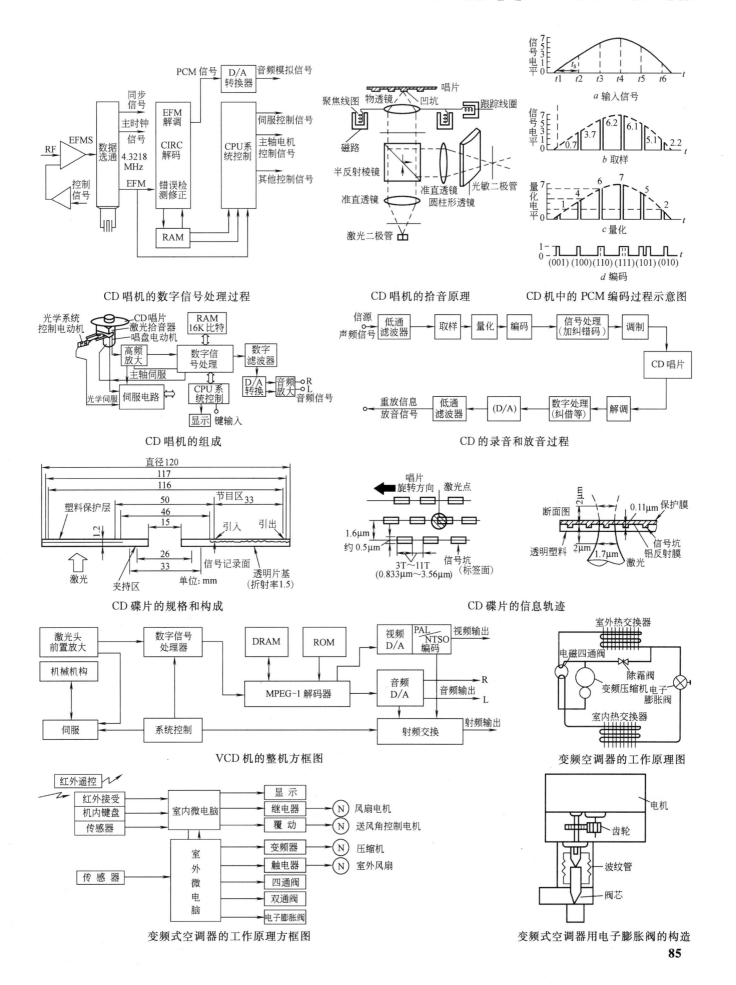

电子电路和电子电器 [8] 电子电器

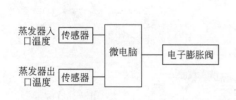

变频式空调器用电子膨胀阀的控制方框图

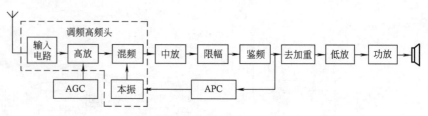

单声道调频收音机的组成方框图

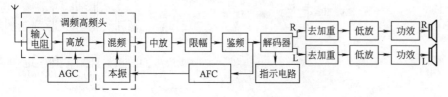

双声道立体声接收机的组成方框图

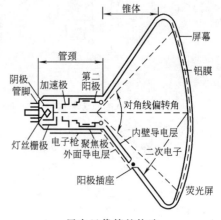

黑白显像管的构造

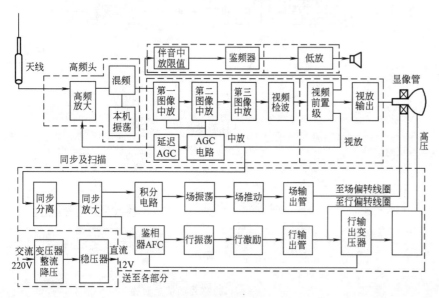

黑白电视机的组成方框图

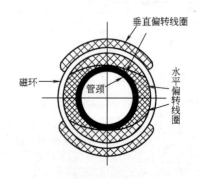

黑白显像管的水平、垂直偏转线圈安装剖面图

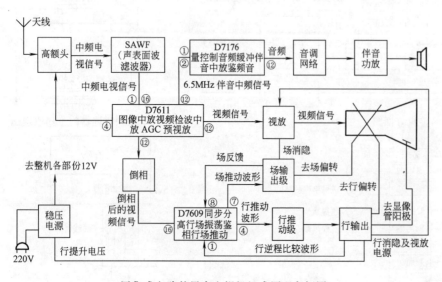

用集成电路的黑白电视机组成原理方框图

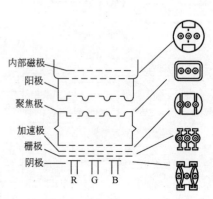

彩色显像管一体化电子枪的构造

电子电器 [8] 电子电路和电子电器

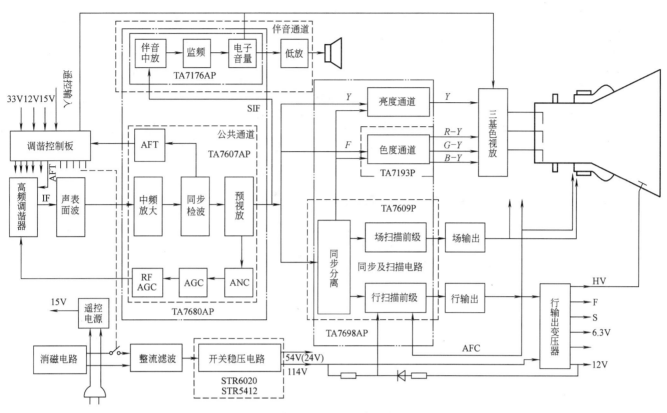

彩色电视机的电路组成

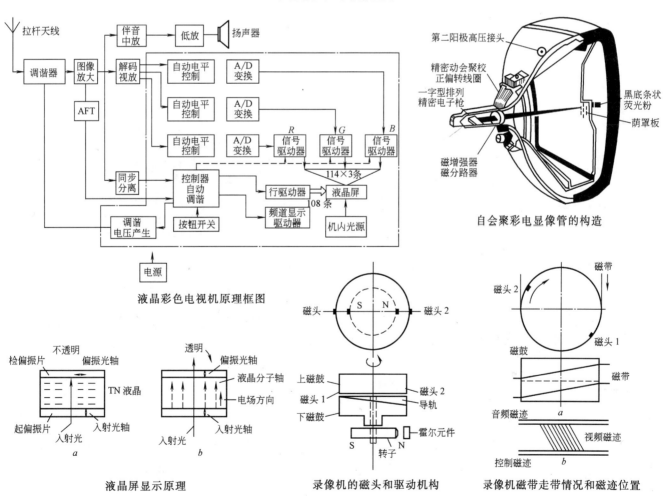

液晶彩色电视机原理框图

自会聚彩电显像管的构造

液晶屏显示原理

录像机的磁头和驱动机构

录像机磁带走带情况和磁迹位置

电子电路和电子电器 [8] 电子电器

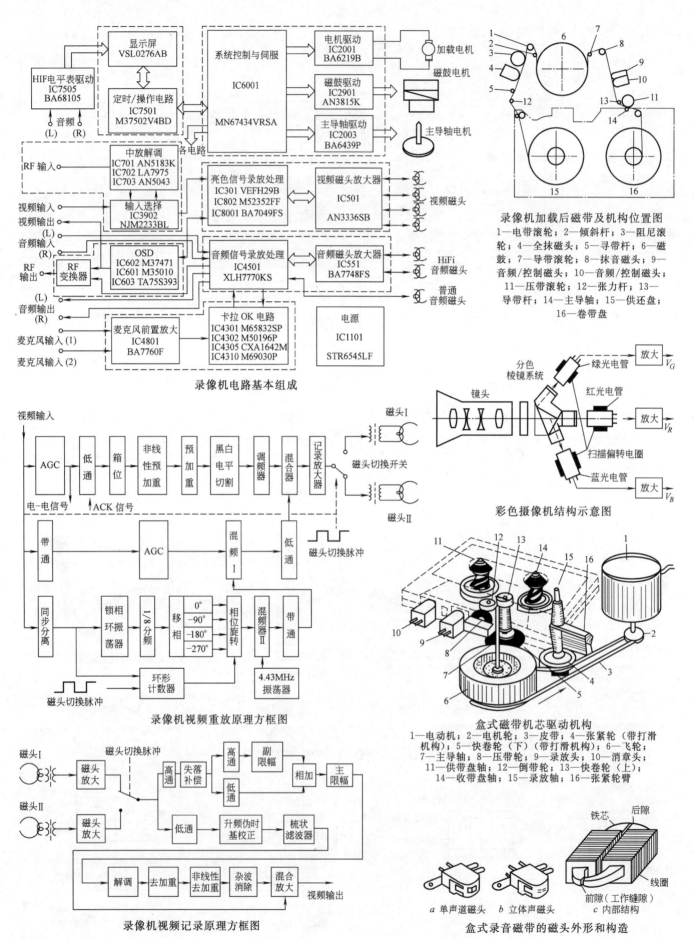

电子电器 [8] 电子电路和电子电器

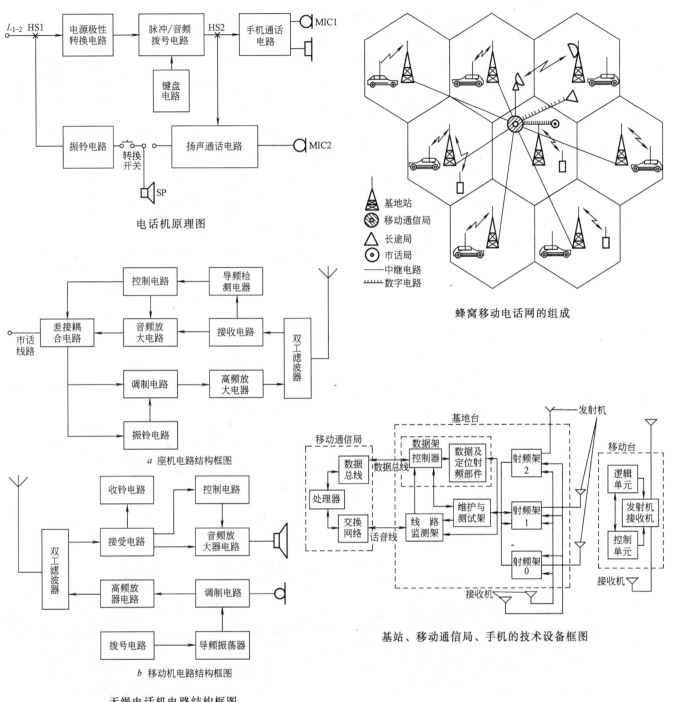

电话机原理图

蜂窝移动电话网的组成

a 座机电路结构框图

b 移动机电路结构框图

无绳电话机电路结构框图

基站、移动通信局、手机的技术设备框图

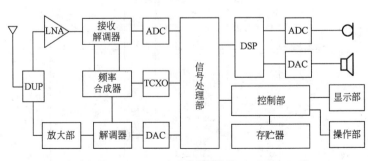

LNA：低噪声放大器　　ADC：模数转换器　　DUP：双工器
TCXO：温度补偿晶体振荡器　DAC：数模转换器　DSP：数字信号处理器

GSM 手持机方框图

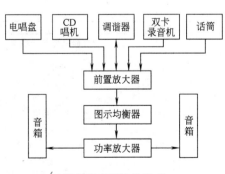

组合音响系统的组成

能源基础 [9] 热力学基础

一、物体和物理系统所具有的做功能力的总称就是能量。能量、热量和做功量都是等价的物理量。

二、能量有多种形式，如机械能、热能、电能、磁能、光能、核能、化学能等等。

三、能量守恒及转换定律指出，在自然界中，一切物质都具有能量；能量有各种不同的形式，既不能创造，也不能消灭，而只能从一种形式转换成另一种形式，由一个系统传递给另一个系统；在转换和传递过程中，能量的总和保持不变。

四、长期以来，人类利用的能源资源主要来自于薪柴、煤炭、石油和天然气、水力等自然资源；20世纪后半叶，又开始了核能的和平利用，以及太阳能、风能、地热能、潮汐能、海洋温差发电等各种可再生的新能源的利用或尝试。

五、热能工程学（简称热工学）是研究工程技术中如何合理而有效利用热能的技术科学。在人类利用能源的长期历史进程中，至今利用最多的仍是机械能、电能和热能。

六、热能工程学主要包括热力学和传热学两大分支学科，它们分别研究能量的转换和热量的传递。

热力学基础

热力学是研究热能与机械能等其他形式能量之间相互转换规律的科学。

热能利用的途径

序号	途径名	说明	例举	备注
1	直接利用	把热能直接用于加热物料或制冷	如各种燃料的加热炉	在左列两种热能利用的过程中，不光存在能量形式的转换，还存在热量的传递。所以，我们不仅要研究能量转换过程中的规律，以提高能量的转化效率，还要研究热量传递的规律，以改善传热过程和合理利用热能。亦即在实际利用时，热力学和传热学密不可分
2	间接利用	把热能转换成机械能或电能	例如，锅炉生产的高温高压蒸汽所携带的热能，通过汽轮机转化成机械能，随后带动发电机，输出电能	

热力系统的若干概念

序号	名称	说 明
1	热力系统	根据研究任务选取某个范围内的物体为研究对象
2	工质	热力系统内部的工作物质
3	环境（外界）	热力系统之外
4	边界（界面）	热力系统与外界之间的分界面
5	热力系统的状态	在某个瞬间系统所呈现的宏观物理状态
6	热力系统的状态参数	描写系统宏观状态的物理量
7	热力系统基本状态参数	指压强、温度和比容等常用状态参数；因其物理意义明确，且可用仪器直接或间接测量出来，故称

热力学基本状态参数

序号	参数	意义	国际单位制(SI) 单位	符号	说 明
1	温度	物体冷热程度的标志	热力学温度K（开尔文）	T	常用单位℃（摄氏度），符号为 t。规定水的三相点（纯冰、纯水和水蒸气三相平衡共存状态）的温度为273.16K或0℃。1℃=1K
2	压强	垂直作用在单位面积上的压力	Pa，帕斯卡	p	Pa即牛顿/平方米(N/m^2)
3	比容	单位质量的工质所占有的容积	m^3/kg	v	比容是密度的倒数

热力过程的各种概念

序号	名称	说 明	
1	热力过程（简称过程）	热力系统与外界有能量（包括功量和热量）交换时，系统的状况就会发生变化；系统从初始状态变化到终了状态所经历的全部状态称过程	
2	准平衡过程	若系统在整个状态变化过程中始终处于平衡状态，则此过程称为准平衡过程。准平衡过程是实际过程的理想化；但只有准平衡过程才可用热力学方法研究，且分析研究的结论可在一定条件下对实际过程推广	
3	可逆过程	若系统完成一个过程后能沿反方向依次经历原过程所经历的一切状态回复到原始状态，且参与过程变化的外界也能回复到原始状态而不留任何痕迹，这样的过程称为可逆过程	
4	不可逆过程	凡过程不能遵循原过程的反方向回复到原始状态或者外界无法不留痕迹地回到原状态，这样的过程称为不可逆过程	具有温差的传热过程，或有摩擦的过程，或不平衡过程都是不可逆过程

实现可逆过程的充分必要条件

序号	充分必要条件	说 明
1	热力过程内部与外界始终处于平衡状态	即可逆过程是运动无摩擦、传热无温差的准平衡过程。显然，实际上不存在可逆过程。但只有可逆过程是可以分析的，分析结果可通过经验修正后对实际过程予以应用
2	作机械功时无摩擦传热	
3	传热时无温差	

系统与外界传递能量的形式——功量和热量

序号	名称	意义	国际单位制	符号	正值	举例	重要说明
1	功量	热力系统和外界之间存在不平衡时系统通过边界与外界之间宏观能量的传递形式	焦耳(J)或千焦(kJ)	W	系统对外界作功为正	容积功、电功、磁功和化学功等。气态工质组成的热力系统在其进行膨胀或压缩时与外界交换的功称为压缩功或膨胀功，统称容积功	功量和热量都不是热力状态参数。功量和热量都与过程有关，所以都是过程量
2	热量	系统与外界之间存在温差时系统通过边界与外界传递的非功量形式的能量	与功量相同实用中热量单位用卡(cal)或大卡(千卡,kcal) 热功当量：1cal=4.1868J	Q	系统吸热时为正		

一、热力学第一定律是能量守恒与转换定律在热力学中的应用。

二、能量守恒及转换定律指出：在自然界中一切物质都具有能量；能量有各种不同的形式，既不能创造，也不能消灭，而只能从一种形式转换成另一种形式，由一个系统传递给另一个系统；在转换和传递过程中，能量的总和保持不变。

三、热力学第一定律指出：某一系统与外界进行功（W）和热量（Q）的交换时，必将引起系统总能量的变化；亦即，加给系统的热量等于系统总能量的增加和对外界所作功的和：$Q = DE + W = E_2 - E_1 + W$。式中：$DE$ 为系统总能量的增加，即系统在过程终了时的总能量 E_2 与初始时的总能量 E_1 之差。

系统总能量 E 的组成

序号	组成	说明
1	系统作整体运动时的宏观动能 E_k	系统总能量是这三部分之和；系统总能量是系统的状态参数；在热力系统静止时，系统总能量的变化就是内能的变化，即 $\Delta E = \Delta U$
2	系统在重力场中处于某一高度时的重力位能 E_p	
3	系统内部物质微观运动所具有的内能 U	

系统的内能 U 的组成

序号	组成	说明
1	分子热运动形成的内动能	包括分子移动、转动的动能和分子中原子振动的动能。温度越高，内动能越大。所以内动能是温度的函数
2	分子间相互作用力形成的内位能	内位能的大小与分子间的平均距离有关，即与工质的比容有关。内位能与温度也有一定关系

其他热力学状态参数

序号	名称	定义	说明	备注
1	熵 s	$ds = (\delta Q/T)$	对可逆过程；表征工质与环境间的温差及热交换	在热力学第二定律中有更深层涵义
2	焓 h	$H = U + pV$	表征随工质出入系统所转移的能量（内能 U 和推动功 pV）	

理想气体、气体热力状态的描述和表示

序号	名称	说明
1	理想气体	经科学抽象的假想气体，其分子是有弹性的、不占有体积的质点，分子间无相互作用力（引力和斥力）。引入理想气体的目的是为便于分析。在压力较低或温度较高时（实际中的常压常温下），许多实际气体可以当作理想气体处理
2	气体热力过程的描述	气体的热力状态可以只用两个独立状态参数来决定。除了压强 p、比容 v 和温度 T 等独立状态参数外，内能 u、焓 h 和熵 s 等也都是两个独立状态参数的函数。因此气体的热力状态可以用这些状态参数中的两个来描述
3	气体热力过程的表示	热力过程可用两个状态参数分别作纵、横坐标的坐标用图中的曲线表示。通常，采用最多的是压容图（纵坐标是压力 p，横坐标是比容 v）；温熵图（纵坐标为温度 T，横坐标为熵 s）用得也很多

理想气体的状态方程式

一、对于 1 公斤理想气体，其理想气体方程式为：$pv = RT$。

二、上式中，R 称为气体常数，它等于每公斤气体中的分子数与玻尔兹曼常数 k 的乘积（玻尔兹曼常数 $k = 1.380662 \times 10^{-23} \text{J/K}$）。

三、由于对同一种气体，每公斤气体的分子数是一定的，所以每种气体都有其各自不同的气体常数。

四、对于 m 公斤的气体，其状态方程式为：$pv = mRT$。

理想气体的比热容

序号	名称	说明	国际单位制单位	备注
1	比热容 c	每公斤物质在温度变化 1K 时所吸收或放出的热量	$J/(kg \cdot K)$	比热容是温度和压力的函数，与状态参数有关
2	定压比热容 c_p	定压过程时的比热容		$c_p - c_v = R$
3	定容比热容 c_v	定容过程时的比热容		

理想气体的基本热力过程

序号	过程名称	过程变化条件	压容图上	温熵图上	性质	特性
1	定容过程	保持容积不变，即 v＝常数	垂直于横坐标的直线		p/T＝常数	定容过程中加给工质的热量将全部转变成工质的内能（$Q = \Delta U$）
2	定压过程	保持压力不变，即 p＝常数	水平直线		v/T＝常数	定压过程中气体的膨胀功 $w_p = p(v_2 - v_1) = R(T_2 - T_1)$；对工质所加的热量应等于工质的内能增加与气体的膨胀功之和
3	定温过程	保持温度不变，即 T＝常数	等边双曲线	水平直线	pv＝常数，或 $p_1/p_2 = v_2/v_1$	
4	绝热过程（定熵过程）	与外界没有热量传递，即 s＝常数	高次双曲线，比定温过程的等边双曲线略陡	垂直于横坐标的直线	pv^k＝常数，指数 k 称为绝热指数	

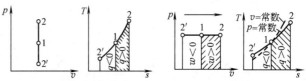

压容图和温熵图上的定容过程　　压容图和温熵图上的定压过程

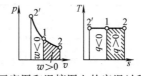

压容图和温熵图上的定温过程

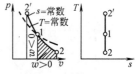

压容图和温熵图上的绝热（定熵）过程

能源基础 [9] 热力循环·传热学基础

热力循环

工质从一个初始状态 1 出发，经过一系列状态变化又回到初始状态 1 的封闭热力过程，称为热力循环，或者简称循环。

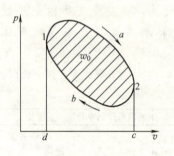

压容图上的正循环

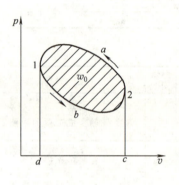

压容图上的逆循环

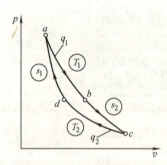

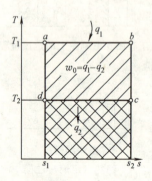

压容图和温熵图上的卡诺循环

热力循环的分类

序号	名称	压容图上方向	过程组成和功量、热量	循环效率或性能系数	性质
1	正循环	顺时针方向	1-a-2 为膨胀过程，工质从外界（高温热源）吸收热量 q_1，并作膨胀功（等于面积 1a2cd1）；2-b-1 为压缩过程，工质向外界（低温热源）放出热量 q_2，同时外界（对工质）消耗压缩功（等于面积 2b1dc2）	对外界所作净功 w_0 与外界给工质的热量 q_1 之比，称为循环的热效率 $\eta_t = 1 - q_2/q_1$	把热能转换为机械能的循环，是所有热力发动机按其工作的循环，故又称动力循环
2	逆循环	逆时针方向	1-b-2 为膨胀过程，此时工质从外界（低温热源）吸进热量 q_2 后作膨胀功（等于面积 1b2cd1）；在压缩过程（2-a-1）中，工质向高温热源放出热量 q_1，外界消耗的压缩功等于面积 2a1dc2（大于膨胀功 1b2cd1）	对制冷机有制冷系数：$\varepsilon_c = q_2/w_0 = q_2/(q_1-q_2)$；对热泵有供热系数（总大于 1）：$\mu_c = q_1/w_0 = q_1/(q_1-q_2)$	逆循环是消耗一定的机械能，迫使热量从低温物体流向高温物体的循环。冰箱、空调、制冷设备和热泵都利用逆循环工作，故也称制冷循环。按逆循环工作的热泵，供热系数总大于 1，故比电加热器节能

热力学第二定律

一、热量可以自发地从高温物体传向低温物体，但不能自发地从低温物体传向高温物体。这实际上就是热力学第二定律的一种表述形式。

二、热力学第二定律阐述了自发过程进行的方向性和它的不可逆性，以及非自发过程必备的补充条件。热量从低温物体流向高温物体的补充条件是消耗一定量的机械功，正如上面在逆循环中所研究的那样。

三、进一步的研究表明，正循环和逆循环中存在的冷热两个热源的温度，决定了正循环的最佳热效率以及逆循环的最佳供热（制冷）系数的极限。尽管这个极限只能接近而永远不可能达到，但毕竟指出了技术上追求的目标。

四、卡诺循环是热力学上的一种理想循环，它是可逆循环的典型。正向卡诺循环的效率 $\eta = 1 - T_1/T_2$。这里 T_1 和 T_2 分别称为卡诺循环的低温热源和高温热源的温度。由于任何实际循环都是不可逆循环，因此卡诺循环的效率是同样高温热源和低温热源温度下最高的，是实际循环效率的上限。

传热学基础

传热的三种基本形式

序号	名称	说明	遵循的定律
1	热传导	依靠物体各部分间直接接触，而使热能从高温区向低温区传递的过程；对于非透明的固体，热传导是其内部惟一的热传递方式	热传导定律：$q = -\lambda A dT/dx$；式中：q 为热流量（J/s）；A 为面积（m²）；dT/dx 为传热方向上的温度梯度；λ 是比例常数，即材料的导热系数
2	对流换热	对流换热研究运动着的流体（液体或气体）与同它接触的固体表面之间的热交换	对流换热的换热量为：$q = hA(T_w - T_\infty)$。式中：h 为对流换热系数 [W/(m²·K)]；A 为对流换热面积（m²）；T_w 为固体壁面温度（K）；T_∞ 为远离固体壁面处的流体温度（K）
3	热辐射	辐射换热与两物体间的介质无关，它是依靠电磁波辐射实现的	辐射换热的换热量正比于两物体温度四次方之差、两物体表面的发射率、两物体的形状和相对位置等复杂几何关系

材料按导热系数 λ 的分类

序号	名称	说明	举例
1	热的良导体	导热系数大多在 10 以上到几百	例如，各种金属
2	热的不良导体	导热系数常在 1 以下	例如，建筑材料及一些非金属固体材料。导热系数小于 0.2 时，称为隔热材料或保温材料

注：导热系数的量纲为 W/(m·K)。导热系数是材料的重要热物理性质之一；导热系数越大，表明它的热传导能力越大。

单层平板的稳定导热

根据热传导定律，对于用同一种材料制成的平板的热传导有：$q=\lambda A(T_1-T_2)/\delta$。式中：$T_1$，$T_2$ 分别是平板两边的表面温度（K）；δ 是平板的壁厚（m）。

单层平板的稳定导热

多层平板的稳定导热

对于多层平板的热传导，可以根据热传导定律列出每层板的导热方程式，并根据每层板传导通过的热流相同这一条件进行求解。最终结果是：$q=(T_4-T_1)/(R_1+R_2+R_3)$。式中 R_1，R_2，R_3 称为各层平板的热阻，$R_1=\delta_1/\lambda_1 A$，$R_2=\delta_2/\lambda_2 A$，$R_3=\delta_3/\lambda_3 A$。

多层平板的稳定导热（图中为三层平板）

对流换热

一、对流换热研究运动着的流体（液体或气体）与同它接触的固体表面之间的热交换。

二、对流换热的复杂之处在于：除了极简单的情况外，对流换热计算公式中的对流换热系数必须利用复杂的相似理论通过实验方法求得经验公式；而且，经验公式的使用和推广都要遵循非常严格的条件限制。

辐射换热

一、与热传导和对流换热不同，热辐射并不依赖介质，而是以电磁波的形式作热辐射。因此，热辐射在真空中也能实现。

二、只要在绝对零度以上，任何物体都能向外发射辐射能。热辐射的波长约在 $0.3\sim50\mu m$ 之间；波长范围包含部分紫外线、全部可见光以及部分红外线。

三、两个不同温度物体之间辐射换热不仅与两物体的表面发射率、温度有关，还与两个物体的形状、面积、相对位置关系等复杂几何因素有关。

两平行平板间的辐射换热

一、两平行平板间的辐射换热量为：$q_{1,2}=\varepsilon_n\sigma A(T_1^4-T_2^4)$。式中：$\sigma$ 为斯蒂芬-玻尔兹曼常数；A 为换热面积；T_1，T_2 为两平板的温度；ε_n 为当量辐射率，可根据两平板的发射率算得。

二、发射率是衡量物体辐射热量能力的一个物理量。通常讲，黑色物体的发射率比较高。但发射率较高的物体通常其总吸收率也高。

一般物体间的辐射换热

一、如果两平板间不平行，则其间的辐射换热将减小，因为从一个物体的表面"看到"的视野里，就不再被另一个物体所占满。如果二平板间的夹角增大，辐射换热量将急剧下降。也就是说，在一个表面"看来"，另一个物体所占的立体角大小，以及它所占有的位置将决定辐射换热量的大小。如果中间夹有足够大的"第三者"，则第三者的遮挡将使前两物体间的辐射换热降为零。

二、因此物体间的辐射换热与其温度四次方的差成正比，与两物体表面的发射率有关，与换热面积有关，还与它们间的相对位置有关。

热管装置

一、热管是一种传热效率极高的装置。它是一根密封的金属管，管中灌注了液体工质。依靠工质在管内液态-气态的循环，可以实现将热管一端的热量高效地传递到另一端。

二、热管在各种热量收集和回收利用场合有广泛的用途（例如锅炉烟道中的余热回收，废水中余热的回收等等；有的太阳能热水器也用热管将吸收太阳辐射的热量传递给水箱里的水）。甚至在卫星向阳侧和背阳侧之间传输热量、减小温度差等场合都有满意的利用。

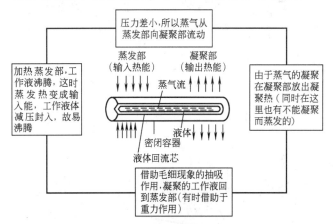

热管的工作原理定性说明

在蒸发部（左端），热管从外界吸收热量，工质沸腾蒸发；汽态工质沿热管中心运动到凝聚部，放出热量并使自己冷凝成液态；液态工质沿热管内壁向右流回蒸发部（借助于毛细管的吸力或重力）。
由于热管内工质有蒸发和冷凝过程，所以热管能够传输的热量非常大，传输效率很高。

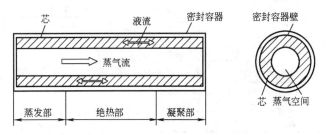

热管的原理构造图

横断面上看，热管外有密封的金属管，内有供液体工质回流用的管芯，再内是供汽态工质流动用的通道，使各种状态的工质"各行其道"。

能源基础 [9] 传热学基础·能量转换设备

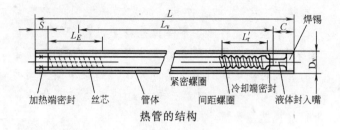

热管的结构

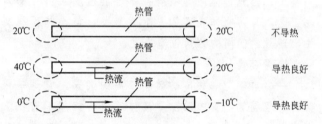

热管中热的传导方向

热管两端有温差就能传递热量。有特殊结构设计的热管可以做到，热量只能单向传递。

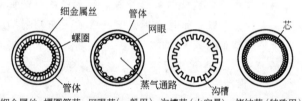

热管细丝芯子

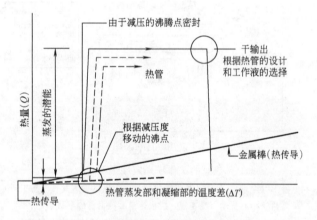

热管的工作特性

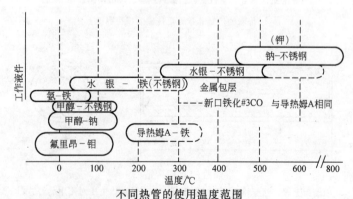

不同热管的使用温度范围

不同工作液体和材质的管壁组合，适用于不同的工作温度范围。

能量转换设备

一、目前人类能源（一次能源）消耗还是以煤炭、石油、天然气等矿物燃料为主，三者之和达到80%以上（石油超过50%），原子能超过10%。水力仅占3%左右。太阳能、风能、潮汐能、地热、沼气能等新能源的比例略超过1%。

二、人们在工业、农业以及社会和生活的各领域直接利用的能源形式以电能为主，即以各种形式的一次能源转化为电能后为人们利用。作为仅次于电能的主要二次能源形式之一，各种石油制品（汽油、柴油、煤油、天然气等）和煤炭也广泛用于运输（车辆、船舶、飞机等）以及加热、采暖、炊事等工农业和人民生活的方方面面。

三、为了满足社会各方面对能源持续发展的最终需要，上述能源的构成需要变更。未来，尽管原子能利用的燃料也要依赖于矿藏（铀矿），但可持续利用年限还比较长。另外，各种可再生的新能源必须加大研究和应用的力度。

各种能源转换设备举例

序号	能量转换		转换设备名称举例
	转换前	转换后	
1	燃料的化学能	热能	各种热机，包括内燃机（汽油机、柴油机等）和外燃机（汽轮机、燃气轮机和航空喷气发动机）
2	热能	机械能	
3	化学能	电能	各种电池（包括一次电池、二次电池和燃料电池）在用电时
4	电能	化学能	蓄电池在充电时
5	燃料的化学能	热能	锅炉
6	机械能	机械能	水轮机，风车
7	电能	机械能	电动机
8	电能	热能	电炉
9	热能	电能	半导体制热/制冷元件
10	机械能	机械能	水泵、空压机
11	电能	光能	白炽灯、荧光灯等、激光
12	光能	电能	太阳能电池
13	电能	磁能	电磁铁
14	磁能	电能	发电机
15	核能	热能	核反应堆

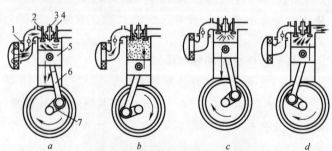

单缸四冲程汽油机工作原理图
1—化油器；2—进气阀；3—火花塞；4—排气阀；5—活塞；6—连杆；7—曲轴
a 进气冲程：活塞从上止点向下止点运动，汽缸内形成真空，进气阀打开，汽油和空气的混合气进入汽缸；
b 压缩冲程：进排气阀均关闭，混合气因活塞运行而压缩，温度和压力随之上升；
c 膨胀冲程：压缩终了时汽缸顶部的火花塞产生电火花，引燃可燃混合气作功，推动活塞向上运动；
d 排气冲程：活塞依靠飞轮惯性继续向上运动，排气阀开启，将汽缸内燃烧后的废气排出汽缸。

能量转换设备 [9] 能源基础

四冲程点燃式内燃机的理论示功图
进气过程 1—2 为等于大气压的等压进气线（不考虑进气阻力）；压缩过程 2—3 为绝热压缩过程（不计混合气与缸壁热交换）；燃烧过程 3—4 是个定容燃烧过程（认为燃烧在瞬间完成）；膨胀过程 4—5 是绝热膨胀过程（燃气作功，不考虑气体与缸壁的热交换）；排气过程 5—2—1 首先是排气阀开启后压力迅速下降到大气压的 5—2 段以及随后在大气压力下活塞将废气推出的 2—1 段（不考虑排气阻力）。

四冲程点燃式内燃机的实际示功图
考虑到混合气和燃烧后的气体与缸壁的热交换，以及进排气阻力等因素，进气时的实际压力低于大气压力，排气时的压力高于大气压力，而且燃气压力的上升有个过程使实际示功图曲线略显圆滑。

四冲程压燃式内燃机的理论示功图
压燃式内燃机一般就是柴油机。1—2 的进气过程和 2—3 的压缩过程与点火式内燃机相同，不过被压缩的只是空气。压缩终了时缸内空气温度已经超过了柴油的自燃温度，所以此时气缸上部的喷油嘴向缸内喷入雾状柴油后立即自燃。此过程进行得十分迅速，可以认为是定容燃烧阶段 3—4。但是，过了上死点后，燃油喷射仍在继续；尽管活塞向下运动已使气缸容积扩大，但缸内压力仍可维持高位不变，而成为定压燃烧阶段 4—5。随后，燃烧后的气体维持绝热膨胀过程 5—6。排气阀开启后的定容降压 6—2 和随后的定压（大气压力）过程 2—1 又如四冲程内燃机的基本一样。

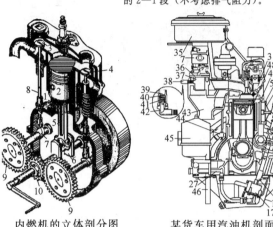
内燃机的立体剖分图　　某货车用汽油机剖面图

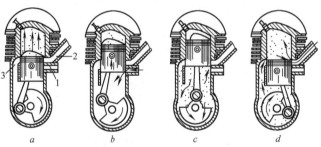
二冲程汽油机的工作原理图
a 第一冲程开始时，活塞位于下死点，缸内充满可燃混合气。活塞上到一定位置，扫气孔 3 和排气孔 2 相继关闭，缸内气体开始压缩。*b* 此时曲轴箱容积扩大，形成部分真空，直至进气孔 1 打开，可燃混合气进入曲轴箱。活塞到达上死点时，由火花塞将缸内混合气点火。*c* 第二冲程开始。燃气推动活塞下行。同时曲轴箱容积缩小，当进气孔被活塞关闭后，曲轴箱内混合气受到压缩。*d* 活塞继续下行到一定位置时，排气孔打开，废气迅速排出气缸。活塞继续下行，扫气孔打开，可燃混合气进入气缸，并使缸内废气得到进一步清除（扫气过程）。

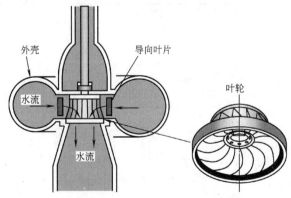
法兰西斯水轮机
这是利用水压能量的反动式水轮机，常用于落差较大的河段。如果转速发生变化，调节导向叶片可使转速保持不变。

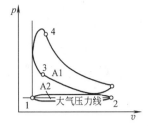

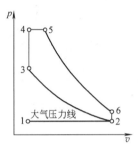

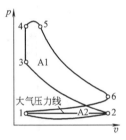
四冲程内燃机的实际示功图

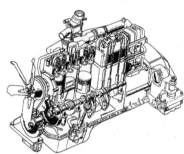
某货车汽油机的立体剖分图

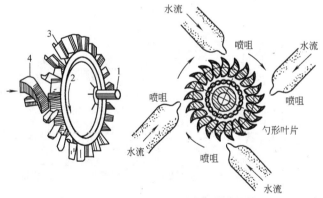
汽轮机的转子和喷管
1—转子轴；2—转子；3—叶片；4—喷管

冲击式水轮机
可用于高落差（数百米）的河段。利用喷嘴喷出的水柱冲击水轮机叶片使之转动。

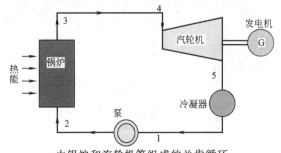
由锅炉和汽轮机等组成的兰肯循环

能源基础 [9] 能量转换设备

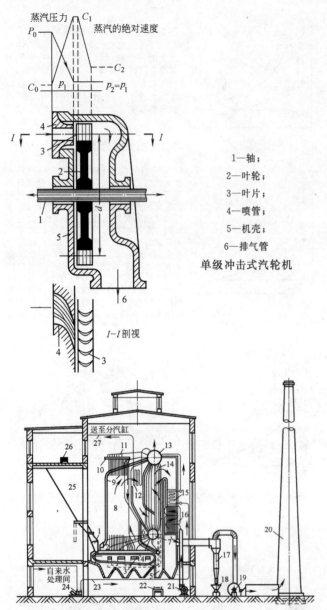

单级冲击式汽轮机

1—轴；
2—叶轮；
3—叶片；
4—喷管；
5—机壳；
6—排气管

锅炉设备示意图

1—煤斗；2—链条炉排；3—风室；4—侧水冷壁下集箱；5—灰渣斗；6—下降管；7—下锅筒；8—炉膛；9—水冷壁管；10—侧水冷壁上集箱；11—汽水引出管；12—蒸汽过热器；13—上锅筒；14—对流管束；15—省煤器；16—空气预热器；17—除尘器；18—灰车；19—引风机；20—烟囱；21—送风机；22—灰渣输送机；23—给水管；24—给水泵；25—储煤斗；26—皮带输煤机；27—主蒸汽管

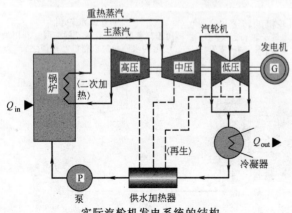

实际汽轮机发电系统的结构

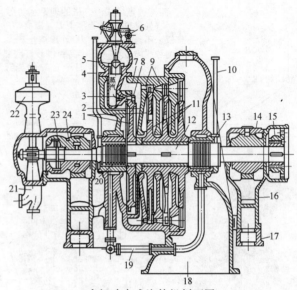

多级冲击式汽轮机剖面图

1—叶轮；2—隔板；3—第一级喷管；4—高压端轴封的信号管；5—进汽阀；6—配汽凸轮轴；7—机壳；8—动叶片；9—隔板上的喷管；10—低压管轴封信号管；11—隔板上的轴封；12—轴；13—低压端轴封；14—低压端的径向轴承；15—联轴节；16—轴承支架；17—基础架；18—排汽管；19—导管；20—高压端轴封；21—油泵；22—离心调速器；23—止推轴承；24—轴承

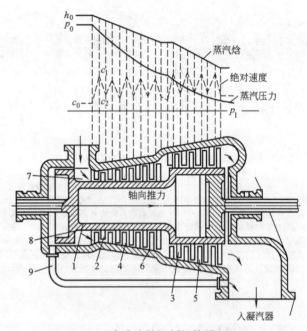

反击式汽轮机剖视简图

1—转鼓；2、3—工作叶片；4、5—静叶片；6—汽缸；7—汽室；8—平衡活塞；9—蒸汽连通管

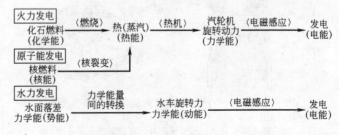

各种发电方式相对应的能量转换方式

能量转换设备 [9] 能源基础

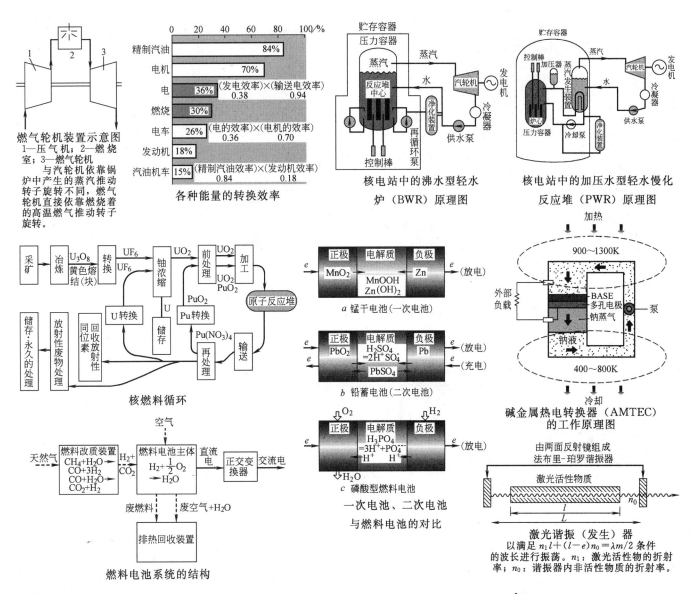

能量储存的实例

序号	能量形式	能量储存方式	举例
1	机械能	高位势(位)能	如抽水(淡水或海水)蓄能电站
2	机械能	压缩空气位能	如压缩空气储能发电系统
3	机械能	弹簧压缩位能	如各类枪械的扳机弹簧
4	机械能	动能	如飞轮储电系统
5	化学能	化学能	如蓄电池,超导电能储存系统,储氢系统

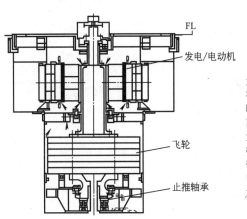

用飞轮系统储存电能

飞轮具有很大的转动惯量,在电网负荷低谷时将飞轮加速到高转速;到电网负荷高峰时,同样可以利用飞轮带动发电设备发电,以弥补用电负荷的不足。

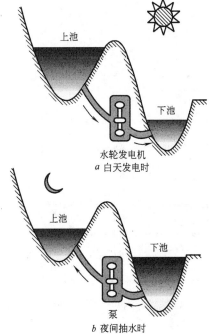

抽水蓄能电站

在电网用电低谷时段(如后半夜),利用剩余的电能用泵将下储水池的水抽到上储水池中储存起来。当电网运行到用电高峰时,再将上储水池的水通过水力发电设备泄放到下储水池,此时发出的电力送给电网以弥补高峰用电负荷的不足。

能源基础 [9] 能量转换设备·新能源

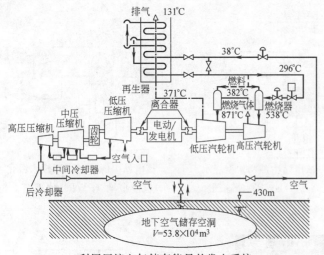

利用压缩空气储存能量的发电系统

通常可利用经过密封处理的地下天然或人工洞穴储存压缩空气来储能。在燃气轮机发电系统中，压缩空气的动力占气轮机动力输出的 1/2 至 2/3。利用电网负荷低谷时的能量压缩空气并储存起来，可以大为减少燃气轮机工作时本身的能量消耗。何况，燃气轮机启动迅速，使这种方法能充分发挥特点。

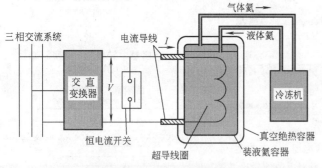

利用超导线圈储存电能系统（SMES）的基本构成

在临界温度以下，导体成为没有电阻而呈现超导现象。储存在超导线圈中的直流电能在需要时可以在引出后通过逆变器转换为交流电而送入电网。SMES的储存效率可以达到90%，但目前的实验装置容量还不够大。

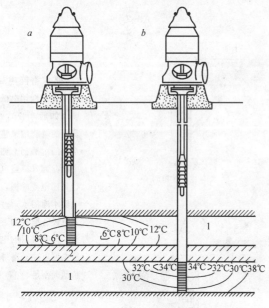

冷量和热量可以储存在地下对应的含水层中

1—含水层；2—隔水层

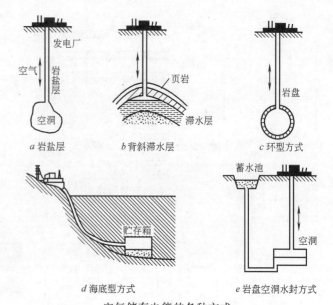

a 岩盐层　　b 背斜滞水层　　c 环型方式

d 海底型方式　　e 岩盘空洞水封方式

空气储存电能的各种方式

新能源

新能源的分类

序号	名称	二级分类名称	说　　明
1	核能		核能因其新而列入，但不是可再生能源
2	太阳能	太阳能热利用	如太阳能热水器，太阳能采暖房，太阳能干燥器，太阳能蒸馏器（可实现太阳能海水淡化）等
		太阳能光发电	直接的太阳能发电（用太阳能光电池）和间接的太阳能发电（先将太阳能转化为热水的热能，再利用低沸点工质进行热发电）
3	风能	风动力	风力提水等
		风力发电	单机容量的变化范围很大，从几十千瓦到几百兆瓦
4	海洋能	潮汐能	利用涨潮时的水位提升发电
		波浪发电	利用海水波浪的动能发电
		海水温差发电	表层海水与深层海水有很大而又稳定的温差，可以直接利用温差发电，或者间接利用温差采用低沸点工质热发电
5	生物质能	薪柴能	指直接燃烧，速生类灌木本身就是好燃料
		沼气利用	利用废弃的植物躯干发酵产生可燃的沼气
		化学转换法	指通过化学手段转换成燃料，如乙醇、甲醇等
6	地热能	热水的直接利用	如温泉洗浴，温水养殖，地热供暖等
		地热发电	利用低沸点工质进行热发电
7	水能	水动力	如水磨，水力提水等
		水力发电	各种落差的水能均能够建坝发电

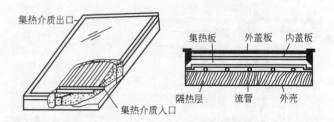

典型的太阳能平板集热器

水作为工质在管内流动（自然循环或强迫循环），将太阳辐射照到集热板上转化成的热量带走。为提高效率，集热板表面有吸热涂层；集热板上有透明盖层；背部有隔热层。

新能源 [9] 能源基础

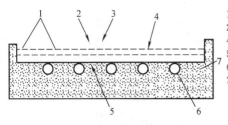

1—透明盖层；
2,3—漫射太阳辐射；
4—直射太阳辐射；
5—吸收表面；
6—流体流动的管子；
7—隔热材料

基本的平板型太阳能集热器断面图

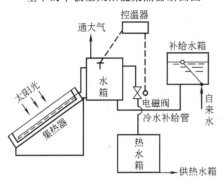

自然循环式太阳能热水系统
整个系统内水的循环和加热均依靠水升温后密度减小后上升的原理进行自然循环，因此系统内不需要电动水泵。

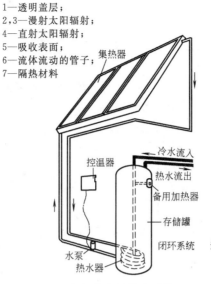

太阳能家用热水系统
太阳能集热器吸收太阳的辐射热而升温，其热量通过换热器传递给存储罐内的水。存储罐内有电加热器，供阴雨天气水温达不到使用要求时作辅助加热之用。

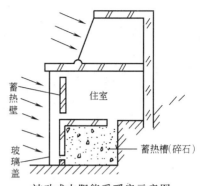

被动式太阳能采暖房示意图
玻璃盖内是太阳能空气集热器，它获得的热量既可直接加热房间，而且可以把多余的热量加热蓄热槽中的卵石，供夜间加热房间用。整个系统中没有风机驱动，靠空气的自然循环实现。

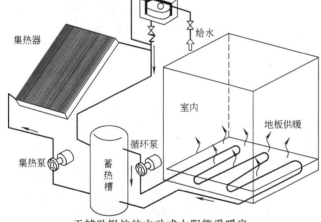

无辅助锅炉的主动式太阳能采暖房
太阳能集热器加热了水后，用热水直接加热房间。由于系统中有电动水泵使水强制循环，系统效率提高。夜间利用蓄热槽中的热水可以继续使房间得到供暖。

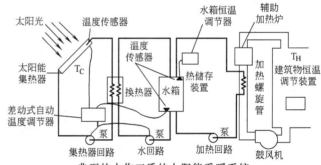

太阳能热空气空间供暖系统
卵石床是储热装置，供夜间无太阳辐射时给房间供暖。

典型的水作工质的太阳能采暖系统
系统是完全强迫循环的。多个温度传感器测定必要的温度数据，实现系统的自动运行。

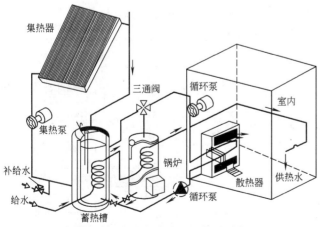

带辅助锅炉的主动式太阳能采暖房
带锅炉的系统可以在必要时采用电加热法使房间内的温度达到要求的水准。

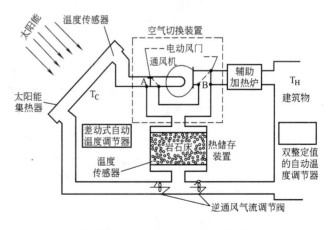

典型的空气作工质的太阳能采暖系统
系统依靠多个温度传感器实现自动控制和运行。卵石床是储热单元。

能源基础 [9] 新能源

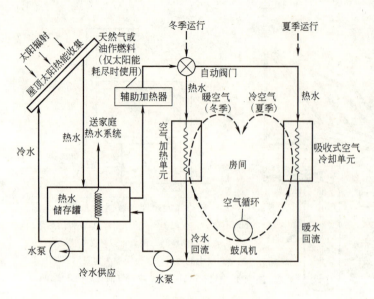

太阳能供暖和制冷系统

系统冬季运行时,依靠空气加热单元使房间加温(热量来自于太阳热水)。夏季时,房间的制冷依靠一个用太阳热水驱动的吸收式空气冷却单元来制冷室内空气。

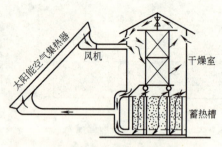

对流式太阳能干燥器示意图

温室本身可使室内空气升温,加上太阳能空气集热器收集的热量一起用于物料的干燥。

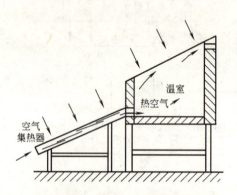

温室-集热器混合型太阳能干燥器

温室本身可使室内空气升温,加上太阳能空气集热器收集的热量一起用于物料的干燥。

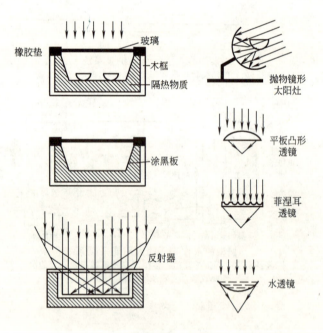

各种类型的太阳灶

太阳灶是利用太阳辐射热进行炊事活动的装置。主要有闷晒(煮)型和反射型两类。为了增加得到太阳辐射的总量,可以利用各种形式的反射器和几何光学聚焦措施(如图中的聚焦透镜)。

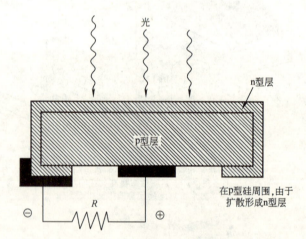

硅 pn 结太阳能电池的结构

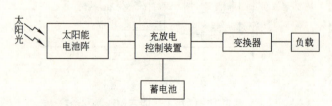

独立型太阳能光电系统(含蓄电池)的结构示例

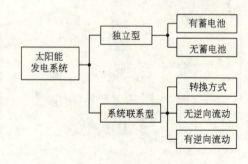

太阳能光电系统的分类

新能源 [9] 能源基础

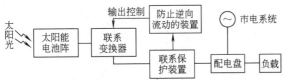
并网型无逆向流动系统的结构示例

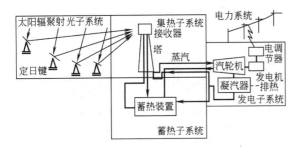
塔式太阳能热动力发电系统

太阳光通过一个数量和面积庞大的反射镜阵列会聚到位于中心的换热器塔上，低沸点工质在辐射高温下汽化，蒸汽送入汽轮机使其旋转。带动发电机发电。余裕热量可储存起来供阳光不足时使用。

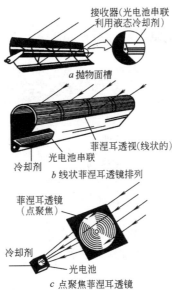
向太阳能电池集中阳光的方法

为了充分发挥太阳能电池板的作用，可以用各种办法将阳光聚焦到太阳能电池上去。主要办法有利用槽形抛物面及线状或圆形菲涅耳透镜两类。

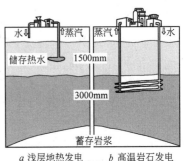
地热发电原理

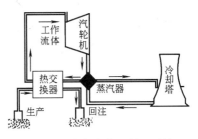
热电型地热发电的双循环系统

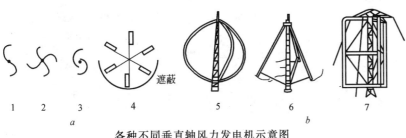
各种不同垂直轴风力发电机示意图
a 阻力型竖轴风机；b 升力型竖轴风机
1—S型；2—多叶片型；3—开裂式S型；4—平板式；
5—⊖型达里厄；6—△型达里厄；7—旋翼型

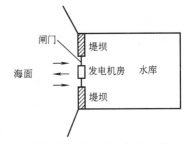
单水库潮汐发电站的示意图

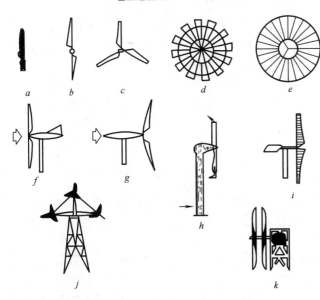
各种不同迎风式水平轴风力发电机示意图
a 单叶片；b 双叶片；c 三叶片；d 美国农场式多叶片风车；
e 车轮式多叶片风车；f 迎风式；g 背风式；h 空心压差式；
i 帆翼式；j 多转子；k 反转叶片式

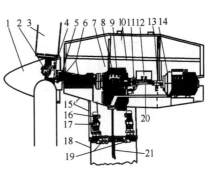
现代风力涡轮发电机

1—前锥体；2—毂；3—桨叶；4—液压系统；5—回转环系统；6—主轴；7—减震器；8—同轴变速箱；9—液压系统；10—引擎舱；11—制动器；12—控制器；13—振动传感器；14—发电机；15—底座板；16—偏转马达；17—偏转齿轮；18—塔体；19—偏转系统；20—传动轴；21—电缆

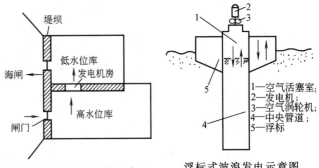
双水库潮汐发电站的示意图　　浮标式波浪发电示意图

1—空气活塞室；2—发电机；3—空气涡轮机；4—中央管道；5—浮标

能源基础 [9] 新能源

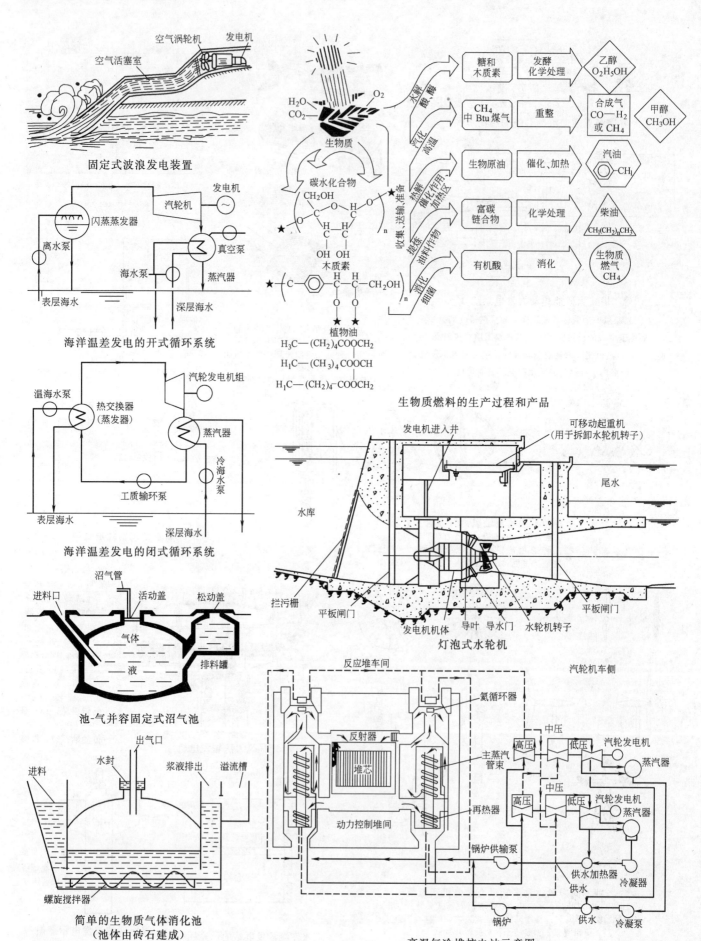

节能技术

一、 目前人类使用的能源过多地依靠矿物能源,如石油、煤炭、天然气等。这些资源是不可再生的,而且储量有限。

二、 要大力发展和利用可再生能源,充分利用储量相对较大、使用年限较长的其他能源资源。如核能,目前在用的各类核电站主要利用放射性铀作燃料,其储量和可使用年限也不很长。如果在不久的将来,可控的聚变热核反应能够研究开发成功,其主要燃料将是氢的同位素,在海洋里的储量就非常惊人。

三、 无论如何,从节约资源的角度出发,还是从保护环境、减少污染的角度出发,我们都需要非常地重视节约能源。因此,有人把节能称为"第X种能源资源"(这里的X因人们对目前能源资源的分类排序而数量有异)。

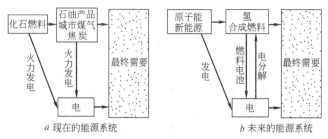

现在和将来的能源系统形式

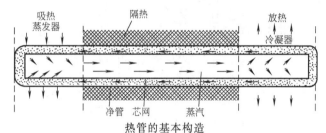

热管的基本构造

在各种余能利用场合,热管大有用武之地。通过它可以把各种品位的余热能源引出来加以利用。

工业节能措施

序号	措施	说　　明
1	企业能量平衡	企业消耗的总能量可以分为有效能量和损失能量两部分。其中损失能量中有一部分是不能够回收或经济上不值得回收的(理论损失能量);可利用的有效能量和损失能量分别由可再用和可回收的能量,习惯上总称余能。所有这些都不是一成不变的。 企业能量平衡就是以企业或车间为对象,研究其能量的收入与支出,消耗与有效利用及损失之间的平衡关系,运用系统综合的方法,采用统计、计算、测试、分析等手段,达到"掌握企业耗能状况,分析企业用能水平,查清企业节能潜力,明确企业节能方向"的目的,为加强企业的能源科学管理,改革落后的工艺流程和低效设备,实现合理用能和节约用能提供科学依据
2	采用先进工艺和设备	采用先进工艺的节能效果显著;设备更新是工业节能的一项重要措施
3	余能回收	有效回收余能是工业节能的一项重要内容。余能主要是可燃性余能(可燃物)、载热性余热(物理热和化学反应热)和有压性余热(有压流体)。 余能利用主要方式为热利用和动力利用(后者主要是利用可燃废气驱动燃气轮机,高炉煤气膨胀涡轮发电装置,利用高温烟气或化工过程反应热产生蒸汽驱动蒸汽动力装置,利用低沸点工质的动力循环回收低品位余能)
4	保温隔热和强化传热	工业锅炉、窑炉及各种热罐、热交换器、热力管道和低温管道及其附件(阀门、法兰等)的散热难以回收,应加强保温达到节能。具体来说,要选择好热绝缘材料,确定合理的保温层厚度,使用中注意维护(不受潮、不损坏)。 此外在各种热设备(换热器、锅炉、凝汽器等)中,结垢是阻碍传热增加热损失的重要原因,应予加强水质处理和清除水垢,以强化传热、减少能源浪费
5	系统节能	按照能量品位的高低进行梯级利用,总体安排好功、热与物料内能等各种能量之间的配合关系和转换利用,从系统高度上总体综合利用好各类能源,并取得最有利的技术经济效果

与日常生活有关的节能措施

序号	方面	节能措施	说　　明
1	节约热能	按质使用热能	生活热能最好使用低品位热,不直接使用燃料对房屋取暖;用热水采暖替代蒸汽采暖;集中供热和供冷
		利用地下水和中水做空调的"室外"	空调制冷时室外机所处温度越低就越节能,空调制热时室外机所处环境温度越高就越节能。地下水和中水(相对于自来水和下水道而言的生活废水)是冬暖夏凉,因此是空调"室外机"理想的工作环境
		房屋保温	我国房屋保温的工艺水平很低,造成空调负荷太大。这方面的潜力很大
		城市垃圾的能源化利用	城市垃圾的潜能十分可观。污水处理产生的污泥也是重要的能源资源
2	节约电能	合理照明	合理选定照度,不过亮,不过暗,注意照明均匀
		选用高效光源	尽量用节能荧光灯;高亮度场合用金属卤化物灯、高压或低压钠灯
		推广节能开关	公共楼道使用声控开关;公共场所使用光控开关、定时开关等
		采用电子镇流器	提高效率,减小损耗
		空调温度设定合理	夏季制冷时温度设定过低和冬季制热时温度设定过高都会使电耗剧增
		冰箱内外通畅	冰箱内部要定期除霜,外部要有足够空间使空气流通
3	节约用油	充分有效利用公共交通	
		充分利用余热	柴油机推广废气涡轮增压以提高功率,改善热效率,降低污染物排放,降低排气噪声
		采用代用燃油	如汽油添加乙醇,改装使用天然气,燃用劣质油等
		采用电子控制技术	如电子控制燃油喷射发动机
		发展电动车辆	如燃料电池驱动的车辆
		合理搭载、中速行车	尽量满载行车,避免空载(包括小轿车一人出行);尽量不要低速或高速行车

材料的分类、性能和选择 [10] 材料的分类和性质

材料的分类和性质

材料的分类

序号	分类法	名称		说明和举例
1	按材料来源分	天然材料		如木材,竹,毛,棉,皮革,石材,桐油等
		加工材料		如人造板,纸,金属,水泥,陶瓷,玻璃等
		合成材料		如塑料,橡胶,合成纤维,人工粘结剂,油漆等
		复合材料		如玻璃钢等
2	按物质结构分	金属材料		黑色金属(钢铁)[注1]
				有色金属(钢铁以外的金属),如铝,铜,银等
		非金属材料	无机材料	如石材,陶瓷,玻璃,石膏等
			有机材料	如皮革,橡胶,塑料,木材等
		复合材料		两种或两种以上的金属与金属、金属与非金属、非金属与非金属的复合。如双金属片,各种纤维增强塑料(玻璃钢、碳纤维增强塑料等)
3	按形态分	线(管)材		如金属和塑料的丝、棒、管、藤条、木条、竹等
		板材		如金属、玻璃、木头、纸材和塑料的板材,皮革,织物等
		块材		木材,石材,泡沫塑料,混凝土,油土,石膏,金属和塑料铸件等
4	按用途分	结构材料		是指能承受外加载荷而保持其形状和结构稳定的材料,以利用材料的强度、硬度、塑性和韧性等力学性能为主[注2]
		功能材料		是指具有一种或几种特定功能的材料,以利用材料的电、磁、热、声等物理性能为主[注2]

注:1) 以汽车为例,目前按重量计算,钢铁占到75%~80%;有色金属占5%;塑料、橡胶等高分子材料和其他非金属材料占约10%~20%。复合材料的使用越来越多。复合材料由于性能上的特殊,是未来前景特别宽广的材料领域。
2) 有些材料既可以是结构材料,又可以是功能材料。

不同品种材料的性能

材料性能	钢	铝	铜	玻璃	陶瓷	木材	HDPE	PC	30%GF PA610
相对密度	7.8	2.8	8.4	2.6	2.10~2.94	0.28~0.9	0.95	1.21	1.45
线膨胀系数/10^{-5} K^{-1}	1.2	2.4	1.8	0.58	0.3~0.6	0.9~2.4	13.4	7.0	3.28
热导率/10^2 W·m^{-1}·K^{-1}	0.6	2.1	3.8	0.5	0.4	0.0011	0.0044	0.019	0.022
拉伸强度/MPa	550	470	390	6~8	—	—	29	65	256
冲击强度/J·m^{-1}	70	168	46	脆	脆	—	30	54	177
比强度	70	168	46	3	10~86	—	30	54	176

材料的特性之一——固有特性

序号	分类法	次级分类名	说明
1	物理性能	密度	材料单位体积内所含质量
		力学特性	如强度,弹性和塑性,脆性和韧性,硬度,耐磨性等
		热特性	如导热性,耐热性,热胀性,耐燃性,耐熔性等
		电学性能	如导电性,电绝缘性等
		磁学性能	如导磁性,抗磁性,磁屏蔽性等
		光学性能	反射率,折射率,透射率等
2	化学性能	耐腐蚀性	抵抗周围介质腐蚀的能力
		抗氧化性	常温和高温下抵抗氧化作用的能力
		耐气候性	各种气候(含紫外光、盐雾等)下保持原有物理化学性能的能力

材料的特性之二——派生特性

序号	分类法		次级分类名称及说明
1	工艺特性(材料适应各种工艺处理要求的能力)	成型和加工工艺特性	如铸造、锻造、冲压、焊接、挤压等,及各种切削加工
		表面被覆	各种镀
			各种涂
			珐琅被覆
		表面改性	化成(用氧或碱液在表面生成氧化或无机盐膜层)
			阳极氧化
			表面精加工
2	经济特性		材料涉及各种经济因素的特性,如材料价格,加工工艺成本等
3	综合特性		由多种因素确定的各种特性,如材料的寿命,耐环境性,可靠性,安全性等
4	感觉特性	触觉质感	通过人的触觉感知的材料表面特性,包含生理构成(由运动感觉和皮肤感觉复合而成的感觉)、心理构成(各种快适和厌憎感觉)和物理构成(材料表面的硬度、密度、温度、黏度、湿度等)
		视觉质感	通过视觉及经大脑综合处理后产生的对材料表面特征的感觉和印象,也有其生理构成和物理构成。但因其间接性而有相对的不真实性
		自然质感	材料本身固有的质感,是其成分、物化特性和表面肌理等物面组织所显示的特征
		人为质感	是人有目的地进行技术性和艺术性加工处理使其具有的非固有表面特征

```
          ┌ 机械功能材料(弹性材料、超塑性材料、耐磨材料等)
          │ 声学材料(音响材料、隔声材料等)
   一次功能材料 │ 热学材料(传热材料、保温材料、蓄热材料、热膨胀材料等)
   (载体材料) ┤ 电学材料(导电材料、半导体材料、超导材料、电阻材料、电热材料等)
          │ 磁性材料(软磁材料、永磁材料、磁记录材料等)
          │ 光学材料(激光材料、光纤材料、发光材料、红外材料、液晶材料等)
          │ 化学功能材料(活性材料、触酶、过滤材料、人造器官等)
          └ 原子能功能材料(核燃料材料、中子减速材料、中子吸收材料等)
功能材料
          ┌ 压电材料
          │ 热释电材料
   二次功能材料 │ 热电材料
   (功能转换材料)┤ 光电材料
          │ 电光材料
          │ 磁光材料
          └ 声光材料
```

注:1) 形状记忆合金是上表中没有专门列出的一种特殊功能材料。它们"记忆"住了自身原来的形状,不论将其如何变形,只要将其加热到特定温度,它就会恢复到它原来的形状。目前实用化的形状记忆合金有钛-镍合金、铜系合金、铁系合金等;聚合物中也有形状记忆材料,如聚乙烯和聚氯乙烯。主要用途有:结构件,如宇航天线(定型后可"揉成一团",上天后受阳光照射后会恢复定型形状)、管接头、记忆铆钉等;热能-机械能转换装置(利用逆转变时产生很大的应力和位移做功);医学器械,如矫正牙齿的拱形金属丝,防止血栓形成的血凝块过滤器,整形外科用材料(如脊椎矫正棒,人工股关节等)。
2) 关于超导材料:某些材料在接近绝对零度时其电阻会突然降到零,这种现象称为超导现象;发生超导现象的温度称为临界温度;具有超导现象的材料称为超导材料。超导材料主要有元素超导材料(有钛、钨等近50个元素)、合金超导材料(有Nb-Zr系、Nb-Ti系等)及化合物氧化物超导材料(有La-Sr-Cu-O、Yb-La-Cu-O、Bi-Sr-Ca-Cu-O等)等三类,其中第三类的临界温度较高。超导材料在节能方面前景最远大,主要是零电阻输电以及发电机、电动机和磁悬浮等方面的未来应用。此外,在高能物理、受控热核反应、船舶推进、储能、医疗等各领域,都有广泛的应用。

材料的分类和性质 [10] 材料的分类、性能和选择

主要低膨胀合金的成分与性能

合金牌号	主要化学成分	$\alpha_{20\sim100℃}$ (1/℃)
4J36	Fe-36%Ni	$\leqslant 1.8\times 10^{-6}$
4J32	Fe-32%Ni-4%Co-0.6%Cu	$\leqslant 1.0\times 10^{-6}$
4J40	Fe-33%Ni-7.5%Co	$\alpha_{20\sim300℃}\leqslant 2.0\times 10^{-6}$
4J38	Fe-36%Ni-0.2%Se	$\leqslant 1.5\times 10^{-6}$
4J9	Fe-54%Co-9%Cr	$\leqslant 1.0\times 10^{-6}$
4J35	Fe-35%Ni-5%Co-2.5%Ti	$\leqslant 3.6\times 10^{-6}$

注：1) 具有特殊膨胀系数的合金称为膨胀合金。按其膨胀系数，膨胀合金分为低膨胀合金、定膨胀合金和高膨胀合金三类，它们在仪器仪表和电真空器件中都有广泛的应用。

2) 低膨胀合金的膨胀系数较低，$\alpha_{20\sim100℃}\leqslant 1.8\times 10^{-6}$/℃。主要用来制作温度变化时尺寸近似恒定的元件，如标准的量尺、精密天平的臂、标准频率发生微波通讯的波导管等，还可用作热双金属的被动层。

储氢合金的应用

应用方面	具体作用
储氢和运输系统	固定储氢容器、氢输送容器、氢汽车燃料箱
热储藏输送系统	蓄热装置、废热回收系统
热能—机械能转换系统	如热泵、冷暖房系统、动力转换化学能、发电压气机
氢的分离精制技术	氢的分离、精制、回收
氢同位素分离技术	重氢、三重氢分离
电池	MH_2—氢可逆电池、MH_2/Ni电池
合成化学触媒	有机化合物的氢化反应

注：1) 由于氢气燃烧的产物只是水，不污染环境，因此氢气是洁净的燃料。氢气的资源丰富，是一种前景广阔的能源。氢气的利用需要安全、经济、有效的储氢方法。

2) 储氢合金是能把氢以金属氢化物的形式吸收储存起来，并在必要时能将储存的氢释放出来的功能合金。

3) 储氢原理：金属或合金在适当的温度和压力下会与氢作用而生成氢化物（同时放出热量）；当对氢化物在一定压力下加热，氢气就会释放出来。

4) 目前正在开发使用的储氢合金大致有镁系、稀土、钛铁系储氢合金。

5) 储氢合金同时也是一种能量转换材料，故其应用有广阔前景。

主要定膨胀合金的成分、膨胀性能和用途

合金牌号	主要化学成分	线膨胀系数 ($\delta\times 10^{-6}$/℃)		用途
		$\delta_{20\sim300℃}$	$\delta_{20\sim400℃}$	
4J42(Ni42)	Fe-42%Ni	4.4～5.6	5.4～6.6	与软玻璃或陶瓷封接
4J45(Ni45)	Fe-45%Ni	6.5～7.7	6.5～7.7	
4J50(Ni50)	Fe-50%Ni	8.8～10.0	8.8～10.0	
4J29(Ni29Co18)	Fe-29%Ni～17.5%Co		4.6～5.2	与硬玻璃封接
4J33(Ni33Co14)	Fe-33%Ni～14.5%Co		5.9～6.9	与陶瓷封接
4J34(Ni29Co20)	Fe-29%Ni～20%Co		6.2～7.2	
4J44(Ni35Co9)	Fe-34.5%Ni～9%Co	4.3～5.1	4.6	与硬玻璃封接
4J6(Ni42Cr6)	Fe-42%Ni～6%Cr	7.5～8.5	9.5～10.5	与软玻璃封接
4J47(Ni47Cr1)	Fe-47%Ni～1%Cr		8.0～8.6	
4J49(Ni47Cr5)	Fe-47%Ni～5%Cr		9.2～10.2	
4J28(Cr28)	Fe-28%Cr	$\alpha_{20\sim500℃}$：0.4～11.6		

注：定膨胀合金的膨胀系数 $\alpha_{20\sim400℃}\leqslant(4\sim11)\times 10^{-6}$/℃。它主要用于电真空技术中和玻璃、陶瓷等封接构成电真空元件，其主要特点是在一定温度范围内具有与玻璃或陶瓷接近的膨胀系数，以得到良好的封接效果。此外，还要求塑性好，在工作范围内无相变，良好的导电性、导热性、良好的加工性能（冷加工和焊接性能）等。根据封接材料的不同，要求具有不同膨胀系数，故定膨胀材料有许多种类。

热双金属主要系列

组合层合金		比弯曲 K (20～150℃) ($\times 10^{-6}$)	电阻率 ρ (20℃±5℃) ($\times 10^{-6}\Omega\cdot m$)	线性温度范围 (℃)	允许使用温度范围 (℃)	许用应力 (MPa)
主动层	被动层					
Mn75Ni15Cu10	Ni36	18.0～22.0	1.08～1.18	−20～+200	−70～+250	150
Mn75Ni5Cu10	Ni45Cr6	14.0～16.5	1.19～1.30	−20～+200	−70～+250	150
Ni20Mn6	Ni36	13.8～16.0	0.82～1.77	−20～+180	−70～+450	200
Cu62Zn38	Ni36	13.4～15.2	0.14～0.19	−20～+180	−70～+250	100
3Ni24Cr2	Ni36	13.0～15.2	0.77～0.84	−20～+180	−70～+450	200
Ni20Mn6	Ni34	13.0～15.2	0.76～0.84	−50～+180	−80～+450	200
Cu90Zn10	Ni36	12.0～15.0	0.09～0.14	−20～+180	−70～+180	100
Ni9Cr11	Ni42	9.5～11.7	0.67～0.73	0～+300	−70～+450	200
Ni	Ni36	8.5～11.0	0.14～0.19	−20～+180	−70～+430	100
3Ni24Cr2	Ni50	6.6～8.4	0.54～0.59	0～+400	−70～+450	200
3Ni24Cr2	Ni，中间层用Cu	12.0～15.0	0.14～0.18	−20～+250	−70～+250	150

注：1) 热双金属是由两层（或三层）膨胀系数不同的合金片沿整个接触面牢固结合而成的复合材料。其中，膨胀系数大的一层称为主动层，膨胀系数小的一层称被动层。有时为了获得特殊性能还可以在中间加层或表面覆层。加热时由于膨胀系数不同，主动层伸长得多，于是双金属片向被动层弯曲，从而把热能转化为机械能。双金属片可用作各种测温和控制仪表的传感元件。

2) 两组元层的膨胀系数差别越大，热双金属的敏感性越高。表征热敏感性的基本参数为弯曲 K (1/℃)，即温度变化1℃时单位厚度的热双金属的曲率变化。

3) 主动层金属不仅膨胀系数要高，还要求具有较高的熔点，良好的焊接性能以及与被动层相近的弹性模量。

减振合金的应用

分类	机器及部件名称	应用目的	使用合金
音响	唱机拾音器支臂	提高音质	Fe-Cr-Al合金
	唱机拾音器支臂（管状）	提高音质	表面处理不锈钢
	唱机的转盘	提高音质	表面处理不锈钢
	立体声放大器机箱	提高音响效果	Zn-Al合金
	扬声器构架	提高音响效果	Zn-Al合金
	立体声音响装置	提高音响效果	多孔质铸铁
	演奏音乐会场等的隔板	提高音响效果	多孔质铸铁
精密机械	X射线诊断装置的X射线管座	提高分辨率	Fe-Cr-Al合金
	精密仪器用齿轮	提高测量精度	Fe-Cr-Al合金
	摄像机自动卷取机	防止噪声	Fe-Cr-Al合金
	音叉时钟的支柱	防止噪声	Mn-Cu合金

注：1) 振动和噪声已成为三大公害之一，如何解决振动和噪声成为世界性问题之一。所谓减振合金，就是具有结构材料应有的强度并能通过阻尼过程（也称内耗）把振动能较快地转换成热能消耗掉的合金。

2) 目前，减振合金有：复相型减振合金，一般是在强度较高的基体上分布软的第二相，依靠两相界面上产生的塑性变形而消耗振动，如Zn-Al合金、灰口铸铁等；铁磁性型减振合金，在机械振动时存在附加磁损耗，故弹性振动能的衰减较快，且使用温度高，工艺性能好，如Fe-Cr-Al系合金、Co-22Ni-2Ti-0.2Al等铁磁性合金；位错型减振合金，依靠塑性变形后金属中很大的位错密度、互相联合成的位错网络在振动时消耗能量，如Mg、Zn、Mg-Ni、Mg-Zr等；孪晶型减振合金，在振动时孪晶晶界产生移动，消耗振动，如形状记忆合金Ti-Ni和Mn-Cu系合金；晶间腐蚀法表面处理减振不锈钢，在受到振动时由于晶间摩擦和碰撞而消耗振动能，如常用的18-8型不锈钢系。此外，任何钢板与具有优异减振性能的高分子材料复合而成复合板，也是减振性能优良的减振材料。

材料的分类、性能和选择 [10] 材料的分类和性质

减振合金的应用

续表

分类	机器及部件名称	应用目的	使用合金
设备	导弹内部精密仪器外壳	防止振动损伤	Mg-Zr 合金
	组装生产线链板运输机座	防止噪声	Fe-Cr-Al 合金
	大型鼓风机的构架和叶片	防止噪声	Fe-Cr-Al 合金
	涡轮叶片	提高疲劳强度	Co-Ni-Ti-Al 合金
建筑	铁路线修路用碎石平整机的捣锤	防止噪声	Fe-Cr-Al 合金
汽车船舶	化油器	防止噪声	Zn-Al 合金
	发动机油盘	防止噪声	Fe-Cr-Al 合金
	凸轮轴齿轮	防止噪声	Mn-Cu 合金
	潜水艇螺旋桨	降低噪声	Mn-Cr-Al 合金
其他	餐具	防止噪声	Fe-Cr-Al 合金
	邮件袋区分牌	防止噪声	Fe-Cr-Al 合金

确定材料力学性能的试验方法

序号	试验方法	性能指标	说明	
1	拉伸试验[注1]	弹性模量 E	材料在弹性变形阶段应力与应变成正比关系的比值	圆柱形或板状光滑试样装夹在拉力试验机上,沿试样轴向以一定速度施加载荷,使其发生拉伸变形直至断裂。通过力与位移传感器可获得载荷 P 与试样伸长量 l 间的关系曲线。此曲线可换算成应力 $\sigma(=P/F_0;F_0$ 为试样原始截面积)为纵坐标、应变 $\varepsilon(=l/l_0;l_0$ 为试样标距)为横坐标的应力-应变曲线
		弹性极限 σ_e 或规定弹性极限 $\sigma_{0.01}$	弹性变形阶段终了时的应力。有时确定困难,故国家标准规定把产生 0.01% 残余伸长所需的应力作为规定弹性极限,记为 $\sigma_{0.01}$	
		屈服强度 σ_s 或条件屈服强度 $\sigma_{0.2}$	是指材料在载荷作用下抵抗变形和断裂的能力。拉伸过程中出现载荷不增加而试样继续伸长的现象称为屈服,对应的应力称为屈服强度 σ_s。但多数材料无明显的屈服现象,故规定产生 0.2% 残余伸长所对应的应力为条件屈服强度 $\sigma_{0.2}$	
		抗拉强度或强度极限 σ_b	试样所能承受的最大载荷除以试样原始截面积所得的应力	
		伸长率 δ	$\delta=[(L_0-L_1)/L_0]\times 100\%$;式中:$L_0$—试样原始标距长度;$L_1$—试样断裂后标距的长度	
		断面收缩率 ψ	$\psi=[(F_0-F_k)/F_0]\times 100\%$;$F_0$—试样原始截面积;$F_k$—试样断裂处截面积	
2	硬度试验[注2]	布氏硬度 HB	在力 P 的作用下把直径为 D 的钢球压入被测材料,布氏硬度 HB 值即是载荷 P 除以压痕(球冠)面积。此法只适合于测量 HB<450 的材料	
		洛氏硬度 HRA、HRB 和 HRC	用锥形压头压入深度为硬度值。因所用压头和载荷不同又分为:HRC、HRB 和 HRA 三种。洛氏硬度不宜测定硬而脆的薄层,硬薄层工件常用维氏硬度衡量	
		维氏硬度 HV	压头是 136° 金刚石四棱锥体,测量出压痕对角线,用此值查表得硬度值,用 HV 表示。另外,还有一种叫做显微硬度,用来测量组织中某一相的硬度;压头和表示符号同上,但所用载荷更小,仅几克至几十克	
3	冲击试验[注3]	冲击韧性 α_k	摆锤冲断试样所失去的能量,即冲击功 A_k,除以试样缺口处截面积 F。单位为 J/cm^2	
4	疲劳试验[注4]	疲劳极限 σ_r	材料经受无限多次循环而不断裂的最大应力。通常用旋转弯曲试验法测定在对称应力循环条件下材料的疲劳极限(σ_{-1})。试验时用多组试样,在不同的交变应力(σ)下测定试样发生断裂的周次(N),绘制 σ-N 曲线。对钢铁材料和有机玻璃等,当应力降至某值后,σ-N 曲线趋于水平直线,此直线对应的应力即为疲劳极限。大多数有色金属及其合金和许多聚合物,其疲劳曲线上没有水平直线部分,工程上常规定 $N=10^8$ 次时对应的应力作为条件疲劳极限	
5	蠕变试验[注5]	蠕变极限 $\sigma_{T\delta/t}$	在给定温度 T(℃)下和规定的试验时间 t(h)内,使试样产生一定蠕变伸长量的应力	
		持久强度 σ_{Tt}	表征材料在高温载荷长期作用下抵抗断裂的能力。在给定温度 T(℃)经规定时间 t(h)发生断裂的应力	

材料的力学性能

一、材料的力学性能是指材料在外加载荷和环境因素(温度、介质)联合作用下所表现的抵抗变形和断裂的能力。

二、材料的力学行为特征及其性能指标通常是在试验室内通过模拟生产条件的试验方法来确定的。这些性能指标是材料设计、材料选用、工艺评定以及材料检验的重要依据。

注:1) 通过拉伸试验可以揭示材料在静载荷作用下的力学行为,即弹性变形(材料在外力作用下产生变形,若外力去除后变形完全消失,材料恢复原状,则这种可逆的变形就叫弹性变形)、塑性变形、断裂三个基本过程,还可以确定材料的最基本的力学性能指标。
2) 硬度试验是测试材料抵抗局部变形能力(即硬度)的方法。通常采用静载压入法试验。这种试验方法不需要专门制作试样,而且不破坏零件。
3) 冲击试验是用来测定材料抵抗冲击的能力(即冲击韧性)的方法。冲击试验一般在一次摆锤冲击试验机上进行。试样放在试验机的支座上,将具有一定质量的摆锤举至一定高度,再将其释放,冲断试样。
4) 疲劳试验是评定材料疲劳抗力的试验方法。许多零件都是在交变载荷下工作的,通常其承受的应力都低于材料的屈服极限,但在交变载荷作用下经过较长时间后发生断裂,称为疲劳。
5) 蠕变是指材料在较高的恒定温度下,外加应力低于屈服极限时就会随着时间的延长逐渐发生缓慢的塑性变形直至断裂的现象。不同材料发生蠕变现象的温度不同:金属材料和陶瓷在较高温度(0.3~0.5)T_m(T_m 是材料的熔点,以绝对温度表示)时会发生蠕变,而聚合物在室温下就可能发生蠕变。材料的蠕变过程有三个阶段:第一阶段减速蠕变阶段,第二阶段恒速蠕变阶段和第三阶段加速蠕变阶段,直至产生蠕变断裂。
6) 弹性模量、弹性极限、屈服强度、抗拉强度、伸长率、断面收缩率和硬度是评定材料在常温和静载荷作用下的力学性能指标。在冲击载荷下的力学性能指标有冲击韧性。在交变载荷作用下的力学性能指标有疲劳极限。在高温和载荷作用下的力学性能指标有蠕变极限和持久强度。硬度试验不仅提供了耐磨性的度量,而且还可能与强度指标相联系。这些性能指标是材料设计、材料选用、工艺评定以及材料检验的重要依据。

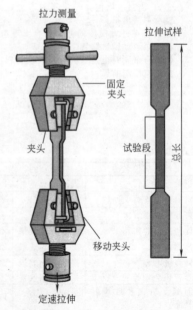

拉伸试验机与拉伸试验试样

试样两端加粗是为了便于夹持,中间较细的等粗部分是试验段(原始长度 L_0 有标记)。

材料的分类和性质 [10] 材料的分类、性能和选择

Oe 段是弹性变形阶段，应变与应力成正比，直线的斜率就是该材料的弹性模量 E。经过极短的微弯后，曲线进入几乎水平段，表示负荷或应力不增加试样继续发生塑性变形，称为"屈服"。开始产生屈服现象的点 s 的应力称为屈服应力 σ_s。负荷和应力继续增加时，变形和应变继续增加。到 b 点时试样上出现局部"颈缩"，抵抗拉伸负荷的能力和应力开始下降，至 k 点发生断裂。b 点的应力称为抗拉强度或强度极限 σ_b。

低碳钢的拉伸试验曲线

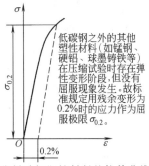

非低碳钢塑性材料的拉伸曲线

低碳钢之外的其他塑性材料（如锰钢、硬铝、球墨铸铁等）在压缩试验时存在弹性变形阶段，但没有屈服现象发生。故标准规定用残余变形为 0.2% 时的应力作为屈服极限 $\sigma_{0.2}$。

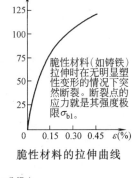

脆性材料的拉伸曲线

脆性材料（如铸铁）拉伸时在无明显塑性变形的情况下突然断裂。断裂点的应力就是其强度极限 σ_{b1}。

拉伸试验过程

序号	阶段		说明
1	弹性段	直线段 Oe	应力与应变成正比，即 Oe 段遵循虎克定律；直线的斜率就是该材料的弹性模量 E，即直线段 Oe 与横坐标轴夹角的正弦。点 e 的应力 σ_e 称为比例极限。对于低碳钢 Q235 而言，$\sigma_e \approx 200$MPa
		微弯曲段	微弯曲段很短，终点的应力称为弹性极限。应力超过弹性极限，卸载后就会有残余（塑性）变形
2	屈服（流动）段		应力超过弹性极限后不久（s 点），应力不再上升而在水平状态呈微小的上下波动。这种应力未增加而应变增大的水平段表示，材料处于自动伸长的屈服（流动）阶段。此时的应力值称为屈服极限或流动极限 σ_s。对于低碳钢 Q235，$\sigma_s \approx 235$MPa
3	强化段		曲线在水平段后，随着应力的上升应变又继续增加，直到曲线达到最高点 b。点 b 对应的应力称为强度极限 σ_b。对低碳钢 Q235，$\sigma_b \approx 400$MPa
4	颈缩段		点 b 以后，由于拉伸试样局部出现变细的"颈缩"现象，截面积缩小，使应力无法继续增加，曲线开始下降直至点 k 时颈缩处试样断裂

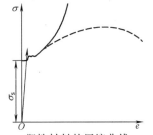

塑性材料的压缩曲线

这是塑性材料进行压缩时的应力-应变曲线。虚线是该材料的拉伸试验曲线。压缩时存在屈服现象。但由于塑性材料在压缩时断面积会越来越大，因此没有"断裂"的终点，故曲线理论上可以无限向上延伸。

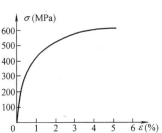

脆性材料的压缩曲线

一般脆性材料压缩时的强度极限 σ_{by} 要比拉伸时的 σ_{b1} 高 3 至 4 倍，因此脆性材料要得到充分利用，必须使其承受压力而不是拉力。

常见金属在室温下的弹性模量

金属	正应变弹性模量 E, ×100MPa			切应变弹性模量 E, ×100MPa		
	单晶体		多晶体	单晶体		多晶体
	最大值	最小值		最大值	最小值	
铝	761	637	700	284	245	261
铜	1911	667	1298	754	306	483
金	1167	429	780	420	188	270
银	1151	430	827	4370	193	303
铅	386	14	180	144	49	62
铁	2727	1250	2114	1158	599	816
钨	3846	3845	4110	1514	1504	1606
镁	506	429	447	182	167	173
锌	1235	349	1007	487	273	394
钛			1157			438
镍			1995			760

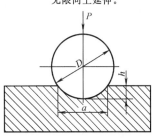

布氏硬度试验示意图

布氏硬度试验以一定直径的钢球（或硬质合金球）为压头，以规定压力压入试样表面；以压痕凹球形的表面积上所承受的平均负荷值为布氏硬度值 HBS（或 HBW）。

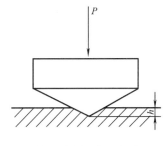

洛氏硬度试验示意图

洛氏硬度以压头压入的压痕深度作为测量硬度值的依据。

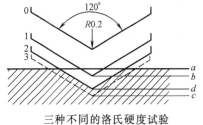

三种不同的洛氏硬度试验

三种不同的洛氏硬度分别标注为 HRA、HRB 和 HRC；三者压头不同，用途也不同（见表）。

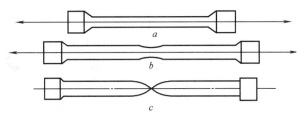

低碳钢拉伸试样拉伸过程示意图

a 拉伸过程中的试样；b 开始出现"颈缩"现象；c 拉伸试验断裂时瞬间

洛氏硬度的种类及应用

序号	压头	载荷	适用范围
HRC	120°金刚石锥体	150kg	淬火钢等
HRB	淬火钢球 ϕ1.59mm	100kg	退火钢及有色金属
HRA	120°金刚石锥体	60kg	薄板或硬脆材料

材料的分类、性能和选择 [10] 材料的分类和性质

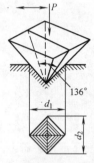

常用碳化物和氧化物的维氏硬度与熔点

名称	硬度(HV)	熔点(℃)	名称	硬度(HV)	熔点(℃)
TiC	2900～3200	3180～3250	B_4C	2400～3700	2350～2470
ZrC	2600	3175～3540	SiC	2200～2700	3000～3500
VC	2800	2810～2865	TiO_2	1000	1855～1885
TaC	1800	3740～3880	ZrO_2	1300～1500	2900
NbC	2400	3500～3800	Al_2O_3	2300～2700	2050
WC	2400	2627～2900	Cr_2O_3	2915	2309～2359
Cr-C	1663～1800	1518～1895	Ta_2O_5	890～1290	1755～1815
Mo-C	1499～1500	2680～2700	HfO_2	940～1100	2780～2790

维氏硬度以136°的金刚石四棱锥为压头，压入后以压痕的对角线长度查表求得维氏硬度值HV。

维氏硬度试验示意图

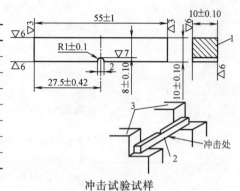

冲击试验试样

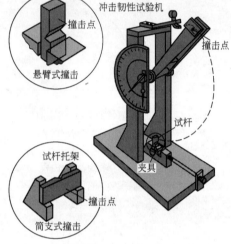

冲击韧性试验机

冲击韧性试验一般用摆锤冲击试验机进行。试样有两种安装方式：悬臂式和简支式，我国以简支式应用为多。

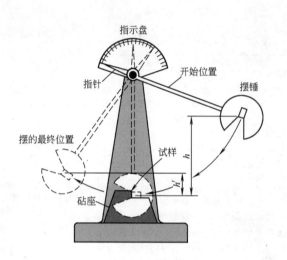

摆锤冲击试验与试样

根据摆锤冲击前后得高度差可以确定冲击功A_k，若试样断面积为F，则冲击韧性为：$α_k=A_k/F$。

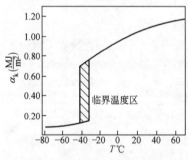

冲击试验与临界（转折）温度区

温度对冲击韧性的影响很大：同一材料在不同温度时的冲击韧性测量结果可能相差很大：在某温度（区）之上，任何材料都具有很好的韧性；而在此温度以下，任何材料都可能变成脆性材料。也就是说，许多材料本无所谓塑性或脆性，A_k其实都是其在不同温度时的不同表现，常温下的塑性材料在低温下可以表现为脆性，而常温下的脆性材料在高温下也可能表现为塑性。

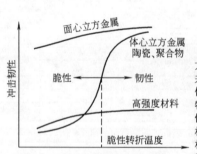

各种材料的冲击韧性转折温度

试验表明：通常面心立方金属有较高的冲击韧性，并且对温度不敏感。而具有体心立方晶格的金属、聚合物和陶瓷材料都有明显的脆性转变温度，在该温度以下材料呈现脆性。许多高强度材料的冲击韧性较差，对温度也不敏感。

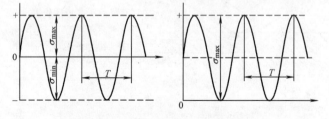

在进行材料疲劳试验时加载的交变载荷

左图为对称交变载荷，此时应力的平均值为零，最大应力数值上等于最小应力，即应力是对称的；右图为脉动交变应力，此时最小应力为零，最大应力是平均应力的两倍。

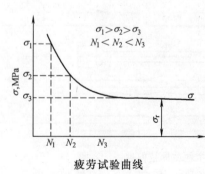

疲劳试验曲线

疲劳极限表示材料经受无限多次循环而不断裂的最大应力$σ_r$，通常是用旋转弯曲试验方法测定在对称应力循环条件下材料的疲劳极限($σ_{-1}$)。试验时用多组试样，在不同的交变应力($σ$)下测定试样至发生断裂的应力循环周次(N)，绘制$σ$-N曲线。当$σ$-N曲线趋于水平直线时此直线所对应的应力即为疲劳极限$σ_r$。

材料的分类和性质 [10] 材料的分类、性能和选择

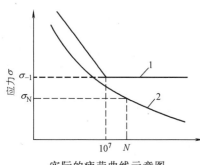

实际的疲劳曲线示意图

1—对钢铁材料和有机玻璃等，疲劳曲线（σ-N 曲线）会趋于水平直线，此直线对应的应力即为疲劳极限 σ_{-1}。2—大多数有色金属及其合金和许多聚合物，其疲劳曲线上没有水平直线部分，故规定 $N=10^8$ 次（一亿次）时对应的应力作为条件疲劳极限 σ_N。

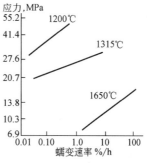

应力、温度与蠕变速率的关系

这是表示某材料蠕变试验结果的常用四种方法之一。它显示了：在同一种温度下，应力越大则蠕变速率越大；在同一种应力下，温度越高则蠕变速率越大。

常用工程材料的电导率

材料	电导率，1/Ωm
银（工业纯）	6.30×10^7
铜（高电导率）	5.85×10^7
铝（工业纯）	3.50×10^7
工业纯铁（工业纯）	1.07×10^7
不锈钢（301）	0.14×10^7
石墨	1×10^5
民用玻璃	2×10^{-5}
有机玻璃	$10^{-12} \sim 10^{-14}$
光学玻璃	$10^{-10} \sim 10^{-15}$
云母	$10^{-10} \sim 10^{-15}$
聚乙烯	$10^{-15} \sim 10^{-17}$

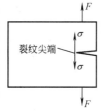 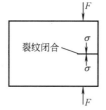

循环交变拉-压应力引起疲劳破坏的模型

此图说明了疲劳裂纹产生的过程和原因：在交变应力作用下零件某处的某一缺陷（如表面划痕、夹渣、显微裂纹等）开始产生微裂纹。在循环应力的某个阶段中，由于裂纹尖端处的应力集中可能引起裂纹扩展。在左图中的循环应力拉力阶段，此时裂纹张开，裂纹沿尖端处产生很大的拉应力可能使裂纹扩张。而如右图所示的压力阶段，裂纹被压合，此时裂纹显然不能扩张。随着循环周次的增加，裂纹不断扩张，使零件承受载荷的有效面积不断减少，最终就会导致零件突然断裂。

提高疲劳强度的工艺措施

序号	措施	具体手段与说明
1	改善零件结构形状，避免应力集中引起疲劳裂纹	设计时零件上尽量避免尖角、缺口、截面突变，多用圆角过渡等
2	尽可能减少可能成为疲劳源的表面损伤和缺陷	降低零件表面粗糙度，提高表面加工质量，避免零件表面的刀痕、擦伤、生锈等损伤及氧化、脱碳、裂纹夹杂物等缺陷
3	采用各种表面强化处理	如喷丸和滚压，可在零件表面产生残余应力，以抵消或降低疲劳裂纹扩展的拉应力
4	通过提高抗拉强度来提高金属的疲劳强度	金属的疲劳强度与抗拉强度存在一定比例关系，故可通过热处理适当提高抗拉强度

某些介电材料的性能

序号	介电常数 60Hz	介电常数 10^6 Hz	介电常数 10^8 Hz	电阻率 (Ω·m)	介电强度 (V/m)×10^6
聚甲醛	7.5	4.7	4.3	10^{10}	12
聚乙烯	2.3	2.3	2.3	$10^{13} \sim 10^{16}$	20
泰氟隆	2.1	2.1	2.1		
聚苯乙烯	2.5	2.5	2.5	10^{16}	20
聚氯乙烯（无定形）	7	3.4		10^{14}	40
聚氯乙烯（玻璃态）	3.4	3.4			
6.6-尼龙		3.3	3.2		
橡胶	4	3.2	3.1		20
环氧		3.6	3.3		
石蜡		2.3	2.3	$10^{13} \sim 10^{17}$	10
熔融氧化硅	3.8	3.8	3.8	$10^9 \sim 10^{10}$	10
熔融石英		3.9			
钙钠玻璃	7	7		10^{13}	10
耐热玻璃	4.3	4		10^{14}	14
氧化铝	9	6.5		$10^9 \sim 10^{12}$	6
钛酸钡	3000			$10^6 \sim 10^{13}$	12
TiO$_2$		14~110		$10^{11} \sim 10^{16}$	8
云母		7		10^{11}	40
水		78.3		10^{12}	
气体		1.0006~1.02		10^{11}	
真空		1			

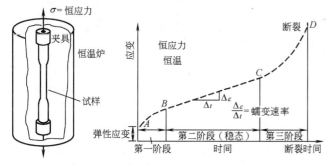

蠕变曲线

蠕变是指在较高的恒定温度下，外加应力低于屈服极限时，材料会随着时间的延长逐渐发生缓慢的塑性变形直至断裂的现象。金属材料、陶瓷在较高温度（$0.3 \sim 0.5$）T_m（T_m 是材料的熔点，以绝对温度表示）时就会发生蠕变，聚合物在室温下就可能发生蠕变。材料的蠕变过程可用蠕变曲线来描述。图中所示为典型的蠕变曲线。图中 AB 段为第一阶段，称减速蠕变阶段，此阶段开始蠕变速率增大，随着时间的延长，蠕变速率逐渐减小。BC 段为第二阶段，称为恒速蠕变阶段，这一阶段蠕变速率几乎保持不变。通常蠕变速率就是以这一阶段的变形速率来表示的。CD 段是第三阶段，称为加速蠕变阶段，至 D 点产生蠕变断裂。

常用软磁材料的性能

材料	H_C(10^2A/m)	B_r(10^{-4}特斯拉)
纯铁	0.008~0.03	21600
铁钴	1.6	24500
铁铝	0.014	6930
铁镍	0.08	10000

注：软磁材料的特点是磁导率高，矫顽力小，磁滞损耗低，即它的磁滞回线呈细长条状。主要有软磁铁氧体和金属软磁材料两类。软磁铁氧体是应用最广、用量最大、经济价值最高的铁氧体材料，主要有镍锌铁氧体、锰锌铁氧体等。其突出优点是电阻率很高，故涡流损耗极小，适合制作高频变压器的铁芯；其主要缺点是饱和磁感应强度 Bs 较低，在用作转换或贮存能量的磁芯时是不利的。金属软磁材料的电阻率较低，限制了它在较高频段内

常用硬磁材料的性能

材料	H_C(10^2A/m)	B_r(10^{-4}特斯拉)
碳钢	40	9500
铝合金	0.014	6930
铁镍	0.08	10000
铁钴微粉	780	10800

注：硬磁材料即永磁材料，具有高的剩余磁感强度、高的矫顽力，这导致有很大的磁滞损耗，即它的磁滞回线的闭环面积较大。

的应用。其优点是饱和磁感应强度 Bs 和磁导率都较高，如常用的硅钢的磁滞回线和能量损耗都比较小。近年来非晶态金属软磁材料已进入实用化阶段，它具有工艺简单、成本低、电阻率和导磁率高、涡流损耗小等优点。铁镍合金也具有类似的性能。

材料的分类、性能和选择 [10] 材料的分类和性质

产品造型设计中的材料质感设计

一、质感设计是产品造型设计过程中涉及到材料的一项重要工作,是对工业产品造型设计的技术性和艺术性的先期规划,是合乎设计规范的"认材—选材—配材—理材—用材"的有机过程。

二、质感设计必须遵循形式美法则。形式美是一种从美的形式发展而来的、具有独立审美价值的美。广义讲,形式美是生活和自然中各种形式因素(几何要素、色彩、材质、光泽、形态等)的有规律组合。质感设计的形式美法则实质上是各种材质有机规律组合的基本法则。在产品造型设计中,要善于发现和发挥功能、材料、结构、工艺等自身合理的美学因素,创造性地运用该法则去发挥和组织起各种美感因素,达到形、色、质的完美统一。

三、质感设计的形式美法则主要包含调和对比法则(包括:使整体中各个部位的物面质感统一和谐的调和法则,及使整体中各个部位的物面质感有对比变化、形成材质、工艺的对比的对比法则两部分)以及主从法则(强调在产品质感设计上要有重点,即产品用材在并置组合时要突出中心,主从分明,主从相互衬托,融为一体,使得造型设计具有完整统一性,以加强产品的质感表现力)。

材料的美感

一、材料的美感是人们通过视觉、触觉、听觉在接触材料时所产生的一种赏心悦目的心理状态,是人对美的认识、欣赏和评价。

二、材料美是产品造型美的广义、多元内涵的一个重要组成部分。产品的造型美包括产品的功能美、结构美、色彩美、形态美、材料美、工艺美等等内容,因此与材料的材质密不可分。

三、材料的美感与材料本身的组成、性质、表面结构及使用状态有关。材质的美感主要通过材料本身的表面特征(即色彩、光泽、肌理、质地、形态等特点)表现出来。

材料的美感

序号	分类名称	次级分类名	说 明
1	材料的色彩美	固有色彩	材料是色彩的载体,色彩有烘托材料质感的作用,是产品设计中的重要因素。材料色彩只有运用色彩规律进行组合和协调,使其产生明度对比、色相对比以及面积效应、冷暖效应等现象,突出和丰富材料的色彩表现力。在具体色彩运用上可以有相似色材料的组合(指明度差异不大、色相基本上属同类的微差、无较大冷暖反差的材料的组合;这种组合配置易于统一色调,会给产品带来和谐、统一、亲切、纯静、柔和的效果)和对比色材料的组合(材料色彩的对比主要是指色相上的差异、明度上的对比、冷暖色调上的对比;这种组合能给产品带来强烈、活泼、充满生机的感觉,突出产品的视觉刺激度)
		人为色彩	
2	材料的肌理美	自然肌理(材料自身固有)	肌理是天然材料自身的组织结构或人工材料的人为组织设计而形成的、在视觉或触觉上可以感受到的一种表面效果。各种材料都有其自身特定的肌理形态,不同的肌理具有不同的审美品格和个性,会对心理反应产生不同的影响。有的肌理粗犷、坚实、厚重、刚劲,有的细腻、轻盈、柔和、通透。即使同一类型的材料,不同品种也有微妙的肌理变化。合理选用材料肌理的组合形态是获得产品整体协调的重要途径。可以通过同一肌理或相似肌理,或对比肌理的材料组合来达到不同的肌理组合效果
		再造肌理(通过表面装饰工艺形成的)	
		视觉肌理	
		触觉肌理(用手触摸才能感觉到的、有凸凹起伏感的)	
3	材料的光泽美	透光材料(透明或半透明状)	光是造就各种材料美的先决条件。光的角度、强弱、颜色都是各种材料美的因素;光不仅使材料呈现出各种颜色,还呈现出不同的光泽度。光泽是材料表面反射光的空间分布,主要由人的视觉来感受。材料的光泽美感主要通过视觉感受而获得心理、生理方面的反应
		反射材料	定向反射材料	
			漫反射材料	
4	材料的质地美	天然质地	材料的质地美是材料本身固有特征所引起的一种赏心悦目的心理综合感受,具有较强的感情色彩。材料的质地主要由材料自身的组成、结构、物理化学特性来体现,主要表现为材料的软硬、轻重、冷暖、干湿、粗细等。在设计中,产品材料质地特性及美感是在材料的选择和配置中实现。一般用相似质地的材料配置,或者对比质地的材料配置两种手法
		人工质地	
5	材料的形态美		形态作为材料的存在形式,是造型的基本要素。设计材料的形态通常有线材、片材和块材。不同的材料形态蕴涵不同的信息和情感,也经常用这几种形态的综合来进行造型

触觉质感和视觉感的特征

	感知	生理性	性 质	质感印象
触觉质感	人的表面+物的表面	手、皮肤—触觉	直接、体验、直觉、近测、真实、单纯、肯定	软硬、冷暖、粗细、钝刺、滑涩、干湿
视觉质感	人的内部+物的表面	眼—视觉	间接、经验、知觉、遥测、不真实、综合、估量	脏洁、雅俗、枯润、疏密、死活、贵贱

材料质感特性的描述用语

1. 自然-人造	6. 时髦-保守	11. 浪漫-拘谨	16. 轻巧-笨重
2. 高雅-低俗	7. 干净-肮脏	12. 协调-冲突	17. 精致-粗略
3. 明亮-阴暗	8. 整齐-杂乱	13. 亲切-冷漠	18. 活泼-呆板
4. 柔软-坚硬	9. 鲜艳-平淡	14. 自由-束缚	19. 科技-手工
5. 光滑-粗糙	10. 感性-理性	15. 古典-现代	20. 温暖-凉爽

材料的分类和性质・材料力学基础 [10] 材料的分类、性能和选择

材料感觉特性的差异

感觉特性	材料感觉特性的差异	感觉特性	材料感觉特性的差异
1. 自然-人造	木陶皮塑玻橡金	11. 浪漫-拘谨	皮陶玻木塑橡金
2. 高雅-低俗	陶玻木金皮塑橡	12. 协调-冲突	木玻陶皮木橡金
3. 明亮-阴暗	玻金陶塑木皮橡	13. 亲切-冷漠	木皮陶玻塑橡金
4. 柔软-坚硬	皮木橡塑陶玻金	14. 自由-束缚	木玻陶皮塑金橡
5. 光滑-粗糙	玻金陶塑橡皮木	15. 古典-现代	木皮陶橡塑玻金
6. 时髦-保守	玻金塑陶橡皮木	16. 轻巧-笨重	玻木塑陶皮橡金
7. 干净-肮脏	玻璃金陶塑木皮橡	17. 精致-粗略	玻陶金塑木皮橡
8. 整齐-杂乱	玻金陶塑木皮橡	18. 活泼-呆板	玻陶皮木塑金橡
9. 鲜艳-平淡	陶玻皮金塑木橡	19. 科技-手工	金玻塑橡皮木
10. 感性-理性	皮木陶玻塑橡金	20. 温暖-凉爽	皮木橡塑玻陶金

各种材料的感觉特性

材料	感 觉 特 性
木材	自然、协调、亲切、古典、手工、温暖、粗糙、感性
金属	人造、坚硬、光滑、理性、拘谨、现代、科技、冷漠、凉爽、笨重
玻璃	高雅、明亮、光滑、时髦、干净、整齐、协调、自由、精致、活泼
塑料	人造、轻巧、细腻、艳丽、优雅、理性
皮革	柔软、感性、浪漫、手工、温暖
陶瓷	高雅、明亮、时髦、整齐、精致、凉爽
橡胶	人造、低俗、阴暗、束缚、笨重、呆板

材料力学基础

零件的受力与应力

序号	名称	说 明
1	内力	该物体内的一部分对另一部分施加的力
2	外力	该物体以外的其他物体对此物体施加的力

注：内与外是相对的。当划定了一个分析研究范围或称为体系后，此范围或体系内就是物体的内部；此范围或体系外就是物体的外部。因此，内力与外力都是相对而言的：一个力对一个特定的范围或体系来讲是外力；但对另一个更大的范围或体系而言，这个力就有可能成为内力。一切都随范围或体系的设定而变化。

构件的分类

序号	名称	次级分类名及说明	
1	杆类	某一方向上具有较大的尺寸	直杆	杆类构件在工程和日常生活中都有广泛的应用。它不仅可单独使用，还可组合成各类复杂的塔架、桁架
			曲杆	杆类构件的强度和刚度在力学分析中是最基本的
2	板壳类	板类	平板	为减轻结构重量、实现轻量化，用各种材料的薄板制作的大尺度板壳结构（以最大外形尺寸与薄板厚度之比来衡量）的应用实例已不胜枚举。如建筑上的各类大板壳结构屋顶，工业和日常用品中各种金属板和塑料制作的薄壁外壳
		壳类	曲面	
3	块状	长、宽、高尺寸大致相当，处在同一数量级		

杆类构件变形的基本形式

序号	名称	说 明
1	拉或压	载荷与杆类构件的轴线重合，使杆件受拉或压
2	剪切	载荷与杆类构件的轴线垂直，使杆件在垂直于轴线的横截平面内发生错位或位移的倾向
3	扭转	载荷是以杆类构件轴线为轴的扭矩，使杆件的横截平面绕轴线发生错位或位移的倾向
4	弯曲	载荷与杆类构件的轴线垂直，使杆件轴线发生弯曲
5	表面挤压	载荷在构件表面的一个区域内给予的均衡或不均衡地垂直于表面的挤压压力

构件的主要失效方式

序号	名称	说 明
1	强度失效	构件因不足够强而导致损坏
2	刚度失效	构件并未损坏，但因在载荷作用下造成过大的变形而无法正常工作
3	稳定性失效	对于细长构件等特定情况而发生的因变形过大而使构件失去稳定性、导致无法正常工作
4	磨损失效	磨粒磨损	由于有硬质颗粒进入摩擦表面或者硬表面上的凸峰引起表层材料脱落
		粘着磨损（胶合）	由于表面粘着、撕裂使材料从一个表面转移到另一表面
		疲劳磨损（点蚀）	由于表面兼有滚动和滑动时，经过长期运行而发生
		腐蚀磨损	因与周围介质发生化学或电化学反应引起

强度和刚度问题分类

序号	名称	说 明
1	校核问题	已知载荷、构件的结构尺寸和材料，确定该构件是否安全或变形是否超标，即校核其是否存在强度或刚度问题
2	设计问题	即已知构件的载荷和许用应力，计算并确定构件的尺寸，主要是确定截面尺寸，使其有足够的强度或刚度
3	确定许可载荷	已知构件尺寸和许用应力，确定构件的许可载荷，使在该载荷下有足够的强度或刚度

注：对于一般构件，通常只需进行强度计算（上述三种问题之一）。对有些刚度问题突出的构件（如大跨度构件，如天车之类）或对变形有严格要求的构件（如机床的主轴），就既要按强度进行设计计算，还要按刚度进行设计计算。但通常来说，按刚度要求进行的设计计算非常复杂，且刚度对构件的要求通常也比强度的要求更加苛刻，因此进行刚度计算合格的构件一般不再需要另行进行强度计算。

分析物体受力的方法——孤立体系法

步骤	内 容 说 明
1	将要分析研究的对象圈定出来，作为一个独立的体系
2	将所有其他物体对研究对象的联系和作用都简化为力的作用，而且将这些力都看作是被研究体系的外力
3	根据主动力和约束反力的性质，尽量多地确定其大小或方向
4	根据体系的平衡条件求解未知量（包括未知的力的大小和方向）

注：1）这种方法的优点是，由于被研究体系内部的相互之间的力的作用都成为系统的内力而不出现，使问题"内外"分明而得到简化。

2）应用此方法最终（第4步）归结为求解方程组。方程组是否可能求解关键是在于第3步中是否能够根据主动力和约束反力的性质把已知条件充分暴露。否则方程组将因已知条件不足而无法求解。

物体或构件所受的外力分类

序号	名称	说 明
1	主动力	物体受到约束以外其他物体施加的力称为主动力。主动力有使该物体或构件有脱离约束的趋势
2	约束反力	约束对物体施加的力为约束反力。物体或构件受到主动力的作用使其有脱离约束的趋势时才会对该物体施加一个力，使物体或构件不至于脱离约束的制约。因此，主动力撤消，约束反力随之消失

注：物体或构件通常不是"悬"在空中的，它通过各种渠道与周围的其他物体或构件相互联系着。这种联系制约着这个物体或构件，使其运动和受力状况受到一定的限制。例如，放在桌面上的书本由于桌面的支撑不会因受到地球吸引的重力而掉落，书本受到桌面向上的支撑力。用细绳悬吊在空中的电灯由于电线（或悬挂线绳）的牵拉也不会向下掉落，电灯受到电线或线绳向上的拉力。门窗由于有铰链而只能围绕铰链轴旋转而开关。这些例子表明了一点：这些物体受到了周围其他物体的制约，使其运动或受力受到一定的限制，这种限制称为约束。

111

材料的分类、性能和选择 [10] 材料力学基础

常见的四种约束及其约束反力

序号	约束名称	约束反力	说　明
1	柔性绳	沿柔性绳,方向为使柔性绳张紧	柔性绳只能受拉。柔性绳约束使物体处在以柔性绳固定端为圆心、以绳长为半径的空间球体范围内
2	光滑表面	垂直于表面,方向为使物体离开表面	光滑的含义是物体或构件与表面之间没有摩擦力。 光滑表面使物体只能沿该表面作二维平面运动
3	光滑铰链	通过铰链轴的中心线,方向垂直于铰链销轴中心线	用铰链联结的两个零件在垂直于铰链销轴轴线的平面上可以一个固定、一个自由转动,也可以两个都能自由转动。 光滑的含义是指铰链轴销上没有摩擦力。故光滑铰链的约束反力,只能是通过铰链轴销中心线的(尽管其具体施加方向一般不能事先确定)。通常可把它分解为沿水平坐标轴和垂直坐标轴两个方向上的约束反力
4	固定端 (插入端)	有垂直和平行于构件轴线两个方向上的约束反力,以及反力偶矩(方向是阻止插入物体翻转)	固定端如在墙上敲入的水泥钢钉,或者古代在悬崖上构筑和铺设栈道时先在崖壁上插入的梁的内端。 固定端使被固定物体或构件在壁上既不能翻转,也不能上下左右移动。 因此固定端的约束反力既可有上下和左右方向的集中力,也可有阻止翻转的反力偶矩。反力偶矩的旋转轴线在壁面上

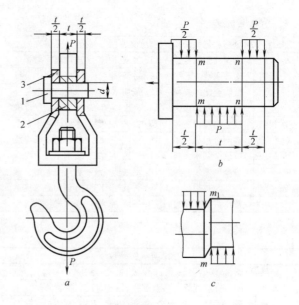

构件受力与变形分析实例——起重钓钩轴销
1—销钉；2—链环；3—拉环

在实际问题中单纯受剪的情况是没有的,但如本图实例中因轴向尺寸短小,弯曲变形可以忽略,问题就简化为单纯剪切了。起重钓钩上因起吊重物而受到力 P（图 a）。这样在轴销上就形成了三个均布力（图 b）。在轴销的 $m \cdot m$（或 $n \cdot n$）断面附近,因轴向间隙（图 c）存在一对间距极小、方向相反的横向力使两个间距极小的横截面 m 和 m_1 间产生横向的滑移错位,这就是剪切。横截面上的内力 Q 为剪力,大小显然等于 $P/2$。轴销因此存在断裂的失效危险,需要计算校核。

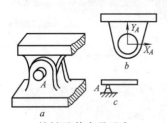　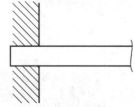

铰链及其支承反力　　插入端示意图

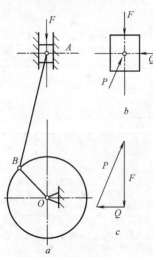

构件受力分析实例——活塞

四冲程内燃机中,汽缸处于作功冲程中。活塞顶部受到燃气压力 F,此力迫使活塞向下运动,并通过活塞、连杆传动曲轴逆时针旋转（图 a）。对于连杆,其两端均为铰链,故两端的支承反力（是其受到的仅有的两个外力）在水平和垂直方向均有分力；但连杆是个"二力杆",因此两端的支承反力必定是大小相等、方向相反且与连杆本身轴线重合；在此时刻连杆受压,因其两端支承反力的方向是相对的。所以连杆通过活塞销施加予活塞的力的作用线和方向已经确定（如图 b 中的力 P）。另外,活塞在汽缸中滑动,因此汽缸壁给予活塞的支承反力此时只能是在纸面内（因为在垂直于纸面的平面内没有主动力）,其方向只能是垂直于汽缸中心线,至于是向左还是向右,要由其他条件决定。在此,因为连杆施加给活塞的力有向右的水平分量,因此汽缸壁对活塞的支承反力 Q 就一定向左了。这样活塞上的三个力 F、P 和 Q 的方向均已知,F 的大小也已知,则 P 和 Q 的大小可以通过图解法或计算求得。

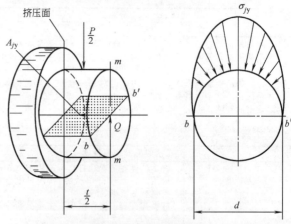

起重钓钩轴销的表面挤压

在起重钓钩的轴销上除了存在前图中分析的轴销因剪力而断裂的失效可能外,还存在表面受钓钩支架挤压力而破坏的危险。以轴销左边 $t/2$ 的情况分析,此段轴销上只有上半部圆柱面上才受到挤压,而且挤压力的分布是不均匀的,最上端处最大,到轴销侧面处为零（右图）。当然这样在计算分析时会很复杂,工程上有将其平均化处理的手段。

杆类构件（或称梁）横截面上的内力

序号	名称	说　明
1	拉(或压)力	沿杆件纵轴线上的轴向力
2	剪力	垂直于杆件纵轴线的横向力
3	弯矩	使杆件纵轴线发生弯曲(在通过纵轴线的平面里)的力偶矩
4	扭矩	使杆件绕纵轴线发生扭转的力偶矩

注：构件横截面上的内力与前面"杆类构件变形的基本形式"是相对应的。

材料力学基础 [10] 材料的分类、性能和选择

用截面法求解构件的内力

序号	名称	说明
1	求解构件上的所有外力	遵循前面"孤立体系法"的指导;所有主动力和约束反力都必须求解出来
2	选定横截面,选定构件的某个部分	通常横截面可以是"活"的,即用参数 x 来代表,这样得到的结果对于任何 x 处的截面都适用。但应注意,端部之外某些位置处的外力,将把杆件实际上分成了几个段,各段间截面内力的计算将会是不一样的。选择构件的左半边还是右半边作为对象,对于计算结果没有影响
3	对于选定的构件部分进行力的方程组的计算,以求得截面上的内力	注意一般情况下,每个横截面上的内力有轴向拉(压)力、剪力、扭矩和弯矩。根据具体情况的不同,有些横截面上没有某一种或几种内力,这容易根据经验判断

注:用截面法求解构件横截面上内力的方法与前面求解构件外力的孤立体系法的原理是一样的。这里只不过是把构件剖分开来后选取了构件的一个部分作为"体系"来进行求解而已。因为构件剖分开了,所以结果就是某个截面上的内力。

杆件或梁的横截面上的应力分布

序号	横截面上的内力	横截面上的应力分布		最大应力位置
1	拉(压)力 F	拉(压)应力;均匀分布		因均布,无最大拉(压)应力,$\sigma=F/A$。式中 A 为横截面积
2	剪力 P	剪应力;均匀分布		因均布,无最大剪应力;$\tau=P/A$。式中 A 为横截面积
3	扭矩 M_n	剪应力;形心处为零,离形心最远处最大		外缘离形心最远处,剪应力最大
4	弯矩 M	拉和压应力;中心面处为零,离中心面最远处最大		外缘离中心面最远处,拉(压)应力最大

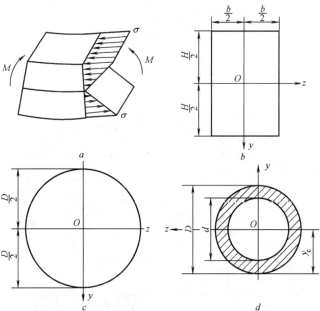

a 当弯矩的轴线垂直于图中纸面时,杆件中存在一个既不伸长也不缩短、只发生弯曲的中心层。中心层处由弯矩引起的应力为零。在如图所示的弯矩方向上,在中心层之上构件缩短,因此应力为压应力,离开中心层越远处压应力越大,上表面处压应力最大。同理在中心层之下构件拉长,因此应力为拉应力,离开中心层越远处拉应力越大,下表面处拉应力最大。受弯矩 M 的矩形断面上的最大应力为:$\sigma_{max}=M/W_Z$。式中:W_Z 为截面的抗弯截面系数。b 对于矩形截面:$W_Z=bh^2/6$。c 对于实心圆形截面:$W_Z=\pi D^3/32$。d 对于空心圆形截面:$W_Z=\pi D^3(1-\alpha^4)/32$,式中 $\alpha=d/D$。

各种横截面形状时弯矩引起横截面上的应力分布

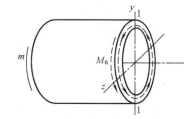

受扭矩的薄壁圆筒横截面上的剪应力分布

对于薄壁圆筒认为半径影响极小,应力均匀分布。故根据剪应力 τ 的合力就等于横截面上的扭矩 M_n 可得:$\tau=M_n/2\pi r^2 t$。式中:r 为圆筒的半径;t 为薄壁圆筒的壁厚。

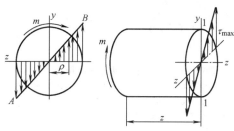

受扭矩的实心轴横截面上的剪应力分布

对实心轴,剪应力沿圆周方向的分布是均匀的,剪应力沿半径的分布是三角形的,即圆心处剪应力为零,外表面处剪应力最大。横截面上的剪应力合力等于横截面上的扭矩。因此,最大剪应力 $\tau_{max}=M_n/W_n$。式中:M_n 为横截面上的扭矩,W_n 为截面的抗扭截面系数。对于实心轴,$W_n=\pi D^3/16$。

各种横截面的截面系数

序号	横截面上的内力性质	截面系数名称	截面形状	截面系数计算公式	说明
1	扭矩	抗扭截面系数	实心圆轴	$W_n=\pi D^3/16$	D 为圆轴外径;
			空心圆轴	$W_n=\pi D^3(1-\alpha^4)/16$	$\alpha=d/D$,d 为空心圆轴内径
2	弯矩	抗弯截面系数	矩形	$W_Z=bh^2/6$	b 为梁的宽度,h 为梁的高度
			实心圆轴	$W_Z=\pi D^3/32$	D 为圆轴外径;
			空心圆轴	$W_Z=\pi D^3(1-\alpha^4)/32$	$\alpha=d/D$,d 为空心圆轴内径

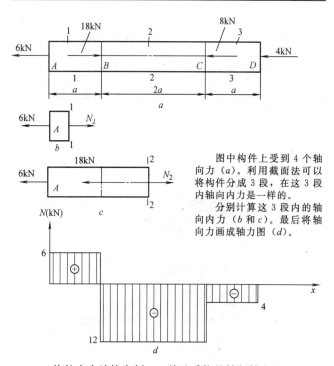

图中构件上受到 4 个轴向力(a)。利用截面法可以将构件分成 3 段,在这 3 段内轴向内力是一样的。

分别计算这 3 段内的轴向内力(b 和 c)。最后将轴向力画成轴力图(d)。

构件内力计算实例——单纯受拉的轴与轴力图

材料的分类、性能和选择 [10] 材料力学基础

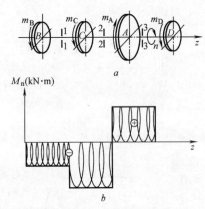

构件内力计算实例——单纯受扭的轴与扭矩图

图中轴上受到 4 个扭矩 a。可以将轴分成 3 段，这 3 段内的内力扭矩是不变的（图中 1、2 和 3 为 3 个代表断面）。利用截面法很容易计算得到这 3 段里的扭矩。将结果画成扭矩图 b。

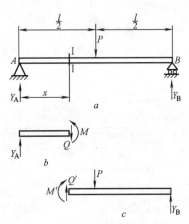

梁的内力计算实例——中部受横向集中载荷的简支梁

在长 l 的梁 AB 的中点有一个横向集中载荷 P（图 a）。为计算横截面里的剪力和弯矩，先选择截面位置在离 A 点 x 的 I-I 截面。以梁的 AI 段为孤立体系，列出它的全部外力；注意，梁的 IB 段此时成为系统之外，因此 IB 段对 AI 段的作用力（力矩 M 和横向力 Q）要计算在内。事先计算出 A 和 B 处的支承反力（各为 $P/2$），则根据力和力矩的平衡，可以计算出 M 和 Q。如果选择 IB 段，计算结果是一样的；需要注意的是作用力与反作用力（M 和 M'，Q 和 Q'）大小相等、方向相反。

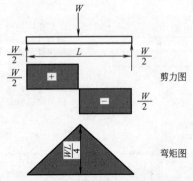

梁的内力计算实例——中部受横向集中载荷的简支梁的弯剪图

这是根据前图计算结果画成的梁的弯矩和剪力图。一般弯矩对梁的破坏是非常重要的，因此弯矩最大处（中点）是危险断面。根据危险断面的弯矩，可以计算得到由弯矩引起的梁的最大应力。

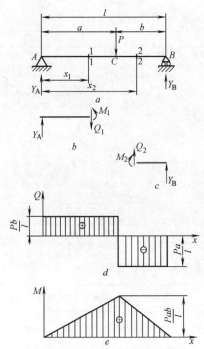

梁的内力计算实例——偏横向集中载荷的简支梁的弯剪图

计算过程同前。横向集中载荷从中央偏移开后，弯矩图也随之偏移，但危险断面仍在载荷施加处。

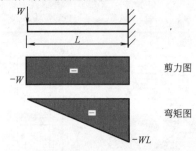

梁的内力计算实例——自由端受横向集中载荷的悬臂梁的弯剪图

计算过程同前。由图可见，悬臂梁的危险断面在插入端处。悬臂梁的危险断面常常都在插入端处，关键是要计算出最大弯矩。

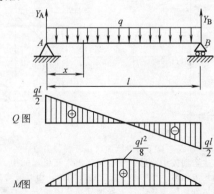

梁的内力计算实例——均布载荷的简支梁

均布载荷是分布载荷中最简单的一种，即在一定轴向长度内，载荷沿轴向均匀分布（就是单位轴向长度内的载荷数值一样）。在计算支承反力以及用截面法计算构件内力时，都可以将均布载荷简化为在其均布段中点的集中力。需要注意的是，在梁受到集中载荷时，在两个集中载荷之间弯矩是线性变化的（是直线）；但在有均布载荷时，载荷均布段内的弯矩图是二次抛物线。

材料力学基础 [10] 材料的分类、性能和选择

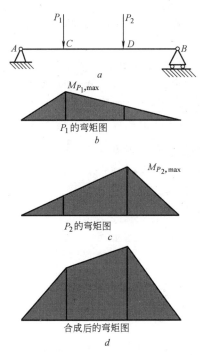

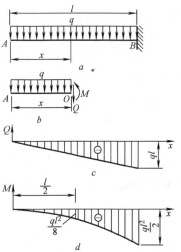

梁的内力计算实例——均布载荷的悬臂梁
计算过程同前。计算结果显示：1) 危险断面仍在插入段处；2) 在均布载荷段内，弯矩变化曲线还是二次抛物线。

梁的内力计算实例——两横向集中载荷的简支梁
对于求解受横向载荷时梁的弯矩图的问题，适用线性叠加原则，即可以画出每个横向载荷的弯矩图后，将两个（或更多个）弯矩图按代数方法叠到一起就是这些载荷联合作用时的弯矩图。本图中 P_1 和 P_2 两个载荷同时作用在简支梁 AB 上的弯矩图，等于这两个载荷分别作用在该梁上时的弯矩图（图 b 和 c 所示）叠加即可（图 d）。

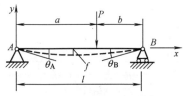

梁的刚度问题挠度和转角
图中，梁在未承受横向载荷时的中心线是实线 AB；受载荷后中心线变为虚线。图中原中心线上某处变形到虚线处的偏离 f 就是挠度。而两端实线与虚线的夹角 θ_A 和 θ_B 就是转角。

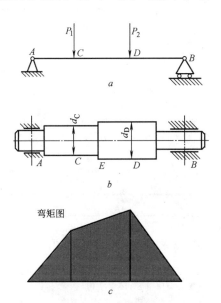

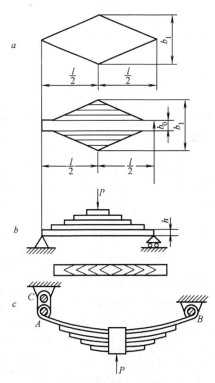

构件内力计算实例——受两横向集中载荷的变截面梁的危险断面确定
对于变截面梁的问题，解决问题的前半部分过程与前面一样，即首先要画出梁的弯矩图。余下的问题是要将弯矩的变化与断面的变化结合起来考虑，初步确定可能的危险断面，然后进行必要的计算对比，以最后确定哪个断面确实是危险断面。在本图的实际情况中，轴的主要断面有 d_C 和 d_D 两个直径。结合弯矩图可知，对于直径为 d_D 的轴段可能的危险断面是 D 处；而对于直径为 d_C 的轴段，结合弯矩图可知可能的危险断面是 C 至 E 段，进一步的比较可知 E 处比 C 处更危险。因此在本图中只要根据断面直径和弯矩的数值计算和比较 D 和 E 两个断面处的最大应力即可。

钢板弹簧的等强度概念
中央施加横向载荷的简支梁的弯矩图是等腰三角形；为了充分利用材料，等厚度的简支梁的宽度应该是菱形的，以适应弯矩图使其成为等强度（等腰三角形与菱形在宽度变化上是一样的；图 a）。为了安装使用的方便，将菱形的钢板裁切成等宽度的板条并堆叠在上面（图 b），加上了固定所有钢板的卡子以及两端的吊耳卷，就成了常见的叶片钢板弹簧（图 c）。

材料的分类、性能和选择 [10] 材料力学基础

弯扭联合作用时的应力计算

需要特别说明的是，一般情况下只需考虑弯矩引起的应力而无须考虑轴向拉（压）力和横向剪力引起的应力。对于扭矩引起的应力一般应予注意，通常可以按照所谓"第四强度理论"把扭矩按下式折合进弯矩中计算最大应力：

$$\sigma_{r4} = (M_Z^2 + 0.75M_n^2)^{0.5}/W_Z$$

刚度的概念

一、刚度是与构件变形大小是否会使构件失效有关的问题。

二、构件的变形与很多因素有关：构件所用材料的性质，构件的性质、形态和尺寸等等。因此一般讲刚度问题十分复杂。

三、各种机器中使用最多的梁和轴的弯曲是构件刚度问题中比较简单的，但其刚度计算仍然十分复杂。

四、梁或者轴在横向载荷作用下会发生弯曲变形，其中心轴线上的每一点都会偏离原来的位置。这种偏离可以分成两类：垂直于中心线方向上的偏离量称为挠度 y；同时变形后的中心线与原中心直线间发生了角度偏转，称为转角 θ。

五、对于简支梁（或轴），通常中部的挠度最大，而最大转角则多在两端。

六、对于悬臂梁（或轴），通常自由端的挠度和转角都是最大的。

七、刚度问题还没有类似于强度问题那样的失效判定准则。目前还只是根据经验规定各种功能和使用场合下的梁或轴的最大挠度和（或）最大转角。

弯曲梁（或轴）的刚度

序号	术语	定义	说明
1	挠度	在载荷作用下，梁的中心线在垂直于中心线方向上的偏离量	对弯曲的简支梁（或轴），通常中部的挠度最大；对悬臂梁，最大挠度多在悬臂端
2	转角	变形后的中心线与原来的中心直线发生的角度旋转	对弯曲的简支梁，最大转角多在两端；对悬臂梁，最大转角也多在悬臂端

刚度的经验数据举例

序号	使用场合	刚度或转角	允许值$[y]$和$[\theta]$ [注1]
1	内燃机曲轴	挠度	$[y] \leqslant 0.05 \sim 0.06$ mm
2	起重机主梁	挠度	$[y] \leqslant (0.001 \sim 0.002)l$；[注2]
3	普通机床主轴	挠度	$[y] \leqslant (0.0001 \sim 0.0005)l$；[注2]
3	普通机床主轴	转角	$[\theta] \leqslant 0.001 \sim 0.005$ 弧度

注：1) $[y]$ 和 $[\theta]$ 为挠度和转角的允许值。
2) 表中"l"为构件的跨度。
3) 挠度或转角过大可能影响构件的正常工作。如大跨度天车，转角太大，影响天车上带起重吊钩小车的横向移动。变速箱中的齿轮轴的挠度和转角太大，都会影响轴上齿轮的啮合。高速转轴的挠度太大会影响到高速旋转时的振动。所以，根据构件的功能和使用场合，要对构件的最大挠度和（或）最大转角进行一定的限制，使其不超过允许值。

提高构件强度和刚度的措施和途径

序号	措施	说明
1	尽量减少梁或轴的长度和跨度	对悬臂梁和简支梁若是集中载荷，最大挠度与其跨度的三次方成正比，若是分布载荷则与跨度的四次方成正比。强度问题也有类似结果。即使不增加跨度，增加长度也会加大构件的重量
2	尽量使用截面系数大而重量较轻的截面形状以及合理利用材料的新结构	空心轴(梁)，工字梁等断面的截面系数大而质量轻；薄壁结构、板壳结构、双曲拱结构等结构强度和刚度好而重量大为减轻；等强度概念的叶片钢板弹簧合理利用了材料，现在又有轧制的变厚度弹簧；等等
3	通过改变载荷形式或支座位置提高强度和刚度	车辆的车架和油罐（或油罐车）均可通过变集中载荷为分布载荷，或将其分散成多个载荷，以及改变支座的位置，使梁的全长的一部分外伸的办法提高强度和刚度
4	增加支承使结构变成超静定梁	如车床加工中，在加工细长工件时为减少变形、提高加工质量可在工件尾部加尾架或顶尖，或者刀架上增加跟刀架；类似办法如加大所用滚动轴承或滑动轴承的宽度，可能时还可以增加支承数目
5	预加反向弯曲	在建筑结构上已经运用，如预应力混凝土梁，可改善强度和刚度

注：改善强度和改善刚度的措施常常是一致的。

安全系数

一、实际利用材料时必须给予一定的余量，只有这样才能保证安全。

二、因为材料的实际使用环境与测试试验时的情况会有很大差异；而且同一材料制作的试样，其测试结果也会因各种原因而显示出偏差。因此，强度计算必须留有余量。

三、实际上即使材料的强度计算精确，也必须给材料以强度储备。

四、材料的强度极限与实际（或计算）应力之比称为安全系数。

五、安全系数的选取，要根据构件的使用环境与得出其强度极限的试验条件的差异大小，该构件的重要程度，该构件的损坏所产生的后果的严重程度等因素予以综合考虑。

应力集中

一、构件的强度计算是很理想化的。但实际上许多原因都可以使构件中实际发生的应力远远大于计算结果。

二、实际上，只有在离加力点稍远、横截面积无剧烈变化的区域，横截面上的应力才是均匀而有规律地分布的。

三、实际构件上，由于结构或加工等原因，造成加载处及（或）横截面上存在切口、小孔、螺纹、切槽、键槽和截面尺寸变化等因素，它们均会使应力分布不均，有时往往会使应力在局部剧烈增加，这种现象称为应力集中。

四、应力集中使应力增加的幅度可能达到理论计算值的几倍、十几倍甚至几十倍。

五、脆性材料在静载状态下对应力集中尤其敏感。

六、塑性材料在承受交变载荷时对应力集中特别敏感。

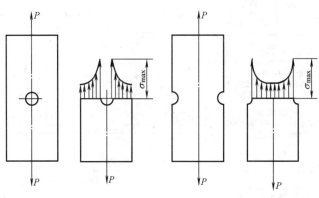

应力集中原理图
在拉伸试样中如果试样上有小孔，则小孔边缘的应力就会大幅度增加。

避免应力集中的措施

序号	措施	说明
1	尽量不用各种危险结构和工艺因素	虽然完全避免是困难的，但还是要尽量少用或不用，在加载处尤其要注意
2	在无法避免各种危险结构和工艺因素时，应尽量减少尺寸突变	如孔的尺寸尽量小，螺纹的槽尽量浅，断面变化用大半径的圆角联结，切槽和切口根部的圆角尽量大
3	各种危险结构和工艺因素要尽量远离有大负荷的地方	负荷越大的地方越要当心
4	有可能时在应力集中的危险区域采用工艺措施减少应力集中危险	如采用喷砂、喷丸、局部辊压等使构件危险区域表面致密的工艺措施，在热处理时防止出现微观裂纹

注：表中所谓"各种危险结构和工艺因素"是指加载处及（或）横截面上存在的切口、小孔、螺纹、切槽、键槽和各种断面尺寸变化因素。

设计材料的选用

一、不同使用条件下工作零件和构件的选材，没有千篇一律的步骤和规律。

二、正确合理的选材应考虑以下三个基本原则：即材料的使用性能、工艺性能和经济性。三者之间有联系，也有矛盾，选材的任务就是上述原则的合理统一。

三、上述使用性能的内容既包含涉及产品使用功能的那些特性，也包括产品外观造型方面所包含的满足消费者生理和心理需要的那些特性。

四、材料不仅是设计中重要的造型元素，而且能够维持产品功能的形态；反过来，材料的选择还要影响设计的形式。

五、材料是产品直接使用者所能触及和看到的唯一对象，材料与设计的关系远在一切造型要素之上，材料规划是设计过程中与设计紧密联系的一环。

六、在设计的材料规划时，一方面要从设计出发，根据产品所需的要求选用合适的材料；在没有合适的现有材料时，要开发新材料。另一方面，从材料方面出发，发挥材料的特长，开发出传统应用之外的新途径。

七、总而言之，产品的功能和性能必须与所用材料的特性相匹配。

设计材料选用的一般原则

序号	方面	具体内容与说明
1	材料的外观	考虑材料的感觉特性能否符合产品的造型特点和造型风格，使造型具有民族性、时代性和地域性特点
2	材料的固有特性	应满足产品功能、使用环境、工作条件和环境保护的要求
3	材料的工艺性	具有良好的工艺性，符合造型设计中成型工艺、加工工艺和表面处理的要求，与加工设备和生产技术相适应
4	材料的生产成本与环境因素	在满足设计要求的前提下尽量降低成本，优先选用与环境和谐的材料
5	材料的创新	新材料的出现为产品设计提供了更广阔的前提和机会

材料的分类、性能和选择 [10] 设计材料的选用

影响材料选择的基本因素

序号	基本因素	说明
1	功能	产品功能（包括期望寿命）是选择材料时考虑的首要因素和总指导
2	基本结构要素	综合平衡设计中的多方面要求，针对特定生产条件解决机械结构、加工工艺难点以及由此产生的成本问题，是材料选择中的主要问题。这常常比单纯的美学品质考虑要有意义得多
3	外观	外观是材料选择应考虑的一个重要因素。产品外观多取决于其可见表面，并受材料所能允许的制造结构形式的影响。材料还影响表面的光泽、纹理和反射率，影响着所能采用的表面装饰材料和方式。影响装饰的外观效果及其在寿命期内的变化情况
4	安全性	这是最基本的要求。要充分考虑到使用中各种可能遇到的危险，并按照相关的标准去选择材料
5	操作和控制零件	这些零件一般对材料有特殊要求（如防滑、手感、舒适、反射等）
6	抗腐蚀性	这会影响产品的操作、寿命、美观及维护等，是选择材料的一个重要准则
7	市场	调查消费者对产品材料使用的预期，但又不能停滞于传统之中

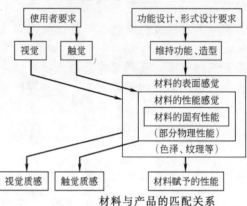

制品与材料的关系
材料的固有特性和派生特性的所有方面都会影响到制品的性能。

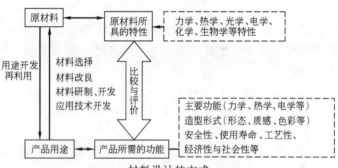

材料选用与规划的根本依据是将材料所具有的性能与产品所需要的功能和性能之间进行比较和评价，以求得两者之间的最佳匹配关系。

材料与产品的匹配关系

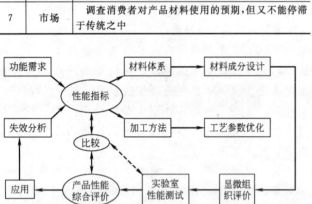

材料开发和改进的闭环过程示意图

材料设计的方式

绿色设计与传统设计的比较

比较因素	传统设计	绿色设计
设计依据	依据用户对产品提出的功能、性能、质量及成本要求来设计	依据环境效益和生态环境指标与产品功能、性能、质量及成本要求来设计
设计人员	设计人员很少或没有考虑到有效的资源再利用及对生态环境的影响	要求设计人员在产品构思设计阶段、必须考虑降低能耗、资源重复利用和保护生态环境
设计技术及工艺	在制造和使用过程中很少考虑产品回收，仅考虑有限的贵重金属材料回收	在产品制造和使用过程中保证可拆卸、易回收、不产生毒副作用及保证产生最少的废弃物
设计目的	以需求为主要设计目的	为需求和环境而设计，满足可持续发展的要求
产品	普通产品	绿色产品或绿色标志产品
产品生命周期	产品制造到投入使用	产品制造到投入使用直至使用结束后的处理和回收利用

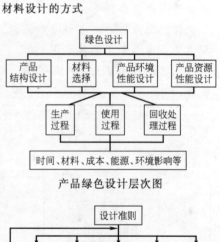

产品绿色设计层次图

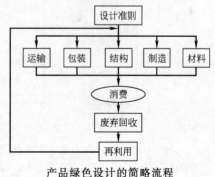

产品绿色设计的简略流程

材料设计系统

绿色设计的产生

铁碳合金概述

一、黑色金属包括钢、铸铁和铁合金。

二、黑色金属得到了最广泛的应用。在结构和工具材料范围内,钢铁的用量占到了90%以上。

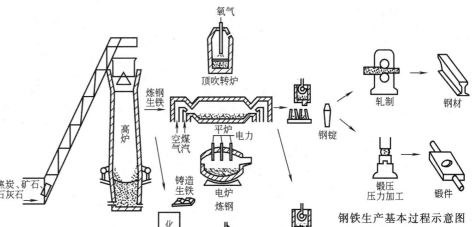

钢铁生产基本过程示意图

钢铁生产主要分为炼铁、炼钢以及钢的进一步加工利用(轧制钢材、锻压毛坯与铸造)三个阶段。

钢铁的优异性能

序号	性能与具体说明	
1	优越的综合工程性能	机械性能:包括强度、刚度、冲击韧性、疲劳性能、蠕变性能等
		冷热加工成型性能
		抗腐蚀性能
2	经济性好,材料本身价格以及加工成本都比较便宜	

我国常用金属材料的相对价格

材料	相对价格	材料	相对价格
普通碳素结构钢	1	铬镍不锈钢	15
普通低合金结构钢	1.25	普通黄铜	13~17
优质碳素结构钢	1.3~1.5	锡青铜、铝青铜	19
易切钢	1.7	灰铸铁件	约1.4
合金结构钢(Cr~Ni钢除外)	1.7~2.5	球墨铸铁件	约1.8
滚动轴承钢	3	可锻铸铁件	2~2.2
碳素工具钢	1.6	碳素铸钢件	2.5~3
低合金工具钢	3~4	铸铝合金、铜合金	8~10
高速钢	16~20	铸造锡基轴承合金	23
硬质合金(YT类刀片)	150~200	铸造铅基轴承合金	10
铬不锈钢	5		

注:1. 相对价格以普通碳素钢价格为基数1计算,相对价格在不同时期会有变化。
2. 钢材为热轧圆钢(ϕ29mm~ϕ50mm),有色金属为圆材(ϕ20mm~ϕ40mm)的价格。
3. 铸件为10^3kg以下,铸造工艺复杂等级为:"一般"。

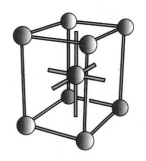
体心立方晶格示意图

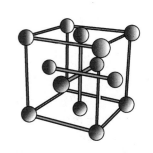
面心立方晶格示意图

固态金属的共性

序号	说明
1	良好的导电性和导热性
2	正电阻温度系数(即温度上升时,其电阻也增加)
3	超导性(在接近绝对零度的一个范围内,电阻接近于零)
4	良好的光反射性、不透明性及金属光泽
5	良好的塑性变形能力

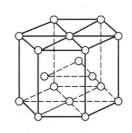
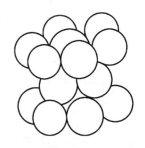

密排六方晶格示意图及原子实际排列

金属材料的晶体结构

晶体的概念

序号	名称	说明
1	晶胞	分子空间排列规律的最小几何单元
2	晶格	晶胞宏观排列的假想构架
3	晶体	分子以一定的空间规律进行的排列

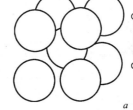 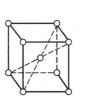 

体心立方晶格和面心立方晶格比较及其原子实际排列

a 体心立方晶格;b 面心立方晶格

常见金属晶体的三种晶胞结构

序号	名称	说明
1	体心立方	如铬(Cr)、钼(Mo)、钨(W)、钒(V)、α铁(α-Fe)等;每个体心立方晶胞含有9个金属离子
2	面心立方	如铝(Al)、铜(Cu)、镍(Ni)、铅(Pb)、γ铁(γ-Fe)等;每个面心立方晶胞含有14个金属离子
3	密排六方	如镁(Mg)、锌(Zn)、铍(Be)等;每个密排六方晶胞含有17个金属离子

金属材料 [11] 铁碳合金概述

金属晶体的各向异性

一、由于金属晶体在空间的有序排列，使其在各个空间方向上的金属离子密度不同。因此，金属晶体的性能有明显的方向性，即金属晶体的各向异性。

二、这种各向异性是有实际意义的。例如，硅钢片的导磁率在不同方向上是不一样的，为了使轧制后的硅钢片具有较高的导磁率，在轧制时需要注意轧制的方向。

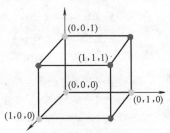
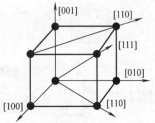

立方晶格中点的位置标示
在一个与立方晶格重合的立体直角坐标系中，点的位置很容易用三个坐标数值来表示。

立方晶格中线的位置标示
在与前述同样建立的立体直角坐标系中，直线是以它与单位长度的立方体（图中画出）的最后一个交点的坐标表示的。

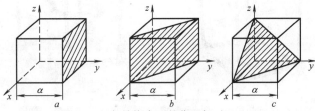

立方晶格中面的位置标示
在与前图同样建立的立体直角坐标系中，一个平面是用它与三个坐标轴的截距的数值来表示的。

a 阴影平面与 x、y、z 三坐标轴的交点位置分别是 0、1 和 0（零表示无交点），则此平面为 (010)；b 阴影平面称为 (110)；c 阴影平面称为 (111)

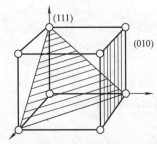
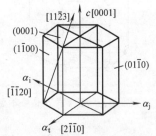

晶体的各向异性图
在图中所示的 (010) 和 (111) 两个平面中可以看出，单位面积上的金属原子数（即密度）是不同的。例如对于单晶体铁来说，其弹性模量 E 对于面 (111) 值为 $2.90 \times 10^5 \text{MN/m}^2$，而对于面 (100) 的 E 值是 $1.35 \times 10^5 \text{MN/m}^2$。两者 E 值相差一倍多。

密排六方晶格中的各向异性
在密排六方晶格中，点、线和面的标示要复杂得多。但大致也可以看到，不同方向上原子密度是不同的。

金属的结晶

一、当液态金属的温度下降到一定值时，液态金属就会变成固态。这个过程称为结晶。此时的温度称为金属的熔点（T_0）。

二、金属结晶的条件：金属周围介质的温度（T）要低于熔点，亦即：$T < T_0$。$(T_0 - T)$ 称为过冷度。金属结晶的必要条件是要有过冷度存在。

金属的结晶过程

序号	名称	说明
1	晶核生成	在液体内部先生成一批极小的晶体，即结晶中心或晶核。晶核可以是自发生成的，也可以是非自发生成的（例如有意在液体金属中介入某些成分）
2	晶核长大	晶核逐渐成长长大，直至整个液体都成为固态金属晶体。晶核成长的过程可以是平面的（如在过冷度较小时）；如果过冷度很大，则晶核的长大可以是树枝状的

决定晶粒大小的因素

序号	因素	说明
1	过冷度的大小	过冷度越大则晶粒越细
2	是否有变质处理	在液体金属中加入变质剂（或称孕育剂），则可使晶粒变细

铸钢钢锭的结晶过程

序号	阶段	说明
1	表面形成细晶区	高温钢水首先接触到低温的钢模，使接触钢模的一薄层钢水温度降到熔点以下。由于过冷度较大，结晶颗粒较细小，称为细晶区
2	内部形成柱状晶区	然后由于钢水散热降温越来越困难以及导热的方向性，晶粒变得越来越粗大，且细长的晶粒的方向垂直于钢模表面，称为柱状晶区
3	中部形成等轴晶区	到钢锭内部，导热的方向性已不十分明显，晶体颗粒不仅十分粗大，而且呈圆形，称为等轴晶区
4	上部形成缩孔区	由于钢水中的杂质较轻浮在上部，加上最后固化时的收缩，钢锭上部存在多杂质的缩孔区

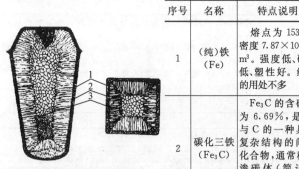

钢锭的结晶过程
1—细晶区；2—柱状晶区；3—等轴晶区

钢铁（铁碳合金）的成分

序号	名称	特点说明
1	（纯）铁（Fe）	熔点为 1538℃，密度 $7.87 \times 10^3 \text{kg/m}^3$。强度低、硬度低、塑性好。纯铁的用处不多
2	碳化三铁（Fe_3C）	Fe_3C 的含碳量为 6.69%，是 Fe 与 C 的一种具有复杂结构的间隙化合物，通常称为渗碳体（简记作 cm）。其特点是：硬而脆
3	碳化二铁	Fe_2C
4	碳化铁	FeC

纯铁的缓慢冷却过程

序号	温度范围	说明
1	熔点 1538℃以上	温度缓慢下降，铁水处于液态
2	1538℃	铁水结晶，从液态变为固态；其间有热量从铁中放出，即铁的融化热（潜热）
3	1538℃～1394℃	结晶后铁以体心立方的 δ 铁（δ-Fe）形态存在
4	1394℃	发生同素异构转变，有热量释放出来，铁的晶格形态发生变化
5	1394℃～912℃	铁以面心立方的 γ 铁（γ-Fe）形态存在
6	912℃	发生同素异构转变，有热量释放出来，铁的晶格形态发生变化
7	912℃以下	铁以体心立方的 α 铁（α-Fe）形态存在

铁碳合金相图

一、铁碳合金相图的纵坐标是温度（T），横坐标为含碳量（C%）。

二、铁碳合金相图把铁碳合金的"相"划分为若干个区域。因此，每种特定含碳量的钢铁在某个特定的温度对应于铁碳合金相图中的一个坐标点，表示此时该铁碳合金处于一种特定的"相"。

铁碳合金相图中的五种铁碳合金相

序号	名称	说 明
1	液相（L）	
2	δ相	高温铁素体，是碳C在δ-Fe中的间隙固溶体
3	α相	即铁素体（常记作F或α），是碳C在α-Fe中的间隙固溶体，其性能接近于工业纯铁
4	γ相	即奥氏体（常记作A或γ），是碳C在γ-Fe中的间隙固溶体，其强度、硬度不高，易于塑性变形
5	Fe_3C相	即渗碳体

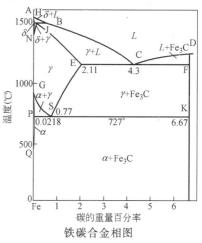

铁碳合金相图

纯铁在冷却过程中的同素异构转变

铁碳合金相图中的液相线和固相线

序号	名称	符号	说 明
1	液相线	ABCD	在它的上面为全液态
2	固相线	AHJECF	在它的下面是全固态

铁碳合金图中的特殊点

序号	符号	名称	温度和含碳量
1	J点	包晶点	温度1495℃，含碳量0.17%
2	C点	共晶点	温度1148℃，含碳量4.3%
3	S点	共析点	温度727℃，含碳量0.77%。含碳量为0.77%的铁碳合金温度在727℃以下时为珠光体（常记为P），它是铁素体（F或α）与渗碳体（Fe_3C或cm）的共析混合物。珠光体的强度高，其塑性、韧性和硬度都介于渗碳体与铁素体之间

铁碳合金相图中的几条重要（热处理中常用的）线

序号	标记	代号	别名	说 明
1	PSK线	A1线	共析反应线	表示含碳量在0.0218%～6.69%的铁碳合金在平衡结晶过渡中都会发生共析反应，生成共析混合物，即珠光体（P）
2	GS线	A3线		是奥氏体（A）中开始析出铁素体（F）的临界温度线
3	ES线	Acm线		含碳量大于0.77%的铁碳合金在冷却时从奥氏体中析出Fe_3C的临界温度线。此时析出的Fe_3C称为二次渗碳体，记作Fe_3C_{II}

铁碳合金的分类

序号	名称	说 明	
1	工业纯铁	C≤0.0218%	
2	钢 0.0218%<C≤2.11%	亚共析钢	0.0218%<C≤0.77%
		共析钢	C=0.77%
		过共析钢	0.77%<C≤2.11%
3	白口铸铁	C≥2.11%	

碳钢

碳钢中的主要杂质元素

序号	元素	来 源	说 明	结 论
1	锰(Mn)	为脱氧使用锰铁而较多存在，含量可达0.25%～0.80%	可与硫元素生成MnS，从而降低硫元素的有害作用；锰的存在还可以改善碳钢的热加工性能	锰元素的存在，可以降低碳钢的脆性。锰在碳钢中是有益杂质
2	硅(Si)	由于使用硅铁脱氧	熔炼镇静钢时同时用铝、硅铁和锰铁脱氧，硅含量可达0.10%～0.40%	硅在碳钢中也是可以改善其性能的有益元素
3	硫(S)	由矿石和燃料（焦炭）的含硫而带入	以硫化铁（FeS）的形式存在，导致碳钢在加热时晶界上的共晶体融化而裂开（热脆性）	硫是有害杂质
4	磷(P)		磷部分溶于铁素体中，部分形成脆性很大的Fe_3P，使室温下钢的塑性和韧性急剧下降（冷脆性）	磷一般也是有害杂质
5	氧(O)		对碳钢的机械性能不利	也是有害杂质
6	氮(N)		可导致碳钢的硬度和强度提高，但会使塑性下降，脆性增加	要对氮的含量进行控制，利用其长处，限制其缺陷
7	氢(H)		氢的存在造成碳钢的"氢脆"和白点等缺陷	应予以限制

碳钢的分类

序号	分类法	名称	说 明
1	按含碳量分类	低碳钢	C≤0.25%
		中碳钢	0.25%<C≤0.60%
		高碳钢	C>0.60%
2	按质量分类（控制硫、磷等有害杂质含量）	普通碳素钢	S≤0.055%；P≤0.045%
		优质碳素钢	S≤0.040%；P≤0.040%
		高级优质碳素钢	S≤0.030%；P≤0.035%
3	按用途分类	碳素结构钢	用于加工制造工程构件和机器零件，大多数是中低碳钢
		碳素工具钢	用于制造各种工具（量具、刃具、工具、模具、卡具等）；基本上是高碳钢

金属材料 [11] 碳钢

碳素钢的常用牌号

序号	牌号与说明		
1	碳素结构钢	有Q235等5个牌号;数字表示屈服点σ_s,单位MPa(不同厚度时稍有变化)。不规定化学成分	以Q235(老标准牌号A3)为代表,应用最广泛普遍;不要热处理时对机械性能又不要求特别高时的最佳选择
2	优质碳素结构钢	优质低碳钢	牌号一般从数字10起到60,每隔5表示一个钢种。数字表示含碳量,如钢45大致为0.45%。尚有含锰牌号	以钢10和钢20为代表,广泛用于冲压和焊接结构件
		优质中碳钢		以钢20为代表,广泛用作热处理(表面渗碳),故又常被称为渗碳钢
				以钢45为代表,应用最广泛,表示其含碳量大致在0.45%左右
3	碳素弹簧钢	65,70	以钢65为代表,常用来制造各种弹簧
4	普通碳素工具钢	T7、T8…、T13	主要用于各种工具,包括量具、刃具、工具、卡具、模具。例如:T7、T8通常用来制作冲头和锤子,T9、T10、T11通常用来制作钻头、丝锥、锯条和冷作模具;T12、T13通常用来制作锉刀、刮刀和量规。均需经过热处理,否则硬度仍无法达到要求
5	高级碳素工具钢	T7A、T8A…、T13A	与碳素工具钢相似,但质量更好
6	铸钢	有ZG200-400等5个牌号。数字表示屈服点σ_s和抗拉强度σ_b,单位MPa	用铸造(熔化浇铸)方式成型的一种专用钢种

碳钢的主要热处理工艺

序号	名称	热处理过程	加热温度		作用与用途
1	退火	加热(零件置放于热处理炉内升温加热)—保温(到达要求的温度后保温一段时间)—其后让零件缓慢冷却(多数情况下是让零件仍置于炉内自然冷却)	亚共析钢为AC3(即GS)线以上20~30℃;过共析钢为AC1(即SK)线以上20~30℃		通过重结晶达到组织均匀化和细化,降低碳钢的硬度,从而改善其切削性能或消除碳钢零件的内应力
2	正火	加热—保温—将零件在空气中冷却	亚共析钢为AC3以上30~50℃;过共析钢为Accm(即SE线)以上30~50℃		零件正火由于冷却速度较完全退火为快,可作零件的最终热处理或预先热处理,也可作改善切削性能用
3	整体淬火	加热—保温—在油(多用于合金钢)或水(多用于碳素钢)等淬火介质中快速冷却。(由于冷却速度很快,在快速转变中铁和碳无法扩散,因此形成碳在α铁中的过饱和固溶体,即所谓马氏体,记作M)	亚共析钢为AC3以上30~50℃;共析钢和过共析钢为AC1以上30~50℃		马氏体较硬,比较耐磨,在机械上有广泛用途
4	表面淬火	用火焰或高频感应加热方法在短时间内对零件表面加热到淬火温度,然后实施淬火	同整体淬火		在大批量生产中应用较多
5	回火	淬火后再将零件加热、保温一定时间后冷却	AC1以下的某个温度	低温回火150~250℃	消除淬火后的内应力,避免变形或裂纹,并降低硬度以求得到要求的强度、硬度、韧性和塑性的组合。尤以高温回火应用最为广泛,因为此时零件的表面硬度虽然不高(HRC25~35),但零件具有最好的综合机械性能。因此,淬火加高温回火专门被称为调质处理,在机械加工中得到非常广泛的应用
				中温回火350~500℃	
				高温回火500~650℃	

注:热处理是使碳素钢提高和改善其性能的重要工艺过程,否则各个钢种之间的性能差别不大,许多钢种也无法发挥出其潜在的优异特性。

合金钢的分类

序号	类别	名称	代表钢牌号	说明
1	合金结构钢	优质碳素结构钢(低合金高强度钢)	20Mn	少量Mn的加入,使其强度比钢Q235提高15%~20%,耐腐蚀性也有显著提高
		合金渗碳钢	20Cr	20Cr的性能要比优质低碳钢20好许多。20Cr的典型热处理工艺路线与钢20相同:渗碳—直接淬火—低温回火
		合金调质钢	40Cr	40Cr比钢45的性能有相当的提高,参阅本表后附表
		合金弹簧钢	65Mn	60Si2Mn性能更好
		滚珠轴承钢	GCr15	专门用于制造滚珠轴承的钢种,冠以"G"(滚的汉语拼音首字母),以区别于同型号的普通合金钢 其典型热处理工艺:球化退火—淬火—低温回火
2	合金工具钢	刃具钢	低合金刃具钢9SiCr;高速钢W18Cr4V,W6Mo5Cr4V2,W6Mn5V2	用于制造各种刃具
		模具钢	冷模具钢:Cr12,Cr12MoV;热锻模具钢:3Cr2W8V,5CrNiMo	量具一般没有专用钢材。简单量具可用高碳钢制造;复杂量具可用低合金刃具钢制造;高精度的复杂量具可用CrMn和CrWMn钢制造
3	特殊性能钢	不锈钢	0Cr18Ni9,1Cr17,1Cr18Ni9,1Cr18Ni9Ti	用于要求耐腐蚀场合
		耐热钢	如3Cr18Ni25Si2,1Cr18Ni9Ti	用于要求抗氧化和抗高温蠕变场合

附表：40Cr 与钢 45 在调质处理后的机械性能对比

钢号	抗拉强度(MPa)	延伸率(%)	冲击韧性(MJ/m)
40Cr	850	16	1000
45	700	15	700

低碳钢的化学热处理

序号	名称	说明
1	渗碳注	在固体(碳粒或块)或气体渗碳剂的氛围中经过一定时间达到表面形成高碳层。 由于碳在碳钢中的渗透和扩散速度很慢,渗碳需要较长时间。 渗碳后必然要经表面淬火使表面获得高硬度而耐磨,并能提高疲劳强度,同时获得芯部的韧性和塑性
2	氮化	氮化就是渗氮,与渗碳异曲同工。 氮化处理可以更大地提高碳钢零件表面的硬度、耐磨性、疲劳强度和抗腐蚀性
3	碳氮共渗(氰化处理)	性能介于渗碳和氮化之间。由于氰化物有剧毒,现已少用

注：用中碳钢经淬火处理可以得到表面的高硬度,使用于需表面耐磨的场合;但因零件中心含碳量较高,中心韧性不足。低碳钢通过表面渗碳处理提高零件表层的含碳量,再经表面淬火提高表面硬度,不仅同样可以达到上述的表面质量,而且可以得到内部的高韧性。

碳素结构钢的牌号及化学成分

牌号	等级	化学成分(%)					脱氧方法
		C	Mn	Si	S	P	
					不大于		
Q195	—	0.06～0.12	0.06～0.12	0.30	0.050	0.045	F、b、Z
Q215	A	0.09～0.15	0.25～0.55	0.30	0.050	0.045	F、b、Z
	B				0.045		
Q235	A	0.14～0.22	0.30～0.65	0.30	0.050	0.045	F、b、Z
	B	0.12～0.20	0.30～0.70		0.045	0.045	
	C	≤0.18			0.040	0.040	Z
	D	≤0.17	0.35～0.80		0.035	0.035	TZ
Q255	A	0.18～0.28	0.40～0.70	0.30	0.050	0.045	Z
	B				0.045		
Q275	—	0.28～0.38	0.50～0.80	0.35	0.050	0.045	Z

注：碳素结构钢的字母代表意义如下：Q—代表钢的屈服点;A、B、C、D—反映钢中有害物质硫和磷含量的质量等级符号,D 比 A 的杂质含量下降;F、b、Z、TZ 代表脱氧方法：F—沸腾钢;b—半镇静钢;Z—特殊镇静钢;TZ 特殊镇静钢(Z 和 TZ 可省略),可参考后面的"碳素结构钢新旧牌号对照和用途"。

碳素结构钢的性能特点和用途

种类	性能特点	用途
Q195	具有较高的塑性和韧性,易于冷加工	制造载荷小的零件。如垫圈、铆钉、地脚螺栓、开口销、拉杆、冲压零件及焊接件
Q215	具有较高的塑性和韧性,易于冷加工	制造薄钢板、低碳钢丝、焊接钢管、螺钉、钢丝网、烟囱、屋面板、铆钉、垫圈、犁板等
Q235A Q235B	强度、塑性、韧性以及焊接性等方面都较好,可满足钢结构的要求,应用广泛	制造各种薄钢板、钢筋、型条钢、中厚板、铆钉以及机械零件,如拉杆、齿轮、螺栓、钩子、套环、轴、连杆、销钉、心部要求不高的渗碳件、焊接件等。Q235C级与D级则作为重要的焊接结构件
Q255A Q255B	含碳量较高,强度和屈服点也较高,塑性及焊接性较好,应用不如 Q235 广泛	制造钢结构的各种型条钢、钢板以及各种机械零件,如轴、拉杆、吊钩、摇杆、螺栓、键和其他强度要求较高的零件
Q275	强度、屈服点较高,塑性和焊接性较差	钢筋混凝土结构配件、构件、农机用型钢、螺栓、连杆、吊钩、工具、轴齿轮、键和其他强度要求较高的零件

碳素结构钢新旧牌号对照和用途

GB 700—88牌号	GB 700—79牌号		应用举例
Q195	不分等级,化学成分和力学性能(抗拉强度、伸长率和冷弯)均须保证,但轧制薄板和盘条之类产品,力学性能的保证项目,根据产品特点和使用要求,可在有关标准中另行规定	Q195的化学成分和本标准号钢的乙类钢B1同,力学性能(抗拉强度、伸长率和冷弯)与甲类钢 A1(A1、B1)。1号钢没有特类钢	塑性好,有一定强度。用于承受载荷不大的桥梁建筑等金属结构件,也在机械制造中用作铆钉、螺钉、垫圈、地脚螺栓、冲压件及焊接件等
Q215A	A2		
Q215B	B级(做常温冲击试验,V形缺口)	C2	
Q235A	不做冲击试验	A3	附加保证常温冲击试验 U 形缺口	强度较高,塑性也较好。用于承载荷较大的金属结构件等,也可制作转轴、心轴、拉杆、摇杆、吊钩、螺栓、螺母等。Q235C、Q235D也用作重要的焊接结构件
Q235B	做常温冲击试验,V形缺口	C3	附加保证常温或－20℃冲击试验,U形缺口	
Q235C	用于重要焊接结构	—		
Q235D	用于重要焊接结构	—		
Q255A		A4		强度更高,可制作链、销、转轴、轧辊、主轴、链轮等承受中等载荷的零件
Q255B	需做常温冲击试验,V形缺口	C4	附加保证冲击试验,U形缺口	
Q275	不分等级,化学成分和力学性能均须保证	C5		

碳素结构钢的冷弯性能

牌号	试样方向	冷弯试验 $B=2a$,180℃		
		钢材厚度(直径)(mm)		
		60	>60～100	>100～200
		弯心直径 d		
Q195	纵	0		
	横	0.5a		
Q215	纵	0.5a	1.5a	2a
	横	a	2a	2.5a
Q235	纵	a	2a	2.5a
	横	1.5a	2.5a	3a
Q255		2a	3a	3.5a
Q275		3a	4a	4.5a

注：符号 B (或 b) 为试样宽度,a 为试样厚度,试样方向中"纵"方向为轧制方向。

优质碳素结构钢的特点和用途

类别(牌号)	主要特点	用途
低碳钢(08F)	塑性好、强度低	可制成薄板,深冲压制品、容器等
低碳钢(10～25)	良好的冲压和焊接性能	常用于受力不大,而塑性、韧性较高的零件。如焊接容器、螺钉、杆件、轴套等。又可经渗碳后,表面耐磨,心部具有良好的韧性,可制造摩擦片等
中碳钢(30～55、40Mn、50Mn)	经热处理后,具有良好的综合力学性能	制造齿轮、连杆、轴类零件
高碳钢(60～85、60Mn～70Mn)	经热处理后,具有较高的耐磨性、弹性	制造弹簧、钢瓶、车轮、钢丝绳、农机耐磨件等

注：优质碳素结构钢含有害杂质少,非金属杂质少,化学成分控制严格,塑性和韧性较高,多用于制造重要机械零件。

金属材料 [11] 碳钢

碳素结构钢的力学性能

牌号	等级	屈服点 δ_s(MPa) ≥						抗拉强度	伸长率 δ_5(%) ≥						V形冲击功 ≥(纵向)(J)
		钢材厚度(直径)(mm)							钢材厚度(直径)(mm)						
		≤16	>16~40	>40~60	>60~100	>100~150	>150		≤16	>16~40	>40~60	>60~100	>100~150	>150	
Q195	—	195	185	—	—	—	—	315~390	33	32	—	—	—	—	
Q215	A	215	205	195	185	175	165	335~410	31	30	29	28	27	26	—
	B														27(20℃)
Q235	A	235	225	215	205	195	185	375~460	26	25	24	23	22	21	—
	B														27(20℃)
	C														27(0℃)
	D														27(-20℃)
Q255	A	255	245	235	225	215	205	410~510	24	23	22	21	20	19	—
	B														27(20℃)
Q275		275	265	255	245	235	225	490~610	20	19	18	17	16	15	—

注：冲击功数值后括号内数值指冲击试验温度。

部分优质碳素结构钢牌号及化学成分

牌号	化学成分(%)							
	C	Si	Mn	P	S	Ni	Cr	Cu
				不大于				
08F	0.05~0.11	≤0.03	0.25~0.50	0.035	0.035	0.30	0.10	0.25
10	0.07~0.13	0.17~0.37	0.35~0.65	0.035	0.035	0.30	0.15	0.25
15	0.12~0.18	0.17~0.37	0.35~0.65	0.035	0.035	0.30	0.25	0.25
20	0.17~0.23	0.17~0.37	0.35~0.65	0.035	0.035	0.30	0.25	0.25
35	0.32~0.39	0.17~0.37	0.50~0.80	0.035	0.035	0.30	0.25	0.25
40	0.37~0.44	0.17~0.37	0.50~0.80	0.035	0.035	0.30	0.25	0.25
45	0.42~0.50	0.17~0.37	0.50~0.80	0.035	0.035	0.30	0.25	0.25
60	0.57~0.65	0.17~0.37	0.50~0.80	0.035	0.035	0.30	0.25	0.25
70	0.67~0.75	0.17~0.37	0.50~0.80	0.035	0.035	0.30	0.25	0.25
75	0.72~0.80	0.17~0.37	0.50~0.80	0.035	0.035	0.30	0.25	0.25
80	0.77~0.85	0.17~0.37	0.50~0.80	0.035	0.035	0.30	0.25	0.25
85	0.82~0.90	0.17~0.37	0.50~0.80	0.035	0.035	0.30	0.25	0.25
20Mn	0.17~0.23	0.17~0.37	0.70~1.00	0.035	0.035	0.30	0.25	0.25
60Mn	0.57~0.65	0.17~0.37	0.70~1.00	0.035	0.035	0.30	0.25	0.25
65Mn	0.62~0.70	0.17~0.37	0.90~1.20	0.035	0.035	0.30	0.25	0.25
70Mn	0.67~0.75	0.17~0.37	0.90~1.20	0.035	0.035	0.30	0.25	0.25

注：表中所列牌号为优质钢。如果是高级优质钢，在牌号后面加"A"；如果是特级优质钢，在牌号后面加"E"；对于沸腾钢，牌号后面为"F"；对于半镇静钢，牌号后面为"b"。

部分优质碳素结构钢的力学性能

牌号	试样毛坯尺寸(mm)	推荐热处理(℃)			力学性能					钢材交货状态硬度 HB	
		正火	淬火	回火	σ_b(MPa)	σ_s(MPa)	δ_5(%)	ψ(%)	A_{ku2}(J)	不大于	
					不小于					未热处理	退火钢
08F	25	930			295	175	35	60		131	
10	25	930			335	205	31	55		137	
15	25	920			375	225	27	55		143	
20	25	910			410	245	25	55		156	
35	25	870	850	600	530	315	20	45	55	197	
40	25	860	840	600	570	335	19	45	47	217	187
45	25	850	840	600	600	355	16	40	39	229	197
60	25	810			675	400	12	35		255	229
70	25	790			715	420	9	30		269	229
75	试样		820	480	1080	880	7	30		285	241
80	试样		820	480	1080	930	6	30		285	241
85	试样		820	480	1130	980	6	30		302	255
20Mn	25	910			450	275	24	50		197	
60Mn	25	810			695	410	11	35		269	229
65Mn	25	810			735	430	9	30		285	229
70Mn	25	790			785	450	8	30		285	229

注：1. 表中的力学性能是正火后的试验测定值，A_{ku2}值试样应进行调质处理。
2. 对于直径或厚度小于25mm的钢材，热处理是在与成品截面尺寸相同的试样毛坯上进行。
3. 表中所列正火推荐保温时间不少于30min，空冷；淬火推荐保温时间不少于30min，70、80和85钢油冷、其余钢水冷；回火推荐保温时间不少于1h。

常用调质钢的牌号、热处理、性能及用途

牌号	热处理			力学性能					退火或调质硬度 HB≤	用途
	淬火温度 ℃	回火温度 ℃	试样尺寸 mm	σ_b MPa	σ_s MPa	δ %	ψ %	A_k J		
45	830~840	580~640	<100	≥600	≥355	≥16	≥40		167	主轴,曲轴,齿轮
40Cr	850	520	25	980	785	≥9	≥45	47	207	轴类,连杆,螺栓,重要齿轮
40MnB	850	500	25	980	785	≥9	≥45	47	207	代替40Cr作主轴,曲轴,齿轮等重要零件
40MnVB	850	520	25	980	785	≥10	≥45	45	207	代替40Cr或部分代替40CrNi
30CrMnSi	880	520	25	1080	885	≥10	≥45	39	229	高强度钢,作高速载荷轴,车轴内外摩擦片等
35CrMo	850	550	25	980	835	≥12	≥45	63	229	重要调质用曲轴,连杆,大截面轴
38CrMoAl	940	640	30	980	835	≥14	≥50	71	207	氮化零件,镗杆,缸套等
37CrNi3	820	500	25	1130	980	≥10	≥50	47	269	用于大截面并需要高强度高韧性的零件
40CrMnMo	850	600	25	980	785	≥10	≥45	63	217	使用时相当于40CrNiMo等材料的高级调质钢材
25Cr2Ni4W	850	550	25	1080	930	≥11	≥45	71	269	力学性能要求高的大截面零件
40CrNiMo	850	600	25	980	835	≥12	≥55	78	269	高强度零件,如飞机发动机轴等

注：调质钢（包括后列合金调质钢）是必须经过调质处理后使用的钢种。如不进行调质处理，其性能将大幅度下降。调质钢常用于汽车、机床上的主要零件，如连杆、齿轮、主轴、传动轴等，工作时承受较大的循环载荷或各种复合应力，故要求所用材料具有较高的强度、良好的塑性与韧性及高的抗疲劳强度。

常用普通低碳钢的牌号、性能及主要用途

牌号	机械性能			用途
	厚度或直径 mm	σ_s MPa	σ_b MPa	δ %	
12Mn	≤16	300	450	21	船舶,低压锅炉,容器,油罐
09MnNb	≤16	300	420	23	桥梁,车辆
16Mn	≤16	350	520	21	船舶,桥梁,车辆,大型容器,钢结构,起重机机械
12MnPRE	6~20	350	520	21	建筑结构,船舶,化工容器
16MnNb	≤16	400	540	19	桥梁,起重机
10MnPNbRE	≤10	400	520	19	港口工程结构,造船,石油井架
14MnVTiRE	≤12	450	560	18	大型船舶,桥梁,高压容器,电站设备
15MnVN	≤10	480	650	17	大型焊接结构,大桥,造船,车辆
14MnMoVBRE	6~10	500	650	16	中温高压容器(<500℃)
18MnMoNb	16~38	≥520	≥650	≥17	锅炉,化工,石油等工业中的高压厚壁容器(<500℃)
14CrMnMoVB	6~20	650	750	15	中温高压容器(400~560℃)

常用渗碳钢的牌号、热处理、性能和一般用途

牌号	试样直径 mm	热处理工艺				力学性能(不小于)					一般用途
		渗碳 ℃	Ⅰ次淬火 ℃	Ⅱ次淬火 ℃	回火 ℃	σ_b MPa	σ_s MPa	δ %	ψ %	$A_k(\alpha_k)$ J (kgfm/cm²)	
15	25		920 空气	800 水		375	225	27	55		形状简单受力小的渗碳件
20	25		900 空气	780 水		410	245	25	55		同上
15Cr	15		880 水油	780 水	200	735	490	11	45	55(7)	船舶主机螺钉,活塞销,凸轮,机车小零件
20Cr	15		880 水油	800 油	200	835	540	10	40	47(6)	机床齿轮,齿轮轴,蜗杆,活塞销及气门顶杆等
20Mn2	15		850 水油	780 油	200	785	590	10	40	47(6)	代替20Cr
20CrMnTi	15	900~950	880 油	870 油	200	1080	853	10	45	55(7)	汽车拖拉机齿轮,凸轮,是Cr-Ni钢的代用品
20Mn2B	15		880 油		200	980	785	10	45	55(7)	代替20Cr,20CrMnTi
12CrNi3	15		860 油	780 油	200	930	685	11	50	71(9)	大齿轮,轴
20CrMnMo	15		850 油		200	1175	885	10	45	55(7)	代替含镍钢作汽车拖拉机齿轮活塞销等大截面零件
20MnVB	15		860 油		200	1080	885	10	45	55(7)	代替20CrMnTi,20CrNi钢
12Cr2Ni4	15		860 油	780 油	200	1080	835	10	50	71(9)	大齿轮,轴
20Cr2Ni4	15		880 油	780 油	200	1175	1080	10	45	63(8)	大型渗碳齿轮,轴类
18Cr2Ni4WA	15		950 空气	850 空气	200	1175	835	10	45	78(10)	高级大型渗碳齿轮(飞机齿轮),轴,渗碳轴承

注：渗碳钢是用于制造渗碳零件的钢种。许多零件工作中承受冲击载荷、交变应力及表面强烈的磨损，如机床变速箱的齿轮，汽车拖拉机的滑动齿轮、活塞销、花键轴等。这些零件要求心部有足够的强度，较高的韧性和塑性，表面要高的硬度、耐磨性和疲劳强度。渗碳钢经渗碳处理后可以达到这个要求。

金属材料 [11] 碳钢

低合金高强度结构钢的机械性能

新标准	旧标准	用途
Q295	09MnV、9MnNb、09Mn2、12Mn	车辆的冲压件、冷弯型钢、螺旋焊管、拖拉机轮圈、低压锅炉汽包、中低压化工容器、输油管道、储油罐、油船等
Q345	12MnV、16Mn、14MnNb、18Nb、16MnRE	船舶、铁路车辆、桥梁、管道、锅炉、压力容器、石油储罐、起重及矿山机械、电站设备、厂房钢架等
Q390	15MnTi、16MnNb、10MnPNbRE、15MnV	中高压锅炉汽包、中高压石油化工容器、大型船舶、桥梁、车辆、起重机及其他较高载荷的焊接结构件等
Q420	15MnVN、14MnVTiRE	大型船舶、桥梁、电站设备、起重机械、机车车辆、中压或高压锅炉容器及其他大型焊接结构件等
Q460		可淬火加回火后用于大型挖掘机、起重运输机械、钻井平台等

注：低合金高强度结构钢是在碳素结构钢的基础上加入合金元素从而改善其性能的结构钢，故有此名。其特点是：强度高，塑性和韧性好；焊接性能好；冷热压力加工性能好；有一定的耐腐蚀性。主要用于制造压力容器、桥梁、机车车辆、输油管道、锅炉等工程构件。

低合金高强度结构钢机械性能

牌号	质量等级	屈服点 σ_b(MPa) 厚度(直径、边长)(mm) ≤16	>16~35	>35~50	>50~100	抗拉强度 σ_b(MPa)	伸长率 δ_s(%)	冲击功 A_{kv}(纵向)(J) +20℃	0℃	-20℃	-40℃	180°弯曲试验 d=弯心直径；a=试样厚度(直径) 钢材厚度(直径)(mm) ≤16	≥16~100
		不小于						不小于					
Q295	A	295	275	255	235	390~570	23					$d=2a$	$d=3a$
	B	295	275	255	235	390~570	23	34					
Q345	A	345	325	295	275	470~630	21					$d=2a$	$d=3a$
	B	345	325	295	275	470~630	21	34					
	C	345	325	295	275	470~630	22		34				
	D	345	325	295	275	470~630	22			34			
	E	345	325	295	275	470~630	22				27		
Q390	A	370	370	350	330	490~650	19					$d=2a$	$d=3a$
	B	370	370	350	330	490~650	19	34					
	C	370	370	350	330	490~650	20		34				
	D	370	370	350	330	490~650	20			34			
	E	370	370	350	330	490~650	20				27		
Q420	A	420	400	380	360	520~680	18					$d=2a$	$d=3a$
	B	420	400	380	360	520~680	18	34					
	C	420	400	380	360	520~680	19		34				
	D	420	400	380	360	520~680	19			34			
	E	420	400	380	360	520~680	19				27		
Q460	C	460	440	420	400	550~720	17		34			$d=2a$	$d=3a$
	D	460	440	420	400	550~720	17			34			
	E	460	440	420	400	550~720	17				27		

常用合金渗碳钢的成分、热处理、性能及用途

类别	钢号	主要化学成分(%) C	Mn	Si	Cr	Ni	V	Ti	其他	试样尺寸(mm)	渗碳	热处理(℃) 第一次淬火	第二次淬火	回火	力学性能(不小于) σ_b(MPa)	σ_s(MPa)	δ_s(MPa)	ψ	α_k(J/cm²)	用途
低淬透性	20Cr	0.18~0.24	0.50~0.80	0.17~0.37	0.17~1.00					15	930	850 水油	780~820 水油	200 水空	≥835	≥540	≥10	≥40	≥60	截面不大的齿轮、凸轮、滑阀、活塞、活塞环、联轴器等
	20Mn2	0.17~0.24	1.40~1.80	0.17~0.37						15	930	850 水油		200 水空	≥785	≥590	≥10	≥40	≥60	代替20Cr钢
	20MnV	0.17~0.24	1.30~1.60	0.17~0.37			0.10~0.20			15	930	880 水油		200 水空	≥785	≥590	≥10		≥70	活塞销、齿轮、锅炉、高压容器等焊接结构件
中淬透性	20CrV	0.17~0.24	0.50~0.80	0.17~0.37	1.35~1.65		0.10~0.20			15	930	880 水油	800 水油	200 水空	≥835	≥590	≥12		≥70	要求表面高硬度、截面尺寸不大的零件，如齿轮、活塞销、涡轮、传动齿轮等
	20CrMn	0.17~0.23	1.30~160	0.17~0.37	0.90~1.20					15	930	850 油		200 水空	≥930	≥735	≥10	≥45	≥60	截面不大，中高负荷的齿轮、轴、蜗杆、调速器的套筒等
	20CrMnTi	0.17~0.23	0.80~1.10	0.17~0.37	1.00~1.30			0.06~0.12		15	930	880 油	970 油	200 水空	≥1080	835	≥10	≥45	≥70	截面在30mm以下承受调速、中或重负荷以及冲击、摩擦的渗碳零件，如齿轮轴、爪形离合器等
	20MnTiB	0.17~0.24	1.30~1.60	0.17~0.37				0.06~0.12	B:0.0005~0.0035	15	930	860 油		200 水空	≥1100	930	10	45	≥70	代 20CrMnTi
	20SiMnVB	0.17~0.24	1.30~1.60	0.50~0.80			0.07~0.12		B:0.0005~0.0035	15	930	900 油		200 水空	1175	980	10	45	70	可代 20CrMnTi
高淬透性	12Cr2Ni4A	0.17~0.23	0.30~0.60	0.17~0.37	1.25~1.65	3.25~3.65				15	930	880 油	780 油	200 水空	1175	1080	10	45	≥80	在高负荷、高变应力下工作的齿轮、涡轮、蜗杆、转向轴等
	18Cr2Ni4WA	0.13~0.19	0.30~0.60	0.17~0.37	1.35~1.65	4.00~4.50			W:0.80~1.20	15	930	950 空	850 空	200 水空	1175	≥835	10	45	100	大截面高强度渗碳中、大齿轮、曲轴、花键轴、涡轮等

常用合金工具钢的牌号、化学成分、热处理及用途

类别	牌号	化学成分(%)										淬火 加热温度(℃)	硬度 HRC	回火 回火温度(℃)	硬度 HRC	用途
		C	Mn	Si	Cr	W	V	Mo	Ni	AL	Co					
低合金刃具钢	9SiCr	0.85~0.95	0.30~0.60	1.20~1.60	0.95~1.25							820~860 油	62	190~200	60~62	板牙、丝锥、铰刀、拔丝板、冷冲模
	Cr06	1.3~1.45	≤0.40	≤0.40	0.50~0.70							780~810 水	64			
高速钢	W18Cr4V	0.70~0.80	≤0.40	≤0.40	3.8~4.4	17.5~19.00	1.00~1.40	≤0.3				1260~1280 油		550~570 三次	≥62	高速和各种刀具
	W6Mo5Cr4V2	0.80~0.90	≤0.40	≤0.40	3.8~4.4	5.50~6.75	1.75~2.20	4.5~5.50				1210~1230 油		550~570 三次	≥63	高速和各种刀具
超硬型高速钢	W6Mo5Cr4V2Al	1.05~1.20	0.15~0.40	0.20~0.60	3.80~4.40	5.50~6.75	1.75~2.20	4.50~5.50		0.80~1.20		1230~1240 油		540~560 三次	≥62	难加工材料的刀具
	W2Mo9Cr4VCo8	1.05~1.20	0.15~0.40	0.15~0.65	3.50~4.25	1.15~1.85	0.95~1.35	9.00~10.00			7.75~8.75	1170~1190 油		530~550 三次	≥63	
冷作模具钢	5CrW2Si	0.45~0.55	≤0.40	0.50~0.80	1.00~1.30	2.00~2.50						860~900 油	55			耐冲击用剪刀片等
	Cr12	2.00~2.30	≤0.40	≤0.40	11.50~13.00							950~1000 油	≤60	180~220	60~62	各种冷作模具用钢
	Cr12MoV	1.45~1.70	≤0.40	≤0.40	11.00~12.50		0.15~0.30	0.40~0.60				1020~1040 油	62~63	160~180	61~62	各种冷作模具用钢
	CrWMn	0.90~1.05	0.80~1.10	≤0.40	0.90~1.60	1.20~1.60						800~830 油	≥62	140~160	62~65	板牙、拉刀、量具及高精度冷冲模
热作模具钢	5CrMnMo	0.50~0.60	≤1.20~1.60	0.25~0.60	0.60~0.90			0.15~0.30				830~850 油	≥50	490~640	30~47	中型热锻模
	5CrNiMo	0.50~0.60	0.50~0.80	0.50~0.80	0.50~0.80			0.15~0.30	1.40~1.80	14.0~1.80	1.40~1.80	840~860 油	≤47	490~660	30~47	大型热锻模
	3Cr2W8V	0.30~0.40	≤0.40	≤0.40	2.20~2.70	7.50~9.00	0.20~0.50					1035~1150 油	≥50	560~580 三次	45~48	热挤压模、高速锻模等
	4Cr5MoSiV	0.33~0.43	0.20~0.5	0.80~1.20	4.75~5.50		0.30~0.60	1.10~1.60				1000~1025 油	≥55	540~650	40~54	热挤压模、高速锻模等
塑料模具钢	3Cr2Mo	0.28~0.40	0.60~1.0	0.20~0.8	1.40~2.00			0.30~0.55				—	—	—	—	塑料模具

注：工具钢是用于制造各种刃具、模具和量具等工具的材料。作为工具钢，都要求其具有高硬度、高耐磨性，足够的强度、塑性和一定的冲击韧性。各类工具钢还有其特殊的要求。例如刃具钢，除要求高硬度、高耐磨性和足够的强度、塑性、韧性外，特别要求高红硬性（在切削热作用下仍能保持高硬度）。

常用合金调质钢的牌号及用途

牌号	用途
40Cr	制造承受中等载荷和中等速度工作下的零件，如汽车后半轴及机床上齿轮、轴、花键轴、顶尖套等
20Mn2	轴，半轴，活塞，活塞杆，连杆，螺栓
42SiMn	在高频淬火及中温回火状态下制造中速、中等载荷的齿轮，调质后高频淬火及低温回火状态下制造表面要求高硬度、较高耐磨性、较大截面的零件，如主轴、齿轮等
40MnB	代替40Cr钢制造中、小截面重要调质件，如汽车半轴、转向轴、蜗杆以及机床主轴、齿轮等
40MnVB	代替40Cr钢制造汽车、拖拉机和机床上的重要调质件，如轴、齿轮等
35CrMo	通常用作调质件，也可在高、中频表面淬火或淬火、低温回火后用于高载荷下工作的重要结构件，特别的受冲击、振动、弯曲、扭转载荷的零件，如主轴、齿轮、曲轴、锤杆等
40CrMn	在高速、高载荷下工作的齿轮轴、齿轮、离合器等
30CrMnSi	重要用途的调质件，如高速高载荷的砂轮轴、齿轮、轴、螺母、螺栓、轴套等
40CrNi	制造截面较大、载荷较重的零件，如轴、连杆、齿轮轴等
38CrMoAl	高级氮化钢，常用于制造磨床主轴、自动车床主轴、精密丝杠、精密齿轮、高压阀门、压缩机活塞杆、橡胶塑料挤压机上的各种耐磨件
40CrMnMo	截面较大、要求高强度和高韧性的调质件，如8t卡车的后桥半轴、齿轮轴、偏心轴、齿轮、连杆等
40CrNiMoA	要求韧性好、强度高及大尺寸的重要调质件，如重型机械中高载荷的轴类、直径大于250mm的汽轮机轴、叶片、曲轴等
25Cr2NiWA	200mm以下要求淬透的零件

注：合金调质钢一般在机械加工前需进行正火或退火以细化组织、改善切削性能；含合金元素高的甚至在空气中冷却后再行650~700℃的高温回火，使硬度下降，便于切削。调质钢的最终热处理为调质处理，即淬火加高温回火。

常用合金弹簧钢的牌号及用途

牌号	用途
55Si2Mn	汽车、拖拉机、铁道车辆上的减振板簧和螺旋弹簧，气缸安全阀
55Si2MnB	与55Si2Mn相近，但淬透性、疲劳强度更高，适用于制造中、小型截面的钢板弹簧
60Si2Mn	与55Si2Mn相比，强度和弹性极限稍高，淬透性好，应用广泛，适用于制造铁道车辆、汽车、拖拉机上的减振板簧和螺旋弹簧，气缸安全阀。还可用作250℃以下使用的耐热弹簧
55SiMnVB	代替60Si2Mn制作重型、中、小型汽车的板簧和其他中型截面的板簧与螺旋弹簧
60Si2CrA	用作承受高应力及工作温度在300~350℃以下的弹簧，如调速器弹簧、汽轮机汽封弹簧、破碎机用簧等
55CrMnA	车辆、拖拉机工业上制作载荷较重、应力较大的板簧和直径较大的螺旋弹簧
50CrVA	用作较大截面的高载荷重要弹簧及工作温度<300℃的阀门弹簧、活塞弹簧、安全阀弹簧等
30W4Cr2VA	用作工作温度<500℃的耐热弹簧，如锅炉主安全阀弹簧、汽轮机汽封弹簧等

注：弹簧钢是用于制造弹性元件的。由于弹簧在工作时产生较大的弹性变形，在各种场合下起缓和冲击、吸收振动的作用，并可利用其储存的能量使构件完成规定动作，因此要求弹簧钢具有较高的弹性极限和屈服比，较高的疲劳强度，及一定的塑性和韧性。

金属材料 [11] 碳钢

弹簧钢的供货状态及其热处理

序号	弹簧成型种类	弹簧钢丝供货状态	弹簧成型工艺	成型后的热处理	备注
1	冷成型	退火状态	常温下冷卷成型	淬火+中温回火	只适用于中小尺寸弹簧和不重要大弹簧（如沙发簧）
		铅浴等温淬火冷拉钢丝		200～300℃的去应力退火	抗拉强度比铅浴的低，但性能均匀，广泛用于制造阀门弹簧、喷油嘴弹簧
		油淬强化簧丝			
2	热成型	热轧或退火状态	热成型（加热至950～980℃）	用热成型余温淬火+中温回火+喷丸处理	回火后：螺旋簧，45～50HRC；板簧，42～47HRC；工作应力较高，48～53HRC

常用弹簧钢钢种、热处理、性能及用途

牌号	热处理		力学性能				用途
	淬火 ℃	回火 ℃	σ_b MPa	σ_s MPa	δ %	ψ %	
65	840 油	480	1000	800	9	35	小于 ϕ12～15mm 的一般弹簧，或拉成钢丝作小型弹簧
65Mn	830 油	480	1000	800	8	30	小于 ϕ25mm 的各种螺旋弹簧和板弹簧
60Si2Mn	870 油或水	460	1300	1200	5	25	小于 ϕ25～30mm 的各种弹簧，工作温度低于 230℃
50CrVA	850 油	520	1300	1100	10	45	用于 ϕ30～50mm 重载荷的各重要弹簧，工作温度低于 400℃
50CrMnA	840 油	490	1300	1200	6	35	车辆拖拉机上小于 ϕ50mm 的弹簧
65Si2MnWA	850 油	420	1900	1700	5	20	制造高温（≤350℃）小于 ϕ50mm 的高强度弹簧
60Si2MnBRE	870 油	460±25	≥1600	≥1400	≥5	≥20	较大截面的板簧或螺旋弹簧
60Su2CrVA	850 油	410	1900	1700	6	20	≤ϕ50mm，≤250℃的极重要或重载工作弹簧
55SiMnMoV	880 油	550	1400	1300	6	20	小于 ϕ75mm 的重型汽车越野车的大型弹簧

碳素工具钢的成分和硬度

牌号		化学成分(%)			硬度		
		C	Si	Mn	退火状态 HB	淬火后 HBC	淬火温度和冷却剂
T7	T7A	0.65～0.74	≤0.35	≤0.40	≤187		800～820℃水
T8	T8A	0.75～0.84	≤0.35	≤0.40	≤187		780～800℃水
T8Mn	T8MnA	0.80～0.90	≤0.35	0.40～0.60	≤187		
T9	T9A	0.85～0.94	≤0.35	≤0.40	≤192	≥62	
T10	T10A	0.95～1.04	≤0.35	≤0.40	≤197		
T11	T11A	1.05～1.14	≤0.35	≤0.40	≤207		760～780℃水
T12	T12A	1.15～1.24	≤0.35	≤0.40	≤207		
T13	T13A	1.25～1.35	≤0.35	≤0.40	≤217		

常用工具和钢材的硬度

名称	一般硬度 HRC	名称	一般硬度 HRC
锉刀、钻头、钢车刀等	60～65	菜刀、剪刀、斧头等刀口部分	50～55
冷冲凸凹模	58～62 60～64	扳手、螺钉旋具工作部分	43～48
钳工榔头	52～56	钢材（材料供应状态）	大多 HB130～230 相当 HRC20 以下

碳素工具钢的性能特点及用途

牌号	特点	用途
T7	热处理后具有较高的强度和韧性，且有较高的硬度，但热硬性低，淬透性差，淬火变形大	制造能承受振动和撞击，要求较高韧性，但切削性能要求不太高的工具，如凿子、冲头、木工用锯和凿、刨等
T8	热处理后有较高硬度和耐磨性，但热硬性较低，淬透性差，加热时容易过热，变形较大	制造不受大冲击，需要较高硬度和耐磨性的工具，如简单的模子和冲头、切削金属的刀具、木工用的铣刀和斧、錾、圆锯片以及钳工工具
T8Mn	性能同上，但因加入了锰，淬透性较好，淬硬层较深	同T8，但可制造截面较大的工具
T9	性能和T8近似，但因含碳量较高一些，故硬度和耐磨性较高，韧性较差一些	硬度较高，有一定韧性，但不受剧烈振动冲击的工具，如中心钻、冲模、木工切削工具及凿岩石凿子
T10	淬火加热时不易过热，仍保持细晶粒，韧性尚可，强度及耐磨性顽抗较T7～T9高些，但热硬性低，淬透性仍然不高，淬火变形大	应用较广，适于制造切削条件较差，耐磨性要求较高，承受突然和剧烈冲击振动而需要一定韧度及具有锋利刃口的各种工具，如车刀、刨刀、钻头、丝锥、扩孔刀具、螺纹板牙、手锯锯条等
T11	具有较好的综合力学性能，缺点同T10	用途和T10 基本相同，习惯上多采用T10
T12	淬火后有较多的过剩碳化物，因此耐磨性和硬度高，但韧性也较低，且热硬性低，淬透性差，淬火变形大	制造不受冲击载荷，切削速度不高而需要很高硬度和耐磨性的各种工具和耐磨机件，如铰刀、板牙、量规、锉刀、锯片以及小截面尺寸的冷切边模和冲孔模
T13	硬度极高，耐磨性最好，但因碳化物数量增多和分布不均匀，故力学性能较低，不能承受冲击，缺点同T12	制造不受冲击振动而需极高硬度的各种工具，如剃刀、刮刀、刻字刀具、拉丝工具、岩石加工用工具及耐磨机械零件

碳素刃具钢的牌号、硬度及用途

牌号		硬度		用途举例
		供应态 HBS	*淬火后 HRC≥	
T7	T7A	187	62	硬度适当，韧性较好耐冲击的工具，如扁铲、手钳、大锤、螺钉旋具、木工工具
T8	T8A	187	62	承受冲击，要求较高硬度的工具，如冲头、压缩空气工具、木工工具
T8Mn	T8MnA	187	62	同上，但淬透性好，可作截面较大的工具
T9	T9A	192	62	韧性中等，硬度较高的工具，如冲头、木工工具、凿岩工具
T10	T10A	197	62	无剧烈冲击，要求高硬度耐磨的工具，如车刀、刨刀、丝锥、钻头、手锯条
T11	T11A	207	62	同上
T12	T12A	207	62	不受冲击，要求高硬度高耐磨的工具，如锉刀、刮刀、精车刀、丝锥、量具
T13	T13A	217	62	同上，要求更耐磨的工具如刮刀、剃刀

注：淬火后硬度不是指用途举例中各工具的硬度，而是指碳素工具钢材料淬火后的最低硬度。

常用合金量具刃具钢的牌号及用途

牌号	用途
9SiCr	板牙、丝锥、钻头、铰刀、齿轮铣刀、拉刀及作冷冲模、冷轧辊等
Cr06	用作剃刀、刀片、手术刀具以及刮刀、刻刀等
Cr2	用作加工材料不很硬的低速切削刀具，可作样板、量规、冷轧辊等
9Cr2	用作冷轧辊、钢印、冲孔凿、冷冲模、冲头、量具及木工工具等

注：量具用钢是用于制造各种测量工具的钢。量具是计量尺寸的，必须具备精确而稳定的尺寸，因此量具用钢应有高硬度、高耐磨性和稳定的尺寸。但没有专门的量具用钢，各种工具钢、滚动轴承钢等均可用来制作量具。

常用低合金刃具钢的钢号、成分、热处理及用途

牌号	合金元素含量,%					热处理及硬度				用途举例
	C	Mn	Si	Cr	其他	淬火℃	淬火后HRC	回火℃	回火后HRC	
Cr06	1.30~1.45	≤0.40	≤0.40	0.50~0.70		800~810水	63~65	160~180	62~64	锉刀,刮刀,刻刀,刀片,剃刀
Cr2	0.95~1.10	≤0.40	≤0.40	1.30~1.65		830~850油	62~65	150~170	60~62	车刀,插刀,铰刀,冷轧辊,其他同上
9SiCr	0.85~0.95	0.30~0.60	1.20~1.60	0.95~1.25		830~860油	62~64	150~200	61~63	丝锥,板牙,钻头,铰刀,冷冲模等
CrWMn	0.90~1.05	0.80~1.10	≤0.40	0.90~1.20	W1.2~1.6	800~830油	62~63	160~200	61~62	板牙,拉刀,长丝锥,长钻刀,冷作模具
9Mn2V	0.85~0.95	1.70~2.00	≤0.40		V0.1~0.25	760~780油	>62	130~170	60~62	丝锥,板牙,铰刀,量规,块规等
CrW5	1.25~1.50	≤0.40	≤0.40	0.40~0.70	W4.5~5.5	800~850油	65~66	160~180	64~65	低速切削硬金属刃具,如铣刀、车刀

常用量具用钢的选用举例

用途	选用钢举例	
	钢类别	钢牌号
尺寸小、精度不高、形状简单的量规、塞规、样板等	碳素工具钢	T10A,T11A,T12A
精度不高、耐冲击的卡板、样板、直尺等	渗碳钢	15,20,15Cr
块规、螺纹塞规、环规、样柱	低合金工具钢	CrMn,9CrWMn,CrWMn
块规、塞规、样柱	滚动轴承钢	GCr15
各种要求精度的量具	冷作模具钢	9Mn2V,Cr12MoV,Cr12
要求精度和耐腐蚀性量具	不锈钢	3Cr13,4Cr13,9Cr18

冷作模具钢的选用举例

冷模种类	受载状态及选用材料			备注
	简单轻载	复杂轻载	重载	
硅钢片冲模	Cr12,Cr6WV Cr12MoV	同左		加工批量大,要求使用寿命长,均采用高合金钢
冲孔落料模	T10A,9Mn2V	9Mn2V,Cr6WV Cr12MoV	Cr12MoV	
压变模	T10A,9Mn2V	—	Cr12,Cr12MoV, Cr6WV	
拔丝拉伸模	T10A,9Mn2V	—	Cr12,Cr12MoV	
冷挤压模	T10A,9Mn2V	9Mn2V,Cr6WV Cr12MoV	Cr12MoV,Cr6WV	要求红硬性还可选用高速钢
*小冲头	T10A,9Mn2V	Cr12MoV	W18Cr4V, W6Mo5Cr4V2	
*冷墩模	T10A,9Mn2V	—	Cr12MoV, Cr4W2MoV, 8Cr8Mo2SiV, W18Cr4V	

注:用于冷挤压钢件,硬铝件或冷墩轴承钢和球钢时,还可选用超硬高速钢或基体钢,基体钢是指 5Cr4W2Mo3V、6Cr4Mo3Ni2WV 等,其成分相当于高速工具钢在正常淬火状态时马氏体(奥氏体)基体成分。这种钢过剩碳化数量少,颗粒细,分布均匀,在保证一定耐磨性和热硬性的条件下能显著改善钢抗弯强度和韧性,淬火变形也小。

常用高速钢的牌号及用途

牌号	用途
W18Cr4V	高速切削车刀、钻头、铣刀、插齿刀、铰刀
W6Mo5Cr4V2	钻头、滚刀、拉刀、插齿刀
W9Mo3Cr4V	上述刀具,可代替 6Mo5Cr4V2

注:高速钢是用于制造高速切削刃具的专用钢材的称谓。当其在 600℃温度下切削,硬度仍无明显下降。

常用热作模具钢的牌号及用途

牌号	用途
5CrMnMo	中小型锤锻模(边长≤300~400mm)和小压铸模
5CrNiMo	形状复杂,冲击载荷大的各种大、中型锤锻模
3Cr2W8V	压铸模,平锻机凸模和凹模,镶块,热挤压模等
4Cr5W2VSi	高速锤用模具与冲头,热挤压模具,有色金属压铸模等

注:热作模具钢用于制造使加热的固态或液态金属获得所需形状的模具,如热锻模、热挤压模、压铸模等。此类模具工作时的型腔温度可以达到600℃。因此,热作模具钢要具备较高的强度、韧性、高温耐磨性及热稳定性,并具有良好的抗热疲劳性。

常用高速钢的牌号、性能及红硬性

种类	牌号	热处理			硬度		*红硬性HRC
		退火温度℃	淬火温度℃	回火温度℃	退火HB≤	淬火+回火HRC≥	
钨系	W18Cr4V (18-4-1)	850~870	1270~1280	550~570	255	63	61~62
钼系	Mo8Cr4V2		1175~1215	540~560	255	63	60~62
钨钼类	W6Mo5Cr4V2 (6-5-4-2)	840~860	1210~1245	540~560	241	64~66	60~61
	W6Mo5Cr4V3	840~885	1200~1240	560	255	64~67	64
超硬度	W18Cr4VCo10	870~900	1270~1320	540~590	277	66~68	64
	W16Mo5Cr4V2Al	850~870	1220~1245	540~560	255	68~69	64

注:红硬性是将淬火回火试样由室温加热至600℃ 4次,每次保温1小时的条件下测得的室温硬度值。

常用冷作模具钢的牌号及用途

牌号	用途
Gr12	冷冲模、冲头、钻套、量规、螺纹滚丝模、拉丝模等
Cr12MoV	截面较大、形状复杂、工作条件繁重的各种冷作模具等
9Mn2V	要求变形小、耐磨性高的量规、磨床轴等
CrWMn	淬火变形很小、长而形状复杂的切削刀具及形状复杂、高精度的冷冲模

注:冷作模具钢是用于制造使金属在冷态下变形的模具,如各种冲压(冲裁、弯曲、拉深)模和拉丝模等。此类模具工作时的实际温度一般不会超过 200~300℃。此类模具在工作时遇到的材料变形抗力大,模具刃口部受到强烈的摩擦和挤压,故要求冷作模具钢具有高的硬度、强度和耐磨性,及较好的韧性。

热作模具选材举例

名称	类型	选材举例	硬度HRC
锻模	高度小于400mm的中小型热锻模	5Cr2MnMo,5CrMnMo	39~47
	高度大于400mm的中小型热锻模	5CrNiMo,5CrMnMo	35~39
	寿命要求高的热锻模	3Cr2W8V,4Cr5MoSiV,4Cr5W2SiV	40~54
	热镦模	4Cr3W4Mo2VTiNb,4Cr5MoSiV,4Cr5W2SiV,3Cr3Mo3V	39~54
	精密锻造或高速锻造	3Cr2W8V,4Cr3W4Mo2VTiNb,4Cr5MoSiV,4Cr5W2SiV	45~54
压铸模	压铸锌、铝、镁合金	3Cr2W8V,4Cr5MoSiV,4Cr5W2SiV	
	压铸铜和黄铜	3Cr2W8V,4Cr5MoSiV,4Cr5W2SiV,钨基粉末冶金材料,钼、钛、锆等难熔金属	
	压铸钢铁	钨基粉末冶金材料,钼、钛、锆等难熔金属	
挤压模	高温挤压镦段(300~800℃)	8Cr8Mo2SiV,基体钢	
	*热挤压	挤压钢、钛、镍合金用 4Cr5MoSiV,3Cr2W8V(>1000℃)	43~47
		挤压铜合金用 3Cr2W8V(<1000℃)	36~45
		挤压铝、镁合金用 4Cr5MoSiV,4Cr5W2SiV(<500℃)	46~50
		挤压铅用 45钢(<100℃)	16~20

注:热挤压温度均为被挤压材料的加热温度。

金属材料 [11] 碳钢

几种不锈钢的成分、热处理、性能及用途

类别	牌号	化学成分(%)						热处理(℃)				力学性能					用途
		C	Si	Mn	Ni	Cr	其他	退火	固溶处理	淬火	回火	σ_b(MPa)	$\sigma_{0.2}$(MPa)	δ_s(%)	ψ(%)	HB	
奥氏体型	1Cr18Ni9	≤0.15	≤1.00	≤2.00	8.00~10.00	17.00~19.00			1010~1150 快冷			≥520	≥260	≥40	≥60	≤187	硝酸、化工、化肥等工业设备零件
	0Cr19Ni9N	≤0.08	≤1.00	≤2.00	7.00~10.50	18.00~20.00	N:0.10~0.20		1010~1050 快冷			≥649	≥275	≥35	≥50	≤217	
	00Cr18Ni10N	≤0.03	≤1.00	≤2.00	8.50~11.50	17.00~19.00	N:0.12~0.22		1010~1150 快冷			≥549	≥245	≥40	≥50	≤217	化学、化肥及化纤工业用的耐蚀材料
	1Cr18Ni9Ti	≤0.12	≤1.00	≤2.00	8.00~11.00	17.00~19.00	Ti与X(C%~0.02)~0.08		1000~1100 快冷			≥539	≥206	≥40	≥55	≤187	耐酸容器、管道及化纤工焊接件等
	0Cr18Ni11Nb	≤0.08	≤1.00	≤2.00	9.00~13.00	17.00~19.00	Nb:≥10×C%		980~1150 快冷			≥520	≥206	≥40	≥50	≤187	镍铬钢焊芯、耐酸容器等
铁素体型	1Cr17	≤0.12	≤0.75	≤1.00		16.00~18.00		780~850 空缓				≥400	≥250	≥20	≥50	≤187	硝酸工业、吸水塔、热交换器、醋酸、管道等及食品厂设备
	1Cr17Mo	≤0.12	≤1.00	≤1.00		16.00~18.00	N:0.75~1.25	780~850 空缓				≥450	≥206	≥22	≥60	≤187	
马氏体型	1Cr13	≤0.15	≤1.00	≤1.00	≤0.06	11.50~13.50				950~1000 油	700~750 快	≥500	≥420	≥20	≥30	≤187	汽轮机叶片、水压机阀、结构架螺栓、螺母等
	2Cr13	0.16~0.25	≤1.00	≤1.00	≤0.06	12.00~14.00		800~900		920~980 油	600~750 快	≥588	≥450	≥16	≥55	≤187	
	3Cr13	0.26~0.40	≤1.00	≤1.00	≤0.06	12.00~14.00		缓冷或约750 快冷		920~980 油	600~750 快	≥735	≥540	≥12	≥40	≤217	硬度较高的耐蚀耐磨工具、医疗工具、量具、滚动轴承等
	3Cr13Mo	0.28~0.35	≤0.80	≤1.00		12.00~14.00	Mo:0.50~1.00			1025~1075 油	200~300 油、水、空						
铁素体+奥氏体型	0Cr26Ni5Mo2	≤0.08	≤1.00	≤1.50	1.00~0.00	23.00~28.00			950~1100 快冷			≥588	≥392	≥18		≤277	耐点蚀性好、高强度、耐海水腐蚀用零件等
	00Cr18Ni5MoSi2	≤0.03	1.30~2.00	1~2.00	4.50~5.50	18.00~19.50			950~1050 快冷			≥588	≥392	≥20		≤30 HRC	石油化工等工业热交换器或冷凝器等
沉淀硬化型	1Cr17Ni7Al	≤0.09	≤1.00	≤1.00	6.50~7.50	16.00~18.00			1000~1100℃ 快冷，565℃ 时效			≥1140	≥960	≥25		≤363 HRB	弹簧、垫圈等零件
	0Cr15Ni7Mo2Al	≤0.09	≤1.00	≤1.00	6.50~7.50	14.00~16.00	Mo:2.00~3.00					≥1200	≥1100	≥25		≤388	耐腐蚀、高强度容器及零件

几种耐热钢的成分、化学成分、热处理、性能及用途

类别	钢号	化学成分(%)							热处理	力学性能					用途
		C	Si	Mn	Mo	Ni	Cr	其他		σ_b(MPa)	$\sigma_{0.2}$(MPa)	δ_s(%)	ψ(%)	HB	
珠光体型	15CrMo	0.12~0.18	0.172~0.37	0.402~0.70	0.402~0.55		0.8~1.10		正火：900~950 空冷 高回：630~700 空冷	≥440	≥295	≥22	≥60	179	≤540℃锅炉热管、垫圈等
	12CrMoV	0.082~0.15	0.172~0.37	0.40~0.70	0.252~0.35		0.402~0.60	V:0.15~0.30	正火：960~980 空冷 高回：700~760 空冷	≥440	≥225	≥22	≥50	241	≤570℃的过热蒸汽管、导管等≤480℃的汽轮机叶片
马氏体型	1Cr13	≤0.15	≤10	≤1.00			11.502~13.50		淬火：950~1000 油冷 回火：700~750 快冷	≥539	≥343	≥25	≥55	≥159	
	4Cr9Si2	0.352~0.50	2.002~3.00	≤0.70		≤0.60	8.002~10.00		淬火：1020~1040 油冷 回火：700~780 油冷	≥883	≥588	≥19	≥50	269	<700℃发动机排气阀或<900℃的加热炉构件
	4Cr10Si2Mo	0.352~0.45	1.902~2.60	≤0.70	0.702~0.90	≤0.60	9.002~10.50		淬火：1010~1040 空冷 回火：720~760 空冷	≥883	≥686	≥10	≥35	269	
奥氏体型	1Cr18Ni9Ti	≤0.12	≤1.00	≤2.00		8.00~11.00	17.002~19.00	Ti:5(C%~0.02)~0.8	固溶处理：1000~1100 快冷	≥502	≥206	≥40	≥55	187	≤610℃的锅炉和汽轮机过热管道、构件等
	4Cr14Ni14W2Mo	0.402~0.50	≤0.80	≤0.70	0.252~0.40	13.002~15.00	13.002~15.00	W:2.002~2.75	固溶处理：820~850 快冷	≥706	≥314	≥20	≥35	248	500~600℃超高参数锅炉和汽轮机零件
铁素体型	1Cr17	≤0.12	≤0.75	≤1.00			16.002~18.00		退火处理：780~850 空、缓	≥451	≥206	≥20	≥50	≥183	900℃以下耐氧化部件、散热器、炉用部件、喷油嘴等
	0Cr13Al	≤0.08	≤1.00	≤1.00			11.502~14.50	Al:0.10~0.30	退火：780~830 空、缓	≥412	≥177	≥20	≥60	≥183	燃气轮机叶片、退火箱、淬火台架等

常用耐热钢的牌号及用途

牌 号	用 途
0Cr18Ni9	<870℃反复加热,锅炉过热器、再热器等
4Cr14Ni14W2Mo	内燃机重载荷的气阀等
3Cr18Mn12Si2	锅炉吊架,加热炉传送带、盘、炉爪等
0Cr13Al	燃气透平压缩机叶片,退火箱、淬火架等
1Cr17	<900℃耐氧化部件,散热器、炉用件、喷嘴等
1Cr5Mo	锅炉吊架,燃气轮机衬套,泵的零件,活塞杆,高压加氢设备部件
4Cr10Si2Mo	内燃机进气阀、轻载荷发动机的排气阀等
1Cr12Mo	汽轮机叶片等
1Cr13	<800℃耐氧化、耐腐蚀部件

常用轴承钢的牌号、热处理,性能及用途

牌号	化学成分(%) C%	Cr%	Si%	Mn%	热处理 淬火温度℃	回火温度℃	回火硬度 HRC	用 途
GCr6	1.05~1.15	0.40~0.70	0.15~0.35	0.20~0.40	800~820	150~170	62~66	<10mm的滚珠、滚柱和滚针
GCr9	1.0~1.1	0.90~1.12	0.15~0.35	0.20~0.40	800~820	150~160	62~66	20mm以内的各种滚动轴承
GCr9SiMn	1.0~1.1	0.9~1.2	0.4~0.7	0.9~1.2	810~840	150~200	61~65	壁厚<14mm,外径<250mm的轴套,25~50mm的钢球
GCr15	0.95~1.05	1.30~1.65	0.15~0.35	0.20~0.40	820~840	150~160	62~66	与GCr9SiMn相同
GCr15SiMn	0.95~1.05	1.30~1.65	0.40~0.65	0.90~1.20	820~840	170~200	>62	壁厚≥14mm,外径250mm的轴套,20~200mm的钢球

注:轴承钢是滚动轴承钢的简称,主要用于制作滚动轴承的内外套圈及滚动体。由于滚动轴承工作时滚动体与套圈接触处承受交变载荷,接触应力大,存在摩擦,并处于有大气和润滑油的工作环境中,故要求材料具有良好的抗接触疲劳(即点蚀)性能、高硬度、高耐磨性,以及一定的抗腐蚀性能。有时,还要求轴承材料具有足够的强度和冲击韧性。

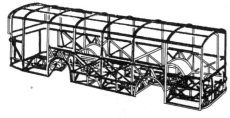

钢材应用实例——大客车整体承载式车身

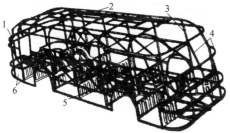

1—后围骨架;
2—顶盖骨架;
3、5—左、右侧骨架;
4—前围骨架;
6—后架

钢材应用实例——发动机后置的大客车车身

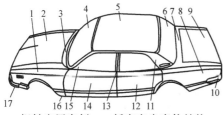

钢材应用实例——轿车车身壳体结构
1—前翼子板;2—发动机盖;3—前围;4—前风挡;5—顶盖;6—后风挡;7—后围;8—后翼子板;9—行李箱盖;10—后保险杠;11—后立柱;12—后车门;13—中立柱;14—前车门;15—前立柱;16—车底;17—前保险杠

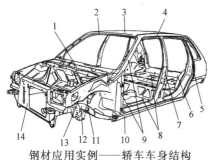

1—前围;2—前风窗框上横梁;3—顶盖;4—顶盖侧梁;5—侧门框总成;6—后围板;7—中立柱;8—地板;9—前立柱;10—地板边框;11—挡泥板;12—前纵梁;13—前翼子板;14—散热器固定框

钢材应用实例——轿车车身结构

常用钢材的品种和用途

序号	名称	说 明			用 途
1	型钢	具有一定的几何形状截面,且长度和截面周长之比相当大的直型钢材	按生产方式分	热轧型钢	制作各种结构件(如桥梁、钢构架等),作进一步机械加工(如挤压和拔丝等)的毛坯
				弯曲型钢	
				挤压型钢	
				拔制型钢	
				焊接型钢	
			按截面形状分	圆钢	型钢的规格以反映截面形状的主要轮廓尺寸表示
				扁钢	
				六角钢	
				角钢	
				工字钢	
				槽钢	
				异形钢	
2	钢板	用钢坯或钢锭轧制而成,且宽厚比很大的矩形钢板	按质量分	普通钢板	可通过铆、焊、冲等工艺制作各种机器的壳体(包括汽车的承载式或非承载式车身),机架;厚钢板和特厚钢板还可以在切割后作为进一步机械加工的毛坯
				优质钢板	
				复合钢板	
			按表面处理分	镀层钢板(锌、锡、铝等)	
				涂层钢板(有机涂层、塑料)	
				花纹钢板	
			按厚度分	薄钢板(<4mm)	
				厚钢板(4~60mm)	
				特厚钢板(>60mm)	
			按形态分	带钢(成卷供应)	
				定尺成张供货	
3	钢管	中空棒状圆钢材线状钢材	按生产方式分	热轧钢管	制作各种钢构架,进一步机械加工的毛坯,也可直接作水煤气等腰三角形的输送管道
				冷压钢管	
				挤压钢管	
				冷拔钢管	
				焊接钢管	
4	钢丝	线状钢材	按断面形状	圆形、椭圆形、三角形、异形等	用作建筑钢筋,制作弹簧、钢丝绳及其他用品(如曲别针、缝纫针等)
			按尺寸成分	特细(0.1mm);较细(0.1~0.5mm);细(0.5~1.5mm);中等(1.5~3mm);粗(3~6mm);较粗(6~8mm);特粗(>8mm)	
			按化学成分	低碳、中碳、高碳、低合金、中合金、高合金钢丝	
			按表面状态	抛光、磨光、酸洗、氧化处理和镀层钢丝	
			按用途分	普通钢丝、结构钢丝、弹簧钢丝、电工钢丝、钢绳钢丝等	

金属材料 [11] 碳钢

工程用铸造碳钢的主要化学成分、力学性能及用途

牌号		主要化学成分/(%(质量分数)),不大于					力学性能,不小于					用途举例
工程用铸造碳钢	相当的铸造碳钢	C	Si	Mn	P	S	σ_s 或 $\sigma_{0.2}$ (MPa)	σ_b	δ (%)	ψ (%)	α_k (J)	
ZG200-400	ZG15	0.20	0.50	0.80	0.04	0.04	200	400	25	40	30	有良好的塑性、韧性和焊接性能,用于受力不大的机械零件,如机座、变速箱壳等
ZG230-450	ZG25	0.30	0.50	0.80	0.04	0.04	230	450	22	32	25	有一定的强度,用于受力不太大的机械零件,如砧座、外壳、轴承盖、阀门等
ZG270-500	ZG35	0.40	0.50	0.90	0.04	0.04	270	500	18	25	22	有较高的强度,用于机架、连杆、箱体、缸体、轴承座等
ZG310-570	ZG45	0.50	0.60	0.90	0.04	0.04	310	570	15	21	15	有高的强度,裂纹敏感性较大,用于齿轮、棘轮等
ZG340-640	ZG55	0.60	0.60	0.90	0.04	0.04	340	640	10	18	10	

注:有些机械零件如大型机器的机架和重载大型齿轮等,形状复杂,难以用锻压方法成型,若采用铸铁又无法满足其力学性能的要求,此时可选用铸钢。铸钢具有良好的综合力学性能,其强度及塑性和韧性比铸铁高得多;其焊接性能良好,适合于采用铸、焊联合工艺制造大型铸件。但铸钢的铸造性能和减振性能较铸铁差,主要用于制造承受重载荷及冲击载荷的零件。

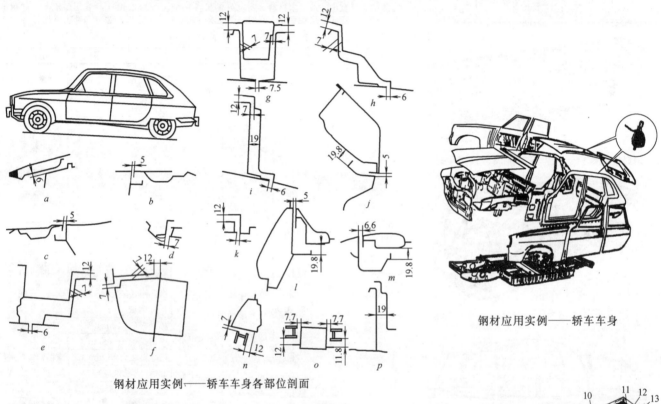

钢材应用实例——轿车车身各部位剖面

钢材应用实例——轿车车身

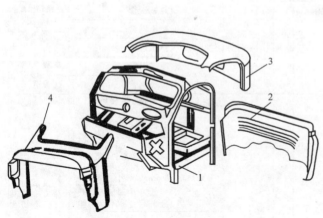

钢材应用实例——中型货车驾驶室分解图

1—骨架总成;2—后围板;3—顶盖总成;4—前围总成

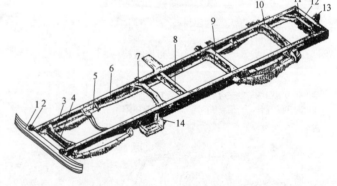

钢材应用实例——大型货车的车架

1—保险杠;2—挂钩;3—前横梁;4—发动机前悬置横梁;5—发动机后悬置支架及横梁;6—纵梁;7—驾驶室后悬置横梁;8—第四横梁;9—后钢板弹簧前支架横梁;10—后钢板弹簧后支架横梁;11—角撑横梁组件;12—后横梁;13—拖钩部件

铸铁

一、铸铁是含碳量大于2.11%的铁碳合金。

二、由于工艺简单、价格便宜，铸铁在机械中有极其广泛的应用。例如：在农机中，铸铁的应用达到40%～60%（重量百分比）；在汽车拖拉机中，占到50%～70%；在机床中，更占到60%～90%。

三、铸铁中，碳是以石墨形式存在的。石墨的形态就在很大程度上决定了铸铁的品种及其性能。唯白口铸铁由于其脆而硬的性能而几乎没有用处。

铸铁的分类

序号	名称	石墨形态	热处理及目的
1	灰口铸铁	呈片状	1)消除内应力的退火(人工时效); 2)消除白口、降低硬度的退火; 3)表面淬火以提高硬度和耐磨性
2	球墨铸铁	球状	1)消除应力、改善切削性能的退火; 2)或(和)细化组织、提高强度和耐磨性的正火;或(和)对小尺寸铸件的调质处理
3	可锻铸铁	团絮状	可锻化退火处理
4	蠕墨铸铁	蠕虫状	

灰口铸铁的牌号、显微组织、性能及应用举例

牌号	铸件壁厚(mm) >	铸件壁厚(mm) ≤	最低抗拉强度 σ_b(MPa)	显微组织 基体	显微组织 石墨	性能和应用举例
HT100	2.5	10	130	铁素体+珠光体	粗片状	铸造性能好,工艺简便,铸造应力小,不用人工时效,减振性优良。适用于低负荷和对摩擦、磨损无特殊要求的零件,如盖、外罩、手枪、支架、重锤等
HT100	10	20	100			
HT100	20	30	90			
HT100	30	50	80			
HT150	2.5	10	175	铁素体+珠光体	较粗片状	性能特点和HT100基本相同。适用于承受中等应力的零件、摩擦面间单位压力<0.49MPa下承受磨损的零件以及在弱腐蚀介质中工作的零件。例如,普通机床上的支柱、底座、齿轮箱、工作台、刀架、床身、轴承座等,碱性介质中工作的泵壳、法兰等
HT150	10	20	145			
HT150	20	30	130			
HT150	30	50	120			
HT200	2.5	10	220	珠光体	中等片状	强度较高,耐磨,耐热性较好,减振性也良好,铸造性能较好,但需进行人工时效处理。适用于承受较大应力的零件或摩擦面间单位压力>0.49MPa下承受磨损的零件,以及要求一定的气密性或耐腐蚀的零件。例如一般机械和汽车、拖拉机中较重要的铸件(如气缸、齿轮、机座、飞轮、床身、立柱、气缸体、气缸套、活塞、制动轮、联轴器、齿轮箱、轴承座、油缸等)和要求有一定耐蚀能力和较高强度的化工容器、泵壳等
HT200	10	20	195			
HT200	20	30	170			
HT200	30	50	160			
HT250	4	10	270	细珠光体	较细片状	
HT250	10	20	240			
HT250	20	30	220			
HT250	30	50	200			
HT300	10	20	290	索氏体或屈氏体	细小片状	高强度,高耐磨性,白口倾向大,铸造性能差,铸后需进行人工时效处理。适用于制作承受高弯曲应力及高抗拉应力的重要零件,或摩擦面间单位压力>1.96MPa下承受磨损的零件以及要求高气密性的零件。如剪床、压力机、自动车床和其他重型机床的床身、机身、机架和受力大的齿轮、车床卡盘、凸轮、衬套,大型发动机的气缸体、缸套、高压液压缸、泵体、阀体等
HT300	20	30	250			
HT300	30	50	230			
HT350	10	20	340			
HT350	20	30	290			
HT350	30	50	260			

球墨铸铁的牌号、力学性能及应用举例

牌号	基本类型	抗拉强度 σ_b(MPa) ≥	屈服强度 $\sigma_{0.2}$(MPa) ≥	伸长率 δ(%) ≥	硬度 HBS	应用举例
QT400-18	铁素体	400	250	18	130～180	用于汽车、拖拉机的牵引框、轮毂、离合器及减速器等的壳体,农机具的犁铧、犁托、牵引架,高压阀门的阀体、阀盖、支架等
QT400-15	铁素体	400	250	15	130～180	
QT450-10		450	310	10	160～210	
QT500-7	铁素体+珠光体	500	320	7	170～230	内燃机的机油泵齿轮,水轮机的阀门体,铁路机车车辆的轴瓦等
QT600-3	铁素体+珠光体	600	370	3	190～270	
QT700-2	珠光体	700	420	2	225～305	柴油机和汽油机的曲轴,连杆,凸轮轴,气缸套,空压机和气压机的曲轴、缸体、缸套,球磨机齿轮及桥式起重机滚轮等
QT800-2	珠光体或回火组织	800	480	2	245～335	
QT900-2	贝氏体或回火马氏体	900	600	2	280～360	汽车螺旋锥齿轮,拖拉机减速齿轮,农机具犁铧、耙片等

金属材料 [11] 铸铁·铜与铜合金

常见可锻铸铁的牌号和用途

类 别	牌 号	用 途
黑心可锻铸铁	KTH300-06 KTH-330-08 KTH-350-10 KTH370-12	汽车、拖拉机、装卸机零件，如后桥壳、转向机构壳体、车辆转向架上下旁撑与折角塞门、钩形扳手、弯头、三通等管件、中压阀门等
珠光体可锻铸铁	KTZ450-06 KTZ550-04 KTZ650-02 KTZ700-02	曲轴、凸轮轴、连杆、齿轮、万向接头、传动链轮等

蠕墨铸铁的牌号、力学性能和用途

牌号	力学性能 σ_b (MPa)	$\sigma_{0.2}$ (MPa)	δ (%)	HBS	主要基体组织	用途举例
	不小于					
RuT260	260	195	3	121~197	铁素体	增压器废气进气壳体、汽车底盘零件等
RuT300	300	240	1.5	140~217	珠光体+铁素体	排气管、变速箱体、气缸盖、液压件、纺织机零件、钢锭模等
RuT340	340	270	1.0	170~249	珠光体+铁素体	重型机床零件、大型齿轮、箱体、箱盖、机座、飞轮、起重机卷筒等
RuT380	380	300	0.75	193~274	珠光体	活塞环、气缸套、制动盘、钢球研磨盘、泵体等
RuT420	420	335	0.75	200~280		

蠕墨铸铁的牌号、特性及用途

牌号	特 性	用 途
RuT420 RuT380	高的强度、硬度和耐磨性，较高的热导率，适合于制造要求强度或耐磨性高的零件	活塞环、制动盘、钢球研磨盘等
RuT340	较高的强、硬度、较好的耐磨性，适合制造要求较高强度、刚度及耐磨的零件	重型机床件、大型齿轮、箱体、盖、座、飞轮起重机卷筒
RuT260	强度一般，硬度较低，塑性韧性和热导率较高，一般需经退火，用于承受冲击和热疲劳零件	增压器废气进气缸体、汽车底盘零件等

铜与铜合金

纯铜即紫铜，牌号为T1~T4，多用于制造导电材料及配制合金。

铜及铜合金的性能

序号	说 明
1	电和热的良导体
2	对大气和水的抗腐蚀性强
3	抗磁，在电子设备中可用于磁屏蔽
4	加工性能好，易冷热成型
5	铸造性能也很好
6	色泽美观
7	有些铜合金还有一些特殊的性能。例如，青铜和黄铜有很好的减摩性及耐磨性；磷青铜和铍青铜具有很高的弹性和疲劳极限，在电器中得到广泛应用
8	价格较贵，限制了其应用范围的扩大

常见球墨铸铁的牌号、特点及用途

牌 号	特 点	用 途
QT400-18	焊接性及切削加工性能好，韧性高，脆性转变温度低	制造壳体与阀门零件，如汽车和拖拉机的轮毂、驱动桥壳体、离合器壳、机车车辆的阀体、阀盖、压缩机上高低汽缸、钢轨垫板、电动机机壳、齿轮箱、飞轮壳等
QT450-15	焊接性及切削加工性能好，韧性高，脆性转变温度低，但塑性略低而强度与小能量冲击力较高	
QT450-10		
QT500-7	中等强度、塑性、切削加工性尚好	内燃机的机油泵齿轮，汽轮机中温气缸隔板，铁路机车车辆轴瓦、机器架、传动轴、飞轮、电动机架等
QT600-3	中高强度，低塑性，耐磨性较好	内燃机车柴油机和汽油机的曲轴，部分轻型柴油机和汽油机的凸轮轴，气缸套、连杆、进排气门座等轻负荷齿轮，部分磨床、铣床和车床的主轴；空压机冷冻机、制氧机和泵的曲轴、缸体和轴套；球磨机齿轮、矿车轮，桥式起重机大小滚轮、小型水轮机主轴等
QT700-2	有较高的强度和耐磨性，塑性及韧性较低	
QT800-2		
QT900-2	有高的强度和耐磨性。较高的弯曲疲劳强度，接触疲劳强度和一定的韧性	汽车上的螺旋齿轮，转向节，传动轴，拖拉机上的减速齿轮；内燃机曲轴、凸轮轴

可锻铸铁的牌号、机械性能和用途

分类	牌号	试样直径 mm	σ_b/MPa	σ_s/MPa	δ%	硬度 HB	应用举例
			不小于				
铁素体可铁	KTH300-06	12或15	300	186	6	120~150	管道，弯头接头，三通，中压阀门
	KTH330-08	12或15	330		8	120~150	扳手、犁刀犁柱，初纺机印花机盘头
	KTH350-10	12或15	350	200	10	120~150	汽车拖拉机：轮壳、差速器壳、制动器支架，农机、犁刀犁柱；其他瓷瓶铁帽、铁道扣板、船用电机壳
	KTH370-12	12或15	370	226	12	120~150	
珠光体可铁	KTZ450-06	12或15	450	270	6	150~200	曲轴、凸轮轴、连杆、齿轮、摇臂、活塞环、轴套、犁刀耙片，万向接头、棘轮、扳手、传动链条、矿车轮等
	KTZ550-04	12或15	550	340	4	180~250	
	KTZ650-02	12或15	650	430	2	210~260	
	KTZ700-02	12或15	700	530	2	240~290	

黄铜按成分的分类

序号	名称	牌号及解释	分类名及说明	用途
1	普通黄铜	H96~H59；数字为铜的百分含量	合金强度随锌含量的增加而提高；但锌含量超过45%后，强度和塑性急剧下降	H80~H68一般用于冷轧型材及复杂的深冲压零件；H59~H62多用于热轧型材及铸造零件
2	复杂黄铜	H+主加合金元素符号+铜含量+主加元素含量（如HPb60-1表示铅黄铜，铜含量60%，铅含量1%）	铅黄铜：良好的切削性和耐磨性	适于制造钟表零件、轴瓦和铸造轴承衬套
			锡黄铜：对海水的抗腐蚀性好	宜制造海船零件
			铝黄铜：对大气的抗腐蚀性好	适于制造海船及其他机器零件、大型蜗杆
			硅黄铜：铸、焊和切削性能都好	适于制造船舶及机器零件
			锰黄铜：高强度但不降低塑性，对海水的抗腐蚀性好	宜用于制造舰船零件和轴承

注：黄铜是以铜、锌为基础的合金，其他未标明的合金元素含量主要为锌。

加工黄铜的牌号性能和主要用途

类别	牌号	机械性能 σ_b/MPa M(R)	机械性能 σ_b/MPa Y	机械性能 δ/% M(R)	机械性能 δ/% Y	用途
普通黄铜	H96	250	400	35	—	散热器,冷凝器管道
	H90	270	450	35	5	热双金属,双金属板
	H80	270	—	50	—	用于镀层及制装饰制品,造纸工业用金属网
	H68	300	400	40	15	弹壳,冷凝器管等
	H65	300	420	40	10	散热器,弹簧,螺钉
	H62	300	420	40	10	散热器,弹簧,螺钉、垫圈、各种网等
	H59	300	420	25	5	热压及热轧零件
锡黄铜	HSn90-1	270	400	35	—	汽车拖拉机的弹性套管
	HSn70-1	300	—	40	—	海轮用管材,冷凝器管
	HSn62-1	—	400	—	5	船舶零件
铅黄铜	HPb74-3	≥300	≥600	45	1	汽车拖拉机零件及钟表零件
	HPb64-2	≥300	450~520	40	5	钟表零件及汽车零件
	HPb59-1	350	450	25	5	即快削黄铜,用于热冲压或切削制作的零件
铁黄铜	HFe59-1-1(Mn)	450	550	25	5	适于在摩擦及受海水腐蚀条件下工作的零件
锰黄铜	HMn58-2	390	600	30	3	制造海轮零件及电信器材
	HMn59-3-1	(450)		(10)		耐腐蚀零件
	HMn55-3-1(Fe)	(500)		(15)		用于制造螺旋桨
铝黄铜	HA160-1-1(Fe)	(450)		(15)		海水中工作的高强度零件
	HA167-2.5	(400)		(15)		船舶及其他耐腐蚀零件
	HA166-6-2	(700)		(3)		蜗杆及重载荷条件下工作的压紧螺帽

注:M—退火态;Y—硬化态;R—热轧或挤压态。

常用铸造黄铜的牌号、名称、化学成分及用途

牌号	名称	化学成分/% Cu	化学成分/% 其他	铸造方法	用途
ZCuZn38	38黄铜	60.0~63.0	余量 Zn	S	法兰、阀座、手柄、螺母
ZCnZn25Al6Fe3Mn3	25-6-3-3 铝黄铜	60.0~66.0	4.5~7.0Al 2.0~4.0Fe 1.5~4.0Mn 其余Zn	S / J	耐磨板、滑块、蜗轮、螺栓
ZCuZn40Mn2	40-2 锰黄铜	57.0~60.0	1.0~2.0Mn 余量Zn	S / J	在淡水、海水、蒸汽中工作的零件,如阀体、阀杆、泵管接头
ZCuZn33Pb2	33-2 铅黄铜	63.0~67.0	1.0~3.0Pb 余量Zn	S / J	煤气和给水设备的壳体,仪器构件

注:铸造方法中S—砂型;J—金属型。

常用加工青铜的牌号、代号、化学成分、力学性能及用途

牌号	代号	化学成分/% 第一主加元素	其他	用途
4-3 锡青铜	QSn4-3	Sn3.5~4.5	2.7~3.3Zn 余量Cu	弹性元件,管配件,化工机械中耐磨零件及抗磁零件
6.5-0.1 锡青铜	QSn6.5-0.1	Sn6.0~7.0	0.1~0.2Pb 余量Cu	弹簧、接触片、振动片、精密仪器中的耐磨零件
4-4-4 锡青铜	QSn4-4-4	Sn3.0~5.0	3.5~4.5Pb 3.0~5.0Zn 余量Cu	重要的减摩零件,如轴承、轴套、蜗轮、丝杠螺母
7 铝青铜		Al6.0~8.0	余量Cu	重要用途的弹性元件
9-4 铝青铜	EQAl9-4	Al8.0~10.0	2.0~4.0Fe 余量Cu	耐磨零件,如轴承、蜗轮、齿圈;在蒸汽及海水中工作的高强度、耐蚀零件
2 铍青铜	QBe2	Be1.8~2.1	0.2~0.5Ni 余量Cu	重要的弹性元件,耐磨件及在高速、高压、高温下工作的轴承
3-1 硅青铜	QSi3-1	Si2.7~3.5	1.0~1.5Mn 余量Cu	弹性元件,腐蚀介质下工作的耐磨零件,如齿轮

青铜按成分的分类

序号	名称	说明	用途
1	锡青铜	铜与锡、锌的合金	主要用于制造各种弹性元件,耐腐蚀元件,(如蒸汽或海水中使用的零件)及减磨元件(如轴瓦)
2	铝青铜	铜与铝的合金	
3	铍青铜	铜与铍的合金,含微量镍	
4	硅青铜	铜与硅、锰的合金	

常用铸造青铜的牌号及用途

牌号	名称	铸造方法	用途
ZCuSn10Zn2	10-2 锡青铜	J / S	在中等及较高负荷下工作的重要管配件,泵、齿轮、阀等
ZCuSn10Pb1	10-1 锡青铜	J / S	重要的轴瓦、齿轮、连杆、套圈和轴承等
ZCuAl10Fe3	10-3 锡青铜	J / S	重要用途的耐磨、耐蚀的重要铸件,如轴套、螺母、蜗轮等
ZCuPb30	30 铅青铜	J	高速双金属轴瓦、减摩零件等

注:J 为金属型铸造;S 为砂型铸造。

铝与铝合金

铝的优良性能

序号	说明
1	铝的比重为2.7,仅为钢铁的1/3
2	铝合金的强度可达到与低合金高强度钢接近
3	铝的导电性能好,仅次于银、铜和金
4	铝靠电解铝矾土得到,资源丰富
5	铝抗大气腐蚀的性能好(但接触酸、碱或盐类后的抗腐蚀性不佳)
6	铝的加工性能好;可冷成型,切削性能好、铸造性能也好

金属材料 [11] 铝与铝合金

纯铝的分类

序号	名称	纯度	牌号	用途
1	高纯铝	99.93～99.99%	L01～L04	制造电容器
2	工业高纯铝	98.85～99.9%	L0和L00	制铝箔、包铝以及熔炼铝合金
3	工业纯铝	98.0～99.0%	L1～L5	制作电线电缆及配制合金

铝铸件—箱体

变形铝合金的分类

序号	名称	合金及牌号	特点	用途
1	防锈铝合金	铝锰合金,如LF21	塑性和可焊性能好,但切削性能不好(太软)	容器、管道、焊接件、深拉延或弯曲的低载零件和制品,铆钉等
		铝镁合金,如LF5、LF11		
2	硬铝合金(铝铜镁的合金,可令含少量锰)	低合金硬铝,如LY1,LY10;	塑性好,强度低	只能制作铆钉
		标准硬铝,如L11;	强度和塑性中等	轧材、锻材、冲压件、螺旋浆叶及大型铆钉等
		高合金硬铝,如LY12,LY6;	塑性较差,但强度好	航空锻件、重要的销和轴
		超硬铝合金,如LC4;		飞机起落架、载梁等重要零件
		锻铝合金,如LD5,LD7,LD10 (铝镁硅铜或铝铜镁铁的合金)		受重载的锻件和模锻零件
3	铸造铝合金	铝硅合金,如ZL101,ZL104,ZL105,ZL107,ZL109,ZL110等	铸造性能好	铸造活塞、电动机壳体、汽缸体等
		铝铜合金,如ZL201～ZL203	高强,耐热,但铸造性能稍差	铸造活塞、汽缸盖等
		铝镁合金;如ZL301～302	耐腐蚀性强,铸造性能稍差	铸造舰船配件及氨用泵体
		铝锌合金	铸造性能差	可铸造发动机零件、复杂仪器元件及日用品

常用变形铝合金的牌号、化学成分,性能及用途

类别	牌号(代号)	化学成分(%)					Al	热处理状态	力学性能			用途
		Cu	Mg	Mn	Zn	其他			σ_b(MPa)	δ(%)	HBS	
防锈铝合金	5A02(LF2)	0.10	2.0～2.8	或Cr 0.15～0.4		Si0.40 Fe0.40	余量	退火	190	23	45	焊接油箱、油管及低压容器
	5A05(LF5)	0.10	4.8～5.5	0.3～0.6		Si0.50 Fe0.50	余量	退火	260	22	65	焊接油箱、油管、铆钉及中载零件
	3A21(LF21)	0.20	0.50	1.0～1.6		Si0.60 Fe0.70	余量	退火	130	23	30	焊接油箱、油管、铆钉及轻载零件
硬铝合金	2A01(LY1)	2.2～3.0	0.2～0.5	0.20	0.10	Si0.50 Fe0.50 Ti0.15	余量	淬火+自然时效	300	24	70	中等强度、工作温度不超过100℃的铆钉
	2A11(LY11)	3.8～4.8	0.4～0.8	0.4～0.8	0.30	Si0.70 Fe0.70 Ni0.10 Ti0.15	余量	淬火+自然时效	420	15	100	中等强度结构件,如骨架、螺旋浆叶片、铆钉等
	2A12(LY12)	3.8～4.9	1.2～1.8	0.3～0.9	0.30	Si0.50 Fg0.50 Ni0.10 Ti0.15	余量	淬火+自然时效	500	10	131	高强度结构件及150℃以下工作的零件,如销、梁等
超硬铝合金	7A04(LC9)	1.4～2.0	1.8～2.8	0.2～0.6	5.0～7.0	Si0.50 Gr0.1～0.25 Ti0.10	余量	淬火+人工时效	600	12	150	主要受力构件,如飞机大梁、起落架、桁架等
	7A09(LC9)	1.2～2.0	2.0～3.0	0.15	5.1～6.1	Si0.50 Fe0.50 Gr0.16～0.30	余量	淬火+人工时效	570	11	150	主要受力构件,如飞机大梁、起落架、桁架等
锻铝合金	2A50(LD5)	1.8～2.6	0.4～0.8	0.4～0.8	0.30	Si0.7～1.2 Fe0.70 Ni0.10 Ti0.15	余量	淬火+人工时效	420	13	105	形状复杂和中等强度的锻件及模锻件
	2A70(LD7)	1.9～2.5	1.4～1.8	0.20	0.30	Si0.35 Ti0.02～0.1 Ni0.9～1.5 Fe0.9～1.5	余量	淬火+人工时效	440	12	120	高温下工作的复杂锻件及结构件
	2A14(LD10)	3.9～4.8	0.4～0.8	0.4～1.0	0.30	Fe0.70 Si0.6～1.2 Ni0.10 Ti0.15	余量	淬火+人工时效	490	12	135	承受重载荷的锻件及模锻件

常用铸造铝合金牌号、化学成分、性能及用途

类别	牌号(代号)	化学成分(%)						铸造方法	热处理状态	力学性能			用途
		Si	Cu	Mg	Mn	其他	Al			σ_b (MPa)	δ (%)	HBS	
铝硅合金	ZAlSi7Mg (ZL101)	6.5~7.5		0.25~0.45			余量	金属型砂型变质	淬火+自然 淬火+人工时效	185 225	4 1	50 70	形状复杂的零件,如飞机、仪器零件、气缸体
	ZAlSi12 (ZL102)	10.0~13.0					余量	砂型变质 金属型	退火	135 145	4 3	50 50	形状复杂的铸件,如仪表、水泵壳体
	ZAlSi9Mg (ZL104)	8.0~10.5		0.17~0.35	0.2~0.5		余量	金属型 金属型	人工时效 淬火+人工时效	195 235	1.5 2	65 70	形状复杂工作温度在200℃以下的零件,如电动机壳体、气缸体
	ZAlSi5CuMg (ZL105)	4.5~5.5	1.0~1.5	0.4~0.6			余量	金属型 金属型	淬火+不完全时效 淬火+稳定回火	235 175	0.5 1	70 65	形状复杂工作温度在250℃以下的零件,如风冷发动机、气缸盖、油泵壳体
	ZAlSi7Cu4 (ZL107)	6.5~7.5	3.5~4.5				余量	砂型变质 金属型	淬火+人工时效 淬火+人工时效	245 275	2 2.5	90 100	强度和硬度较高的零件,如阀门、曲轴箱、发动机零件
铝铜合金	ZAlCu5Mn (ZL201)		4.5~5.3		0.6~1.0	Ti0.15~0.35	余量	砂型 砂型	淬火+自然时效 淬火+不完全时效	295 335	8 4	70 90	工作温度为175~300℃的零件,如内燃机气缸头、活塞
	ZAlCu10 (ZL202)		9.0~11.0				余量	砂型 金属型	淬火+人工时效 淬火+人工时效	163 163	— —	100 100	高温下工作不受冲击的零件
铝镁合金	ZAlMg10 (ZL301)			9.5~11.0			余量	砂型	淬火+自然时效	280	10	60	大气或海水中工作的零件,承受冲击载荷,外形不太复杂的零件,如舰船配件、氨气泵壳体等
	ZAlMg5Si (ZL303)	0.80~1.30		4.5~5.5	0.1~0.4		余量	砂型 金属型	退火	145	1	55	
铝锌合金	ZAlZn11Si7 (ZL401)	6.0~8.0		0.1~0.3		Zn9.0~13.0	余量	金属型	人工时效	245	1.5	90	结构形状复杂的汽车、飞机、仪器零件
	ZAlZn6Mg (ZL402)			0.5~0.65		Zn5.0~6.5 Cr0.4~0.6 Ti0.15~0.25	余量	金属型	人工时效	235	4	70	

其他有色金属与合金

其他常用有色金属

序号	名称	主要特征	主要应用领域
1	钛和钛合金	银白色;高熔点;轻;良好的耐蚀性、抗氧化性,稳定性好;比强度高;塑性好,易成型加工	新型耐高温和低温结构材料;涂覆装饰材料
2	锡和锡合金	低熔点;耐大气腐蚀性,化学稳定性好,延展性好,易加工,导热性好;减磨性优良	焊料;轴承材料;装饰材料;包装材料
3	镍和镍合金	特殊磁性能;耐蚀耐热;低温性能好;高蠕变强度	高温合金基本元素材料;装饰电镀材料
4	镁合金	性能可与铝合金媲美;资源丰富;冷变形能力差,但升温后塑性好,热力学好;能承受较大的冲击和振动载荷;较耐氢氟酸及其盐的腐蚀	(纯镁少用)航空航天零件等结构件
5	铅和铅合金	铅有毒,但铅是重要的轴承材料的基本元素材料	轴承材料

常用工业纯钛及钛合金的牌号、成分、性能及用途

类别	牌号	化学成分(%)		热处理	室温力学性能		高温力学性能			用途
		Ti	其他		σ_b MPa	δ (%)	试验温度(℃)	σ_b MPa	σ_{100} MPa	
工业纯钛	TA1	余量	极微量杂质	退火	300~500	30~40	—	—	—	350℃以下工作,强度要求不高的零件,如船舶用管道阀门、泵体等
α钛合金	TA4	余量	Al2.0~3.3	退火	700	12				中等强度的结构件
	TA5	余量	Al3.3~4.7 B0.005	退火	700	15				500℃以下工作的零件,如导弹燃料罐、发动机零件、气轮机壳体、叶片等
	TA6	余量	Al4.0~5.5	退火	700	12~20	350	422	392	
β钛合金	TB2	余量	Al2.5~3.5 Cr7.5~8.5 Mo4.7~5.7 V4.7~5.7	淬火 淬火+时效	1000 1350	20 8	—	—	—	350℃以下工作零件,如气轮机叶片、轴、轮盘等重载荷旋转,飞机构件等
α+β钛合金	TC1	余量	Al1.0~2.5 Mn0.7~2.0	退火	600~800	20~25	350	343	324	400℃以下工作的冲压件、焊接件和模锻件,也作低温材料
	TC2	余量	Al3.5~5.0 Mn0.8~2.0	退火	700	12~15	350	422	392	
	TC3	余量	Al4.5~6.0 V3.5~4.5	退火	900	8~10	500	450	200	400℃以下长期工作的发动机零件、低温用的火箭、导弹的液氢燃料箱等
	TC4	余量	Al5.5~6.8 V3.5~4.5	退火	950	10	400	618	569	

金属材料 [11] 其他有色金属与合金

变形镁合金的牌号、成分和力学性能

牌号	主要化学成分	品种	状态	σ_b/MPa	σ_s/MPa	δ/%	HB
MB1	Mn1.3~2.5	板材	退火	206	118	8	441
MB2	Al3.0~4.0,Zn0.4~0.6Mn0.2~0.6	棒材	挤压	275	177	10	441
MB3	Al3.5~4.5,Zn0.8~1.4,Mn0.3~0.6	板材	退火	280	190	18	
MB5	Al5.0~7.0,Zn0.5~1.5,Mn0.15~0.5	棒材	挤压	294	235	12	490
MB6	Al5.5~7.0,Zn2.0~3.0,Mn0.2~0.5	棒材	挤压	320	210	14	745
MB7	Al7.8~9.2,Zn0.2~0.8,Mn0.15~0.5	棒材	时效	340	240	15	628
MB8	Mn1.5~2.5,Ce0.15~0.35	板材	退火	245	157	18	539
MB15	Zn5.0~6.0,Zr0.3~0.9,Mn0.1	棒材	时效	329	275	6	736

铸造镁合金的牌号、成分和力学性能

牌号	主要化学成分	*状态	σ_b/MPa	σ_s/MPa	δ/%
ZM1	Zn3.5~5.5,Zr0.5~1.0	T1	280	170	8
ZM2	Zn3.5~5.0,Zr0.5~1.0,RE0.7~1.7	T1	230	150	6
ZM3	Ce2.5~4.0,Zr0.3~1.0,Zn0.2~0.7	T6	160	105	3
ZM4	Ce2.5~4.0,Zr0.5~1.0,Zn2.0~3.0	T1	150	120	3
ZM5	Al7.5~9.0,Mn0.15~0.5,Zn0.2~0.8	T4	250	90	9
ZM6	Nd2.0~3.0,Zr0.4~1.0	T6	250	160	4
ZM7	Zn7.5~9.0,Zr0.5~1.0,Ag0.6~1.2	T6	300	190	9.5
ZM8	Zn5.5~6.5,Zr0.5~1.0,RE2.0~3.0	T6	310	200	7

注：T1 不预先淬火的人工时效；T2 退火；T3 淬火；T4 淬火及人工时效；T5 淬火及不完全人工时效；T6 淬火加完全人工时效。

常用镍基高温合金的成分及性能

合金类别	合金牌号	主要化学成分%	状态	室温性能 σ_b MPa	σ_s MPa	δ/%	高温持久强度 σ_{100}/MPa(800℃)
固溶强化型合金	GH30	Cr19.0~22.0,≤Fe1.0,Ti0.35~0.75,≤Al0.15	板材固溶处理	750	280	39	45
	GH39	Cr19.0~22.0,≤Fe3.0,Mo1.8~2.8,Nb0.9~1.3,Ti0.15~0.35,Al0.35~0.75	板材固溶处理	850	400	45	70
	GH44	Cr23.5~26.5,W13~16,≤Fe4,Ti0.3~0.7,≤Al0.5	板材固溶处理	830	350	55	110
	GH170	Cr18~22,Co15~22,W18~29,Zr0.1~0.2	板材固溶处理	890	410	10	205
时效强化型合金	GH33	Cr19~22,Ti2.2~2.8,Al0.55~1.0,≤Fe1.0	板材固溶时效	1020	660	22	250
	GH37	Cr13~16,W5~7,Mo2~4,Al1.7~2.3,Ti1.8~2.3,V0.3	板材固溶时效	1140	750	14	280
	GH49	Cr9.5~11,Co14~16,W5~6,Mo4.5~5.5,Al3.7~4.4,Ti1.0~4.0,V0.2~0.5	板材固溶时效	1100	770	9	430
	GH141	Cr19.0~21.0,Mo9.5~10.5,≤(Al+Ti)4.5,≤Fe0.5	板材固溶时效	1160	810	11	296
*铸造镍基合金	K1	Cr14~17,W7.0~10,Al4.5~5.5,Ti1.4~2.0,≤B0.12,≤Co,10	铸坯淬火处理	950	—	2	—
	K2	Cr10~12,Co4.5~6.0,Al5.3~5.9,W4.8~5.5Mo3.8~4.5,Ti2.3~2.9	铸坯淬火处理	950	840	1.5	*320
	K5	Cr5.5~1.1,Co9.5~10.5,Al5~6,W4.5~5.2,Mo3.5~4.2,Ti2.0~2.9	铸坯	1030	—	8	*320
	K17	Cr8.5~9.5,Co14~16,Al4.8~5.7,Ti4.1~5.2,W2.5~3.5,Mo0.6~0.9	铸坯	1000	780	12	*320

注：铸造镍基合金的高温持久强度是在900℃下测量得到的，即为σ_{100}/MPa（900℃）。

常用铜基轴承合金的牌号、成分、性能和用途

类别	牌号	化学成分(%) Pb	Sn	其他	Cu	σ_b(MPa)	δ(%)	HBS	用途
铅青铜	ZCuPb30	27~33	1.0		余量	60	4	25	高速高压下工作的航空发动机、高压柴油机轴承
	ZCuPb20Sn5	18~23	4.0~6.0		余量	140	6	50	高压力轴承、轧钢机轴承、机钉、拖拉机轴衬
锡青铜	ZCuSn10P1		9.0~11.5	P0.5~1.0	余量	250	3	90	高速高载柴油机轴承、机床轴瓦、蜗轮、开合螺母等
	ZCuSn5Pb5Zn5	4.0~6.0	4.0~6.0	Zn4.0~6.0	余量	200	13	59	在较高负荷、中等滑动速度下工作的耐磨、耐蚀零件，如轴瓦、衬套、缸套、活塞以及蜗轮等

主要低膨胀合金的成分与性能

合金牌号	主要化学成分	$\alpha_{20\sim100℃}$(1/℃)
4J36	Fe~36%Ni	≤1.8×10⁻⁶
4J32	Fe~32%Ni~4%Co~0.6%Cu	≤1.0×10⁻⁶
4J40	Fe~33%Ni~7.5%Co	$\alpha_{20\sim300℃}$≤2.0×10⁻⁶
4J38	Fe~36%Ni~0.2%Se	≤1.5×10⁻⁶
4J9	Fe~54%Co~9%Cr	≤1.0×10⁻⁶
4J35	Fe~35%Ni~5%Co~2.5%Ti	3.6×10⁻⁶

常用锡基轴承合金的牌号、成分、性能和用途

牌号	化学成分(%) Sb	Cu	Sn	σ_b(MPa)	δ(%)	HBS	用途
ZSnSb11Cu6	10~12	5.5~6.5	余量	90	6	27	1500kW以上的高速汽轮机和360kW汽轮机，高速内燃机轴承
ZSnSb4Cu4	4~5	4~6	余量	80	7	20	内燃机，特别是航空和汽车发动机的高速轴承及轴衬

常用铅基轴承合金的牌号、成分、性能和用途

牌号	化学成分(%) Sn	Sb	Cu	Pb	σ_b(MPa)	δ(%)	HBS	用途
ZPbSb16Sn16Cu2	15~17	15~17	1.5~2.0	余量	78	0.2	27	工作温度<120℃，无显著冲击载荷或重载高速的轴承
ZPbSb15Sn5	4.0~5.5	14.0~15.5	0.5~1.0	余量		0.2	20	低速、低压力条件下工作的机械轴承

主要定膨胀合金的成分、膨胀性能及用途

合金牌号	主要化学成分	线膨胀系数α(×10⁻⁶/℃) $\alpha_{20\sim300℃}$	$\alpha_{20\sim400℃}$	用途
4J42(Ni42)	Fe~42%Ni	4.4~5.6	5.4~6.6	与软玻璃或陶瓷封接
4J45(Ni45)	Fe~45%Ni	6.5~7.7	6.5~7.7	
4J50(Ni50)	Fe~50%Ni	8.8~10.0	8.8~10.0	
4J29(Ni29Co18)	Fe~29%Ni~17.5%Co		4.6~5.2	与硬玻璃封接
4J33(Ni33Co14)	Fe~33%Ni~14.5%Co		5.9~6.9	
4J34(Ni29Co20)	Fe~29%Ni~20%Co		6.2~7.2	与陶瓷封接
4J44(Ni35Co9)	Fe~34.5%Ni~9%Co	4.3~5.1	4.6	与硬玻璃封接
4J6(Ni42Cr6)	Fe~42%Ni~6%Cr	7.5~8.5	9.5~10.5	
4J47(Ni47Cr1)	Fe~47%Ni~1%Cr		8.0~8.6	
4J49(Ni47Cr5)	Fe~47%Ni~5%Cr		9.2~10.5	与软玻璃封接
4J28(Cr28)	Fe~28%Cr	$\alpha_{20\sim500℃}$:0.4~11.6		

金属加工成型概述 [12] 金属的加工成型工艺

金属加工成型概述

用于金属加工成型的零件毛坯

序号	名称	说明	举例
1	型材	轧制、挤压或拉拔得到的各种线材、棒材、管材、板材以及圆棒、圆管、角钢、槽钢、工字钢、T形钢、Z形钢和各种异形断面的棒管材	用作毛坯十分广泛。工程上许多桥梁、铁塔等桁架的框架大多是用各种型材直接加工而成。不少钢木或钢塑家具的骨架也多用碳钢或铝合金异形型材制造。许多结构零件的毛坯,尤其在单件小批量生产时大多用板、棒材下料切割作毛坯。通用型材断面尺寸的种类有限。复杂断面型材(如手表表壳)只适合大批量生产产品(专用型材)。否则,轧制模具的制造费用高昂,会加大产品成本
2	铸件	用各种铸造方法得到的铸件	系把熔融的金属注入固体型腔后冷却得到。所需型腔的形成要仰仗模型(木或金属制造),故成本取决于模型制备和型腔加工。铸件作毛坯既适用小批量生产,也适用大批量生产。铸造在工业生产中应用广泛。在机床、内燃机中,铸件的重量可占到70%~90%
3	锻件	用各种锻造方法得到的锻件	系将钢质毛坯加热到一定温度后用压力使其变形而形成所需形状的加工方法。对加热毛坯所施压力可以是人力(即打铁)或用机械(各种压力加工机械)。如不用模具,则成形后零件的形状和尺寸偏差较大,称为自由锻;适合于单件小批量生产。如果将毛坯加热后放入模具型腔中加压成形,则之为模锻。模锻零件的形状和尺寸比较一致,相互间偏差较小。但需加工模具,成本较高,只适用大批量生产

金属加工成型工艺的分类

序号	名称		说明	
1	铸造		液态金属充填到型腔中冷却后成型	
2	压力加工	锻造	固态金属适当加热软化后依靠置于上下砧铁或模具间,用冲击力或压力使其发生塑性变形而成型	利用外力的作用使金属坯料产生塑性变形,从而获得具有一定形状、尺寸和机械性能的毛坯或零件的加工方法
		冲压	利用冲模的上下冲头处的压力使板材件分离或变形而成型	
		挤压	用强大压力使挤压筒内的金属从端部的模孔中挤出而成型	
		轧制	使金属坯料连续通过旋转轧辊间的空隙而使其截面减小、长度增加并获得一定断面形状,而成为各种型材	
		拉拔	使金属坯料通过拉拔模的模孔而变形成为细线材、薄壁管和异形材	
3	焊接		借助材料原子间的结合使分离的两部分金属形成不可拆卸的连接	
4	机械加工		即切削与磨削加工,指在机床等设备上用刀具从金属材料上切去多余的金属而获得符合要求的几何形状	
5	热处理		采用适当方法对材料进行加热、保温和冷却,使其内部组织发生变化,获得需要的组织结构和性能,从而改善其力学性能。热处理虽然不改变材料的宏观形状,但可改善材料的性能、扩大材料的使用范围,充分发挥材料的潜力,提高零件的使用寿命,是(广义上)一项重要的加工工艺	
6	特种加工		用各种声、光、电、化学等或其结合的高新技术手段进行去除或堆积加工,使金属材料达到需要的形状、尺寸和表面光洁度	

注:上述金属的加工成型工艺方法在许多情况下也可以适合并用于许多非金属材料和复合材料的加工成型。

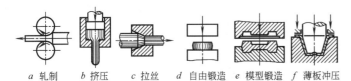

a 轧制　*b* 挤压　*c* 拉丝　*d* 自由锻造　*e* 模型锻造　*f* 薄板冲压

各种金属压力加工工艺

可以用作零件毛坯的金属型材

序号	名称		说明	
1	线材 棒材		线、棒材的区别在于:线材的断面形状一般都较小,通常以卷(或盘)状供货;而棒材的断面尺寸较大,一般以直棒状供货	通常用冲切、砂轮或锯条切断等方法裁成所需长度作为零件毛坯
2	管材		圆管,矩形管,异形管等	
3	异形材		如:角钢、槽钢、工字钢、T形钢、Z形钢和各种异形断面的棒管材	
4	板材	薄板	厚度4毫米以下[注]	通常通过气割、线切割、激光等切割方法下料成所需形状的毛坯
		中板	厚度4毫米至10毫米[注]	
		厚板	10毫米以上;平板状供货	

注:薄板和中板通常以平板状(冷轧板为多)或卷状(热轧板为多)供货。

辊压成型轧制板材示意图

激光切割机在工作

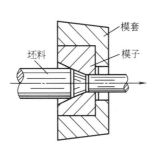

金属拉拔工艺示意图

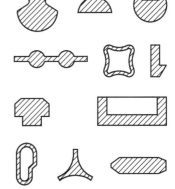

金属拉拔产品截面形状图

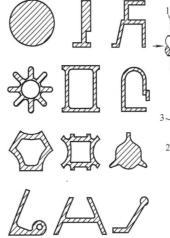

金属挤压产品截面形状图

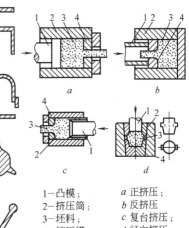

1—凸模;　*a* 正挤压
2—挤压筒;　*b* 反挤压
3—坯料;　*c* 复合挤压
4—挤压模　*d* 径向挤压

金属挤压成型工艺示意图

金属的加工成型工艺 [12] 金属加工成型概述·铸造

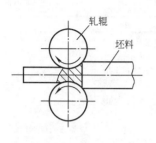

金属轧制成型工艺示意图

金属轧制产品截面形状图

常用特种加工类型

加工方法	加工能量	说　明
电火花加工	电	穿孔、型腔加工、切割、强化等
电解加工	电化学	型腔加工、抛光、去毛刺、刻印等
电解磨削	电化学机械	平面、内外圆、成型加工等
超声加工	声	型腔加工、穿孔、抛光等
激光加工	光	金属、非金属材料、微孔、切割、热处理、焊接、表面图形刻制等
化学加工	化学	金属材料、蚀刻图形、薄板加工等
电子束加工	电	金属、非金属、微孔、切割、焊接等
离子束加工	电	注入、镀覆、微孔、蚀刻去毛刺、切割等
喷射加工	机械	去毛刺、切割等

铸造

铸造的分类

序号	名称	说　明
1	砂型铸造	以砂子为造型材料造就型腔。是铸造中应用最广、成本最低的(约占到80%以上)，故铸造俗称翻砂
2	金属型铸造	以金属造就型腔，故可反复使用。对于大批量生产的铸件，砂型制造是个烦琐的过程。因此在有些情况下可利用金属型来进行浇铸。金属型浇注多用于熔点较低的有色金属。对于钢铁铸件，某些场合也可采用(主要取决于金属铸型能否经受住熔融态钢铁浇铸时的严酷工作条件)。金属铸型的制造成本较高，但由于可以反复多次利用，对于大批量生产还是适用的
3	精密铸造	如用石蜡制作出与所需铸件一样形状的蜡件，然后多次反复涂刷粘结剂并粘上型砂，待其固化后在蜡件外面形成一个有足够强度和耐高温性能的砂壳，然后适当加温将里面的蜡件融化倒出，则砂型(壳体)所形成的型腔就是所需的铸件形状。为了浇铸时的安全、可靠，通常将砂型插埋入砂堆里再进行浇铸。蜡件多用金属型制造。此法因其砂型制造过程被形象地称为"失蜡铸造"。此法也因浇铸所得铸件的形状、尺寸可以达到较高精度而得名"精密铸造"。精密铸造多用于形状比较复杂的铸钢件的浇铸，如高中压阀门的阀体等
4	压铸	以上各种浇铸方法均靠熔融金属的自重来充填型腔的，因此易出现充不满、缩松等缺陷。如铸型有一定强度(多是金属型)，就可用压力将液体金属压注入型腔。这样的生产效率和质量都会有较大提高，铸件的壁厚也因此可减小。压铸多用于锌合金等制造中小型壳体类零件。因其模具制造要求很高、价格比较昂贵，压铸一般只适合于大批量生产
5	离心浇铸	离心浇铸是将铸型(一般为筒状金属模型)高速旋转、利用旋转时的离心力作用保证液态金属很好充满型腔。其优点是铸件结晶紧密、机械性能好，金属的耗损低，能生产流动性差的金属铸件、双层金属铸件和薄壁铸件。多用于铸造圆筒形零件

铸造工艺的特点

序号	举例说明
1	可以制成形状复杂的毛坯，尤其是可以使毛坯具有复杂的空腔(例如各种箱体、机身和机座)
2	适应性强，可适用于各种金属材料(包括某些塑料)及其合金，零件可大可小，壁厚可厚可薄，生产批量也可多可少
3	铸造所需的材料和设备一般都比较容易得到，制造成本低廉
4	铸件的形状尺寸可以与最终零件的要求非常接近，因而可以做到只需少量(甚至某些表面不需要)切削加工，从而可以节省金属材料，降低零件的总成本
5	铸件的机械性能一般不如锻件高，因此零件的重量较大，零件表面质量一般也不很高(但压铸和精密铸造的表面光洁度可以很高)
6	铸造工艺无法完全避免诸如晶粒粗大、缩孔、缩松、气孔、砂眼等组织缺陷，需要采用必要的设备进行检验以保证毛坯质量

铸造工艺的必备条件

序号	名称	说　明	
1	熔融金属	设备和工艺方法相对比较单一	铸铁：熔化设备称之为冲天炉，就是圆筒状的钢质炉体，内壁衬以耐火材料。铸铁的熔化靠的是焦炭燃烧发出的热量
			钢材：熔化多用电炉，靠电能(通过电弧或感应加热等途径)加热
			低熔点有色金属：熔化多用电炉或焦炭间接加热
2	准备型腔	型腔的种类是铸造分类的主要途径	

各种铸造零件

铝铸件箱体

1—滑轮；
2—翻斗；
3—挡块；
4—加料斜槽；
5—卷扬机；
6—导轨；
7—地坑

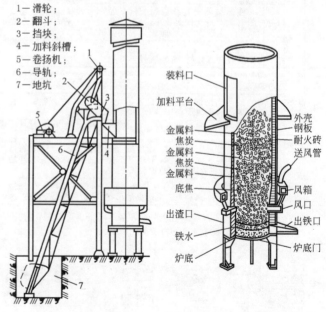

带加料机构的冲天炉—熔化铸铁用

熔化生铁用的冲天炉的结构图

铸造 [12] 金属的加工成型工艺

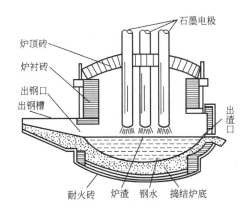

常用于熔化铸钢的电弧炉结构图

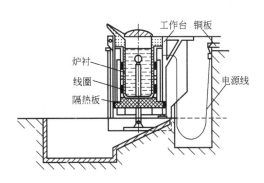

常用于熔化铸钢的工频感应电炉结构图

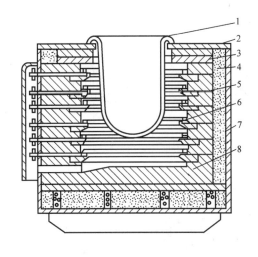

常用于熔化有色金属的电阻坩埚炉结构

1—坩埚； 5—电阻丝托砖；
2—坩埚托板；6—电阻丝；
3—耐热铸铁板；7—炉壳；
4—石棉板； 8—耐火砖

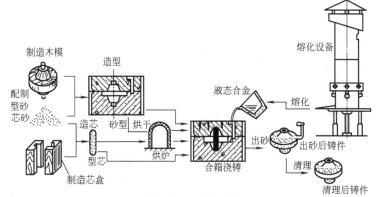

砂型铸造过程示意图

砂型铸造的生产过程

序号	名称	说明
1	模型的制造	以砂子为造型材料形成的、有一定强度的中空型腔是用模型来制备的。模型的轮廓与型腔的轮廓相当，以使铸件能达到所需的形状和尺寸要求。考虑到铸件在冷却时的收缩，模型的尺寸要比所需铸件的相应尺寸稍微大一点。模型可以用木材或轻合金（以铝为多）制造。模型在制备砂型后期应可从砂型中方便地取出，因此不仅铸件设计时一定要考虑到拔模的可能，模型上沿拔模方向上要制造出拔模斜度
2	型砂准备	制作砂型的砂子不仅要洁净、粒度均匀、大小合适，还必须有恰当的含水量，以保证其有一定的强度、透气性和耐火性。经过浇注清理后回用的型砂要进行粉碎、筛选以及去除金属碎块、颗粒和粉末，再以一定比例与新型砂混合后使用
3	砂箱制备或准备	为从砂型中取出模型，砂型及支撑砂型的箱体（称为砂箱）必须可以分开（通常是上下两部分，有时可以是上中下三部分），从而在铸件上留下了分型面的痕迹
4	芯盒的制造	如果要求铸件是空心的，则在两半砂型中还要加入所谓的砂芯，以使砂箱中的砂型与砂芯形成的空腔为空心物体的形状。砂芯要用芯盒来制造
5	砂型的制造	分别用木模的上半部和下半部制造上、下砂箱的砂型，它们之间形成的空型腔正好是木模上、下两半部分的形状。如果没有砂芯，则上、下砂箱间形成的空腔也就是上、下两部分木模合在一起的形状；用它浇铸出的铸件形状也就是这个形状，是一个实心件。对于空心铸件，则还需要另外再加工一个芯盒，用芯盒来制作一个砂芯；同时，上下两半木模以及相应的上、下砂箱中的砂型也要作细小的变化，以便使得砂芯可以稳固地搁置在上、下砂箱的型腔之间。这样，上、下砂箱和砂芯之间形成的型腔就是一个空心物件了
6	浇口、冒口等其他元素的形成	砂型上还需要一些其他必要的元素，如为了能让熔融的金属液体顺利地注入型腔，上砂箱应有浇口；为了液体金属能顺利充满型腔，在上砂箱远离浇口一侧还必须开设冒口。接触液体金属的型腔表面一般还必须涂刷特殊的涂料，以提高砂型的表面光洁度和耐高温性能。为了浇铸时气体顺利排出以减少铸件的各种缺陷，在制作砂型时还要扎一些小孔
7	砂箱扣箱	将上下砂箱（有时还有中箱）扣合，并加固定和镇压（防溶汁时浮箱）
8	液态金属浇注	用冲天炉等熔化设备熔化金属，并用适当设备将液态金属浇入砂箱的型腔中直至完全充满型腔
9	冷却开箱和铸件清理	浇铸后待金属充分凝固、冷却后，将包裹在铸件内外的型砂全部清理干净，就得到了所需的铸件

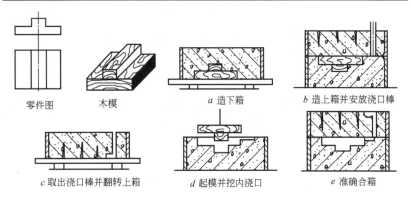

实心铸件的木模和砂型制作过程

金属的加工成型工艺 [12] 铸造

已完成砂型的铸造用砂箱

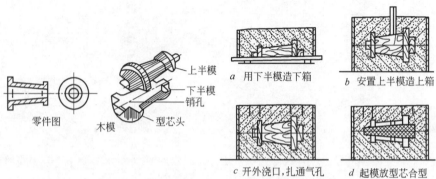
空心铸件的木模和砂型制作过程

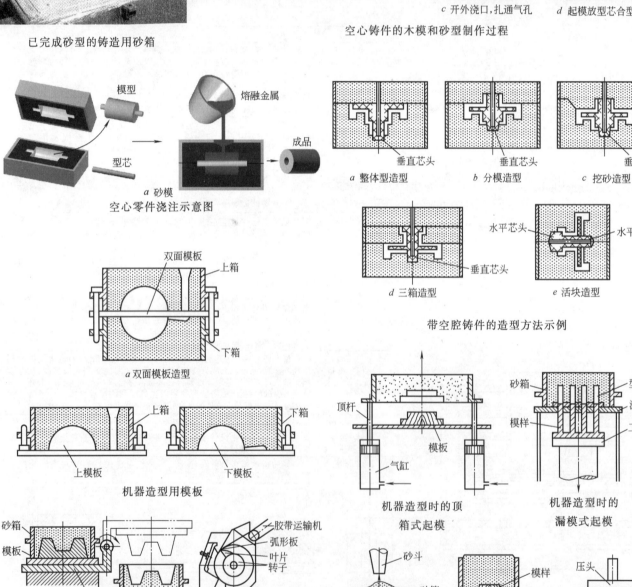

铸造 [12] 金属的加工成型工艺

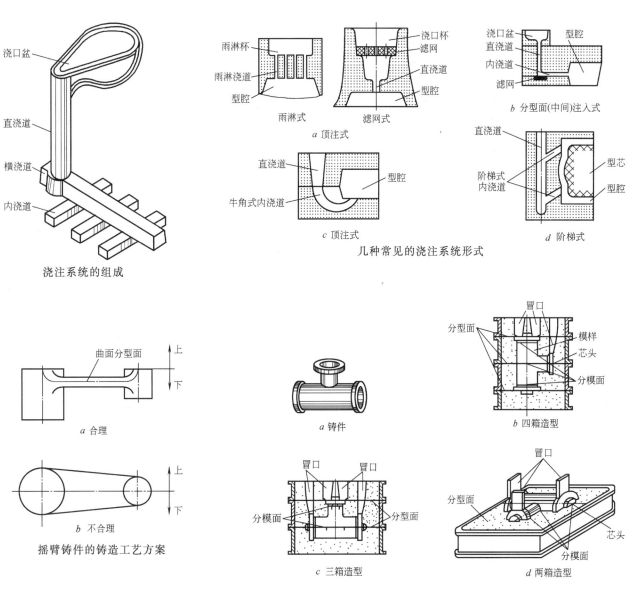

浇注系统的组成

几种常见的浇注系统形式

摇臂铸件的铸造工艺方案

四通铸件的分型面选择

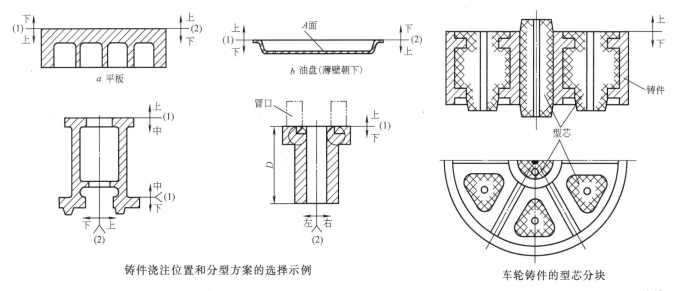

铸件浇注位置和分型方案的选择示例

车轮铸件的型芯分块

金属的加工成型工艺 [12] 铸造

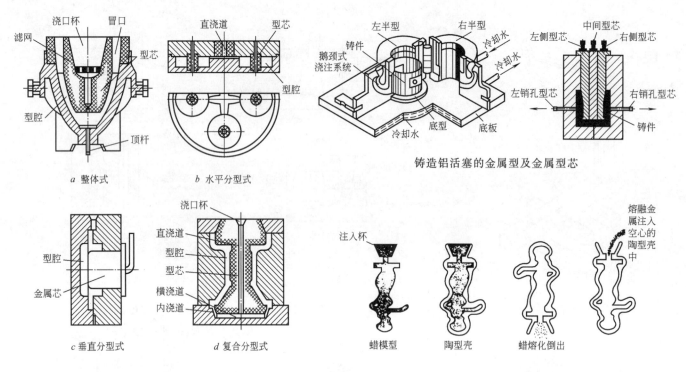

a 整体式　　b 水平分型式

铸造铝活塞的金属型及金属型芯

c 垂直分型式　　d 复合分型式

常用铸造金属型的结构示意图

精密（失蜡）铸造过程示意图

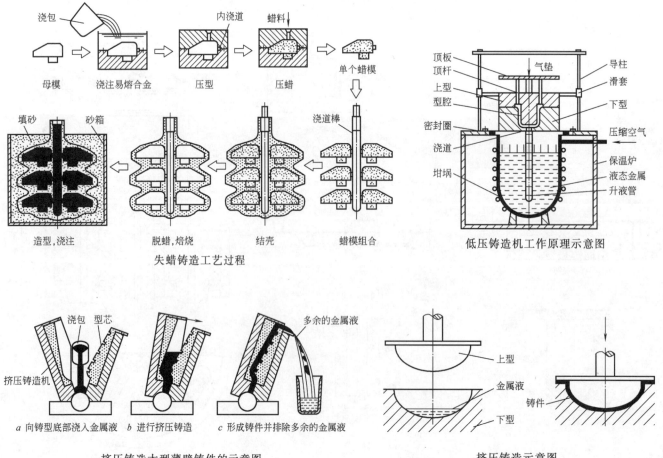

失蜡铸造工艺过程

低压铸造机工作原理示意图

挤压铸造大型薄壁铸件的示意图

挤压铸造示意图

铸造 [12] 金属的加工成型工艺

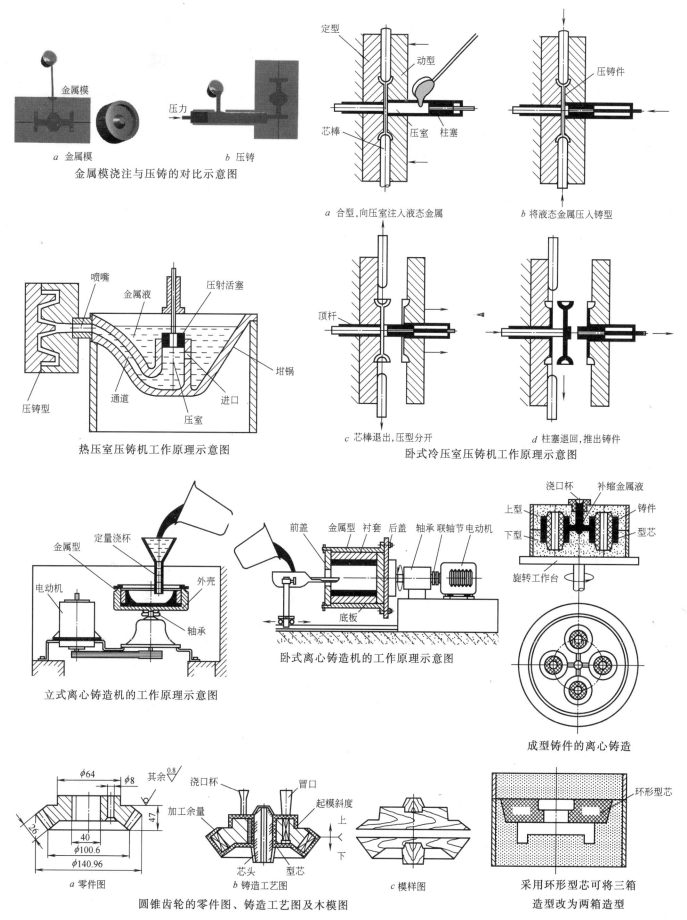

金属的加工成型工艺 [12] 铸造

铸件设计时的注意事项（改善铸造工艺）

序号	名称	说明
1	分型面选择	分型面一般都在断面最大处；离分型面越远，零件断面要越来越小。否则在制造砂型时会无法拔模，或者铸件从金属型中取不出来。此时只有增加分型面，但增加分型面就要在制造砂型时增加砂箱（即用上、中、下三个砂箱的三箱造型）。三箱造型要比两箱造型麻烦得多，应尽量避免。四箱或更多箱造型在实际生产中极少见到
2	尽量不用砂芯	铸件设计时应考虑尽量避免不必要的砂芯
3	合理的拔模斜度	为了拔模的需要，在拔模（垂直于分型面的）方向上要有合适的结构斜度（拔模斜度）
4	铸件壁厚尽量均匀	铸件的壁厚要尽量均匀，最小壁厚要适宜，转角处的圆角半径要合适
5	尽量避免铸件上的局部实心块	铸件上要尽量避免局部的实心大块，因为这种地方在浇注后最后冷却，最易造成缩松和缩孔等缺陷

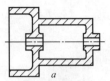

砂型铸件改为压铸件时应剖分为两件
a 原砂型铸件的密闭空腔铸造工艺性差；
b 改为压铸件后分为两件，铸造工艺性改善

用侧壁处的外型芯可取消活块

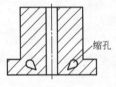 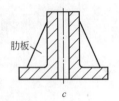

用挖空、设肋的方法减少铸件壁厚
a 局部壁厚太大，易产生缩孔等缺陷；*b* 壁厚均匀，但密闭空腔需用型芯；*c* 壁厚减小并设肋的方案最佳

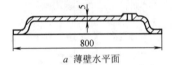 

薄壁罩壳铸件
b 方案用倾斜面较好

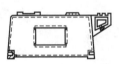 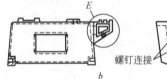

整体床身改为组合床身使铸造工艺性改善
a 整体的机床床身外形太复杂，难铸造；*b* 改为用螺栓联结的组合床身后，铸造工艺性好

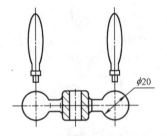 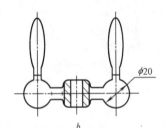

车床摇手柄铸件的铸造工艺性改进
a 原设计采用加工装配方案，工艺复杂；*b* 改为整体铸造方案后工艺变简单

a 偶数轮辐　　*b* 奇数轮辐　　*c* S形轮辐
d 水平面辐板　*e* 在辐板上开孔　*f* S形辐板

铸造车轮的轮辐与辐板的连接形式

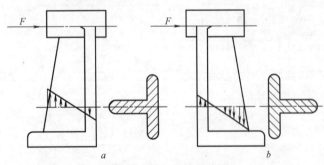

灰铸铁支座件的结构改进
a 在载荷 F 作用下，T型筋尾部受拉伸，拉应力大；*b* 型心左移，最大拉应力减小

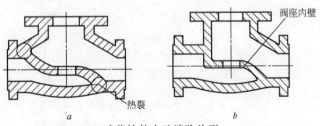

减薄铸件内壁消除热裂
a 改进前内壁接合处壁厚太大易裂；*b* 减小壁厚可避免热裂

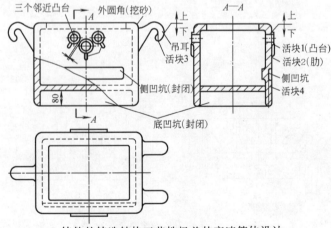

铸件的铸造结构工艺性极差的变速箱体设计

铸造 [12] 金属的加工成型工艺

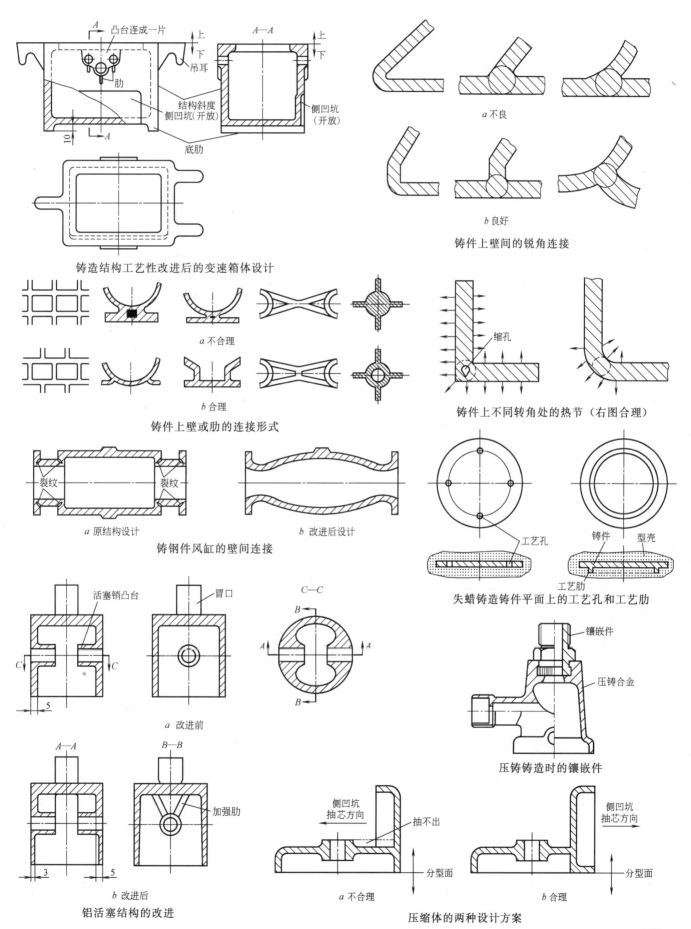

金属的加工成型工艺 [12] 压力加工——锻造和冲压

压力加工——锻造和冲压

锻造的分类

序号	名称	说明
1	自由锻	适当加热、软化后的金属（主要是钢）坯料放在下砧铁上，利用上砧铁快速下降的冲击力或缓慢施加的压力使坯料变形。铁匠打铁是最原始的自由锻。现代自由锻利用大吨位锻锤或液压机（油压机或水压机），常用来加工大型机电设备的大型金属零件的毛坯。由于自由锻不用模具，加工成本较模锻为低；但加工尺寸精度较差、需留有足够的加工余量，金属材料的有效利用率也较低
2	模锻	加热、软化后的金属（主要是钢）坯料放在具有一定形状的锻模型腔内，用上下锻模块快速接近的冲击力或缓慢施加的压力使其变形。锻模的型腔尺寸比较精确，用模锻加工后的毛坯形状与尺寸的精度较高，后续机械加工的切削余量要比自由锻小得多。但模锻需要加工型腔精确的模具；尤其是为使坯料能充满型腔，坯料的体积分配和变形必需逐步进行，因此一套模锻模需加工出几套不同的型腔；加之锻模工作条件严酷，须用耐高温又有一定硬度和韧性的耐高温耐磨的钢材制造，成本非常高。故模锻只适用于大批量生产零件的毛坯加工

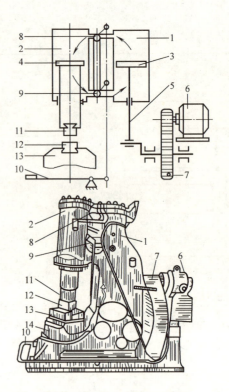

自由锻用空气锤的外形及结构图

1—压缩缸；2—工作缸；3—压缩活塞；4—工作活塞；5—连杆；
6—电动机；7—减速器；8—上旋阀；9—下旋阀；10—端杆；
11—上砧；12—下砧；13—砧垫；14—砧座

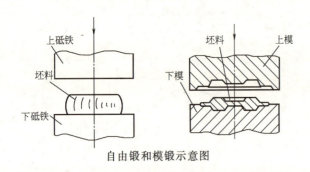

自由锻和模锻示意图

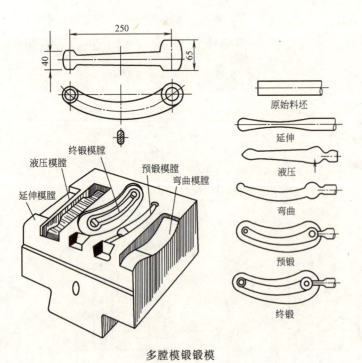

多膛模锻锻模

为使坯料能最终充满型腔，坯料必须进行一连串渐进的体积分配和变形。
因此一套模锻的锻模上需要加工出几套型腔。

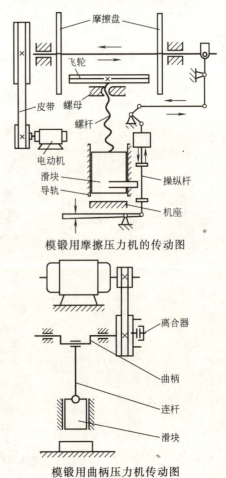

模锻用摩擦压力机的传动图

模锻用曲柄压力机传动图

压力加工——锻造和冲压 [12] 金属的加工成型工艺

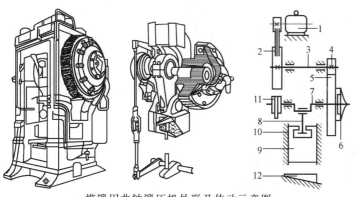

模锻用曲轴锻压机外形及传动示意图

1—电动机；2—飞轮；3—传动轴；4—小齿轮；5—大齿轮；
6—离合器；7—曲轴；8—连杆；9—滑块；10—导轨；
11—制动器；12—工作平台

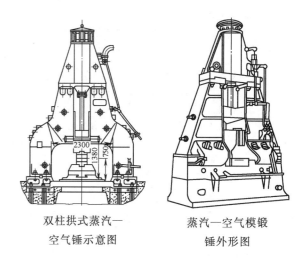

双柱拱式蒸汽—空气锤示意图　　蒸汽—空气模锻锤外形图

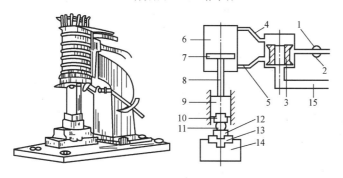

用蒸汽作动力的自由锻和模锻两用单柱式
蒸汽空气锤外形及结构示意图

1—进气管；2—节气阀；3—滑阀；4—上气道；5—下气道；
6—汽缸；7—活塞；8—锤杆；9—锤头；10—上砧；
11—坯料；12—下砧；13—砧垫；14—砧座；15—排气管

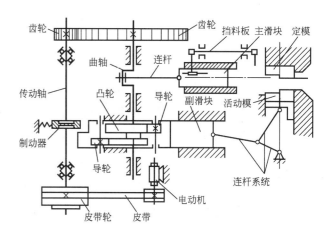

平锻机的传动图

平锻机有相互垂直的两个分模面（图中定模和活动模，以及它们与主滑块之间），适合有凹挡、孔、通孔或凸缘的回转体锻件。

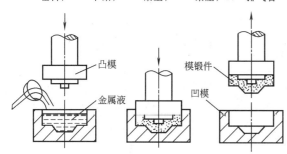

液态模锻工艺过程示意图

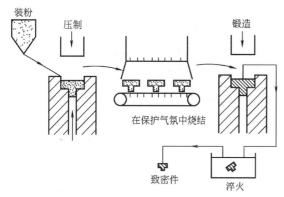

粉末锻造过程示意图

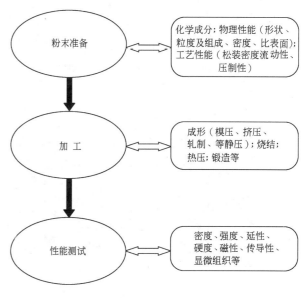

粉末冶金的主要工序示意图

金属的加工成型工艺 [12] 压力加工——锻造和冲压

冲压的特点

序号	说明
1	冲压可制得形状复杂的零件，废料少
2	可使金属晶粒细化，压合内部的某些缺陷，并使其纹理更加合理，从而提高金属的机械性能，获得重量轻、材料消耗少、强度和刚度较高的零件
3	制品具有较高的精度和光洁度，互换性好
4	操作简便，工艺易于实现机械化和自动化，生产效率较高，制造成本较低
5	冲压大多需用专门设计制造的模具来加工，故模具成本较高，一般只适合大批量生产的零件，但有些工艺步骤（如切断、弯曲）也可以用通用模具实现
6	锻造零件的形状不可能太复杂

冲压工艺的分类

序号	名称		说明
1	冲裁	冲裁	将坯料上需要的部分与基材分离
		落料	落料和冲孔都是在母材上将一个外缘轮廓封闭的部分分离出来，其区别仅在于从母材上分离出来的部分是零件（落料）还是废料（冲孔）
		冲孔	
2	弯曲		可以使平直的板状零件毛坯或半成品弯曲成所需形状
3	拉延		可使板状毛坯按需拉伸成筒状零件

冲裁工艺设计的注意点

序号	说明
1	尽量提高其材料的利用率，但孔与孔之间、孔与零件边缘之间、外缘凹进或凸出的尺寸都不能太小
2	冲孔的最小直径与板材厚度有关
3	冲孔与落料时直线与直线的交汇处均需用圆弧过渡（这与冲模的制造及寿命有关）

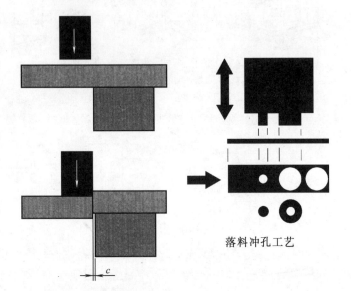

板料或棒料的下料切断工艺　　落料冲孔工艺

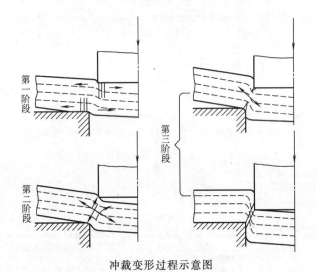

冲裁变形过程示意图

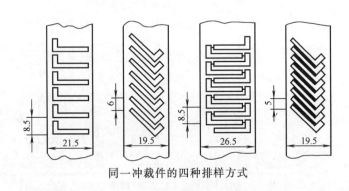

同一冲裁件的四种排样方式

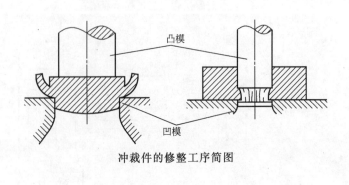

简单冲裁模具　　冲裁件的修整工序简图

压力加工——锻造和冲压 [12] 金属的加工成型工艺

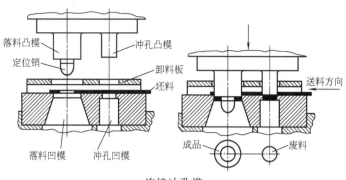

连续冲孔模

弯曲工艺设计的注意点

序号	说 明
1	弯曲所许可的最小半径随材料而异。还应考虑材料的纤维方向,以免弯曲时发生裂纹
2	弯曲边不能过短,否则不易成型
3	如果成品弯曲时有一个边要求较短,则只能先留长、在弯曲成形后再切去多余部分
4	为避免零件上的孔在弯曲时变形,孔的位置应离弯曲处有一定距离
5	圆棒或圆管也可压弯,而对于薄壁管的压弯,由于管壁容易压瘪,故常需用专门的弯管设备

注：钢板卷成圆形通常用三辊卷板机卷圆为好,调整三个辊之间的相对距离可以改变钢板卷成后的曲率半径。

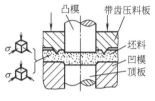

a 带齿压板精冲法　　b 带压板普通冲裁法　　c 普通冲裁法

精冲与普通冲模之间的比较

拉延工艺设计的注意点

序号	说 明
1	一次拉延深度不能过大,否则零件会被拉裂;要求拉延程度较大的零件需分几次拉延,中间每两次拉延间通过退火使坯料恢复塑性
2	设计拉延零件时,应尽量使零件外形简单、对称,深度也不应太高,以减少拉延次数
3	拉延零件的圆角半径应予特别注意,与上冲头（凸模）底部接触的筒底内圆角半径以及与下模接触的筒上沿（翻边处）的圆角半径的大小对拉延过程的质量好坏影响很大,应按规范设计
4	冲压还有一些诸如矫正、卷边等特殊工艺以及在成型时可附带实现的压筋等技术手段,不仅能改善和提高制品的外观,还可以提高制品的强度和刚度,应积极选择利用

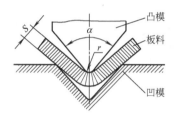 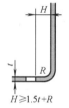 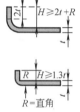

弯曲工序示意图　　　弯曲边与孔的位置

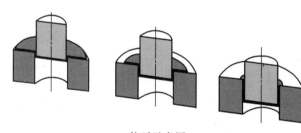

三辊卷板示意图

拉延示意图

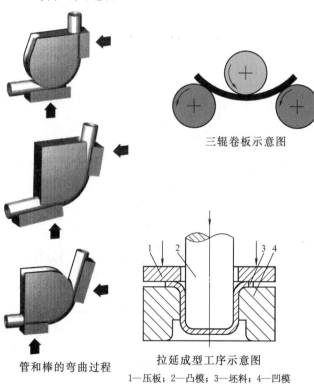

管和棒的弯曲过程

拉延成型工序示意图
1—压板；2—凸模；3—坯料；4—凹模

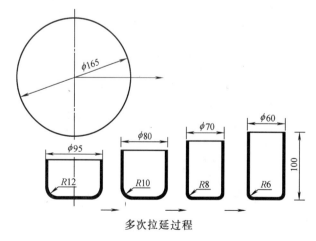

多次拉延过程

金属的加工成型工艺 [12] 压力加工——锻造和冲压

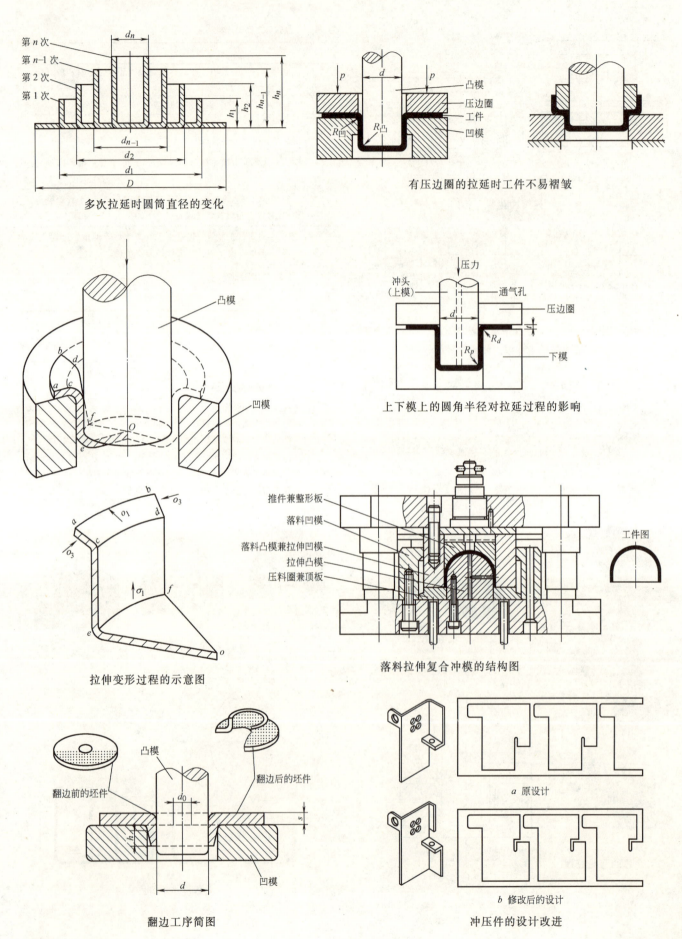

压力加工——锻造和冲压·焊接 [12] 金属的加工成型工艺

焊接

本部分详细内容可参阅本册第三章"静连接"中的相关部分。

焊接的分类

序号	名称	说　　明
1	熔化焊	气焊,电弧焊(含手工电弧焊,埋弧焊和气体保护焊),电渣焊,等离子焊,电子束焊,激光焊,高频焊等
2	压力焊	电阻焊(含电焊、缝焊和对焊),摩擦焊,冷压焊,爆炸焊,超声波焊,扩散焊等
3	钎焊	软钎焊,硬钎焊等

熔化焊的分类

序号	名　　称　　与　　说　　明	
1	气焊	以可燃气体(用得最多的是乙炔气)燃烧所得热量进行局部加热
2	电弧焊(在被焊工件与焊丝/焊条间施加直流/交流电压引起电弧,利用电弧的热量进行局部加热)	手工电弧焊	用手钳夹持焊条施焊。为防止熔化金属受大气污染,焊接时焊丝外涂的药皮燃烧和蒸发,形成气体保护层。在单件小批量生产和维修时广泛使用
	埋弧焊	自动机构使焊丝沿焊缝实现移动。同时在焊丝前向焊缝自动撒下颗粒状焊剂,焊剂熔化形成浮在熔池上的熔渣池,保护金属熔池与大气隔离
	气体保护焊	直接用惰性气体对熔池进行保护。常用气体有二氧化碳和氩气
	等离子焊	利用气流在通过电弧时电离成等离子体后从小孔以高流速流出产生的高温施焊,温度可达 16000℃
	电子束焊	利用电子枪(足够大的电流加热灯丝,使其释放出大批电子)形成的电子云在阴极和阳极间高压差作用下高速飞向阳极,聚焦后的高速电子束轰击在小范围上,可以产生高温,形成窄焊缝。常用于超精密零件的焊接和可焊性差的金属零件的焊接
	激光焊	利用高度聚焦的激光束轰击金属表面使其熔化或汽化达到焊接的目的。可焊接厚达 10mm 的钢材,而焊缝仅 1mm
3	高频焊	利用高频电流在被焊金属中产生高频电流的电阻热效应使金属融化焊接到一起。常用来制造有缝水煤气管。细管常用直焊缝,大口径有缝管的焊缝则是螺旋状的

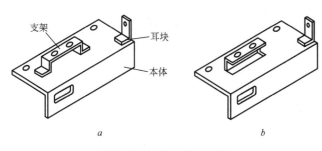

仪表座冲压件的设计改进
b 为 a 的改进设计

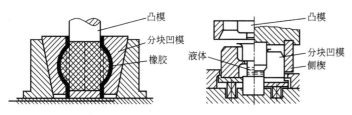

用软凸模的胀形工序

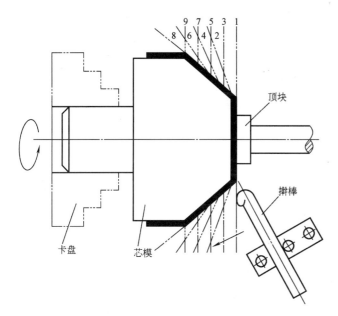

用圆头擀棒的旋压工艺过程示意图

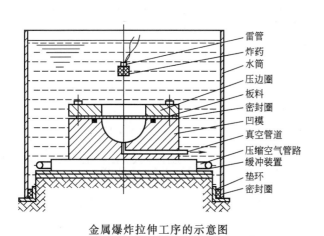

金属爆炸拉伸工序的示意图

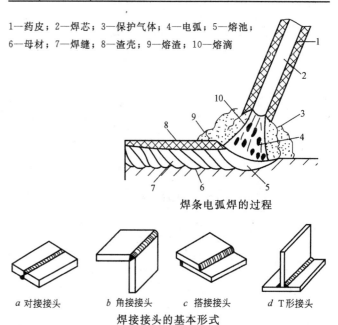

1—药皮;2—焊芯;3—保护气体;4—电弧;5—熔池;
6—母材;7—焊缝;8—渣壳;9—熔渣;10—熔滴

焊条电弧焊的过程

a 对接接头　　b 角接接头　　c 搭接接头　　d T形接头

焊接接头的基本形式

金属的加工成型工艺 [12] 焊接·热处理

压力焊的分类

序号	名称与说明		
1	电阻焊(对两被焊件加压使紧密接触,再用电阻热加热,电流集中在接触界面处形成熔核;电极内的冷却水将热量迅速带走使工件冷却)	点焊	是随冲压工艺并行发展起来的技术,大多用于金属薄板冲压件的焊接。小轿车驾驶室的加工工艺使点焊技术和冲压技术及其结合发展到极至
		缝焊	用一对滚动的铜盘代替点焊中的水冷固定电极,所以焊接结果是连续的焊缝
		电阻对焊	因其焊接时的弧闪也称为闪光对接焊。可将两截棒料焊接在一起;甚至可以将棒料弯成的开口圆环焊接成闭合圆环,且焊缝处的强度与他处母材材料的强度基本一致
2	摩擦焊		利用两被焊件间加压的同时相对旋转产生的摩擦热使其产生高温而焊接在一起。摩擦焊能将两种不同金属焊接在一起
3	冷压焊		在两被焊件间施加较高压力使其产生塑性变形而焊接在一起。因常温下金属的屈服强度高,通常要用冲头、冲模或滚压器使材料表面产生塑性变形从而使金属表面的氧化膜破碎,造成原子连接的接触而焊接在一起
4	爆炸焊		利用炸药爆炸的巨大能量将两片或多片金属材料连接在一起。爆炸能把其间的空气挤出、破坏金属表面的氧化膜,使金属间形成波纹状的锁合,达到金属间的连接
5	超声波焊		原理与摩擦焊相似。超声波传递给被焊接件后,使被焊接材料表面产生内摩擦,表面温度升高,产生塑性变形,从而破坏氧化膜达到金属间的连接

钎焊的分类

序号	名称	说明
1	软钎焊	钎料熔点低于427℃者。如锡焊、铅焊等。软钎焊对工件表面的预处理要求较低
2	硬钎焊	钎料熔点高于427℃者称为硬钎焊,如铜焊、银焊等。硬钎焊前,一般都要将工件表面的氧化物通过脱脂、打磨和酸洗,以使工件和钎料间有良好的结合

热处理

各种热处理的代号及标注方法

热处理	代号	表示方法举例
退火	Th	退火的表示方法:Th
正火	Z	正火的表示方法为:Z
调质	T	调质至220~250HBS,表示为:T235
淬火	C	淬火后回火至45~50HRC,表示为:C48
油中淬火	Y	油冷淬火后回火至30~40HRC,表示为:Y35
高频淬火	G	高频淬火后回火至50~55HRC,表示为:G52
调质高频淬火	T-G	调质后高频淬火回火至52~56HRC,表示方法为:T-G54
火焰淬火	H	火焰加热淬火回火至52~56HRC,表示方法为:H54
氰化	Q	氰化淬火后回火至52~62HRC,表示方法为:Q59
渗碳淬火	S-C	渗碳层深度至0.5mm,淬火后回火至56~62HRC,表示方法为:S05-C59
渗碳高频淬火	S-G	渗碳层深度至0.9mm,高频淬火后回火至56~62HRC,表示方法为:S09-G59
氮化	D	氮化层深度至0.3mm,硬度大于850HV,表示方法为:D03-900

注:回火、发黑用文字标注。

各种热处理方法的相对加工费用

热处理方法	相对加工费用	热处理方法	相对加工费用
退火(电炉)	1	调质	2.5
球化退火	1.8	盐熔炉淬水及回火 刀具、模具	6~7.5
正火(电炉)	1	结构零件	3
渗碳淬火-回火(渗碳层深0.8~1.5mm)	6	冷处理	3
渗氮	~38	高频感应加热淬火	按淬火长度计算,一般比渗碳淬火价廉
液体氮碳共渗	10		

注:热处理加工费以每千克质量计算,并以退火(电炉)每千克加工费为基数1。

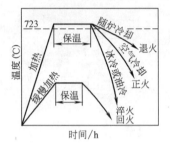

钢的各种热处理工艺规范

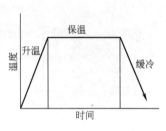

退火处理的温度-时间曲线

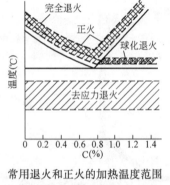

常用退火和正火的加热温度范围

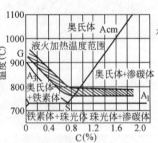

碳钢的淬火温度范围

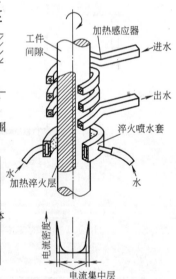

感应加热表面淬火示意图

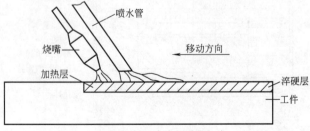

火焰表面淬火示意图

热处理 [12] 金属的加工成型工艺

需热处理零件的结构工艺性要求及措施

序号	要　　求	措施及说明
1	零件的截面与厚度力求均匀，避免急剧变化	可通过开设工艺孔；合理安排槽的位置；错开内外槽；变盲孔为通孔；合理安排孔的位置；孔距及孔边距不要太小
2	零件外形尽量用过渡圆角，避免尖锐的棱角和尖角	改尖角和棱角为圆角；圆角半径尽量大一些；孔避开交叉刃口的延长线
3	零件形状力求对称以减少变形或使变形有规律	（如镗杆）截面上两侧开槽可使应力分布均匀，减少变形；（弹簧夹头）不封闭的槽口在热处理时封闭，热处理后再切开
4	尺寸过大、形状复杂的零件可采用组合结构	整体制造在热处理时产生裂纹，故应采用组合、拼焊等结构，以后也便于修理
5	降低零件的表面粗糙度	表面粗糙易引起变形和表面裂纹

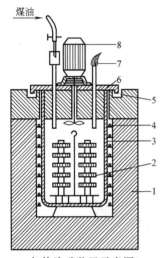
固体渗碳装箱示意图

气体渗碳装置示意图
1—炉体；2—工件；3—耐热罐；4—电阻丝；
5—砂封；6—炉盖；7—废气火焰；
8—风扇电动机

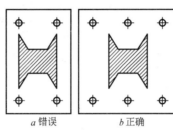
热处理结构工艺性—辅助孔的位置避免正对尖角
a 错误　　b 正确

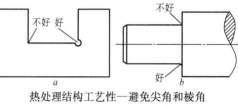
热处理结构工艺性—避免尖角和棱角

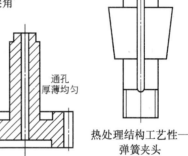
热处理结构工艺性—变盲孔为通孔示意图

热处理结构工艺性—弹簧夹头
弹簧夹头上的开口槽应改为闭口槽，在淬火后再切开。否则淬火时槽口附近易裂。

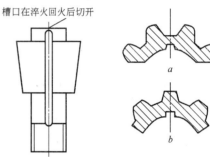
热处理结构工艺性—合理安排槽的位置
图中槽的位置不要与花键谷底位置对应，以免尺寸过小。

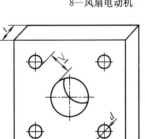
热处理结构工艺性—合理排安孔的位置
孔之间以及孔与边缘之间的距离要大于规定值。

热处理结构工艺性—避免尖角和棱角
磨床顶尖以两件组合为佳，否则用合金钢整体制作在热处理时螺纹部分易出现裂纹。

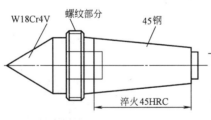

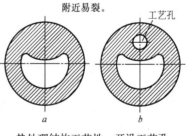
热处理结构工艺性—开设工艺孔
图中零件壁厚相差太大，热处理时易出现裂纹。开设工艺孔可避免，又不会削弱零件。

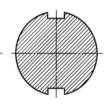
热处理结构工艺性—对称开槽
镗杆上对称开设的键槽使应力分布比较均匀。

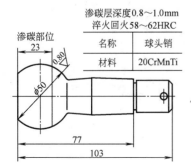
零件热处理（球头销渗碳）的标注实例

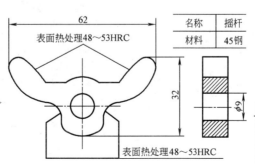
零件热处理（摇杆表面淬火）的标注实例

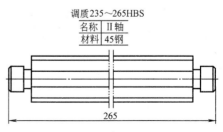
零件热处理（45钢轴整体调质）的标注实例

金属的加工成型工艺 [12] 切削与磨削加工

切削与磨削加工

切削和磨削加工分类

序号		说 明			设备与说明
1	车削	工件旋转,刀具(车刀)移动。刀具的进给运动方向通常平行或垂直于工件的旋转轴线	可加工圆柱面、端(平)面、圆锥面、内孔、内外螺纹及成形面	车床	包括:卧式车床(工件旋转轴线为水平),立式车床(工件旋转轴线为竖直),镗床(工件固定、刀具旋转、专门用于加工有较高精度内孔及较高孔的位置精度)
2	刨削	工件与刀具(刨刀)均进行直线运动;切削时刀具作直线运动;在刀具的回程时工件在与刀具切削运动方向相垂直的方向上作进给运动	可加工平面或成形面	刨床	包括:牛头刨床(刀具水平运动),龙门刨床(切削时刀具不动、床身带动工件作直线往复运动),插床(刀具作垂直切削运动,可加工键槽等表面),插齿机(加工情况类似插床,但刀具为酷似齿轮齿形的插齿刀,且刀具与工件间除了切削运动外还有复杂的范成运动),拉床(可加工高精度内孔及花键孔或成形孔,工件固定,多刃刀具作直线运动)
3	铣削	为多刃切削,故切削效率较高。多刃的铣刀旋转,工件则作直线进给运动	可加工平面和成形面,也可镗孔	铣床	包括:卧铣(铣刀旋转轴线为水平线),立铣(铣刀旋转轴线为竖直线),龙门铣(大型,因外形而得名,除铣刀旋转外同龙门刨),花键铣床(加工花键轴专用),滚齿机(专加工齿轮用,滚齿刀水平旋转,工件作水平进给,工件的旋转与滚齿刀的旋转有精确的配合,以达到齿轮的范成加工)
4	钻削	工件一般固定不动,刀具(钻头等)在作旋转切削的主运动时还沿旋转轴线作直线进给运动	可进行钻孔、扩孔、铰孔、锪锥孔、锪沉头孔和端面、攻丝等	钻床	包括:台钻或立钻(适用于加工小型工件),摇臂钻(刀具可在扇形范围内自由变化位置,用于大型工件加工),多轴钻床(多为专用机床)
5	磨削注	工件与刀具(砂轮)均旋转,工件与砂轮间相对轴线移动,垂直于轴线的相向接近的进给运动。磨削的切削是特殊的多刃刀具	可磨削外、内圆柱和圆锥面、平面、成形面。磨削可以得到很高的表面光洁度及形状和尺寸精度	磨床	外圆磨床(卧式,砂轮高转速),内圆磨床(卧式,砂轮转速高),无心磨床(工件无须顶尖顶住定位),平面磨床(零件靠电磁吸盘固定,吸盘往复移动,上下进给,卧轴砂轮高速旋转),齿轮磨床(齿轮磨削专用机床),花键磨床(花键磨削专用机床)

注:属于磨削加工范围的还有:珩磨、超精加工、抛光、研磨。但这些加工工艺大多只能提高工件的表面光洁度而不改变其几何形状精度。

机床上工件与工具之间的相对运动

序号	名称	说 明
1	切削速度	切削加工时刀具与工件间的相对速度。通常机床的切削速度为几十到几百米/秒;磨削时可达几千米/秒
2	切削深度	每次刀具从工件上切去的金属层厚度。切削深度一般是几微米(μm)到几毫米(mm),磨削时仅为几微米到几十微米
3	进给	刀具或工件在切削深度方向上的运动

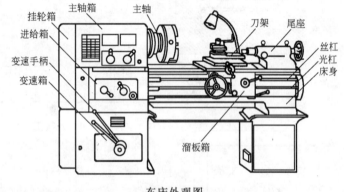

车床外观图

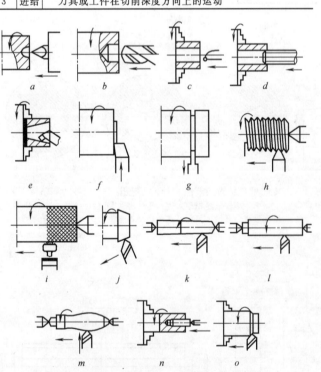

各种车削加工工序示意图
a 钻中心孔;b 钻孔;c 镗孔;d 铰孔;e 镗内锥孔;
f 车端面;g 车槽;h 车螺纹;i 滚花;j 车短锥面;
k 车长锥面;l 车圆柱面;m 车特型面;
n 攻内螺纹;o 车外圆

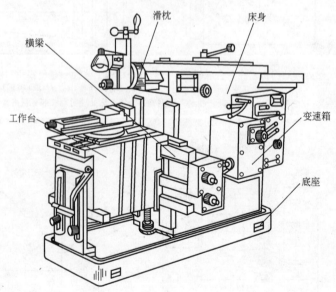

牛头刨床外观

切削与磨削加工 [12] 金属的加工成型工艺

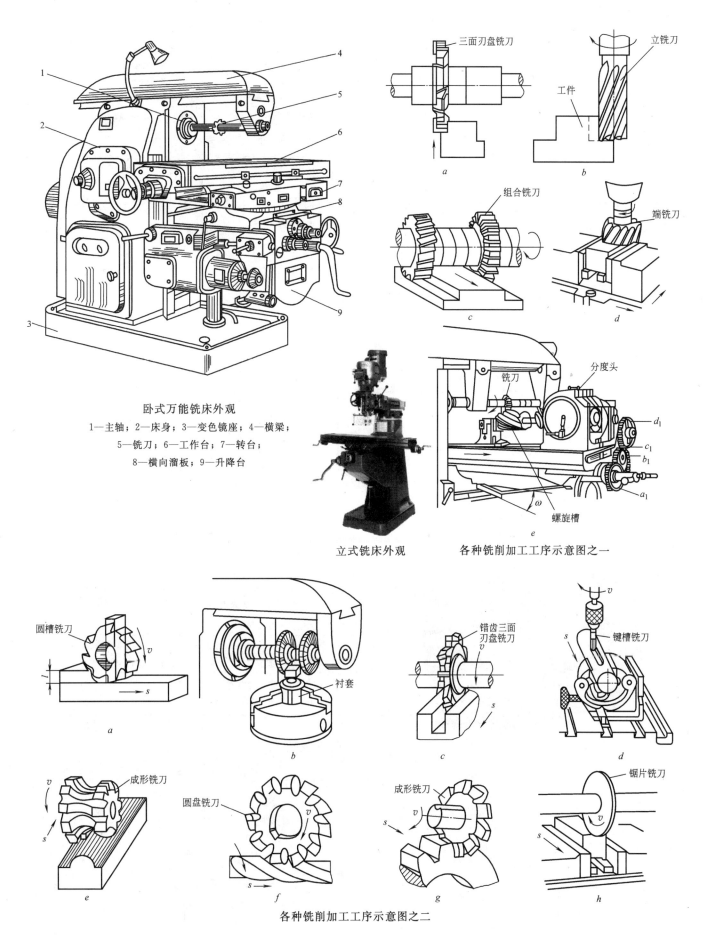

卧式万能铣床外观
1—主轴；2—床身；3—变色镜座；4—横梁；
5—铣刀；6—工作台；7—转台；
8—横向溜板；9—升降台

立式铣床外观

各种铣削加工工序示意图之一

各种铣削加工工序示意图之二

金属的加工成型工艺 [12] 切削与磨削加工·快速成型技术

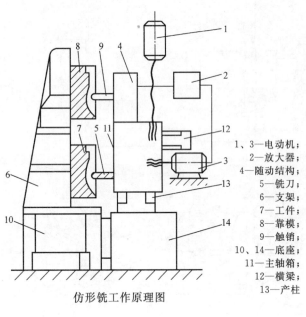

1、3—电动机；
2—放大器；
4—随动结构；
5—铣刀；
6—支架；
7—工件；
8—靠模；
9—触销；
10、14—底座；
11—主轴箱；
12—横梁；
13—产柱

仿形铣工作原理图

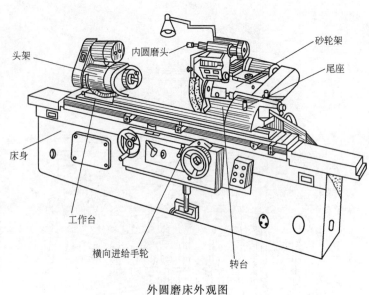

外圆磨床外观图

砂轮的成分

序号	名称	成分与说明	
1	磨粒	氧化铝	适用于钢材的磨削
		碳化硅	适用于铸铁和非金属的磨削
		金刚石	不耐高温，不适用于钢材
		CBN（氮化硼的同素异构体）	适用于钢材的磨削
2	结合剂		
3	气孔		

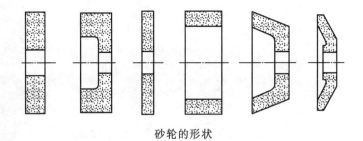

砂轮的形状

加工中心（CNC）外观

数控（NC）机床和加工中心（CNC）的特点

序号	说明
1	在一次装夹零件的过程中利用刀盘上的多把刀具，进行多工序的加工，避免了多次装夹带来的定位误差，提高了精度
2	利用数字控制技术，加工和控制精度高
3	一次编程，一次调整，一次装夹，就可实现高效率的加工，效益好
4	既适合于大批量生产，也适合于中小批量的加工
5	加工中心一次装夹就可以实现铣、钻、搪孔等多种加工，较之数控机床加工效率和精度更高

快速成型技术

一、快速成型（RPM）技术是集CAD、CAM、激光技术及材料科学等科技于一体发展起来的一种先进制造技术。

二、快速成型首先在CAD系统中获得一个三维物体模型，将其沿某一方向进行平面"分层"离散化，然后通过各种专门技术将成型材料成层堆积而成所需三维立体制件。

三、因此这是个基于"平面离散/堆积"的新颖成型技术，在工业设计及相关领域有广泛的应用。

机床按用途的分类

序号	名称	成分与说明
1	通用机床	通用机床可以加工各种工件，是机械加工的常用机床。前面"切削和磨削加工分类"表中所列机床（即使是只能加工花键磨床和齿轮磨床等比较专业的机床）都是通用机床，因为它们都是针对加工各种零件设计的
2	专用机床	专用机床则只在加工大批量生产的产品时应用，通常需要针对被加工工件专门进行设计并制造，因此专用机床通常只能加工一种或一个系列的特定工件

快速成型技术 [12] 金属的加工成型工艺

主要快速成型技术的分类

序号	名称	简称	说明	优缺点
1	立体平版印刷	SLA	利用紫外激光束对液态光敏树脂进行照射,使被扫描的树脂固化,这样一层一层堆积成为实体	设备和材料贵,成本高;须支撑结构;成型工艺稳定,精度高;易引起翘曲和变形
2	分层实体制造	LOM	用激光切割单面涂有热溶胶的纸,使一层层黏结堆叠成型	成型速率高;设备和材料便宜,成本低;尺寸稳定性好;无需支撑结构;强度高,能制作大尺寸制件
3	选择性激光烧结	SLS	用激光扫描粉末,使其一层层直接烧结在一起而成为实体	可采用多种材料;工艺简单;精度高;成本较低
4	熔丝沉积制造	FDM	将ABS丝熔化后堆积成三维实体	无激光器,寿命长;快速,经济;过程简单,安全;零件精度稍差

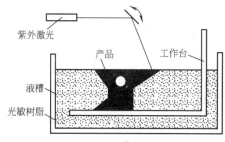

SLA 的工作原理

根据三维模型分层离散化得到的有一定厚度的每层轮廓,用紫外激光对液体光敏树脂槽的表面进行扫描,会有一薄层树脂固化在支撑基座上;然后基座下降一个层厚,继续进行下一层的扫描,直至三维实体全部成型。

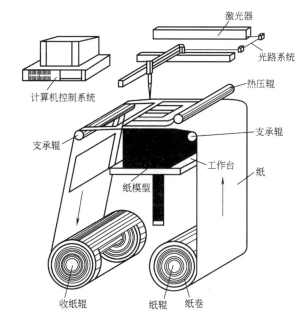

a LOM 成型机的结构

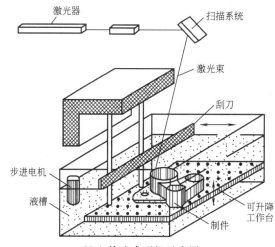

SLA 快速成型机示意图

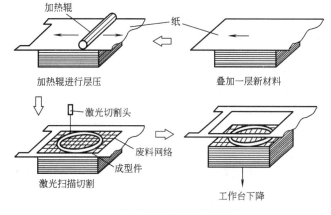

b LOM 成型机的工艺循环

LOM 快速成型机的机构和原理

根据纸厚将三维实体模型离散分层,得到每层实体的内外轮廓线;首先用激光对最底下的那层纸进行内外轮廓切割;工作台下降一个纸厚,并将背面有溶胶的第二层纸压粘上去,再进行第二层纸的轮廓切割;这样一层层粘合和切割,直至整个实体成型完成;取下制件,将轮廓内外多余的部分去除,即得实体模型制件。

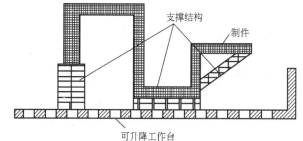

SLA 快速成型机的支撑结构示意图

工作台上要有支撑基座,制件其他地方也要用支撑结构支撑,而且需要根据每个制件的不同情况设计支撑结构,这是 SLA 的一个弱点。

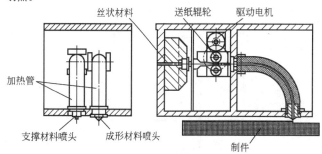

FDM 快速成型原理图

ABS丝被加热到熔融状态送到喷头中,喷头的运动受离散分层数据控制并"挤出"到工作台上的支撑结构或已成型的制件上,并很快凝固形成制件上的一层,熔融塑料的喷挤一层层进行直至整个制件完成。

金属的加工成型工艺 [12] 快速成型技术

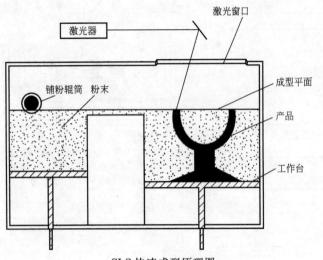

SLS 快速成型原理图

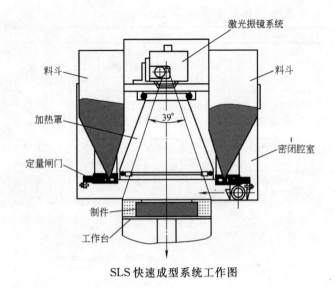

SLS 快速成型系统工作图

　　工作台在初始位置时，由滚筒施以厚度合适的一薄层粉末，然后激光按照离散分层得到的该层轮廓区域进行扫描，使该区域内的粉末烧结在一起；工作台下降一个层厚，再由滚筒铺施一层粉末；这样循环反复进行直至制件烧结完成，即可将制件从粉末堆中取出。粉末可以是本身就会熔融粘结在一起的材料，也可以是外覆粘结剂的粉末材料。因此，SLS 可以用于塑料、蜡、陶瓷、金属及其他复合材料，既用于失蜡精密铸造制作蜡模，也可直接制造金属模具，应用广泛。

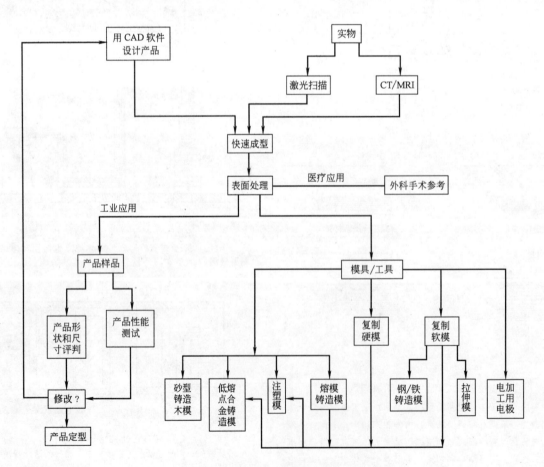

快速成型技术的主要应用领域

塑料概述

高分子材料

一、组成普通物质和材料的分子的分子量都很小，一般只有几十、几百，分子量上千的很少。但是有些物质，他们的分子量特别大，一般都在5000以上。我们通常把分子量在5000以上的物质称统为高分子材料。

二、高分子合成材料，即聚合物，大多是由低分子单体材料聚合而成。例如，聚乙烯就是由乙烯（分子式是C_2H_4）聚合而成。

高分子材料的分类

序号	名称	说明与举例	
1	天然高分子材料	如蚕丝、羊毛、纤维素、天然橡胶、淀粉、蛋白质等	
2	人工合成高分子材料	合成树脂	合成材料之间有密切关系，有些材料在其中几类中都能找到，因为这种分类基本上是按用途划分的。例如，聚酰胺（俗称尼龙），是一种常用树脂（制造塑料的主要原料）；在合成纤维中，它就是人们熟知的锦纶（尼龙）丝。有些橡胶或树脂就是胶粘剂或油漆的主要成分。用合成树脂制成的塑料有极广泛的用途。树脂因此在三大类人工合成高分子材料中占到近七成
		合成橡胶	
		合成纤维	
		合成涂料和油漆	
		合成胶粘剂	

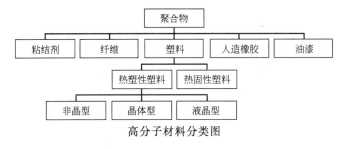

高分子材料分类图

各种聚合物常见的分类方法

分类	类别	举例与特性
按聚合物的来源	天然聚合物	如天然橡胶、纤维素、蛋白质等
	人造聚合物	轻人工改性的天然聚合物，如硝酸纤维、醋酸纤维（人造丝）
	合成聚合物	由低分子物质合成的。如聚氯乙烯、聚酰胺
按聚合反应类型	加聚物	由加成聚合反应得到的，如聚烯烃
	缩聚物	由缩合聚合反应得到的，如酚醛树脂
按聚合物的性质	塑料	有固定形状、热稳定性与机械强度，如工程塑料
	橡胶	具有高弹性，可做弹性材料与密封材料
	纤维	单丝强度高，可做纺织材料
按聚合物的热行为	热塑性聚合物	线型结构加热后仍不变
	热固性聚合物	线型结构加热后变型
按聚合物分子的结构	碳（均）链聚合物	一般为加聚物
	杂链聚合物	一般为缩聚物
	元素有机聚合物	一般为缩聚物

高分子有机化合物和低分子有机化合物的相对分子质量比较

低分子有机化合物		高分子有机化合物			
		天然高分子有机化合物		合成高分子有机化合物	
物质	相对分子质量	物质	相对分子质量	物质	相对分子质量
甲烷	16	淀粉	约100万	聚苯乙烯	5万以上
乙烯	28	蛋白质	约15万	聚异丁烯	1万～10万
苯	78	纤维素	约20万	聚甲基丙烯酸甲酯	5万～14万
甘油	92	果胶	约27万	聚氯乙烯	2万～16万
蔗糖	342	乳酪	2.5万～37.5万	聚丙烯腈	6万～50万

六种主要合成纤维及其用途

化学名称	聚酯纤维	聚酰胺纤维	聚丙烯腈	聚乙烯醇缩醛	聚烯烃	含氯纤维
商品名称	涤纶（的确良）	锦纶（人造毛）	维纶	丙纶	氯纶	氟纶芳纶
产量（占合成纤维%）	>40	30	20	1	5	1
强度 干态	优	优	优	优	优	优
强度 湿态	中	中	中	中	优	中
密度	1.38	1.14	1.14～1.17	1.26～1.3	0.91	1.39
吸湿率	0.4～0.5	3.5～5	1.2～2.0	4.5～5	0	0
软化温度（℃）	238～240	180	190～230	220～230	140～150	60～90
耐磨性	优	最优	差	优	优	中
耐日光性	优	差	最优	优	差	优
耐酸性	优	中	优	中	优	优
耐感性	中	优	优	优	优	优
特点	挺阔不皱，耐冲击，耐疲劳	结实耐磨	蓬松耐晒	成本低	轻，坚固	耐磨不易燃
工业应用举例	高级帘子布、工业帘子布、缆绳、帆布	2/3用于工业帘子布、渔网、缆绳、降落伞、运输带	制作碳纤维及石墨纤维原料	2/3用于工业帆布、过滤布、渔具、渔网	军用被服绳索、渔网、水龙带、合成纸	导火索皮、口罩、帐幕、劳保用品

几种纤维的主要性能比较

		棉花	毛	黏胶纤维	醋酸纤维	涤纶	腈纶	锦纶	丙纶	维纶
相对断裂强度	干态	3.0～4.9	1.0～1.7	1.7～5.2	1.1～1.6	4.3～9.0	3.8～4.5	3.0～9.5	3.0～8.0	3.0～9.0
	湿态	3.3～6.4	0.8～1.6	0.8～2.7	0.7～1.4	4.3～9.0	3.0～4.5	3.0～9.1	3.0～8.0	2.1～7.9
相对弹性（以棉花为基准）		1	1.34	0.74～1.08	0.95～1.22	1.2～1.35	1.28～1.28	1.28～1.35	1.28～1.35	0.95～1.2
密度（g/cm³）		1.54	1.32	1.50～1.52	1.30～1.32	1.38	1.14～1.17	1.14	0.90～0.91	1.26～1.30
回潮率（%）（相对湿度65%）		7	16	12～14	6.0～7.0	0.4～0.5	1.2～2.0	3.5～5.0	0	3.0～5.0
耐热性（℃）	软化点	12℃5h变黄	100℃硬化	不软化不熔融	290～300	240	190～240	180	140～165	220～230
	熔点	150℃分解	130℃分解	260℃变色分解	260	225～260	215～220	160～177		
耐日光性		强度下降可变黄	强度下降色泽变差	强度降低	强度稍有降低	强度不变	强度降低	强度不变	耐间接日光	强度不变
耐磨性		尚好	一般	较差	较差	优良	尚好	优良	优良	优良
耐蛀霉性		耐蛀不耐霉	不耐蛀抗菌蚀	不耐蛀耐霉性差	耐蛀性好耐霉性良	良好	良好	良好	良好	良好

塑料 [13] 塑料概述

常用塑料的相对价格

材料	单位质量相对价格	单位体积相对价格	单位强度相对价格
聚苯乙烯	1	1	1
聚乙烯(高压)	0.597	0.512	2.50
聚乙烯(低压)	0.77	0.682	1.129
聚丙烯	0.70	0.592	0.86
ABS	1.62	1.62	1.285
聚氯乙烯	0.48	0.647	0.682
聚氯乙烯(板)	0.81	1.09	0.885
尼龙 1010	4.69	4.609	4.307
尼龙 610	4.74	4.811	4.496
尼龙 6	2.92	3.159	2.395
聚碳酸脂	3.55	3.991	2.978
聚甲醛	2.49	3.305	2.360
聚砜	4.27	4.949	3.152
有机玻璃(板)	4.40	4.864	4.480
酚醛树脂	1.12	1.332	1.263

高分子聚合物的概念

序号	名称	说明	举例
1	聚合物	由低分子单体材料聚合而成	聚乙烯是由乙烯聚合而成
2	单体	聚合成高分子聚合物的低分子材料	乙烯($CH_2=CH_2$)就是聚乙烯的单体
3	链节	单体构成聚合物时的状态	$-CH_2-CH_2-$就是聚乙烯的链节
4	链节分子量 m	链节的分子量	聚乙烯的链节$-CH_2-CH_2-$是28
5	聚合度 n	高分子中链节的重复数目	对高分子聚合物,聚合度不是常数
6	分子量 M	链节分子量与聚合度的乘积	对高分子聚合物,分子量不是常数
7	平均分子量	因为聚合物的聚合度和分子量不是常数,因此聚合物只有平均分子量的概念	对于聚乙烯,平均分子量取决于聚合时的条件

塑料的组成

序号	名称	说明
1	树脂	即高分子聚合物,是塑料的主要成分(但重量上不一定占大部分);树脂决定了这种塑料的基本性能
2	填料	重量上可达 20%~50%(个别场合可以更多),是塑料改性的重要组成
3	增强材料	可以增加塑料的强度,常用的有石墨、三硫化钼和各种增强纤维(玻璃纤维、碳纤维、硼纤维等)
4	固化剂	通过固化剂的交联可使树脂具有体型网状结构,从而变得较硬和较稳定
5	增塑剂	可增加塑料的塑性和柔性
6	稳定剂	增加塑料对光、热的抗性,防止和延缓塑料老化
7	润滑剂	增加塑料的减摩和耐磨性能
8	着色剂	调整和改变塑料的色彩
9	阻燃剂	可防止塑料燃烧。在实际使用中有重要意义,但阻燃剂常常会较大幅度地提高塑料的成本

塑料的性能

序号	说明
1	无色,并可任意着色
2	质轻,比强度(单位重量所能达到的强度)高
3	质硬,弹性和柔性好,耐磨
4	化学稳定性好,耐腐蚀性好,耐紫外光好,耐候性好
5	电绝缘性和热绝缘性好
6	吸振,消声

注:每一种具体的塑料都有其特殊的性能。上表是作为一个材料大类整体而言,塑料在性能上的共同特殊优势。当然,并不是每一种塑料都同时具有所有这些性能的。因此,要根据各个具体的使用环境和条件选用最合适的塑料品种。

塑料与金属非金属材料性能比较

性能	钢铁(金属)	聚丙烯(塑料)	陶瓷(无机非金属)
熔点/℃	1535	175	2050
相对密度	7.8	0.9	4.0
拉伸强度/MPa	460	35	120
拉伸模量/10^4MPa	21	0.13	39
热变形温度/℃	—	60	—
线膨胀系数/$10^{-5} \cdot K^{-1}$	1.3	8~10	0.85
传热系数/$10^4 W/(m^2 \cdot K)$	4019.3	11.7	175.8
韧性	优	良好	差
体积电阻率/$\Omega \cdot cm$	10^{-5}	$>10^{16}$	7×10^4
燃烧性	不燃	燃烧	不燃
耐药品性	可以	良好	良好

塑料的分类

序号	分类方法	名称		说明
1	按加热时塑性变化分类	热固性塑料		首次加热时软化,冷却后固化;再次加热不会再软化
		热塑性塑料		可多次加热软化、冷却后固化
2	按用途分类	通用塑料		由于价格比较便宜,在各方面(包括工程领域)都有广泛用途
		工程塑料	通用工程塑料	主要用在工程上,用于制造各种机电零部件
			特殊工程塑料	有比较特殊(优异)的性能而在一些特殊的场合有其应用。显而易见,通常特殊工程塑料的价格也最贵

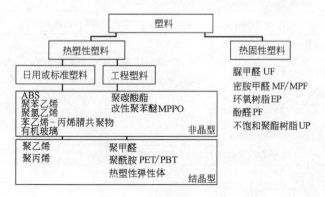

热固性与热塑性塑料分类图

塑料概述

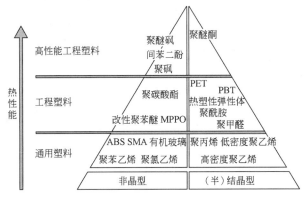

热固性和热塑性塑料与性能图

热塑性塑料和热固性塑料对比

项目	热塑性塑料	热固性塑料
加工特性	受热软化、熔融制成一定形状的型坯，冷却后固化定型为制品	未成型前受热软化、熔融，制成一定形状的型坯，在加热或固化剂作用下，一次硬化定型
重复加工性	再次受热，仍可软化、熔融，反复加工	受热不熔融，达到一定温度分解，不能反复加工
溶剂中情况	可以溶解	不可以溶解
化学结构	线型高分子	曲线型分子变为体型分子
成型中的变化	物理变化	物理变化、化学变化
举例	PE、PP、PVC、ABS、PS 等	PF、UF、MF、ER、UP 等

主要热固性塑料的性能

名称	酚醛	脲醛	三聚氰胺	环氧	有机硅	聚胺脂
耐热温度，℃	100～150	100	140～145	130	200～300	—
抗拉强度，MPa	32～63	38～91	38～49	15～70	32	12～70
弹性模量 MPa	5600～35000	7000～10000	13600	21280	11000	700～7000
抗压强度，MPa	80～210	175～310	210	54～210	137	140
抗弯强度 MPa	50～100	70～100	45～60	42～100	25～70	5～31
成型收缩率，%	0.3～1.0	0.4～0.6	0.2～0.8	0.05～1.0	0.5～1.0	0～2.0
吸水率，%/24h	0.01～1.2	0.4～0.8	0.08～0.14	0.03～0.20	2.5mg/cm²	0.02～1.5

一些塑料的光学性能

塑料材料	透光率 T(%)	雾度 h(%)	折射率 n_D	阳光影响
ABS	85	10	1.54	—
聚甲基丙烯酸甲酯	92	1～8	1.49	无
乙酸丁酸纤维素	90	1	1.47	无
环氧树脂	96	1	1.53	无
聚碳酸脂	85	1～3	1.59	稍黄
聚对苯二甲酸乙二醇酯	85	1.5	1.64	发黄
聚偏二氟乙烯	80	—	1.44	无
聚苯乙烯	88	3	1.59	发黄
聚氯乙烯	80	—	1.53	稍黄
离子交联聚合物	85	3～17	1.51	稍黄
苯乙烯-丙烯腈共聚物	88	3	1.57	稍黄
普通玻璃	99	—	1.52	无

注：（总）透光率是指塑料未着色时可见光透过材料的光通量与入射光通量之比。光线在材料中通过时会产生角度偏离的散射现象，这部分偏离的散射光通量与入射光之比为扩散透光率；扩散透光率与总透光率之比为雾度。总透光率高且雾度小的塑料才是透明度好的材料。

几种金属与塑料的比强度

材料名称	比抗张强度/10^3 cm	材料名称	比抗张强度/10^3 cm
钛	2095	玻璃纤维增强环氧树脂	4627
高级合金钢	2018	石棉酚醛塑料	2032
高级铝合金	1581	尼龙66	640
低碳钢	527	增强尼龙	1340
铜	502	有机玻璃	415
铝	232	聚苯乙烯	394
铸铁	134	低密度聚乙烯	155

各种塑料的硬度

塑料材料	洛氏硬度 M	洛氏硬度 R	邵氏硬度 D	巴氏硬度
高抗冲 ABS		85～109		
聚甲醛	94	120		
丙烯酸树脂	85～105			49
纤维素塑料		30～125		
玻纤填充环氧树脂	100			
聚四氟乙烯			50～65	
聚三氟氯乙烯		75～95	76	
改性聚苯醚	78	119		
聚酰胺-66		108～120		
聚酰胺-6		120		
聚碳酸酯	70	116		
刚性聚酯	65～115			30～50
高密度聚乙烯		60～70		
中密度聚乙烯		50～60		
低密度聚乙烯		41～46		
聚丙烯		90～110	75～85	
硬聚氯乙烯		117	65～85	
聚硅氧烷	84			
聚砜	69	120		

塑料的各种硬度标尺的比较

布氏硬度	洛氏硬度 M	洛氏硬度 R	邵氏硬度 D	邵氏硬度 A	典型制品
25	100				很硬
16	80				
12	70	100	90		
10	65	97	86		
9	63	96	83		较软
8	60	93	80		
7	57	90	77		
6	54	88	74		软的
5	50	85	70		
4	45		65		
3	40		60	98	高尔夫球
2	32		55	96	
1.5	28		50	94	
1	23		42	90	阀的垫圈
0.8	20		38	88	
0.6	17		35	85	
0.5	15		30	80	
				60	内轮胎
				50	橡胶软管
				35	橡胶带
				10	

塑料 [13] 塑料概述

各种塑料的最高温度 单位：℃

塑料种类	连续工作温度范围	分解温度	熔融温度
聚酰亚胺	260～430		
聚硅氧烷	200～300		—
碳氟树脂类	150～250	500～550	—
聚酰胺-酰亚胺	270～290		340～390
环氧树脂	80～250		150～220
聚苯硫醚	250～260		330～390
烯丙树脂	150～230	—	140～180
酚醛树脂	100～280		150～230
聚醚砜	150～200		330～420
双酚 A 型聚砜	170～200		330～420
三聚氰酰胺	150～200		120～200
热固性聚酯	65～200		140～200
脲甲醛树脂	100～175		150～200
聚酰胺	110～175	300～400	260～290
聚碳酸酯	80～130	340～440	280～350
聚苯醚	80～130	—	230～350
聚丙烯	80～130	320～400	200～300
聚氨酯	80～250		230～280
聚氯乙烯	70～110	200～300	160～180
缩醛树脂	90～110	—	185～225
ABS 与 SAN	70～105	250～400	180～240
聚苯乙烯	50～100	300～400	180～260
ABS/PC 混合物	88～93	—	280～350
丙烯酸类树脂	60～93	180～280	180～250
纤维素类	50～93		60～120
聚乙烯	50～85		160～240
低温工作温度			
氯化聚乙烯	−60		150～220
聚氨酯	−60		230～280
氟硅树脂	−73		
聚硅氧烷	−130		
碳氟树脂	−185		

各种塑料的室外耐候性

塑料材料	UV稳定剂	暴露天数(d)	拉伸强度变化(%)	断裂伸长率变化(%)	可视变化
聚甲醛	有	3656	−3	−24	失去光泽
聚甲基丙烯酸甲酯	有	1825	−16	−36	微黄
乙酸丁酸纤维素	有	1277	−8	−2	无
全氟(乙烯-丙烯)共聚物	无	5475	0	0	无
聚酰胺-66	无	1825	−68	−98	—
聚酰胺-66	无	1825	−11	−78	
聚酰胺-12	有	730	+5	−9	微黄
聚酰胺-酰亚胺	无	250	0	−7	无
聚对苯二甲酸丁二醇酯	无	1825	−50	−47	
聚对苯二甲酸丁二醇酯	有	1825	−3	−20	
高密度聚乙烯	有	1826	+6	−90	失去光泽
高密度聚乙烯	黑色	3652	−8	−22	失去光泽
聚丙烯	有	365	−24	−22	
聚氨酯	黑色	1490	−25	+2	
苯乙烯-丙烯腈共聚物	有	240	+2	−10	失去光泽

续表

塑料材料	UV稳定剂	暴露天数(d)	拉伸强度变化(%)	断裂伸长率变化(%)	可视变化
未增塑聚氯乙烯	有	720	−8	−12	灰色
未增塑聚氯乙烯	无	720	−5	−8	无
聚碳酸酯	有	1095	−1	−83	发黄

注：我国有 GB/T 3681—1983 塑料自然气候暴露试验方法。它是一种长时期的、低成本的比较试验方法。根据我国气候条件设置了热带、温带、寒带、高原和沙漠暴露场地，用按标准制作的试样置于暴露样架上。样架面向南，倾斜 45°，定期测定试样的几项性能，与原始值比较。

各种塑料的可燃性

塑料种类	氧指数(%)	UL等级	点着温度(℃)	评估
聚甲基丙烯酸甲酯	17		—	可燃
聚丙烯	17			可燃
聚乙烯	17		340	可燃
聚苯乙烯	18		360	可燃
聚对苯二甲酸乙二酯	21			慢燃
聚碳酸酯	26	V2		自熄
ABS	30	HR		自熄
聚砜	30	V-0		自熄
聚酯酰亚胺		V-0		自熄
脲甲醛树脂	35	V-0		自熄
未增塑聚氯乙烯	43	V-0	390	不燃
聚酰胺-酰亚胺	50	V-0		不燃
聚四氟乙烯	90	V-0		不燃

注：氧指数是我国的燃烧性评测常用方法，国家标准是 GB/T 2406—1993；对应的是 ASTM D2863 和 ISO 4589。氧指数是在规定条件下试样在氧和氮混合气体中维持平衡燃烧所需的最低氧气浓度，以氧所占的体积百分比表示。因大气中含氧量为 22%，故超过此值的塑料大致是自熄和不燃的。另一方法是 GB/T 4610—1984 点着温度测定，对应 ASTM D1929；点着温度是在规定试验条件下从材料中分解出的可燃气体经火焰点燃并燃烧一定时间的最低温度。美国专业协会的 U94 燃烧标准也被广泛应用；它是将试样水平和垂直放置，用本生灯点燃，观察试样的燃烧速度、自熄和滴落物，以阻燃性提高顺序：94HB（水平），94V-1，94V-2，94V-0，94-5VA，94-5VB（均为垂直）；它们对应于我国 GB/T 24081980 水平和 GB/T 4609—1984 垂直燃烧法。

各种塑料的短时电性能

塑料材料	耐电弧(s)	介电强度(kV/mm)	介电常数(23℃,60Hz)	介质损耗角正切(23℃,60Hz)
聚四氟乙烯	>200	160～200	2.1	0.0005
聚丙烯	150	—	2.2	0.0001
高密度聚乙烯	150	190～200	2.3	0.0001
ABS	—	130～200	3.2	0.0007
聚碳酸酯	10～20	150～180	3.2	0.0009
聚酰胺	>600	200～300	3.7	0.05
环氧树脂	45	160～200	5.0	0.05

注：介电强度也称击穿强度，是在规定试验条件下、在连续升高的电压下电极间试样被击穿时的电压与试样厚度之比。我国有 GB 14081—1999 试验方法的标准，对应美国的 ASTM D149 标准。介电常数也称相对介电系数，是当电极形状一定时某塑料为介质时的电容与以真空为介质之电容之比。

常用塑料及其粘结溶剂

塑料	溶剂
ABS	三氯甲烷、四氢呋喃、甲乙酮
有机玻璃	三氯甲烷、二氯甲烷
聚氯乙烯	四氢呋喃、环己酮
聚苯乙烯	三氯甲烷、二氯甲烷、甲苯
聚碳酸酯	三氯甲烷、二氯甲烷
纤维素塑料	三氯甲烷、丙酮、甲乙酮
聚酰胺	苯酚水溶液、氯代钙乙醇溶液
聚苯醚	三氯甲烷、二氯甲烷、二氯乙烷
聚砜	三氯甲烷、二氯甲烷、二氯乙烷

注：热塑性塑料当温度升高到玻璃化温度与粘流温度之间时塑料由玻璃态转化为高弹态，此时塑料的变形量可达 100%～1000%（类似于橡胶）。但是对于大多数热塑性弹性体来说，玻璃化温度远高于常温，所以无法利用。但是对有些塑料，其玻璃化温度至粘流温度之间的范围就处于常温下，因此这些塑料平时就呈现出类似于橡胶那样的高弹性；而且继续提高温度至粘流温度之上，它们就可以用普通热塑性塑料的加工方法成型，这相比于橡胶而言是非常方便的。通常，将这类塑料称为热塑性弹性体。

热塑性弹性体的分类

序号	类别(代号)	硬 段	软 段	代表产品
1	苯乙烯类 (SDS)	聚苯乙烯(PS)	聚丁二烯(PB)	丁二烯-苯乙烯嵌段共聚物(SBS)
			聚异戊二烯(PI)	苯乙烯-异戊二烯嵌段共聚物(SIS)
			氢化聚丁二烯	(SEBS)
			氢化聚异戊二烯	(SEPS)
2	聚烯烃类 (TPO)	聚乙烯(PE)	交联三元乙丙橡胶(EPDM)	乙烯-三元乙丙弹性体(EPDM/PE)
		聚丙烯(PP)	交联三元乙丙橡胶(EPDM)	聚丙烯-三元乙丙弹性体(EPDM/PP)
		聚丙烯(PP)	丁腈橡胶	NBR/PP
3	聚氨酯类 (TPEE)	异氰酸酯加低分子二元醇或胺扩链剂	聚酯	聚酯型热塑性聚氨酯弹性体
			聚醚	聚酯型热塑性聚氨酯弹性体
4	聚酯类 (TPEE)	短链聚酯(结晶型)	无定型长链聚酯或聚醚(非结晶型)	聚醚型热塑性聚氨酯弹性体
5	聚酰胺类	聚酰胺	聚酯或聚醚	聚酯类热塑性聚酰胺弹性体或聚醚型热塑性聚酰胺弹性体
6	聚氯乙烯类 (PVC)	结晶聚氯乙烯	非结晶聚氯乙烯	日本信越公司商品 EZ-800、TK-4500
7	其他类	结晶聚乙烯	乙烯-乙酸乙酯共聚物	热塑性(EVA)弹性体
			乙烯-丙烯酸乙酯共聚物	热塑性(EEA)弹性体
		反式1,4-聚异戊二烯(结晶体)	顺式1,4-聚异戊二烯(非结晶体)	Polysar公司商品 TRANS-PIP
		间规1,2-聚丁二烯	非结晶聚丁二烯	日本JSRJ公司商品 SR-RB

几种热塑性弹性体的性能指标及用途

性能 \ 类别	苯乙烯类	聚烯烃类	聚氨脂类	聚酯类
密度(g/cm²)	0.91～1.14	0.89～1.25	1.10～1.34	1.13～1.39
硬度范围(邵氏)	45～53	60～90	70～80	35～90
拉伸强度(MPa)	6～20	5～20	20～25	25～40
拉断伸长率(%)	200～800	200～500	200～700	350～700
使用温度范围(℃)	-50～+100	-40～+125	-57～+130	-50～+150
特性	耐低温性、柔软性、注射加工性好、耐高温性、耐候性、耐水性差	良好的综合机械性能，耐低温性、耐候性好、耐油性差	机械强度高，压缩变形性能好，耐油性好、柔软性差	耐高温、低温性，机械强度、压缩永久变形性能好、耐水性差
用途	汽车车体外部配件、电线电缆、胶管、胶带、各种模压制品	汽车外部制件、电线电缆护套、胶管、鞋底、薄膜	耐压软管、浇注轮胎、传动带	

几种树脂浇铸品的物理、机械性能

项 目	酚醛树脂	环氧树脂	聚酯树脂	有机硅树脂
相对密度	1.30～1.32	1.15	1.1～1.46	1.7～1.9
拉伸强度(MPa)	42～63	84～105	42～70	21～49
弯曲强度(MPa)	77～119	108.3	59.5～119	68.6
压缩强度(MPa)	87.5～150	150	91～169	63～126
线膨胀系数/$10^{-6}℃^{-1}$	60～80	60	80～100	308
吸水率(24h)(%)	0.12～0.36	1.1	0.15～0.6	—
收缩率(%)	8～10	1～2	4～6	4～8

主要塑料性能表之一

	项 目	低压聚乙烯	高压聚乙烯	聚丙烯	硬质聚氯乙烯	软质聚氯乙烯	聚苯乙烯
物理性能	相对密度	0.94～0.96	0.91～0.92	0.9～0.91	1.38	1.3～1.5	1.04～1.06
	熔点(℃)	120～130	105	164～170	>145	110～150	>200
	分解温度(℃)				>180	>160	>200
	耐寒温度(℃)	-70			-30	-40	-20
	吸水率(%)	<0.01	<0.01	0.01	0.4～0.75	0.15～0.75	0.05
热性能	线胀系数,×10^{-4}℃			13	0.5～1.85	0.7～2.5	0.68
	导热系数,×10^{-2}W/(m·K)	3.4		13.8	12.6～29.3	12.6～18.8	10.1～13.8
	连续耐热温度(℃)	121	82～100	121～160	66～79	60～79	65
	比热,kJ/(kg·K)	23	23	1.9	0.8～1.2	1.3～2.1	1.34
	热变形温度(℃) 0.45MPa	60～82	41～49	99～116	82		
	1.81MPa			57～63			96
机械性能	拉伸强度(MPa)	21.3～37.9	7.4～15.8	29.4～37.7	34.5～49.0	10.3～24.1	34.5～62
	拉伸弹性模量(MPa)			1097～1378	2411～4007		
	压缩强度(MPa)	22		64～74	55～90	6.2～11.8	79
	弯曲强度(MPa)	69		83～98	69～110		60
	弯曲弹性模量(MPa)	413～1033	117～241	833～981			
	冲击强度(kJ/m²) 缺口	8.18～10.0		1.1～3.3	2.18～10.9		1.36～2.18
	无缺口			>80	120	4～12	
	伸长率(%)	50～100	90～650	300～700	20～40	200～450	1～2.5
	硬度	D60～70	D41～46	R90～110	D70～90	D20～30	
电性能	体积电阻率(Ω·cm)	3×10^{16}	>10^{15}	10^{16}	>10^{16}	10^{11}～10^{13}	>10^{16}
	介电常数(10^6Hz)	2.34～2.35	23	2.25	2.8～3.1	3.3～4.5	2.4～2.6
	介电损耗角正切(10^6Hz)	0.0003	0.0003	0.002～0.0003	0.007～0.02	0.08～0.15	0.0007
	介电强度(kV/mm)	17.7～19.7	18.1～27.5	22～26	16.1	11.8	19.7～27.5

塑料 [13] 塑料概述

主要塑料性能表之二

	项目	ABS	有机玻璃	酚醛树脂	脲醛树脂	环氧树脂	DAP
物理性能	相对密度	1.0~1.05	1.19	1.25~1.3	1.35~1.55	1.11~1.23	1.6~1.7
	熔点(℃)	>200	149~158				
	分解温度(℃)		>270	>300			
	耐寒温度(℃)	-40			-30		-60
	吸水率(%)	0.1~0.3	0.2	0.2~0.6	0.6~0.8	0.08~0.2	0.1
热性能	线胀系数,×10^{-4}/℃	0.6~1.3	0.82	2.5~6	4~6	4.8~9	
	导热系数,×10^{-2} W/(m·K)	6.7~36.0	18.4	12.6~25.5	22.2		
	连续耐热温度(℃)	60~121	60~80	200	150~200	77	160~200
	比热,kJ/(kg·K)	1.7	1.42	1.3~1.7	1.3~1.7		
	热变形温度(℃) 0.45MPa		74~107			150	
	1.81MPa	56~107	68~89			50	
机械性能	拉伸强度(MPa)	32.3~46	68.6~77.4	19~55	54.9	35.4~78.4	29.4~49
	拉伸弹性模量(MPa)	3100					
	压缩强度(MPa)	76	82.7~124	69~206	147~176	103~124	
	弯曲强度(MPa)	73	78~137	82~118	83.3~137	92.1~131	69~86.2
	弯曲弹性模量,MPa	1754~2940	3136				
	冲击强度,kJ/m^2 缺口	30	1.5	0.75~1.16	0.5~0.75	0.45~1.7	2~6
	无缺口	100	20~39		6~8	45.8	
	伸长率(%)	10~40	2~10	1.5		0.5~1.5	
	硬度	R118	M85~95	HB45~50	HB40~45	M115~120	
电性能	体积电阻率,Ω·cm	2.7×10^{16}	>10^{14}	1.5×10^{12}	10^{12}~10^{13}	10^{14}	10^{12}~10^{14}
	介电常数(10^6Hz)	2.4~4.75	2.3	4.6~5.5	6.6~7	6.4~6.9	4.1~5.5
	介电损耗角正切(10^6Hz)	0.004	0.015	0.06~0.1	0.03~0.05	0.03~0.1	0.01~0.05
	介电强度(kV/mm)	12.2~16	17~26	10~14	12~14	10~15	10~19

主要塑料性能表之三

	项目	增强不饱和聚酯树脂	有机硅玻璃	尼龙6	尼龙66	尼龙1010	MC尼龙
物理性能	相对密度	1.6~1.7	1.8~2.0	1.13	1.15	1.04~1.09	1.14
	熔点(℃)			215	250~260	200~210	220
	分解温度(℃)			>300	>350		
	耐寒温度(℃)			-30		-30	-20
	吸水率(%)	0.16~0.5	0.05	1~2	1.5		
热性能	线胀系数,×10^{-4}/℃			4~4.5	0.8~1.4	0.8~1.0	0.85~1.6	0.9
	导热系数,×10^{-2} W/(m·K)			24.5	21.6	4.2~16.8	
	连续耐热温度(℃)		200	80~120	80~149	80~120	120~149
	比热,kJ/(kg·K)			1.93	2.1		1.7
	热变形温度(℃) 0.45MPa	65~106		149~185	182~184		210~220
	1.81MPa			60~70	66~86		150~200
机械性能	拉伸强度(MPa)	50~330	20~22	68.6	68.6~73.5	53.9~58.8	75.4~98.1
	拉伸弹性模量(MPa)	1000		1073~2617	1225~2822		2450~3146
	压缩强度(MPa)	120~230	92~108	58.3~88.2	69.2~96	61.7~65.7	101
	弯曲强度(MPa)	205~400	30~64	68.6~107.8	58.8~117.6	76.4~80.4	158
	弯曲弹性模量,MPa	1000	700	2709~2812	2812~2940		
	冲击强度,kJ/m^2 缺口			5.45	10	>5	3.7~4.5
	无缺口	86~600	2.1~4.5	>100	>100	>100	
	伸长率(%)	2.7~6.9		70~240	100	200	10~50
	硬度		D44~49	HB12.7	HB13	HB11.2	HB23
电性能	体积电阻率,Ω·cm	10^{13}~10^{14}	10^{14}~10^{15}	1.7×10^{14}	4.2×10^{13}	2×10^{14}	3×10^{15}
	介电常数(10^6Hz)	4.3~6	3.7~4.7	4.2	4	3.55	3.7
	介电损耗角正切(10^6Hz)	0.02~0.06	0.003~0.005	0.07	0.004	0.04	0.025
	介电强度(kV/mm)	24~26	5~13.5	>20	>15	>15	19.1

主要塑料性能表之四

	项目	聚碳酸酯	共聚甲醛	均聚甲醛	聚苯醚	PET	聚四氟乙烯
物理性能	相对密度	1.2	1.41	1.43	1.06	1.37~1.38	2.1~2.3
	熔点(℃)	240	164	175	>300	250~255	324
	分解温度(℃)	>350	>250	>260	>350		450
	耐寒温度(℃)	-100	-60	-60	-171		-190
	吸水率(%)	0.06~0.16	0.3	0.3	0.7	0.3	0.05
热性能	线胀系数,×10^{-4}/℃	0.5	0.85	0.81	0.52		0.17
	导热系数,×10^{-2} W/(m·K)	19.3	1.6	5.5	17.6		24.7~25.1
	连续耐热温度(℃)	121	104	85	177		250
	比热,kJ/(kg·K)	1.3	1.6				1.1
	热变形温度(℃) 0.45MPa	141	158	170			
	1.81MPa	129	110	124	191	85	
机械性能	拉伸强度,MPa	64.7~68.6	58.5	68.6	73.5	71.5	13.7~23.5
	拉伸弹性模量,MPa	2322	2744	2821	2254	1274	400
	压缩强度,MPa	78~88	110	123	83		11.7
	弯曲强度,MPa	103	89	96	103		10.8~13.7
	弯曲弹性模量,MPa	240	2572	2813	2548		
	冲击强度,kJ/m^2 缺口	24	8	7.7	2.3	1.5	1.2~1.5
	无缺口	269	150	>70	>70		>100
	伸长率,%	100~130	60	1.5	50~100	300	250~500
	硬度	M80	M78	M94	R118	M106	HB3~4
电性能	体积电阻率,Ω·cm	2×10^{16}	10^{14}	6×10^{14}	10^{18}	3×10^{16}	>10^{18}
	介电常数(10^6Hz)	3.2	3.7~3.8	3.7	2.58	3.37	2.2
	介电损耗角正切(10^6Hz)	0.009	0.004	0.0048	0.0075		0.0002~0.0003
	介电强度,kV/mm	18~20	19.7	18.3	19.7	16	>40

各种塑料制品的应用领域及主要品种

塑料名称	制品应用领域	制品主要品种
聚乙烯	机械设备	(1)机械零部件,如手柄、手轮、叶轮、紧固件、衬套、密封圈及小负荷的齿轮、轴承等 (2)减摩擦机械零部件,特别是小负荷、低速度、低温下工作的摩擦件,如底阀衬套、机床导轨面层等
	化工设备	(1)中小型化工塔器及贮槽,如生产氢氟酸、硫酸、农药的吸收塔,硫化物的水洗塔,农药乳油贮槽等 (2)耐腐蚀化工设备内衬 (3)各种化学介质的输送管道
	汽车	(1)外装件,如挡泥板、衬板、汽油箱、夹钩扣、弹簧、衬垫、车轮罩、汽油过滤器套罩等 (2)内装件,如扶手、覆盖板、地板、柱套、风扇护套、行李箱格板、备胎夹箍、转向盘、遮阳板、行李箱衬里等 (3)底盘,如蓄电池、制动液贮槽、清洗液贮罐
	电子电器	(1)高频电器元器件,如高频电器接插件、微波传输系统波导移相器、介质导天线、双介质导天线、电容器等 (2)电线电缆金属导线的绝缘包覆 (3)软磁或硬磁电子电器元件
	其他	(1)包装材料,如食品、蔬菜、水果、衣服、药品、农药、日用品、工业品、仪表、机械零件等的包装薄膜、防护罩或覆盖物 (2)中空容器,如各种容积的瓶、桶、罐等 (3)牵伸和编织袋等
聚丙烯	机械设备	(1)机械零部件,如齿轮、小型法兰、钻柄、支架、仪表罩盖、调节器盖等 (2)机械结构件,主要采用玻纤增强聚丙烯,如油泵叶轮、泵壳体、农船螺旋桨、喷雾器筒身、风扇叶片、过滤器罩壳、柴油机油箱体、毛纺业、染色绕丝筒等
	汽车	(1)外装件和底盘,如齿轮传动和皮带传动护罩、蓄电池底板、采暖和冷却系统零件、通风机零件等 (2)内装件,如转向盘、导管、仪表板、转向柱套、踏板、顶盖等

续表

塑料名称	制品应用领域	制品主要品种
聚丙烯	汽车	(3)结构件,主要采用玻璃纤维增强聚丙烯,如保险杠、变速箱端盖、散热器水箱体、行李舱盖、门槽、挡泥板格栅等
	化工设备	(1)管道,如化肥、农药、染料、氯碱、石油、三废治理等的物料输送管道 (2)大型贮槽、化工用泵、阀门、压滤机、风机等化工专门设备 (3)盘管式和列管式换热器
	其他	(1)食品包装袋、编织袋等 (2)中空容器,如瓶、桶、罐等 (3)盛器,如杯、盘、碗、盆、盒等
聚氯乙烯	化工设备	(1)管道,如通风管道、排气管道及输送酸、碱、浆液、工业用水等的管道 (2)贮槽,如电解槽、电镀槽、酸洗槽等 (3)反应器及反应器衬里 (4)烟囱、鼓风机、泵及阀门
	建筑	(1)地板,如单色半硬质地砖、印花地砖、软质地卷材、印花发泡地卷材、印花不发泡地卷材等 (2)墙纸,如单色压花墙纸、印花墙纸、沟底压花墙纸、化学压花墙纸、高发泡浮雕墙纸等 (3)建筑板材,如波形板、异型板、格子板、护墙板、屋面板等 (4)门,如镶嵌门、框架门、折叠门、整体门、软质透明门等 (5)窗,如侧开窗、上开窗、下开窗、滑开窗、水平翻窗、垂直翻窗、百叶窗、垂直滑窗、水平滑窗、下开侧开窗等 (6)防水卷材等
	电子电器	(1)电线电缆绝缘层,如通信、控制、信号及低压电线电缆绝缘层,室内固定敷设电线护层,户外耐寒电线电缆护套,500V农用电缆绝缘层,仪表安装电线护套等 (2)电线套管、电池套管、槽线盒等
	汽车	(1)内饰件及各种部件的表皮套,如座垫套、车门内衬、顶盖衬里表皮、仪表板表皮、后盖板表皮、操纵杆盖板、备胎罩盖、货厢衬里、转向盘表皮套、保险杠套等 (2)汽车仪表电线绝缘层及护套、护管等
	包装	(1)中空吹塑包装瓶,用于洗涤剂、化妆品等包装,如加入无毒助剂,可用于食品、调味品、饮料等包装 (2)各种物品的软包装 (3)啤酒瓶盖及饮料瓶盖内衬
	其他	(1)各种日用品,如凉鞋、拖鞋、盘、盆、盒、洗衣板等 (2)薄膜用品,如家用薄膜、雨衣薄膜、民用薄膜等 (3)小型机械零件,如手轮、螺栓、阀膜、支架等
聚苯乙烯	包装	(1)缓冲包装,如仪器仪表、家用电器、水果蔬菜的缓冲防震包装等 (2)薄膜包装袋,如食品透明包装及日用品包装等 (3)吸塑包装,如糖果、糕点、方便面、冷饮及易损水果的包装等
	电子电器	(1)一般电子电器零件,如开关、电话外壳、精密电阻箱字盘、自动化仪表盘等 (2)高频绝缘件,如精密电容器绝缘层、高频通信电缆绝缘层、高频绝缘支承件等 (3)透明电器零件,如电表壳、灯罩、标牌、电话拨号盘、仪表面等
	建筑	(1)隔热保温材料及防震材料 (2)装饰吸声材料等,如室内平顶装饰吸声板及墙面装饰吸声板等 (3)室内挂镜线板
	其他	(1)一般机械零件,如汽车灯罩、仪表外壳、定位轮、指孔盘、油浸式多点切换开关、电视机和收音机外壳、冰箱和洗衣机零件等 (2)各种日用品,如玩具、食用托盘、录音带盒、烟盒、茶盘、发夹、电唱机外壳、广告牌、录音机刻度盘、日光灯饰板、闹钟外壳等

续表

塑料名称	制品应用领域	制品主要品种
ABS	汽车	(1)外装件,如格栅、灯罩、上通风盖板、车轮罩、支架、百叶窗、标牌、后护板、缓冲护板、挡泥板、镜框等 (2)内装件,如仪表板、仪表壳、收音机外壳、前立柱、工具箱体、空气排气口、控制箱体、调节器手柄、开关、旋钮、转向柱套、转向盘、喇叭盖、导管等
	机械设备	(1)一般机械零件,如齿轮、手柄、螺栓、开关、支架、轴承、盖板、衬套、紧固件等 (2)机械设备的壳体和内衬等 (3)电镀金属的机械零件、壳体及装饰件等
	电子电器	(1)电器结构件,如天线插座、线圈骨架、接线板、转换器、接插件等 (2)一般电器零件,如支承架、外壳、箱体、拨盘等
有机玻璃	飞机	(1)透明件,如挡风玻璃、座舱玻璃、窗玻璃、军用飞机防弹玻璃等 (2)仪表罩和灯罩等
	汽车	(1)一般结构件,如灯座、标牌、框架、仪表壳等 (2)透明件,如窗玻璃、油标、油杯、窥镜、灯面等
	其他	(1)医疗屏蔽材料,如放射室观察窗和隔板、牙科放射屏蔽板、X线放射装置观察窗、电子显微镜部件等 (2)日用品,如纽扣、发夹、笔杆、刻度标尺、化妆品容器、玩具、台灯架等
酚醛树脂	电子电器	(1)电器结构件,如低压电器底座、壳体、交通电器绝缘结构件、电动机壳体、防布辊筒、发热板底板、电机槽楔、绝缘带轮等 (2)一般电子件,如微型开关、插座、抗电磁干扰电器开关、印刷电路基板等
	化工设备	(1)化工设备零部件,如旋塞、法兰、膨胀节、阀门等 (2)化工管道及管配件 (3)化工容器,如水解槽、蒸馏塔、搅拌器、贮槽等 (4)化工设备衬里
	汽车	(1)汽车传动、制动零件,如变带箱体、扼流环、止推垫片、盘式制动活塞、制动加速器等 (2)汽车发动机附件,如化油器壳体、排气门片、水泵叶片、正时齿轮等 (3)汽车电器零件,如点火线圈盖、分电器盖、转子、整流子,碳刷保持特等 (4)内装件,如节流阀旋钮、烟灰缸等
	其他	(1)建筑轻质绝热材料 (2)铸造壳模材料
脲醛树脂	电子电器	开关板、插座、按钮、仪表壳体、电话零部件,照明设备零件等
	日用品	瓶盖、发夹、盒子、钟壳、餐具等
	建筑	(1)建筑板材,如胶合板、装饰板、纤维板、刨花板等 (2)泡沫隔声绝热材料
三聚氰胺甲醛树脂	电子电器	电器电极、换向器、衬套、底板、灯罩、点火器、电焊枪手柄、电机零件等
	餐具	碗、筷、碟、盆、调匙、托盘、茶杯、咖啡杯、航空杯、食品罐、调味品罐、组合式食品盒等
	木材加工	人造板贴面、家具装饰板、船舶内壁板、飞机抗震层压板、电器薄板等
环氧树脂	电子电器	(1)层压绝缘零件,如印刷线路板、开关底板、套管 (2)包封电子元件,如电流互感器、电压互感器、电力变压器、电机线圈、电子回路元件、高低压二极管和三极管、电容器等
	航空及宇航	(1)复合材料结构件,如飞机升降舱、尾段和导管结构板、雷达罩、无线电舱板、腹鳍导流片、直升飞机旋翼桨叶、垂直尾翼壁板、操纵杆整流罩、襟翼、主翼边缘壁、机翼整流板、水平稳定板等 (2)飞机电器零部件,如扰流器、发动机罩壳、发动机支架、整流器罩壳等 (3)火箭、导弹及宇宙飞船的烧蚀材料
	化工设备	(1)化工容器及塔体,如贮槽、烟囱、吸水塔、水洗塔、混合锅、风机管等 (2)耐腐蚀化工设备衬里

塑料 [13] 塑料概述

续表

塑料名称	制品应用领域	制品主要品种
不饱和聚酯树脂	电子电器	(1)电器结构件,如低压电器壳体、刀开关底板、绝缘子、熔断器壳体、配电盘、支架、蓄电池壳体、电机零件等 (2)封装电子元件,如线圈、传感器、点火器、变压器等
	建筑	(1)建筑器材,如玻璃钢波形瓦、平板、壁板、装饰板、桌面板、人造大理石板等 (2)卫生洁具,如浴缸、盥洗盆、便盆、洗手池、梳妆台等
	化工设备	(1)一般化工设备零部件,如泵、阀门、管件、防腐风扇、排气烟道、防护罩、贮桶等 (2)化工容器及塔体,如贮槽、酸洗槽、电解槽、反应槽、卧式大型贮罐、洗涤塔、冷却塔、吸收塔等
	交通运输	(1)汽车结构件,如顶棚空气导流板、前挡泥板延伸部、前翼板、车罩、车身外侧、三角窗板、后盖阻流板、尾板、灯具、空调外罩、热蒸发器叶轮、发动机罩进口、空气分离器等 (2)船舶结构件,如船身、船舶甲板、装饰板、浮标、油槽、蓄水池、救生艇、拖艇、舢板等
	日用品	伞把、刀把、刷柄、钥匙圈饰件、纽扣等
聚氨酯	交通运输	(1)飞机结构件,如雷达天线罩、机头罩、机翼和尾翼填充支承架、减速板、辅助进气门、客机座位扶手等 (2)汽车内装件,如车顶和车门衬里、方向盘、仪表板、扶手、软垫、隔热保温材料等 (3)机车座位软垫、墙板、顶板等
	化工设备	(1)油田输油管道的防腐隔热材料 (2)化工贮罐的密封防护材料
	建筑	(1)建筑结构材料,如房屋支架、窗架、窗扇、窗框、门框、门板、房顶排水沟、通风口、顶棚、积水槽、平顶屋面绝热层等 (2)建筑灌浆材料
	其他	(1)家具,如沙发垫、椅子软垫、床垫、枕芯等 (2)人造革,如皮箱、提包、服装、鞋面等 (3)医疗器材,如止血块、阻血凝material、假肢等
有机硅树脂	电子电器	(1)封装电子元件,如电阻、电容、集成电路、半导体晶体管等 (2)一般电器零件,如开关、接插件、接线盒、灭弧罩、电动机滑片等
聚酰胺	电子电器	(1)仪表电器壳体,如电度表外壳、干燥机壳体、电动机罩、收音机壳体、电唱机壳体、高压安全开关罩壳等 (2)一般零件,如电动工具套、电视机调谐零件、集成电路板、电话交换机继电器零件、自动计算器零件、热敏元件、电器框架、线圈绕线管、交换机绕线管开关、电动机叶片、接线柱、电钻夹套等
	化工设备	(1)化工设备,如管道、贮槽、过滤器、容器、塔体等 (2)化工设备零部件,如截止阀阀头、碳化塔液位电极棒、碳化泵泵体轴封、氮氢循环机密封垫片、十字头等
	建筑	建筑器材,如自动扶梯栏杆、自动门横栏、升降机零件、门用滑轮、窗帘导轨滑轮、窗框缓冲撑挡、桥式隔热窗框架等
	汽车	(1)内装件,如遮阳板支架、转向柱套、轴承架等 (2)外装件,如保险杠、燃油滤清器盖、后端板、雨刷器、门外侧手柄、飞轮罩、车罩、进气口外端、牌照框等 (3)箱体,如散热器箱、吸附罐、浮筒、刹车油贮槽等
	机械设备	(1)一般机械零件,如涡旋泵叶轮、液压阀缸垫、高压水泵导翼环、水压机立柱导套、水压缸套、空压机活塞环等 (2)轴承,如滚动轴承保持架、单列向心推力球轴承、万向节滑块、辊道轴瓦、柴油机主机推力轴承等 (3)齿轮、螺栓、螺母、蜗轮、车床导轨等

续表

塑料名称	制品应用领域	制品主要品种
聚胺酸	其他	(1)交通运输零部件,如机车轴瓦、船舶轴承、货车制动器接合盘衬套、飞机机翼油箱、客车门把手、客车制动器滑块等 (2)日用品,如打火机壳体、手表外壳、安全帽、打字机框架等
聚碳酸酯	电子电器	(1)一般电器零件,如绝缘接插件、线圈框架、端子板、管座、绝缘套管、电话机壳体、矿灯电池壳、偏转座盖、横向调节磁铁罩等 (2)精密电器零件,如电子计算机、视频录像机、彩色电视机等的零件
	机械设备	(1)机械零部件,如齿轮、齿条、蜗杆、蜗轮、凸轮、棘轮、直轴、曲轴、杠杆等 (2)机械紧固件,如螺钉、螺母、铆钉等 (3)机械耐磨件,如轴套、管套、保持架、导轨等 (4)设备壳体,罩面、框架等
	医疗	(1)医疗器材,如医疗杯、筒、手术器械等 (2)人工脏器,如人工肺、人工肾脏、人工心脏等 (3)注射液、超纯水、组织培养液等的过滤材料
	照相、照明器材	(1)照相器材,如照相机壳体、齿轮、带齿卷盘、卷轴、反卷旋钮、目镜框架、显示窗、取景镜片、距离调节环、锁光圈等 (2)照明器材,如信号灯罩、防爆灯罩、照明灯罩、防护玻璃、挡风玻璃等
聚甲醛	汽车	(1)车身零部件,如遮阳板托架、钢板弹簧衬套、速度表壳体、天线齿轮外壳、内镜面撑条、门锁零件、车窗开关调节器手柄、车窗玻璃框架、导辊、转向节轴承、制动器零件、方向盘零件、车厢铰链等 (2)发动机零件,如加热器风扇、刮水器电机齿轮、空气压缩机阀门、照明装置开关、加热器控制杆、组合式开关、洗涤泵开关等 (3)汽车燃油系统零件,如散热器排水管阀门、散热器箱盖、冷却液贮罐、水泵本体、水泵加料口、燃油箱盖、燃油泵本体、汽化器壳体、排气控制阀门、油门踏板等
	机械设备	(1)齿轮,如无油或少油润滑齿轮、单齿或复齿齿轮联轴节等 (2)泵体及其零件,如离心泵和水下泵壳体、叶轮泵叶片、泵发动机外壳等 (3)机床零件,如导轨板、镗床甩油盘、半自动磨床手轮、半自动磨床叶轮等
	电子电器	(1)一般电器零件,如电话拨号盘、电视机继电器、线圈骨架、电子计算机控制部件、琴键开关、数据指示器、计时器、录音机磁带座、磁带转筒、微动开关凸轮盘、反向滑块等 (2)电动工具零件,如电动扳手外壳、电动羊毛剪外壳、煤矿电钻外壳、开关手柄等
	其他	(1)建筑器材,如自来水龙头、窗框、盥洗盆、水箱、门窗滑轮、煤气表零件、水表壳体、水管接头、消防带接头等 (2)农业机械零件,如播种机连接件、挤乳机联动部件、排灌水泵零件、喷雾器喷嘴等 (3)日用品,如手表壳体、电钟外壳及零件等
聚苯醚	电子电器	(1)电子电器零件,如线圈绕线管、接线柱、电器开关、定时器、插座、电器外壳、超高频调频器、蓄电池接合器、电动机零件等 (2)电视机零件,如汇聚线圈支架、回扫变压器零件、偏转线圈支架、电子管插座、高压绝缘罩、调谐器零件、控制轴、硒电极夹、绝缘套管等 (3)家用电器零件,如空调机、视频录像机、磁带录音机、音频电机、电风扇等的零件
	汽车	(1)车身结构件,如连盖、手定时器、防冻器格栅、减振器、吊杆、工具箱接器、轮毂壳、加热器支架、吊舱转向柱、冷冻系统连接器、通风格栅、泵体、反射镜支架等 (2)汽车电器零件,如蓄电池板、自动复位电器按钮、灯座绝缘件、仪表板、扬声器挡板、电流表框架等
	机械设备	(1)办公机械设备零部件,如计算机终端齿轮、复印机零件、现金出纳机壳、电磁卡片箱等 (2)精密机械零件,如照相机、钟表、投影仪、计测机等的零件

通用塑料

续表

塑料名称	制品应用领域	制品主要品种
聚苯醚	机械设备	(3)一般机械零件,如齿轮、轴承、凸轮、泵叶轮、鼓风机叶片、阀座、过滤板、螺栓、螺母等
	电子电器	(1)一般电器零件,如开关、按钮、连接件、集成电路插座、印刷电路板、接线柱、线圈绕线柱、插座盖、断路器罩、小型电动机罩盖、视频器零件等 (2)高电压电器零件 (3)电器壳体,如电视机、录音机、电机、仪表等的壳体
PBT	汽车	(1)外装件,如后转角格栅、发动机放热孔罩、前挡泥板罩、执照板架、后车身装饰板、后侧天窗等 (2)内装件,如内撑条、括水器支架、控制系统阀座、空气调节器阀座等 (3)汽车电器零件,如汽车点火线圈绕管、电器连接件、配电盘盖、变速电缆接合器等
	其他	(1)机械设备零件,如齿轮、凸轮、按钮、水银灯罩、电熨斗罩、烘烤机壳、电子计算机罩、传动轴等 (2)照相器材零件,如照相机罩壳、镜筒、阻尼调整环、距离调节器、补偿环等 (3)食品器材,如食品热烘盘、食品烘箱、食品包装盒等
PET	电子电器	(1)B级绝缘器材,如电动机、变压器、电容器、印刷电路、电线电缆的包缠材料、录音带、电子计算机带、录像带的基材 (2)一般电器零件,如连接件、线圈绕线管、集成电路外壳、电容器外壳、变压器外壳、电视机回扫变压器配件、调谐器、开关、自动熔断器、电动机托架、继电器、电熨斗配件等
	包装容器	(1)食品饮料瓶,如各种酒类、油类及二氧化碳饮料的包装瓶 (2)化妆品容器,如洗发膏、护发素、香脂、雪花膏、乳剂类化妆品,染发素等的包装容器 (3)药剂、农药、洗涤剂、灭火剂等的包装容器
	机械设备	(1)一般机械零件,如齿轮、凸轮、螺栓、轴承等 (2)机械结构件,如泵壳体、空调机叶片、阀门座、轴承支架、杠杆等
	汽车	(1)外装件,如车尾板、前挡泥板、灯座、车牌支架、后窗架、车尾通风孔等 (2)汽车电器零件,如点火线圈架、接线柱座、分电器盖、电器接线盒、整流器、电刷柄、空调阀门、电缆连接器等 (3)汽车零部件,如废气净化阀门、冷却风扇叶片、安全带、天线杆、刮水器支架、离合器、操纵杆手柄、门锁手柄、车尾部拉手、燃油泵壳体等
聚四氟乙烯	机械设备	轴承、活塞环、转动轴油封、夹轴皮碗、密封垫片等
	电子电器	(1)电线电缆包覆,如同轴射频电线电缆、防震仪表电缆包覆、小截面安装电线烧结涂色、连接包覆等 (2)一般电器零部件,如电池电极、电池隔膜、印刷线路板、传声膜、受话器、红外线探测传感器、热光导摄像管
	化工设备	(1)耐腐蚀化工设备结构件,如泵体、阀门、热交换器等 (2)大型化工设备防腐衬里 (3)耐腐蚀管道及管配件
	医疗	(1)医疗器材,如瓶、管、消毒垫、缝合针、注射器、皮肤覆盖材料等 (2)人工脏器,如人工肺透析膜、人造血管、人造心脏、人造瓣膜、人造肠道、人造关节、人造肌腱、疝气补强材料等
	建筑	(1)屋顶覆盖材料 (2)钢结构屋架、高架高速公路、桥梁等的支承滑块

通用塑料

常用通用塑料分类表

序号	名称	英文缩写	性能特点,说明和应用举例
1	聚乙烯	PE	白色或浅色半透明固体;在塑料中比重最小,比水轻;电绝缘性和高频特性优异;随分子量增大,抗拉强度和延伸率也随之提高
			低压聚乙烯:机械强度和硬度较高,耐磨和耐热性好,但抗冲击强度、弹性和透明度较差。可制造塑料管材、板材、塑料绳缆、塑料槽和阀体等
			中压聚乙烯:电线包皮及薄板
			高压聚乙烯:抗冲击强度、弹性和透明度好,软化点稍低,抗张强度和硬度较差。可用于制造薄膜、软管、瓶和各种容器以及包覆电缆
			超高分子聚乙烯:缩写UHMWPE,性能较上述三种聚乙烯又有很大提高
2	聚丙烯	PP	强度、刚性、硬度等机械性能较聚乙烯好;绝缘性能(尤其高频),耐热性极好,可达150℃时不变形。可制造各种机械零件和化工零件,以及需煮沸消毒的医疗器械和各种容器
3	聚氯乙烯	PVC	软聚氯乙烯:通常用来制作工业用包装薄膜,电线电缆的绝缘层和密封件。有毒,不能接触食品,尤其软聚氯乙烯制作的工业包装薄膜,千万不能用于存装食品
			硬聚氯乙烯:抗拉强度,耐水、耐油性能和化学稳定性都很好。常用来制作化工部件
			聚氯乙烯泡沫塑料:质轻、隔热、隔声、防振,可用作各种衬垫,保温隔振材料
4	聚苯乙烯	PS	普通聚苯乙烯:绝缘性能(尤其是高频绝缘)、耐腐蚀性(但不耐有机溶剂,如汽油、苯)都好,不吸水,常温下较透明(常温下仅次于有机玻璃),耐冲击
			发泡聚苯乙烯:俗称聚苯或苯板,比重仅有0.033 t/m³,为水的1/30,是隔热、包装和打捞方面应用的绝好材料。尤其在包装方面有广泛的应用
5	酚醛	PF	电绝缘性能很好,能耐相当的高温;价格比较便宜。应用历史很长,俗称电木,因其多用木粉填料而名。长久以来在各种电器上得到应用,尤其用于普通电器的外壳。为提高强度,在层压时加入布得到夹布胶木;在强电器设备上多用作安装电器的底板,也可制造耐冲击的轴承、齿轮和离合器;日常生活中可制作梳子
6	氨基塑料	UF	是由尿素与甲醛缩合而成的脲甲醛塑料。可用于制作装饰品及各种生活用品。其发泡材料是良好的保温和隔热材料
			还可作木材粘合剂,用于胶合各种纤维板、胶合板、装饰板
			颜色鲜艳、半透明,故俗称"电玉"。在热固性塑料中目前应用最多
		MF	称为三聚氰胺甲醛树脂(密胺甲醛树脂)
			可长期在沸水中使用。
			可用于制作装饰品及各种生活用品。
			还可作木材粘合剂,用于胶合各种纤维板、胶合板、装饰板

各种聚乙烯的基本性能

性 能	LDPE	HDPE	LLDPE
相对密度	0.91~0.94	0.94~0.97	0.92
结晶度(%)	75	85	
拉伸强度(MPa)	7~16.1	30	
冲击强度(缺口)(kJ·m^{-2})	48	65.5	14.5
断裂伸长率(%)	90~800	600	950
邵氏硬度(D)	41~46	60~70	55~57
连续耐热温度(℃)	80~100	120	105
脆化温度(℃)	−80~−55	−65	−76

塑料 [13] 通用塑料

不同结晶度的聚乙烯的性能比较

性能	低密度聚乙烯	高密度聚乙烯
结晶度(%)	40～53	60～80
密度(g/cm³)	0.91～0.98	0.94～0.97
弹性模量(MPa)	110～250	240～1100
抗拉强度(MPa)	7～16	22～39
断裂伸长率(%)	90～300	15～100
邵氏硬度	41～43	60～70
在 1.85MPa 应力作用下热变形温度(℃)	32～40	43～54
透明度	好	差
耐有机溶剂性	能耐60℃以下	能耐80℃以下
24 小时吸水率(%)	<0.015	<0.01

三种聚乙烯的结构和性能比较

	LDPE	LLDPE	HDPE
短链支化度(1000 个 C)	10～30	10～30	<10
短链分支长度	C_1～C_4	C_2、C_4、C_6	C_2～C_4
长链支化度	～30	0	0
结晶温度(℃)	108	122	130
密度(g/cm³)	0.915～0.940	0.914～0.940	0.940～0.970
分子量(万)	10～50	5～20	10～150
拉伸强度(MPa)	6.90～13.79	20.68～27.58	24.13～31.03
伸长率(%)	300～600	600～700	100～1000
肖氏硬度	41～45	44～48	60～70
最高使用温度(℃)	80～95	90～105	110～130
耐环境应力开裂	好	很高	好～低
结晶度	50	两者之间	80～90

聚乙烯三种生产方法及性能比较

合成方法		高压法	中压法	低压法
聚合条件	压力(MPa)	100 以上	3～4	0.1～0.5
	温度(℃)	180～200	125～150	60 以上
	催化剂	微量 O_2 或有机化合物	CrO_3, MoO_3 等	$Al(C_2H_5)_3+TiCl_4$
	溶剂	苯或不用	烷烃或芳烃	烷烃
聚合物性质	纯晶度(%)	64	98	87
	密度(g/cm³)	0.910～0.925	0.955～0.970	0.941～0.960
	抗拉强度(MPa)	7～15	29	21～37
	软化温度(℃)	14	135	120～130
使用范围		薄膜、包装材料、电绝缘材料	桶、管、电线绝缘层或包皮	桶、管、塑料部件、电线绝缘层或包皮

聚丙烯的基本性能

性能	数值	性能	数值
相对密度	0.90～0.91	冲击强度(缺口)(kJ·m⁻²)	4～5
拉伸强度(MPa)	29.4～39.2	冲击强度(无缺口)(kJ·m⁻²)	>8
弯曲强度(MPa)	41.2～54.9	布氏硬度	8.65
压缩强度(MPa)	27.9～56.8	连续耐热温度(℃)	121
断裂伸长率(%)	>200	脆化温度(℃)	-35

聚丙烯的种类及其特征

PP 的种类	均聚物	无规共聚物	嵌段共聚物
特性	高刚性、耐热性	高透明、低熔点	不透明、耐冲击性
应用	家用电器部件,CPP(氯化PP)、BOPP(双向拉伸PP)薄膜	注射器、瓶盖,复合BOPP的热封层薄膜	汽车部件,可加热食品袋用CPP、特殊BOPP薄膜

聚氯乙烯的加工方法及其制品的用途

加工方法	制品形态	主要用途
压延加工	薄膜、薄板、人造革	衣物类、杂货、包装材料、家具用
挤压成型	管、棒、电线、板、薄膜	杂货、绳、电线、硬质管、软质管、纤维
注射成型	硬质品、软质品	机械、电器部件、管接头、阀门、杂物
层压加工	聚氯乙烯复合钢板、装饰薄板	杂货、容器、车辆、工业材料
涂饰、浸渍加工	人造革、加工纸的轧光、金属涂饰	车辆、家具、包装纸
涂凝模塑成型 浸渍模塑成型	软质吹塑成型品	玩具、工业用材料、家庭用品
吹塑成型	软、硬质吹塑制品	玩具、瓶
压印成型	薄膜、管	包装用
真空成型	薄壁成型品	大型容器、表面形态复杂的制品
海绵状加工		渔业用浮子、隔热材料、袋子、杂货

聚氯乙烯的型号及其用途

型号		SG1	SG2	SG3	SG4	SG5	SG6	SG7	SG8
分子量	黏数	156～144	143～136	135～127	126～118	117～107	106～96	95～87	86～73
	K 值	77～75	74～73	72～71	70～69	68～66	65～63	62～60	59～55
	平均聚合度			1350～1250	1250～1150	1100～1000	950～850	850～750	750～650
用途		高级电绝缘材料	一般软制品	凉鞋软制品	软管人造革、高强度管材	硬管型材、硬片单丝	硬板焊条	瓶子透明片、注射制品	注射制品

聚苯乙烯的基本性能

性能	普通聚苯乙烯	改性聚苯乙烯
相对密度	1.04～1.09	1.04～1.10
洛氏硬度	65～80	20～90
拉伸强度(MPa)	35～84	8.4～10.5
断裂伸长率(%)	7.0～17.5	14.0～56.0
冲击强度(悬臂缺口)(kJ·m⁻²)	0.54～0.86	1.1～23.6
压缩强度(MPa)	80.5～112	28～112
连续使用温度(℃)	60～80	60～80

PVC、PS 和 PP 的性能比较

名称	聚氯乙烯	聚苯乙烯	聚丙烯
缩写	PVC	PS	PP
密度(g/cm³)	1.30～1.45	1.02～1.11	0.90～0.91
抗拉强度(MPa)	35～36	45～56	30～39
延伸率(%)	20～40	1.0～3.7	100～200
抗压强度(MPa)	56～91	98	39～56
耐热温度(℃)	60～80	80	149～160
吸水率(%/24h)	0.07～0.4	0.03～0.1	0.03～0.04

两种聚苯乙烯的性能比较

性能	GPPS	HIPS
	苯乙烯的均聚物	橡胶与苯乙烯的共聚物
相对密度(g/cm³)	1.04～1.06	1.035～1.04
软化温度(℃)	70～100	85～104
拉伸强度(MPa)	40～84	14～42
弯曲强度(MPa)	62～97	14～56
伸长率(%)	1.0～2.5	15～75
缺口冲击强度(J/m)	13～18	80～133
烙体指数(g/10min)	0.5～1.5	1～15

各种酚醛塑料的综合性能

品种	模塑料			层压塑料		
	木粉填充	碎布填充	矿粉填充	无	布	石棉
密度(g/cm³)	1.35～1.4	1.34～1.8	1.9～2.0	1.24～1.38	1.34～1.38	1.6～1.8
拉伸强度(MPa)	35～56	35～56	21～56	49～140	56～140	42～84
弯曲强度(MPa)	56～84	56～84	56～84	70～210	84～210	84～140
剪切强度(MPa)	56～70	70～105	28～105	35～84	35～84	23～59
压缩强度(MPa)	105～245	160～224	140～234	140～280	175～280	140～280
冲击强度(J/m)	0.054～0.27	0.16～1.16	0.13～0.82	0.16～0.82	0.54～2.17	0.27～0.81
比热容(cgl·g⁻¹·℃⁻¹)	0.4	0.35	0.3	0.3	0.35	0.35

注:1cal=4.1868J

酚醛模压塑料的性能

种类 性能	酚醛模压塑料			
	木粉填充	高强度GF填充	棉纤维填充	石棉填充
密度(g/cm³)	1.37～1.46	1.69～2.00	1.38～1.42	1.45～2.00
吸水率(%/24h)	0.3～1.2	0.03～0.9	0.6～0.9	0.1～0.5
成型收缩(10⁻³cm/cm)	4～9	1～4	4～9	1～9
拉伸断裂强度(kPa)	34～62	48～124	41～69	31～52
压缩强度(kPa)	172～214	180～483	159～214	138～241
弯曲强度(kPa)	48～97	103～414	62～90	48～97
冲击强度(J/m)	11～32	27～96	16～101	14～187
相对伸长率(%)	0.4～0.8	0.2	1～2	0.1～0.5
导热系数×10⁻⁵(W/m·k)	1.0～1.9	1.9～3.3	1.9～2.4	1.4～5.3
线膨胀系数(10⁻⁶/℃)	30～45	8～21	15～22	10～40
热变形温度(1.82MPa)/℃	149～188	177～316	149～204	149～260
介电强度(短时)×10⁻⁶(V/mm)	10.2～15.7	5.5～11.8	7.9～14.2	3.9～14.2

几种酚醛层压板塑料的性能与用途

酚醛树脂种类	纸基层压板	布基层压板	玻璃布基层压板	石棉布基层压板	木材片基层压板
填料	绝缘纸	棉布	玻璃布	石棉布	木材片
特性	绝缘性好,耐油脂和矿物油;耐强酸的稳定性不强	较高的抗压、抗冲、抗剪切;耐水性、绝缘性低	较高的机械强度、耐热性、良好的绝缘性相对伸长率小	高度的耐热性,介电性能较低	耐磨性、机械性能高;化学稳定性差,吸水性大
用途	各种盘、接线板、绝缘垫圈、垫板、盖板等	垫圈、轴瓦、轴承、皮带轮、无声齿轮、要求不高的绝缘件	用于飞机、汽车、船舶等制造业、电器工程、无线电工程中的结构材料	高温下工作的制动装置、离合机构的零件、各种垫板	螺旋桨、轴套、铸造模型、齿轮、泵壳、活动房零件、小型船舶等

酚醛泡沫塑料的吸音系数   单位:%

泡沫密度(kg/m³)	泡沫厚度(mm)	声频(Hz)					
		125	250	500	1000	2000	4000
37	25.4	5	25	65	100	80	80
64	25.4	15	20	70	90	80	85

常用塑料的性能

性能 名称	密度(g/cm³)	热变形温度(℃)	拉伸强度(MPa)	冲击强度(缺口)(kJ/m²)	介电强度(kV/mm)
LDPE	0.91～0.93	38～50	12～16	≥40	18～28
HDPE	0.94～0.97	66～82	22～45	10～40	18～28
PP	0.90～0.91	56～67	30～40	2.2～6.4	24～30
硬PVC	1.40～1.60	30～76	35～55	2.2～10.8	10～35
PS	1.04～1.09	68～94	≥58.8	12～16	20～28
PMMA(浇注)	1.17～1.20	60～102	50～77	14～24	18～22
ABS(耐热型)	1.06～1.08	96～110	53～56	16～32	14～20
PA66	1.14～1.15	66～86	83	3.9	15～19
PC	1.20	130～135	56～70	45	18～22
POM(均聚)	1.43	124	70	7.6	20
PET	1.33～1.38	85	75	4	30
PPO	1.07	190	70～80	7.6	16～20
PSF	1.24	175	70～75	14	14

塑料 [13] 通用塑料·通用工程塑料

常用塑料特征温度的参数表

塑料类别		特征温度				
		玻璃化温度 T_g/℃	熔融温度 T_m/℃	黏流温度 T_f/℃	分解温度 T_d/℃	热变形温度[①]/℃
通用型塑料	低密度聚乙烯(LDPE)	−125～−120	105～110	105～125	>300	38～49
	高密度聚乙烯(HDPE)	−125～−120	125～131	120～137	>300	60～82
	聚丙烯(PP)	−18～−10	164～170	—	>150	102～115
	聚苯乙烯(PS)	100	131～165	120	330～380	65～96
	聚氯乙烯(PVC)	87	136	136	140～170	67～82
	聚甲基丙烯酸甲酯(PMMA)	105	160	160～200	>270	74～109
工程塑料	聚碳酸酯(PC)	149	225～250	267	320～340	132～141
	尼龙6(PA6)	50	210～215	210～225	500	140～176
	尼龙66(PA66)	60	238～248	270～290	300	149～185
	尼龙1010(PA1010)	—	205	205～225	300	148
	共聚甲醛(POM)	−40～50	165	180～220	245	154～174
	均聚甲醛(POM)		175	180～190	245	154～174
	丙烯腈/丁二烯/苯乙烯(ABS)树脂	—	130～160	217～237	>250	93
	聚对苯二甲酸丁二酯(PBT)	<50	225～235	240～260	270	60～210
	聚对苯二甲酸乙二酯(PET)	80	250～260	270～290	300	85～238
	聚砜(PSF)	190	250	290～315	345	182
	聚醚砜(PES)	190～220	300	—	510～512	180～204
	聚苯醚(PPO)	190～220	280	257	350	180～204
	氯化聚醚(penton)	74	178～182	220～250	300	141
	聚四氟乙烯(PTFE)	−126	327	—	390～415	121～126[②]
	聚苯硫醚(PPS)	85～100	285	—	500	137[③]
	聚醚醚酮(PEEK)	143	334	—	500	135～160[③]

① 本栏除后三类（PTFE，PPS，PEEK）外均为0.46GPa载荷下的测定值；② 为4.5GPa载荷下的测定值；③ 为1.8MPa载荷下的测定值。

通用工程塑料

通用工程塑料

序号	名称	英文缩写	性能特点
1	聚酰胺	PA	耐磨性和自润滑性极好；韧性和强度均高，有抗霉、抗菌性，无毒；成型性好（有的可浇铸）。 商品名尼龙(Nylon)，合成纤维中称锦纶。尼龙品种很多，如PA6、66、610、1010、12、11等。可制造耐磨、耐腐蚀的各种传动和承载零件，在机械工业中应用最广
2	聚甲醛	POM	优良的综合性能；与尼龙比，吸水性较小，尺寸稳定性好；有较高的弹性模量、硬度、刚度、耐疲劳和抗蠕变性能；优良的耐有机溶剂的性能；但热稳定性较差，成型加工中要严格控制温度；收缩率大，遇火会燃烧，长期在大气中暴晒会老化。 可用于制造结构件和耐磨零件，如轴承、齿轮、凸轮、阀杆、仪表板及化工容器和管道
3	聚碳酸酯	PC	优良的综合机械性能（尤其是抗冲击韧性和尺寸稳定性）和良好的透明度，誉称"透明金属"；可加入玻璃纤维、碳纤维或硼纤维等增强材料而成为增强塑料。 在机械、仪表、电信、交通运输、光学照明、医疗器械等方面已被广泛应用。如齿轮等各种传动零件，耐高压的各种垫片、垫圈、套管、飞机驾驶室的风挡玻璃等
4	ABS	ABS	系丙烯腈、丁二烯和苯乙烯的三元共聚物，还可将其一或二元链接到其他分子的主链上，形成ACS、AAS等多种共聚物。 具有优良的综合机械性能；不透明，耐热、耐冲击，表面硬度高；化学稳定性和电性能良好；易于成型加工，表面可以镀金。 在航空工业、汽车工业、冷冻器械、电信和日用品方面都有广泛应用，如汽车仪表板、挡泥板、齿轮、轴承、旅行箱等
5	有机玻璃	PMMA	甲基丙烯酸甲酯的俗称。 透光性好对阳光的透过率可达99%，着色性好，缺点是硬度不高，易擦毛。另有372塑料，系甲基丙烯酸甲酯与苯乙烯的改性共聚物，有时也俗称有机玻璃；可在50℃时不变形，−40℃时不冻裂，且冲击强度高
6	环氧树脂	EP	品种多；强度高；化学稳定性和尺寸稳定性好；价格贵；毒性高。可制作纤维加强塑料。 已尽量不用；目前仅用电子电器的包装和封装
7	不饱和聚酯树脂	UP	固化时无气体放出，已替代环氧树脂制作加强塑料（如玻璃钢）制作结构件；黏度低，成型时不需加压，室温下即可固化。 可制造飞机部件，汽车外壳，透明天窗和屋顶，电器仪表外壳等

聚甲醛的性能

名称	均聚甲醛	共聚甲醛
密度(g/cm³)	1.43	1.41
抗拉强度(MPa)	70	62
弹性模量(MPa)	2900	2800
抗压强度(MPa)	125	110
抗弯强度(MPa)	980	910
延伸率(%)	15	12
熔点(℃)	175	165
结晶度(%)	75～85	70～75
吸水率(%/24h)	0.25	0.22

聚碳酸酯的机械性能

项目	数值
拉伸强度(MPa)	66～70
伸长率(%)	100左右
拉伸弹性模量(MPa)	2200～2500
弯曲强度(MPa)	106
压缩强度(MPa)	83～88
冲击强度(无缺口)(J/m)	不断
(缺口)(J/m)	64～75
洛氏硬度(M)	75
布氏硬度	97～104

各种尼龙的综合性能

项目	尼龙6①	尼龙9	尼龙11	尼龙12	尼龙1010	尼龙66①	尼龙610①
密度(g/cm³)	1.13～1.15	1.05	1.04	1.09	1.04～1.06	1.14～1.15	1.08～1.09
拉伸强度(MPa)	58～65	58～65	57	45～50	52～55	57～83	47～60
压缩强度(MPa)	60～90					90～120	70～90
弯曲强度(MPa)	70～100	80～85	50～76	86～92	82～92	100～110	70～100
冲击强度(J/m)							
带缺口	0.31		0.35～0.48		0.4～0.5	0.39	0.315～0.55
不带缺口		25～30		11～12	＞69		
伸长率(%)	150～250		60～230	230～240	100～250	60～200	100～240
弹性模量(MPa)	830～260	970～1200	1200		1600	1400～3300	1200～2300
硬度							
洛氏B	85～114		100～133			100～118	90～113
布氏			7.5		7.1		
熔点(℃)	215～223	209～215	180～230	178	200～210	265	210～233
马丁耐热(℃)	40～50	42～48	(38)		45	50～60	51～56
维卡耐热(℃)	160～180	＞160	173～178		123～190	220	195～205
比热(kJ·kg⁻¹·℃⁻¹)	0.168～0.21	0.37			0.21	0.17～0.21	0.17～0.21
导热系数(kJ·m⁻¹·h⁻¹·℃⁻¹)	0.76～1.22					0.93～1.22	0.8～1.05
线膨胀系数/×10⁻⁵(℃)	7.9～8.1	8～12	11.4～12.4		10.5	9.1～10.9	9.0～12
吸水率(%)	1.9～2	1.2		1.5	0.39	1.5	0.5

① 尼龙6，尼龙66和尼龙610等由于吸水性很大，因此其性能上、下限差别很大。

各种类型的ABS塑料的性能

	项目		超高冲击型	高强度中冲击型	低温冲击型	耐热型
物理性能	密度(g/cm³)		1.05	1.07	1.02	1.06～1.08
	吸水率(24h)(%)		0.3	0.3	0.2	0.2
热性能	热变形温度	(0.46MPa)(℃)	96	98	98	104～116
		(1.86MPa)(℃)	87	89	78～85	96～110
	线膨胀系数(10⁻⁵℃)		10.0	7.0	8.5～9.9	6.8～8.2
	燃烧性(＞1.27nm厚)(mm/s)				0.55	0.55
机械性能	拉伸强度	(极限)(MPa)	35	63	21～28	53～56
		(屈服)(MPa)			21～28	53～56
	拉伸弹性模量(MPa)		1800	2900	700～1800	2500
	弯曲强度(MPa)		62	97	25～46	84
	弯曲弹性模量(MPa)		1800	3000	1200～2000	2500～2600
	压缩强度(MPa)			1	18～39	70
	硬度(洛氏B)		100	121	62～88	108～116
	冲击强度(带缺口)	23℃(J/m)	53	6	2.7～4.9	1.6～3.2
		0℃(J/m)			2.1～3.2	1.1～1.3
		−40℃(J/m)			0.8～1.89	0.16～0.54
	受载变形(50℃,1.41MPa)(%)					0.4

聚碳酸酯的热性能

项目	数值
熔点(℃)	220～230
热变形温度(1.86MPa)(℃)	130～140
马丁耐热(℃)	110～130
维卡耐热(℃)	165
脆化温度(℃)	−100
导热系数(kJ·m⁻¹·h⁻¹·℃⁻¹)	0.7
线膨胀系数(10⁻⁵·℃⁻¹)	6～7
燃烧性	自熄

各种泡沫塑料的最高工作温度（℃）

塑料材料	泡沫材料	非泡沫	塑料材料	泡沫材料	非泡沫
ABS	80～82	60～110	醋酸纤维素	177	60～104
聚苯乙烯	75～80	77～104	聚丙烯	120	88～127
硬质聚氨酯	92～120	88～107	交联聚丙烯	135	
软质聚氨酯	68～80	88	聚碳酸酯	132	130～140
聚乙烯	70～82	82～120	丙烯腈—苯乙烯共聚物	77～88	60～95
交联聚乙烯	80～93	135	聚苯并咪唑板材	315	370
硬质聚氯乙烯		66～80	聚苯并咪唑组合泡沫	315	
软质聚氯乙烯	55～107	55～80	有机硅	232～343	260～315
硬质环氧树脂	177	150～232	聚苯醚	93	80～105
组合泡沫环氧树脂	177～260		离子聚合物	66～68	70～104

各种泡沫塑料的透湿率

塑料材料	成型方法	密度(kg/m³)	透湿率[mg/(Pa·m²·s)]
聚苯乙烯	注射	16～64	173
	挤出	30～70	130
聚酯型聚氨酯	现场发泡	33.7	86.6
聚醚型聚氨酯		40	147.2
聚乙烯	厚板材和棒材的挤出	21～42	34.6
交联聚乙烯		88～112	＜34.6
带皮层酚醛树脂		32	346
不带皮层酚醛树脂		32	1339
环氧树脂		37	86.6
有机硅		56	3568.5
脲醛树脂	现场发泡	12.8～19.2	2425～3031
聚异氰脲酸酯	灌注	24～48	259.8
	喷涂	32～48	259.8
聚氯乙烯	注射或挤出	64～176	≤17.3
丙烯腈—苯乙烯共聚物	注射	12.8	173～346

塑料 [13] 通用工程塑料·特殊工程塑料

各种泡沫塑料的热导率 λ 　　　　　　　　单位：W/(m·K)

塑料材料	泡沫材料	非泡沫	塑料材料	泡沫材料	非泡沫
ABS	0.081~0.030	0.186~0.337	聚乙烯	0.037~0.041	0.337~0.523
醋酸纤维素	0.040	0.163~0.337	交联聚乙烯	0.036~0.058	
聚苯乙烯	0.024~0.040	0.081~0.128	结构泡沫高密度聚乙烯	0.132	
硬质聚氨酯	0.016~0.074	0.279	丙烯酸类树脂	0.031	0.101~0.245
软质聚氨酯	0.016~0.043	0.07~0.314	聚丙烯	0.038	0.081~0.163
硬质聚氯乙烯		0.128~0.209	丙烯腈—苯乙烯共聚物	0.046	0.128
软质聚氯乙烯	0.035~0.041	0.128~0.163	聚苯醚	0.124	0.163~0.221
环氧树脂	0.016~0.055	0.163~0.418	聚苯并咪唑	0.031	
酚醛树脂	0.029~0.041	0.128~0.337	有机硅	0.052~0.086	0.151~0.372
脲醛树脂	0.026~0.030	0.290~0.418	离子聚合物	0.038~0.049	0.244
聚碳酸酯	0.151	0.198~0.221			

各种泡沫塑料的介电性能

塑料材料	介电常数 ε				介电损耗角正切 tanδ			
	泡沫料		非泡沫				非泡沫	
	10^6 Hz	10^8 Hz	50Hz	10^6 Hz	10^6 Hz	10^8 Hz	50Hz	10^6 Hz
聚苯乙烯	1.02	1.27~1.28	2.45~3.40	2.40~3.10	0.0004~0.0007	0.0001~0.0004	0.0005~0.014	0.0005~0.010
聚氨酯	0.005~0.0005	1.05~2.50		4.5		0.0018~0.0055	0.015~0.017	
丙烯酸树脂		1.90	3.30~4.50	2.10~3.20		0.0036	0.050~0.060	0.015~0.030
醋酸纤维素		1.12	3.50~7.50	3.00~7.00			0.010~0.060	0.010~0.100
环氧树脂	1.08~1.55		3.50~5.00	3.50~5.00		0.006~0.010	0.010	
酚醛树脂		1.19~2.10	5.0~20	5.0~10		0.028~0.031	0.04~0.30	0.010~0.20
聚苯醚	2.16		2.64~2.93	2.64~2.92	0.017		0.0004①~0.0009	0.0009①~0.0015
聚碳酸酯	2.20		2.97~3.53	2.92~3.48		0.001	0.009	0.010
聚乙烯	1.05		2.25~2.35	2.25~2.35		0.0002	0.0002~0.0005	0.0003~0.0005
交联聚乙烯	1.06~1.55		2.28~2.60	2.27~7.50		0.002~0.007	0.003~0.044	0.001~0.005
有机硅	1.42	1.20~1.40	2.75~5.00	2.60~5.00	0.001	0.001~0.07	0.001~0.025	0.001~0.002
聚丙烯	1.02②		2.20~2.75	2.20~2.60	0.00006②	<0.0005	0.0005~0.0018	

① 改性 PPO；② 10^4 Hz 测试。

特殊工程塑料

聚砜与其他工程塑料的机械性能的比较

性能	聚砜	聚甲醛	聚碳酸酯	聚酰胺66	ABS
相对伸长率(%)					
在屈服时	5~6			25	5.2
在破裂时	50~100	15	60~100	300	30
拉伸强度(MPa)	71.5	70	60	60	60
拉伸弹性模量(MPa)	2500	2700	2400	1800	2100~3200
冲击强度(悬臂梁式)(J/m)	0.69	0.76	1.08~1.52	1.08	0.38~0.49
洛氏硬度	120	120	118	108	101~113
线膨胀系数(10^{-5}·℃$^{-1}$)	5.6	9.9	7.0	10~15	6~9

特殊工程塑料分类表

序号	中文名	英文缩写	性能特点	说明和应用举例
1	氟塑料	PTFE 或 F4	以聚四氟乙烯为代表。耐高、低温；耐腐蚀，耐气候；电绝缘好；缺点是机械强度不甚高，热胀冷缩大，且价格贵。达到390℃时会分解放出有毒气体，故加工时要注意防护和严控温度；不能用注塑法加工，一般常用冷压烧结法成型。	在许多特定的领域具有其他塑料不可替代的应用。如抗腐蚀性优异，可抵御王水等强酸碱，化学稳定性超过玻璃、陶瓷、不锈钢、金和铂，因而被称为"塑料王"。可制造人造血管、人工心肺；不沾锅的"特氟隆"涂层；用于太阳能利用中的"泰氟龙"透明薄膜对紫外光的抗老化性能极佳，且太阳光透过率可达到95%以上
2	聚砜	PSF	机械强度高，冲击强度高，高温时的强度高，可在-100~+150℃的环境中长期使用。缺点是对酮等溶剂不稳定，且其成型温度较高(330~350℃)。	制造汽车护板、仪表板、风扇罩等零部件和印刷电路板
3	有机硅塑料	SI	耐寒耐热，但强度低，成本高。	用于合成橡胶中，化妆品制造中也有应用。在快速产品开发中与快速成型技术结合用来制快速模具，将一个原型件翻制成十数件甚至更多的制品

其他几种塑料的性能比较

名称	聚砜	聚四氟乙烯	氯化聚醚	聚苯醚	聚酰亚胺
密度(g/cm³)	1.24	2.1~2.2	1.4	1.06	1.4~1.6
抗拉强度(MPa)	85	14~15	44~65	66	94
弹性模量(MPa)	2500~2800	400	2460~2610	2600~2800	12866
抗压强度(MPa)	87~95	42	85~90	116	170
抗弯强度(MPa)	105~125	11~14	55~85	98~132	83
延伸率(%)	20~100	250~315	60~100	30~80	6~8
吸水率(%/24h)	0.12~0.22	<0.005	0.01	0.07	0.2~0.3

[14] 塑料的加工成型工艺

常用塑料的中英文名称

缩写代号	塑料或树脂全称	
	中文名	英文名
ABS	丙烯腈—丁二烯—苯乙烯共聚物	Acrylonitrile-Butadiene-Styrene Copolymer
A/S	丙烯腈—苯乙烯共聚物	Acrylonitrile-Styrene Copolymer
CN	硝基纤维素	Cellulose Notrate
EP	环氧树脂	Epoxy resin
GPS	通用聚苯乙烯	General Polystyrene
GRP	玻璃纤维增强塑料	Glass Fibre Reinforced Plastics
HDPE	高密度聚乙烯	High Density Polyethylene
HIPS	高抗冲聚苯乙烯	High Impact Polystyrene
LDPE	低密度聚乙烯	Low Density Polyethylene
MDPE	中密度聚乙烯	Middle Density Polyethylene
MF	三聚氰胺甲醛树酯	Melamine-Formaldehyde resin
PA	聚酰胺	Polyamide
PAN	聚丙烯腈	Polyacrylonitrile
PBTP	聚对苯二甲酸丁二(醇)酯	Poly(butylene terephthalate)
PC	聚碳酸酯	Polycarbonate
PE	聚乙烯	Polyethylene
PETP	聚对苯二甲酸乙二(醇)酯	Poly(ethylene terephthalate)
PF	酚醛树脂	Phenol-Formaldehyde resin
PI	聚酰亚胺	Polymide
PMMA	聚甲基丙烯酸甲酯	Poly(methyl methacrylate)
POM	聚甲醛	Polyformaldehyde
PP	聚丙烯	Polypropylene
PPO	聚苯醚	Poly(phenylene oxide)
PS	聚苯乙烯	Polystyrene
PSF	聚砜	Polysulfone
PTFE	聚四氟乙烯	Polytetrafluoroethylene
PU	聚氨酯	Polyurethane
PVC	聚氯乙烯	Poly(vinyl chloride)
RP	增强塑料	Reinforced Plastics
SI	聚硅氧烷	Silicone
UF	脲甲醛树酯	Urea-Formaldehyde resin
UP	不饱和聚酯	Unsaturated Polyester

塑料加工成型概述

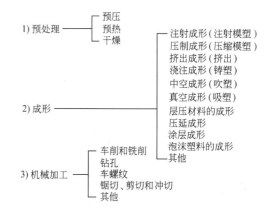

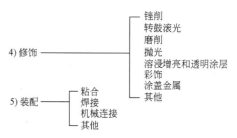

塑料制品的生产顺序

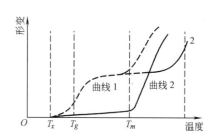

线型非晶性与晶性高聚物
的温度—变形曲线

曲线 1 为线型晶性高聚物(它具有高弹态)。
曲线 2 为线型非晶性高聚物,其
黏流态成型温度高于熔点。

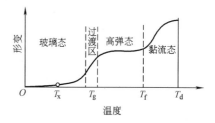

线型晶性高聚物的温度—变形曲线

T_x—脆点;T_g—玻璃化温度;T_f—流动
(黏流)湿度;T_d—分解温度

对线型晶型高聚物,黏流态处于黏流温度
与分解温度之间;因此其粘流态成
型温度一般高于黏流温度。

塑料的加工成型工艺 [14] 塑料加工成型概述

加工与成形方法的选择　加工与成形温度

热塑性塑料的聚集态与加工温度的关系

各种塑料适用的主要成型方法

塑料名称	注射成型	挤出成型	吹塑成型	模压成型	传递模压成型	压延成型	发泡成型	层压成型	浇铸成型	缠绕成型	搪塑成型	回转成型
聚乙烯	○	○	○	△			○					△
聚丙烯	○	○	○				△					△
聚氯乙烯	△	○	○	△		○	○	○			△	△
聚偏氯乙烯		○		△								
聚苯乙烯	○	○	○	△			○					
ABS	○	○	△	△			○					
有机玻璃	○	○	△	△					○			△
聚氨酯							○		○			
酚醛树脂	○			○	○		△	○	○			
脲醛树脂	○			○	○							△
三聚氰胺甲醛树脂	△			○	○							
不饱和聚酯树脂	△			○				○	○	○		
DAP	△			○	○							
环氧树脂	△			○	○			○	○	○		
有机硅树脂				○			△					
尼龙	○	○	△	△								
聚碳酸酯	○	○	△	△					○			△
聚甲醛	○	○	△									
聚苯醚	○	○	△									
聚四氟乙烯		△		○								△

注：○：优；△：良。

塑料成型的分类

序号	名称	加工对象与成品类型	工艺特点说明
1	挤出成型	可加工绝大多数热塑性塑料和少数热固性塑料。成品：各种薄膜、管、板、片、棒、丝、带、网以及中空容器和复合材料	物料在加温和压力条件下熔融、塑化，通过口模挤出，形成与口模断面形状相似的连续体，然后冷却降温固化成制品
2	注塑成型	可加工：全部热塑性塑料和部分热固性塑料。成品：各种复杂形状的器具和物品	物料加温、熔融、塑化，然后用压力向模具型腔内注射并定型，待冷却固化后开模取出制成品
3	压延成型	可加工：聚氯乙烯、聚乙烯、聚丙烯、ABS等热塑性塑料。成品：连续致密的、具有一定厚度和表面光洁度的膜状或片状制品	物料在加温和压力条件下熔融、塑化，通过长缝状口模挤出在成对的平行辊筒之间，经牵引和加压，形成带状连续体，冷却前表面可以压花
4	模压成型	可加工：各种热固性塑料；压缩模压可成型形状简单的制品。；层压成型主要用于生产各类板材	它是将粉状、粒状或纤维状的塑料物料放入成型温度下的模具型腔中封闭加压而成
5	吹塑成型	适用于聚氯乙烯、聚乙烯、聚丙烯、聚碳酸酯等塑料；分薄膜吹塑和中空容器吹塑	薄膜吹塑将物料通过口模挤出成中空连续体，冷却前用压缩空气使其吹胀成筒状薄膜。中空容器吹塑使物料通过口模吹成管状，冷却前在模具型腔中用压缩空气吹胀定型后开模取出
6	发泡成型	几乎适用于所有树脂。常用有聚苯乙烯、聚氨酯、聚氯乙烯、聚乙烯和脲甲醛。主要用作隔声、隔热、包装缓冲材料以及轻质叠层板等	在模型型腔中使塑料发泡成型。发泡方法有：机械发泡；物理发泡；化学发泡
7	浇铸成型	适用于有机玻璃、聚胺酯、EP（乙烯和丙烯共聚物）、聚酰胺、聚乙烯三乙酸纤维素（CTA）、不饱和聚酯等。可制作各种形状的浇铸件，及流延薄膜、玩具、手套、隔膜和大型中空容器	在常压或低压下将液状物料注入模具空腔成型等多种工艺方法
8	涂覆制品成型	适用于几乎所有塑料。常用有聚氯乙烯、高压聚乙烯、聚酰胺和环氧树脂等。可制造塑料片材、板材，人造革、墙纸、地板革，电线电缆和软霓虹管的包覆等	用挤出设备将熔融的塑料涂覆或包裹在布或纸的基底上或金属设备或零件外。可起到防腐蚀、绝缘、耐磨、自润滑等作用
9	热成型工艺	适用于各种热塑性塑料板材。可制作薄壁异型件，如旅行箱包，及各类透明包装	将裁成一定尺寸和形状的塑料片材固定在模具框中、在加热状态下用压力使其贴合在模具上成型的方法。热成型有模压法和差压法两类。目前以真空成型（即真空吸塑）应用为多
10	纤维增强塑料	适用于环氧树脂和不饱和聚酯。可制作各种复杂形状的薄壁制件	目前多手糊，将树脂和纤维织物分层糊在模型上待其固化后揭下

塑料的加工成型工艺

塑料成型的主要准备工序—组分的均匀混合

序号	名称	适合组分形态	组分
1	混合	固体状粉料的混合	树脂,各种助剂,填料。树脂基本上可分为粉状、颗粒状和溶液三类
2	捏合	固体状粉料与液体物料的浸渍与混合	
3	塑炼	塑料物料与液体状或固体状物料的混合	

注：塑料成型前的准备工序主要目的就是将塑料的各种组分均匀混合并干燥到规定的含水量。

挤出和压延成型

挤出成型工艺和设备

序号	名称		说明
1	工艺过程	加料—升温	混合或塑炼后的原料由料斗加入时,物料由外壳中的电加热器的加热、升温而逐渐融化
		塑化—挤出	旋转的螺杆把固态和融化的物料向前端推去;为避免温度过高或过低,电加热器的功率由温控器控制
		成型	向前推进的物料通过端部口模挤出;口模外围有机头加热器,以保持物料流过口模时温度;口模内型腔断面形状决定了挤出物料的断面形状;若口模中有芯子,则挤出物料将是中空的
		冷却定型	冷却,定型,按定长截断
2	设备	单螺杆挤出机	核心部件是一根由电动机驱动、经皮带和齿轮箱传动而旋转的螺杆

塑料型材挤出成型生产线组成

序号	名称	设备	说明
1	核心设备	单螺杆挤出机	物料的挤出和成型
2	配套设备	定型冷却设备	物料冷却并定型
		牵引设备	将已冷却定型的物料向前牵引以免物料堵塞而堆积
		切断设备	按要求的长度切断
		装料设备	盛装已切断的物料并运走

压延成型工艺和设备

序号	名称	设备	说明
1	工艺过程	加料—升温	在单螺杆挤出机上完成
		塑化—挤出—初成型	在单螺杆挤出机上完成
		辊压	在平行辊压设备上完成
2	设备	单螺杆挤出机	挤出口模是宽扁形的
		平行辊压设备	熔融的热塑性塑料挤出后经牵引和加压使之形成连续、致密的、具有一定厚度和表面光洁度的膜状或片状制品
3	用途		适用于聚氯乙烯(PVC)、聚乙烯(PE)、聚丙烯(PP)、ABS 等塑料。目前以加工各种 PVC 为最多。可制膜状或片状制品及人造革、塑料墙纸(布)等产品

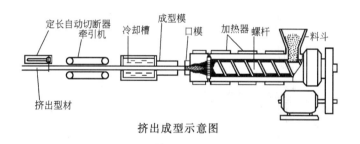

挤出成型示意图

挤出成型塑料件

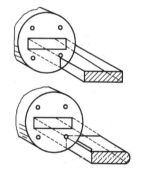

制品形状 口模形状
a

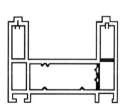 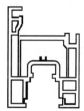 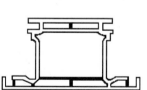 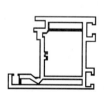

制品形状 口模形状
b

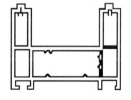 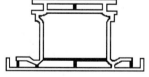

挤出模孔截面与制品断面

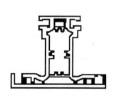 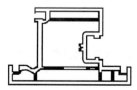 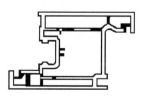 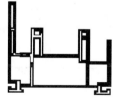

常见的挤出成型塑料门窗截面

塑料的加工成型工艺 [14] 挤出和压延成型

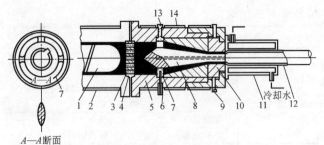

圆管挤出机机头结构示意图
1—螺杆；2—料筒；3—过滤网；4—多孔板；5—机头；6—压缩空气进口；7—模芯支架；8—模芯；9—定心螺钉；10—模门外环；11—定型（径）套；12—管状挤出物；13—加热器；14—定芯螺钉

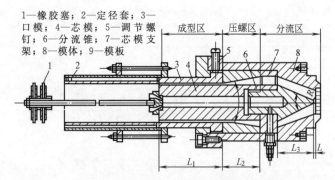

挤出成型的管材模结构
1—橡胶塞；2—定径套；3—口模；4—芯模；5—调节螺钉；6—分流锥；7—芯模支架；8—模体；9—模板

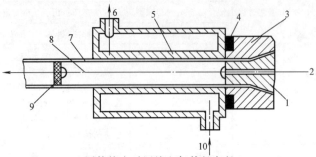

圆管挤出时压缩空气外径定径
1—芯模；2—压缩空气；3—口模；4—绝热垫；5—定径套；6—冷却水出口；7—塑料管材；8—绳索；9—浮塞；10—冷却水进口

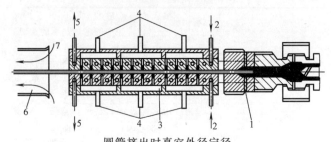

圆管挤出时真空外径定径
1—挤管机头；2—入水口；3—真空定径模；4—抽真空；5—出水口；6—空冷通道；7—冷却空气

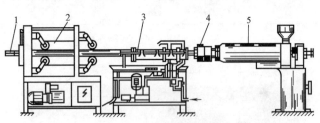

管材挤出机组
1—塑料管；2—牵引辊；3—真空定型及冷却装置；4—机头；5—挤出机

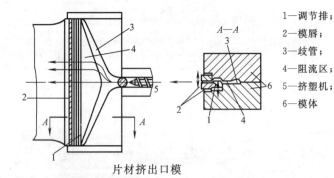

片材挤出口模
1—调节排；2—模唇；3—歧管；4—阻流区；5—挤塑机；6—模体

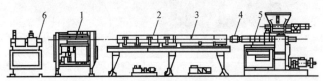

塑料管材挤出辅机
1—牵引装置；2—冷却装置；3—真空定型装置；4—口模；5—挤出机；6—切割机

平膜挤出口模
1—模唇；2—弹性模唇；3—歧管；4—模体；5—阻流区；6—调节排

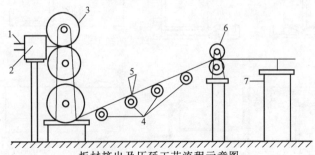

板材挤出及压延工艺流程示意图
1—挤出机；2—狭缝机头；3—三辊压光机；4—导辊；5—切边机；6—二辊牵引机；7—切割装置

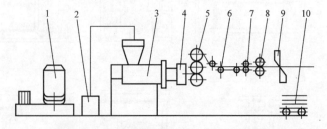

板材或片材的挤出与压延生产线示意图
1—原料；2—原料斗；3—挤出机；4—机头；5—三辊压光机；6—冷却输送辊；7—切边装置；8—牵引装置；9—切断装置；10—成品板材或片材

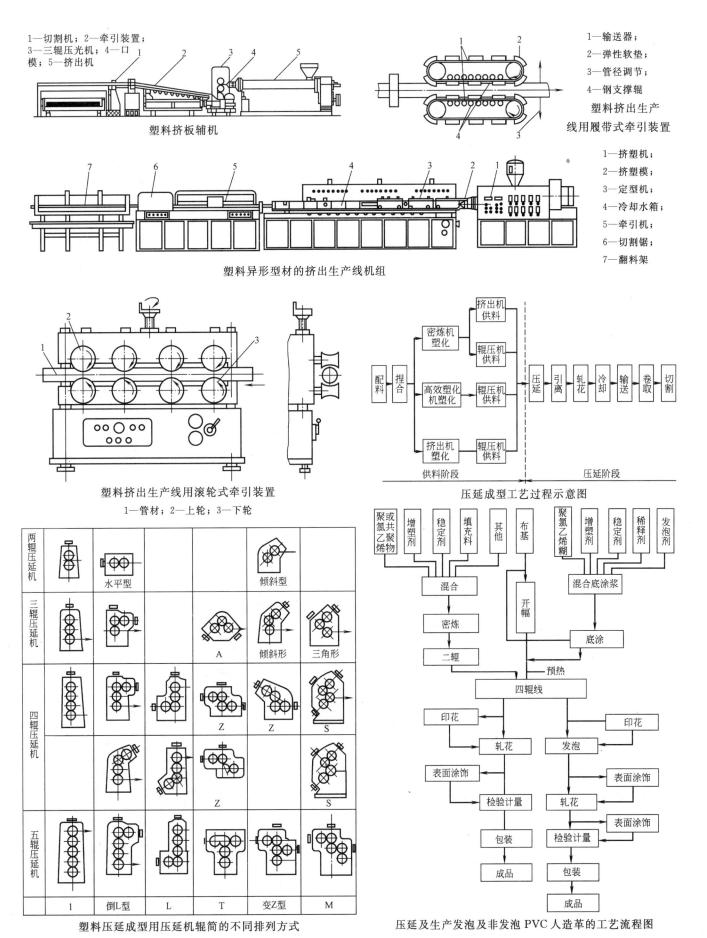

塑料的加工成型工艺 [14] 挤出和压延成型

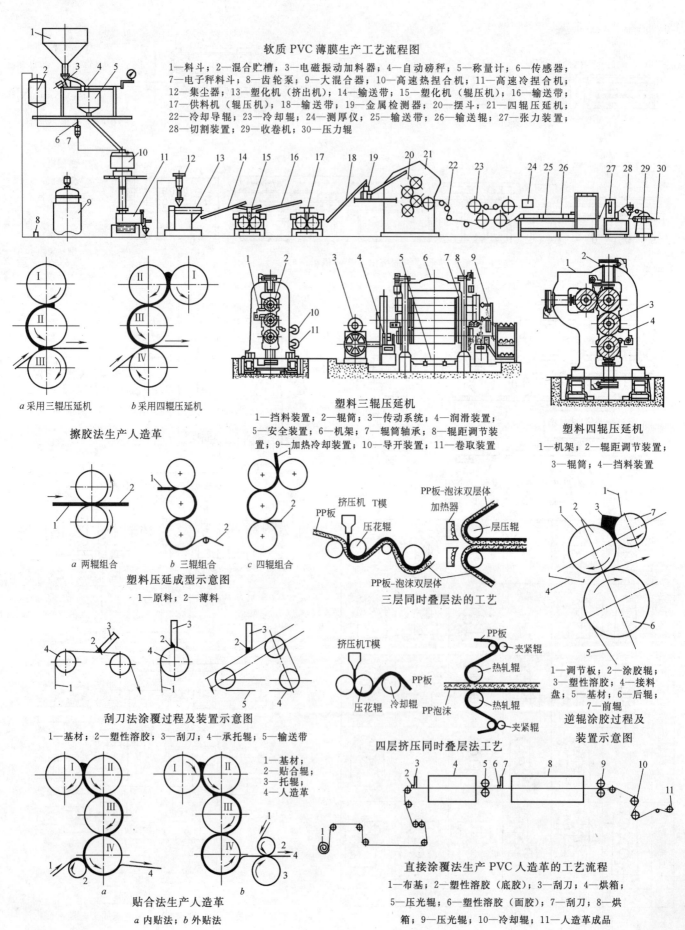

注塑成型工艺和设备

注塑成型工艺过程、设备和应用

序号	名称		说明
1	工艺过程	加料、塑化	在单螺杆挤出装置中完成
		向模具型腔注射、定型、冷却、固化	黏流态的塑料经过口模流入并充满模具型腔,并在压力作用下定型、冷却和固化
		开模、取出制成品	模具由左右两部分组合而成,一部分是固定的,另一部分则是可以横向移动的,以便可以开合。在制品固化后,开模取件
		合模	取出成品后模具的移动部分向固定部分合拢,形成中空的型腔,准备下一次注射
2	设备	注塑机	核心部分也是单螺杆挤出装置。因注塑要求压力很大,为此螺杆及其传动齿轮可在其尾端液压缸的压力下一起向右运动。熔融的液态物料流经口模后直接进入模具的型腔中。模具部分的后部还有分开和闭锁模具的液压闭锁油缸以及在注射时保证左右模具闭合的锁模机构
3	应用	适用于全部热塑性塑料和部分热固性塑料	大量用于各种工业品和民用日用品的生产,如电视机和许多日用小电器的外壳,全自动洗衣机的上盖,冰箱的门和上盖,空调机面板,计算机外壳,照相机壳,以及日用杯、盘、盆等等

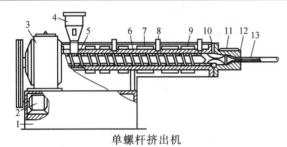

单螺杆挤出机

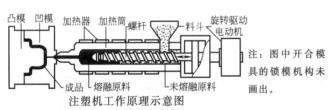

注:图中开合模具的锁模机构未画出。

注塑机工作原理示意图

注塑机的基本组成

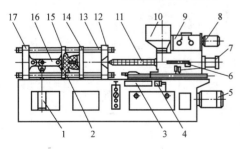

注塑机的组成

1—合模油缸;2—齿轴;3—操纵台;4—注射装置移动油缸;5—油泵电机;6—行程限位开关;7—注射油缸;8—予塑电机;9—齿轮变速箱;10—料斗;11—塑化部件;12—前固定模板;13—拉杆;14—动模板;15—支架;16—连杆机构;17—后固定模板

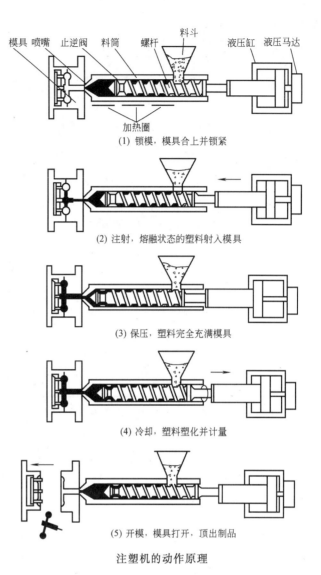

(1) 锁模,模具合上并锁紧
(2) 注射,熔融状态的塑料射入模具
(3) 保压,塑料完全充满模具
(4) 冷却,塑料塑化并计量
(5) 开模,模具打开,顶出制品

注塑机的动作原理

注塑机的成型过程循环

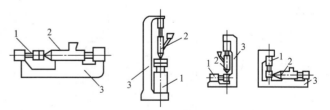

a 卧式注射成型机   b 立式注射成型机   c 角式注射成型机
1—合模装置;2—注射装置;3—机身

卧式、立式和角式注射成型机

塑料的加工成型工艺 [14] 注塑成型工艺和设备

典型注塑模具的组成

序号	名称	说明
1	成型零件	指构成型腔、直接与熔体相接触并成型塑件的零件，通常包括凸模、型芯、凹模、成型杆、成型环、镶件等。主要是定模板和定模板座及动模板和动模板座
2	浇注系统	将塑料熔体由注射机喷嘴引向型腔的流道，由主流道、分流道、浇口和冷料井组成
3	导向与定位机构	确保动模和定模闭合时能准确导向和定位对中，通常分别在动模和定模上设置导柱和导套。深腔注射模还必须在主分型面上设有锥面定位。有时为保证脱模机构的准确运动和复位，也设置导向零件
4	导柱	引导动模板运动
5	脱模机构	开模过程后期，将塑料件从模具中脱出的机构。通常由顶杆、拉料杆、顶出固定板、顶出板和回程杆等组成
6	侧向分型抽芯机构注	带有侧凹或侧孔的塑料件在被脱出模具之前，必须先进行侧向分型或拔出侧向凸模或抽出侧型芯
7	温度调节系统	为满足注射工艺对模具温度的要求，模具设有冷却或加热的温度调节系统。冷却一般在模板内开设冷却水道。加热则在模具内或周边安装电加热元件。有的还配有模温自动调节装置
8	排气系统	为在注射充模过程中将型腔内原有的气体排出，常在分型面处开设排气槽。也可利用模具的顶杆或型芯与配合孔间的间隙排气。大型模具须设置专用排气槽
9	其他	如螺旋驱动机构，导热热管等，不是所有模具都有

注：侧向分型抽芯机构简称侧抽机构，用来成型具有外侧凸起、凹槽和孔的塑料成型壳体制品内侧的局部凸起、凹槽和盲孔。具有侧抽机构的注塑模，可动零件多，动作复杂。

典型注塑模具的分类

序号	说明
1	标准两板模具
2	拼合型腔模具（拼合随动板模具）
3	推板模具
4	三板模具
5	叠层模具
6	热流道模具

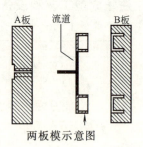

两板模示意图

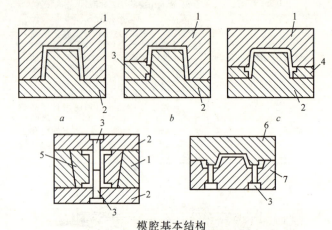

模腔基本结构
1—凹模；2—凸模；3—型芯；4—型腔
推板；5—瓣合块；6，7—凹凸模

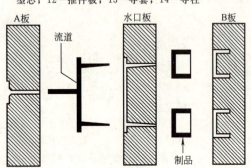

定模推出注塑模
1—模脚；2—动模垫板；3—活动镶件；4—型腔板；5—销钉；6—螺钉；7—拉板；8—定位圈；9—定模底板；10—定模板；11—定模型芯；12—推件板；13—导套；14—导柱

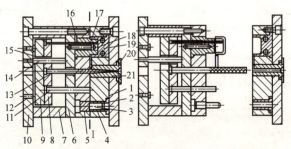

单分型面注塑模
1—定模座板；2，15—导套；3—导柱；4—定模板；5—动模；6—动模垫板；7—支架；8—推杆固定板；9—推板；10—动模座板；11—复位杆；12—挡钉；13—主流道拉料杆；14—推板导柱；16—冷却水道；17—推杆；18—凸模；19—凹模；20—定位环；21—浇口套

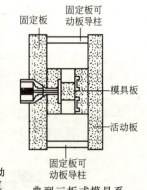

典型三板式模具系统示意图

三板模示意图

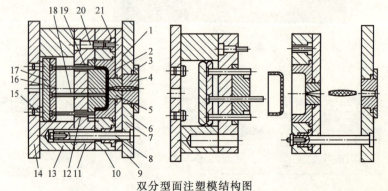

双分型面注塑模结构图
1—凸模；2—凹模；3—定位圈；4，5—流道衬套；6—定模底板；7—凹模；8，20—导柱；9，21—导套；10—型腔板；11—动模板；12—复位杆；13—支架；14—动模座板；15—挡钉；16—推杆固定板；17—推板；18，19—推杆

注塑成型工艺和设备 [14] 塑料的加工成型工艺

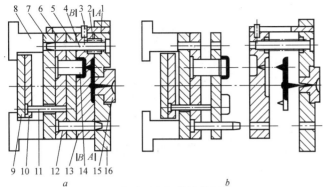

双分型面注塑模结构图

a 闭合充模；b 开模取出塑件和浇道凝料

1—定距拉杆；2—压缩弹簧；3—限位销钉；4—导柱；5—脱板；6—型芯固定板；7—动模垫板；8—动模座；9—顶出板；10—顶出固定板；11—顶杆；12—导柱；13—型腔板；14—型芯；15—主流道衬套；16—定模板

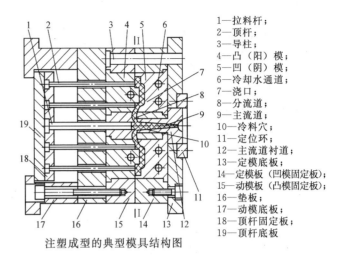

注塑成型的典型模具结构图

1—拉料杆；2—顶杆；3—导柱；4—凸（阳）模；5—凹（阴）模；6—冷却水通道；7—浇口；8—分流道；9—主流道；10—冷料穴；11—定位环；12—主流道衬道；13—定模底板；14—定模板（凹模固定板）；15—动模板（凸模固定板）；16—垫板；17—动模底板；18—顶杆固定板；19—顶杆底板

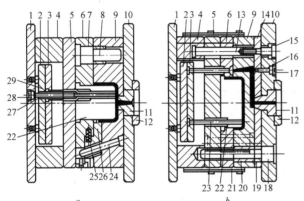

注塑模具典型结构图之一

a 两板直浇口侧向抽芯模具；b 三板点浇口自动脱模模具

1—动模座板；2，29—推板；3—推杆固定板；4—垫块；5—支承板；6—动模板；7，18—导柱；8，19，20—导套；9—定模板；10—定模座板；11—浇口套；12—定位圈；13—定距拉杆；14—脱浇道板；15—限位螺钉；16—钩料钉；17—螺塞；21—拉板；22—型芯；23—推杆；24—斜导柱；25—弹簧；26—侧型芯；27—小型芯；28—定位螺塞

a 由液压启动　b 由时节启动　c 由齿条启动

叠式结构注塑模具中间板的移动方式

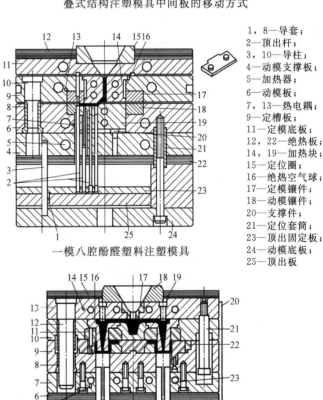

一模八腔酚醛塑料注塑模具

1，8—导套；2—顶出杆；3，10—导柱；4—动模支撑板；5—加热器；6—动模板；7，13—热电耦；9—定槽板；11—定模底板；12，22—绝热板；14，19—加热块；15—定位圈；16—绝热空气球；17—定模镶件；18—动模镶件；20—支撑件；21—定位套筒；23—顶出固定板；24—动模底板；25—顶出板

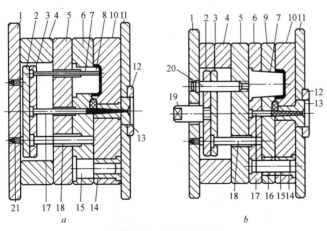

注塑模具典型结构图之二

a 两板直浇口推杆脱模模具；b 两板直浇口推板脱模模具

1—动模座板；2—推板；3—推杆固定板；4—垫块；5—支承板；6—动模板；7—型芯；8，19—推杆；9—推件板；10—定模板；11—定模座板；12—定位圈；13—浇口套；14，16—导套；15—导柱；17—拉料杆；18—复位杆；20—推板导柱；21—限位钉

一模两腔石棉短纤维充填酚醛塑料的双分型面注塑模

1—动模底板；2—顶出板；3—顶杆固定板；4—顶杆；5，14—热电偶；6，15—凸模；7—动模垫板；8—导套；9—动模板；10—中间板；11，12—导柱；13—定模底板；16—流道浇口套；17—主流道杯；18—定位圈；19—拉料杆；20—拉尺；21—带肩距螺钉；22—凹模；23—加热器

塑料的加工成型工艺 [14] 注塑成型工艺和设备

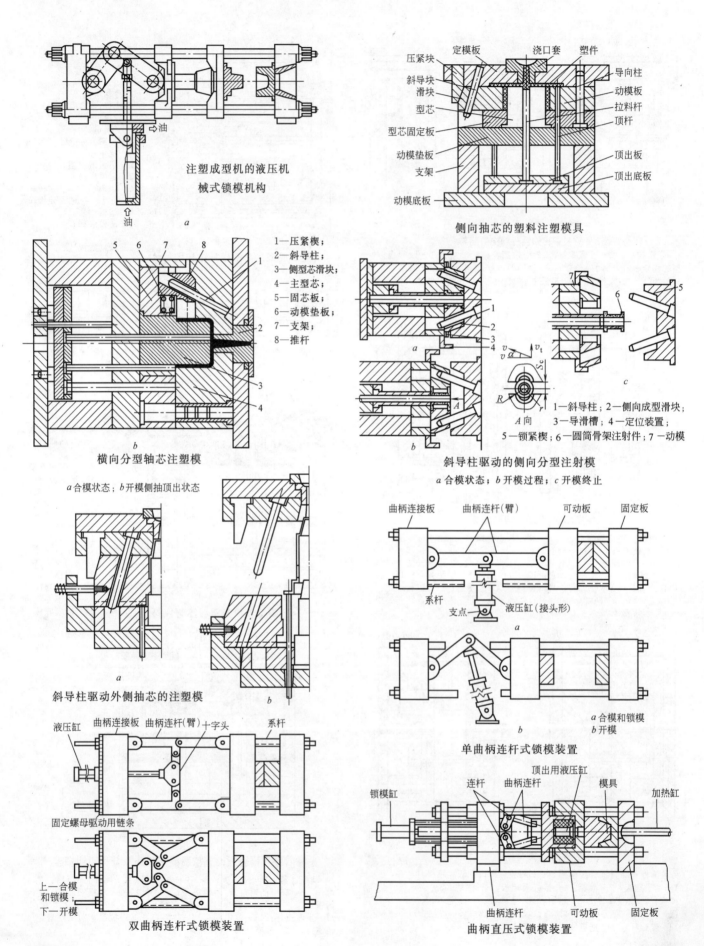

注塑成型工艺和设备 [14] 塑料的加工成型工艺

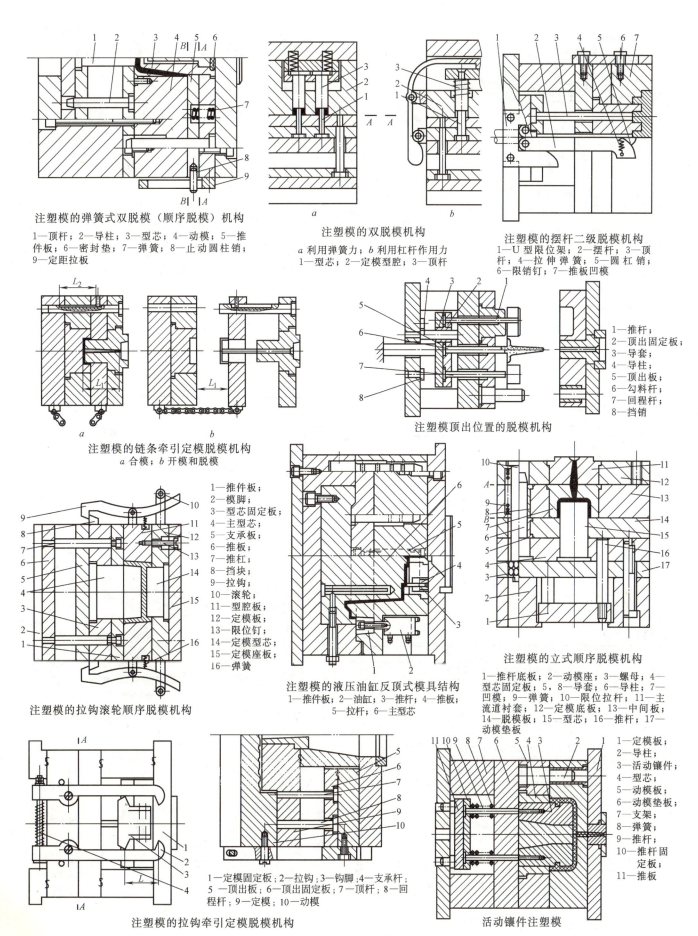

塑料的加工成型工艺 [14] 注塑成型工艺和设备

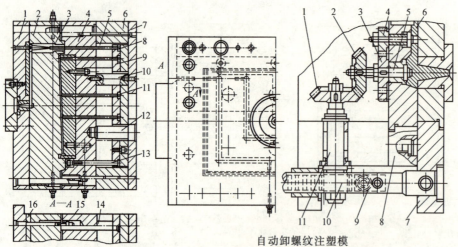

板状制品的注塑模具结构

1—定模板；2—型腔板；3—料道套；4—动模板；5—料顶杆；6—压脚；7—垫板；8—顶垫板；9—顶板；10—支承柱；11—顶杆；12—导杆；13—勒板顶杆；14—回程杆；15—拉柱；16—脱料板

自动卸螺纹注塑模

1，2—锥齿轮；3，4—齿轮；5—螺纹拉料钩；6—螺纹型芯；7—定模座板；8—动模型腔板；9—导柱齿条；10—齿轮；11—传动轴

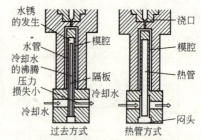

热管用于模具冷却的方法比较

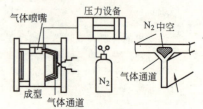

氮气辅助注射成型示意图

常用塑料模具及其用钢

模具类型及工作条件	推荐用钢
中小规格、精度不高，受力不大，生产规模小的模具	45、40Cr、T10、10、20、20Cr
受磨损较大、受较大动载荷、生产批量大的模具	20Cr、12CrNi3、20Cr2Ni4、20CrMnTi
大型复杂的注射成型模或挤压成型模	4Cr5MoSiV、4Cr5MoSiV1、4Cr3Mo3SiV、5CrNiMnMoVSCa
热固性成型模、高耐磨高强度的模具	9MnV、CrWMn、Cr12、Cr12MoV、7CrSiMnMoV
耐腐蚀、高精度模具	2Cr13、4Cr13、9Cr18、Cr18MoV、3Cr2Mo、Cr14Mo4V8、Cr2MnWMoVS、3Cr17Mo
无磁模具	7Mn15Cr2Al3V2WMo

流道的分类

序号	名称	说明
1	冷却固化的流道系统	作为输送塑化了的熔体的通道，流道是指从模具入口处至浇口的一段。流道是成型物料注射量的一部分，但并不从属于成型塑件。冷却固化流道系统在注射结束后会冷却固化
2	热流道系统	是用于热塑性塑料的所谓"无流道"注射成型塑件。如果设计正确，它比固化流道系统的模具压力损失要低；因此可用于生产非常大的塑件（如汽车保险杠）。只有通过热流道技术，才能够采用叠层模具经济地生产塑件。热流道系统完全去了固化的二次流道，能够更好地利用注塑机的注射量，缩短充模时间（相应缩短成型周期，虽然原理上无此作用）
3	绝热流道浇注系统	这种系统将流道设计得相当大，使其在注射过程中只有周围很薄一层塑料凝固；由于塑料的导热性能差，这层塑料便起绝热层的作用，使中心的塑料保持熔融状态。绝热流道有以下两种常用形式：1）井坑式绝热流道：只用于单型腔模具，结构最简单，只适用于注射周期较短的模具；2）多型腔绝热流道：其主流道和分流道十分粗大，浇口可设计成直接浇口或点浇口形式。对生产周期较长的大型模具，可在浇口处设计有辅助的外加热或内加热装置

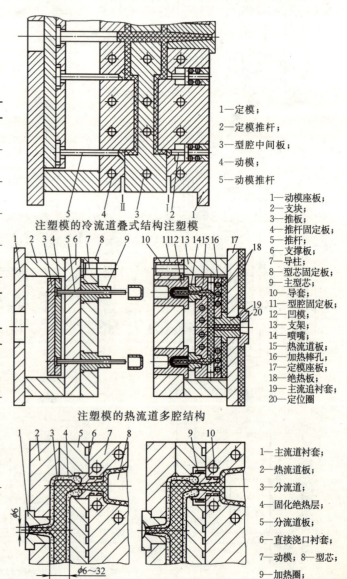

注塑模的冷流道叠式结构注塑模

1—定模；2—定模推杆；3—型腔中间板；4—动模；5—动模推杆

注塑模的热流道多腔结构

1—动模座板；2—支块；3—推板；4—推杆固定板；5—推杆；6—支撑板；7—导柱；8—型芯固定板；9—主型芯；10—导套；11—型腔固定板；12—凹模；13—支架；14—喷嘴；15—热流道板；16—加热棒孔；17—定模板；18—绝热板；19—主流道衬套；20—定位圈

注塑模的主流道型浇口多腔热流道结构

1—主流道衬套；2—热流道板；3—分流道；4—固化绝热层；5—分流道板；6—直接浇口衬套；7—动模；8—型芯；9—加热圈；10—冷却水管

注塑成型工艺和设备 [14] 塑料的加工成型工艺

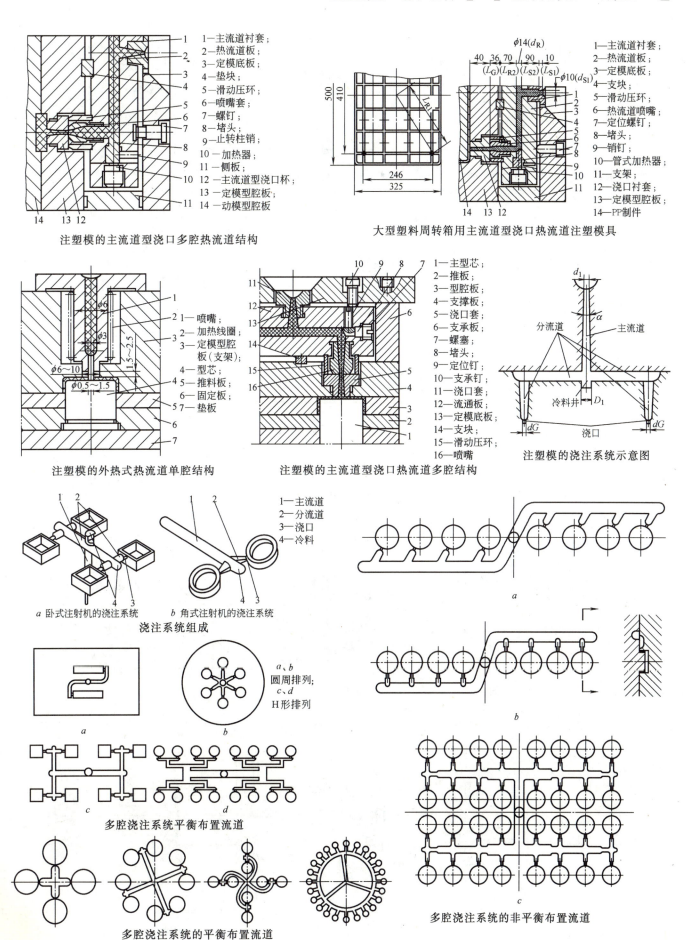

塑料的加工成型工艺 [14] 注塑成型工艺和设备

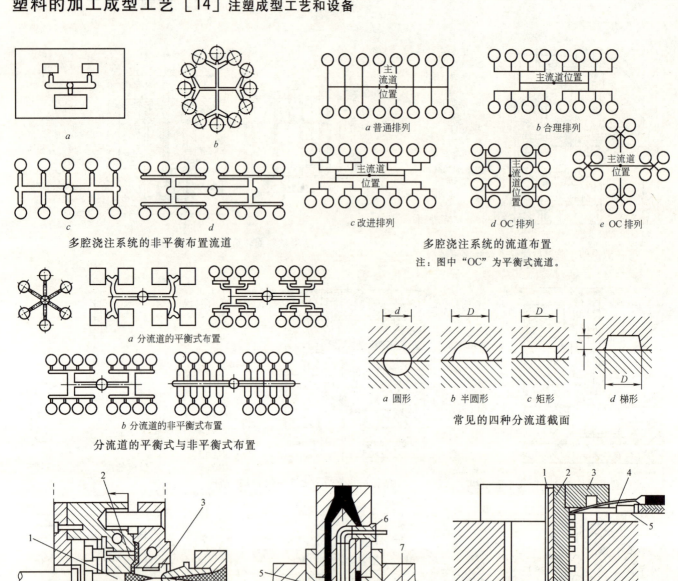

多腔浇注系统的非平衡布置流道

多腔浇注系统的流道布置
注：图中"OC"为平衡式流道。

分流道的平衡式与非平衡式布置

常见的四种分流道截面
a 圆形；b 半圆形；c 矩形；d 梯形

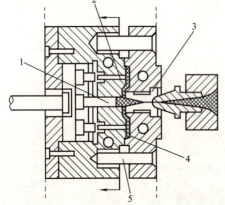

主流道拉料杆、顶杆与散热同时进行的模具结构
1—主流道拉料杆；2—顶杆；3—流道套；
4—成型件；5—导柱

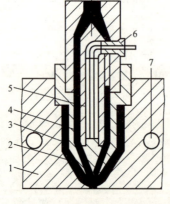

注塑内热式喷嘴
1—定模板；2—喷嘴；3—鱼雷头；
4—鱼雷体；5—内加热器；6—引线
接头；7—冷却水孔

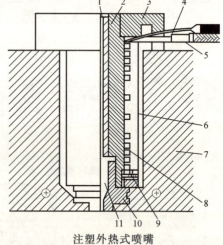

注塑外热式喷嘴
1—衬套；2—芯体；3—定位圈；4—热电偶；
5—电加热圈；6—隔热罩；7—定模；8—主流道；
9—绝热垫；10—喷嘴头；11—分流梭

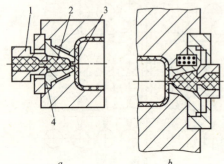

注塑模的井式喷嘴
1—注射机喷嘴；2—贮料井；3—点浇口；4—主流道杯

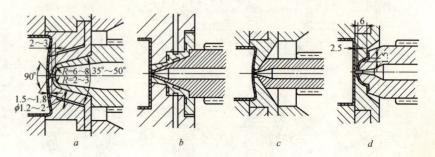

注塑模具的各种延伸式喷嘴
a 环形喷嘴；b 锥形喷嘴；c 成型喷嘴；d 绝热喷嘴

注塑成型工艺和设备 [14] 塑料的加工成型工艺

浇口的分类

序号	名　称
1	直浇口
2	点浇口
3	隔膜式浇口
4	盘形浇口
5	膜状浇口
6	潜伏式浇口

注：浇口是指进入模具型腔处的流道系统的横断面。每种形式的浇口又可以派生出一些变化来。

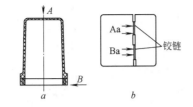

注塑件的取向与浇口的位置
a 提高嵌件连接强度
具有金属内螺纹嵌件的信号灯；底部侧向浇口 B 有圆周向取向。
b 保证塑料铰链强度
对塑料铰链，浇口应在铰链附近，且取向增强弯曲疲劳强度。

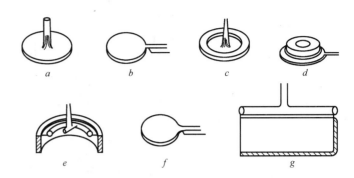

热固性塑料注射模的浇口类型
a 直浇口；b 侧浇口；c 盘形浇口；d 外环形浇口；
e 内环形浇口；f 扇形浇口；g 平缝形浇口

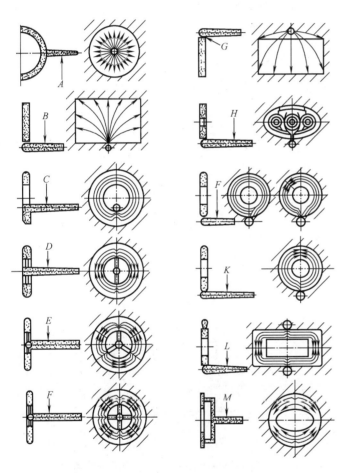

注塑中各种浇口和不同位置的塑料流动状况
图中：A，B 和 G 的流动状态好；D，E 和 F 的流动状态最不好

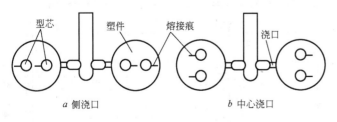

浇口位置与熔接痕的方位
中心浇口 b 比侧浇口 a 的情况好

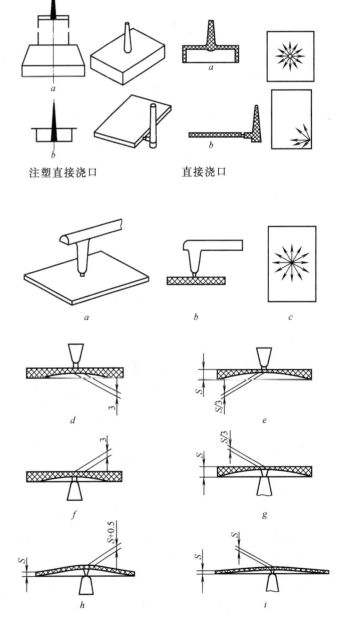

点浇口及其应用

塑料的加工成型工艺 [14] 注塑成型工艺和设备

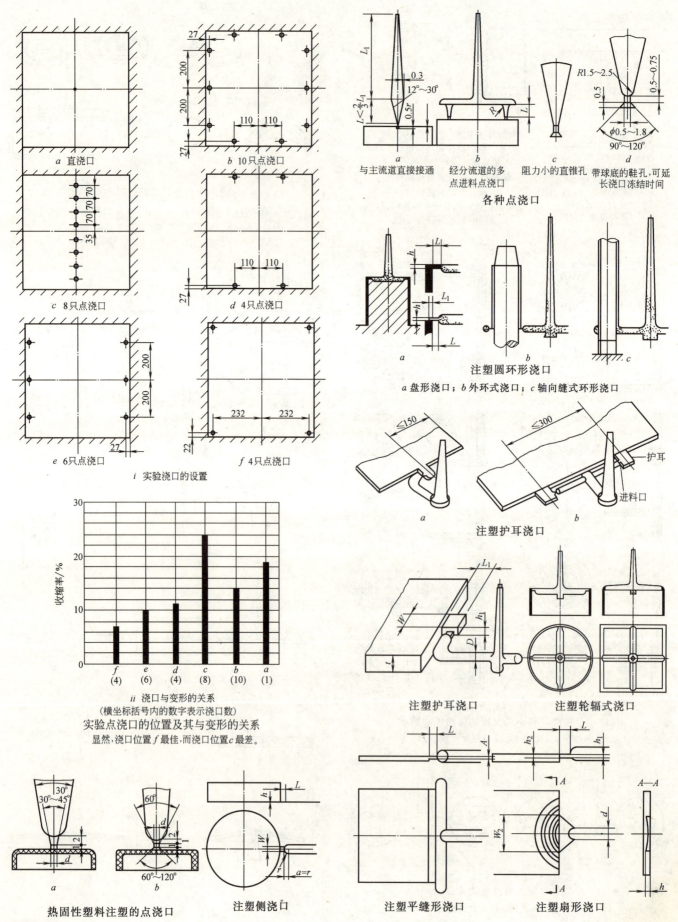

注塑成型工艺和设备 [14] 塑料的加工成型工艺

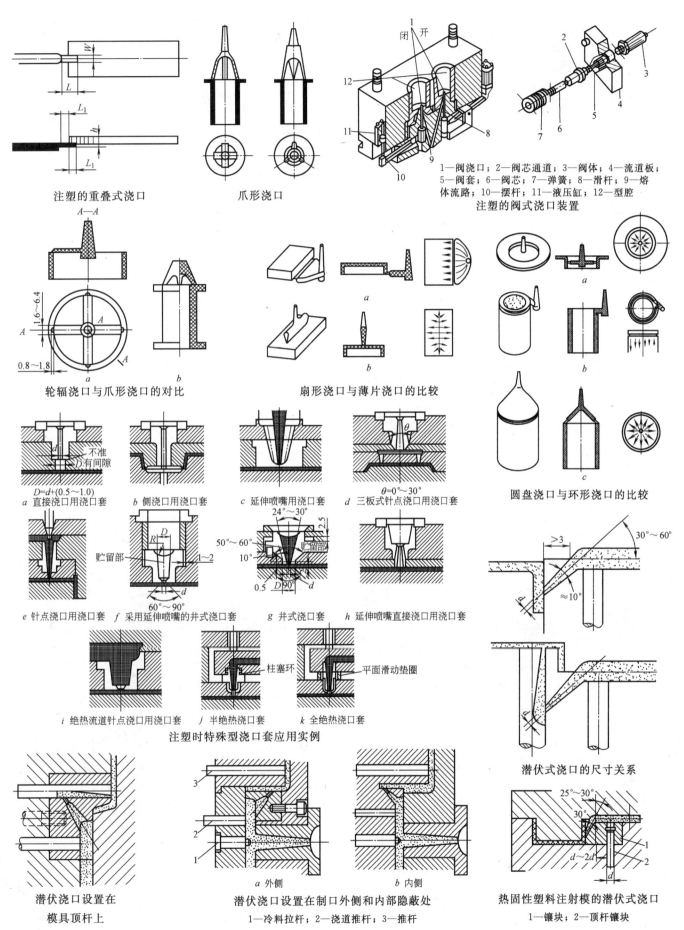

塑料的加工成型工艺 [14] 注塑成型工艺和设备

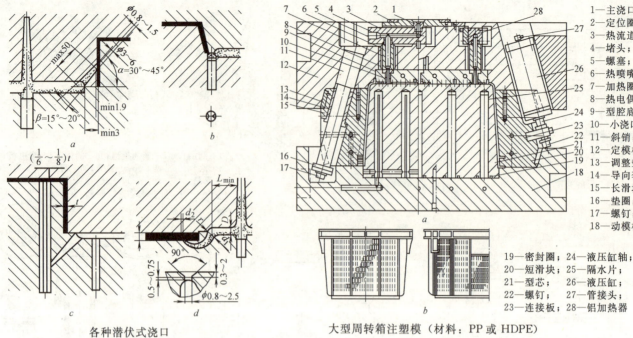

各种潜伏式浇口
a 带导引锥；b 外侧顶杆；c 里侧顶杆；d 弯曲式

大型周转箱注塑模（材料：PP 或 HDPE）
a 模具图；b 制品图

1—主浇口套；2—定位圈；3—热流道板；4—堵头；5—螺塞；6—热喷嘴；7—加热圈；8—热电偶；9—型腔底板；10—小浇口套；11—斜销；12—定模板；13—调整垫；14—导向套；15—长滑块；16—垫圈；17—螺钉；18—动模板；19—密封圈；20—短滑块；21—型芯；22—螺钉；23—连接板；24—液压缸轴；25—隔水片；26—液压缸；27—管接头；28—铝加热器

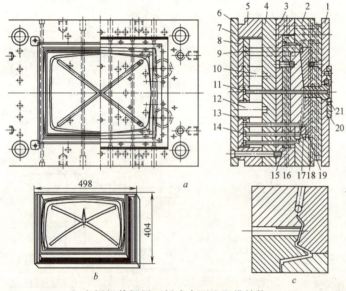

电视机前框用两板式大型注塑模结构
1—定模座板；2—型腔板；3—型芯固定板；4—支承板；5—模脚；6—动模座板；7—推杆固定板；8—推板；9—复位杆；10—支承柱；11—拉料杆；12—支承术；13—衬套；14—推杆；15—冷却回落；16—型芯镶块；17—潜伏式浇口；18—冷却回路；19—型腔镶块；20—定位圈；21—浇口圈

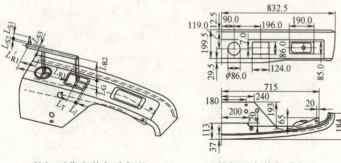

某轻型货车前保险杠的浇注系统设计

某轻型车前保险杠的形状和尺寸

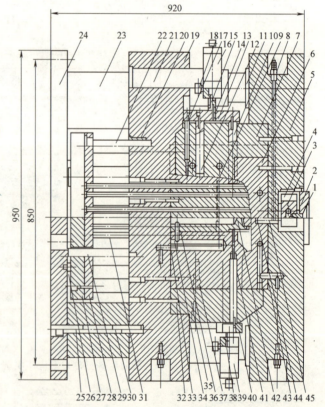

某轻型汽车前保险杠注塑模
1—浇口套；2—定位圈；3—热流道板；4—铸铝加热器；5—定模板；6—型腔；7—型腔拼块；8—水管接头；9—型芯；10—侧抽芯1；11—导套；12—侧抽芯2；13—侧芯固定板；14—螺钉；15—液压缸固定套；16—液压缸1；17—侧抽芯；18—管接头；19—定模板；20—导向套；21—导柱；22—复位杆；23—支承座2；24—底板；25—定位销；26—限位圈；27—推板1；28—推板2；29—支承柱；30—螺钉；31—推杆；32—螺钉；33—O形圈；34—隔水片；35—斜楔块；36—O形圈；37—螺钉；38—液压缸固定套；39—液压缸2；40—侧芯固定板；41—型芯3；42—型芯2；43—O形圈；44—热电偶；45—带加热圈的加喷嘴

注塑成型工艺和设备 [14] 塑料的加工成型工艺

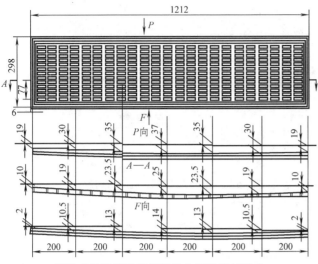

某汽车散热罩装饰栅板的几何结构与尺寸

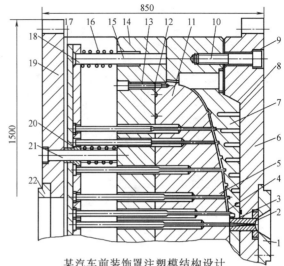

某汽车前装饰罩注塑模结构设计

1,22—定位圈；2—浇口套；3—主流道拉料杆；4—推杆；5—Z形头拉料杆；6—定模座板；7—型腔板；8,12—O形密封圈；9—矩形型芯；10—内六角螺钉；11—主型芯；13—内六角螺钉；14—型芯固定板；15—回程杆；16—弹簧；17—推杆固定板；18—推板；19—动模座板；20—导套；21—支承柱

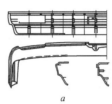

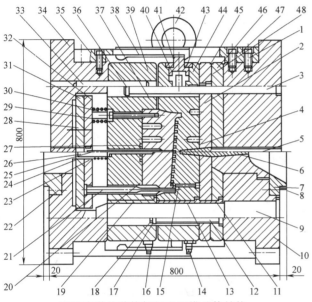

某汽车散热装饰栅板注塑模总体结构

1,35,48—紧固螺钉；2,4,20,27—密封圈；3—限位拉杆；5—分流道拉料杆；6—浇口衬套；7,22—定位圈；8,28—内六角螺钉；9—导柱；10—定模座板；11—中间板导套；12—限位拉杆；13—定模导套；14,16—水管接头；15—小型芯；17—垫圈；18—螺钉；19—动模导套；21—成型杆；23,40—弹簧；24—推板导套；25—推杆；26—支承柱；29—复位杆；30—固定板；31—推板；32—推杆固定板；33—销钉；34—动模板；36—垫圈螺钉；37—型芯；38—拉杆；39—型芯固定板；41—活动销；42—吊环；43—盖板；44—凹模；45—流道板；46—定模垫板；47—压板

1—压板；2—螺钉；3—铝加热板；4—热电偶；5—分浇口套；6—拉料钩；7—导柱；8—导套；9—复位杆；10—动模板；11—二次推板；12,13—推板；14—底板；15—导向套；16—支座；17—支承柱；18—模框；19—固定销；20—加热圈；21—热喷嘴；22—浇口套；23—小型芯；24—热流道板；25—定位柱；26—小型芯；27—斜顶块；28—型芯拼块；29—斜推杆；30—推杆；31—二次推杆；32—连杆；33—拉钩；34—滑动型芯；35—导滑条；36—侧型芯；37—型芯拼块；38—侧推杆；39—侧翼推板；40—斜销；41—型腔拼块；42—堵头；43—热流道板；44—型腔本体

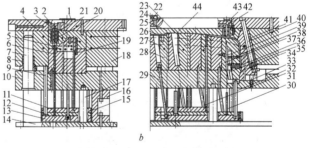

某汽车后保险杠注塑模结构设计

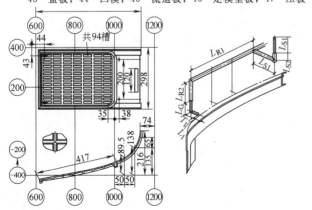

某汽车前装饰罩结构尺寸　某汽车后保险杠的浇注系统示意

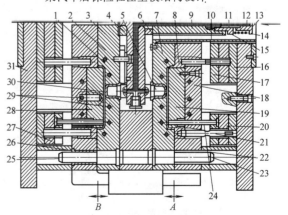

聚苯乙烯合盖热流道叠式结构注塑模

1,7—型腔板；2—定位销；3—热流道板；4—定位环；5,30—主流道型芯；6—衬套；9—热流道；10—防护管；11—连接插头；12—限位柱；13—主流道衬套；14—压缩弹簧；15—热流道喷嘴；16,17—推板；18—型芯固定板；19,28—型芯嵌体；20,27—推出底板；21—回程杆；22,26—导套；23,25—导柱；24—推杆；29—冷却水孔；31—动模座板

塑料的加工成型工艺 [14] 注塑成型工艺和设备

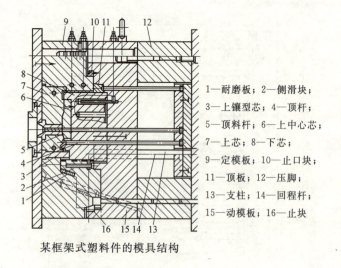

某框架式塑料件的模具结构

1—耐磨板；2—侧滑块；3—上镶型芯；4—顶杆；5—顶料杆；6—上中心芯；7—上芯；8—下芯；9—定模板；10—止口块；11—顶板；12—压脚；13—支柱；14—回程杆；15—动模板；16—止块

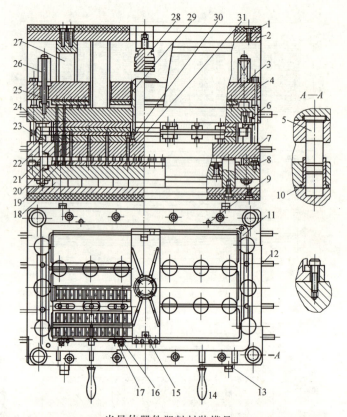

半导体器件塑料封装模具

1—石棉垫板；2—上垫板；3—上推件板；4—复位杆；5—导柱；6—弹簧；7—下垫板；8—下限柱；9—导钉；10—导套；11—框架；12—加热棉；13—螺钉；14—手柄；15—定位柱；16—压板；17—销钉；18—下垫柱；19、25—托板；20—弹簧；21—下模腔；22—上模腔；23—浮动支架；24—压柱；26—上推出机构；27—上垫柱；28—柱塞；29—加料室；30—止料柱；31—中流道板

注塑成型制件的结构工艺性

注塑成型件的设计注意事项

序号	名称	说 明
1	熔合缝	熔合缝是塑料制品中彼此分离的塑料熔体相遇后熔合固化而形成的，其力学性能低于塑料件的其他区域，是塑料件中的薄弱环节。常见熔合缝形成原因有：①模腔内型芯或安放的嵌件使熔体分离；②同一型腔有几个浇口；③塑料件的壁厚有变化；④熔体喷射和蛇形射流引起波状折叠的熔合缝。塑料制品设计时必须预测熔合缝的数目、位置和方向。浇口的位置和数目合理能改进熔合缝的强度
2	塑件的取向	取向是由于熔体通过窄浇口和薄壁区的高速流动产生大切变速率所引起，它产生塑料中的取向，即方向性。控制取向的方向可以提高塑料件的性能
3	塑料件的尺寸精度	在一定设备和工艺条件下，塑料件的外形尺寸受塑料流动性和注塑机规格的限制，流动性好的塑料可以成型大尺寸零件。塑料制品的结构设计应尽量紧凑。注意塑件上的尺寸有受模具活动部分影响和不受影响之分
4	注塑件的壁厚	为使熔体能充满型腔，塑件的最小壁厚不能太小（热塑性塑料注塑件为2～4mm；热固性塑料为1～6mm），转角处的圆角半径要尽可能大些；为使冷却收缩时不致出现缺陷，塑件各处壁厚要尽量接近，壁厚是塑件基本结构要素，塑件上的其他形状和尺寸（如加强筋、圆角等）均以壁厚为参照。壁厚不匀会使塑料熔体充模速率和冷却收缩不均匀，并产生如凹陷、真空泡、翘曲、开裂等质量问题。故壁厚均匀是塑件设计的重大原则。除考虑制品在使用和装配紧固时的强度和刚度外，还要考虑脱模顶出过程中塑件的变形损伤。要通过增设加强筋等结构设计因素来满足刚性要求。壁厚过大会浪费原材料，也耗费更多加工能量，更增加冷却时间（与壁厚的平方成正比）。壁厚过小，流动阻力大，大型复杂制品难以充满型腔
5	脱模斜度	为从模具中取出成品的方便，在模具的型腔上、在取出成品的方向上需要设计并制造出适当的拔模斜度（一般热塑性塑料注塑件，型芯的脱模斜度最小30′，塑件外表面的型腔的脱模斜度可为20′或更小。而热固性塑料注塑件，型芯的脱模斜度最小20′）。脱模斜度造成的制品尺寸误差应限制在塑件尺寸精度的公差之内；对于收缩大、形状复杂、型芯包紧面积大的塑料，应考虑较大的脱模斜度；为使注塑开模后塑料件留在动模一侧，应考虑塑料件的内表面的脱模斜度较小

续表

序号	名称	说 明
6	筋和凸台	要提高塑件抗弯刚度，减小塑件的翘曲变形，提高抗蠕变和抗冲击性能，常设薄壁加强筋。加强筋也改善塑料熔体的充模流动，缩短流程或增加流程的截面。加强筋形状和尺寸（高度和根部厚度）要与壁厚成比例。筋的布置要合理。加强筋应相互错开，避免十字交汇。对于平行多筋，筋间间距不能过小。塑件上用于装配连接的柱状凸台要有合适的结构和尺寸。其他提高刚性、防止变形的措施：容器和壳体边缘采用翻卷和台阶式凸缘结构；容器底面或顶盖面用波浪形或拱形曲面，沿圆周或横向或纵横交叉分布筋环或筋条；侧壁上增加截面变化的台阶或纵向的圆柱状加强"管"；矩形薄壁容器在成型时稍许"外凸"，使变形后"正好"平直；塑件需支承面时，不让整个底面接触承压，用三个或更多底脚或凸台的周边或长条
7	嵌件	模具内安放嵌件费工，很难用机械手操作；较大嵌件还要预热；嵌件错放、定位不准、失落等会使塑料件报废并损坏模具。嵌件与塑件的连接强度是其弱点，影响蠕变和老化性能。嵌件和塑件的选用要考虑到两种材料线膨胀系数。热固性塑料的线胀系数小，易于与金属嵌件紧固。脆性的热塑性塑料（如聚苯乙烯、丙烯酸类树脂）要慎重（如聚丙烯是不用黄铜嵌件的）。嵌件和塑件的设计要考虑到两者间持久的连接牢度和注射过程的可行。①嵌件的形状和表面应设计适当的伏陷物，如圆柱表面滚花、切口和冲孔、压扁和折弯。②嵌件在模具内应可靠定位，在动模的合模运动中不致松动，在高压熔体冲压下不偏移不漏料。③为防止柱状嵌件被高压熔体压歪，嵌件高度不宜超过定位直径 d 的两倍

续表

序号	名称	说 明
7	嵌件	必要时给以支撑。④由于线胀系数的差异造成嵌件周围塑料有较大残余应力,同时嵌件周围存在熔合缝,削弱了材料的力学性能,因此金属嵌件周围的塑料需要有足够的厚度
8	分型面设置合理	①为从模具中取出成品,设计时要考虑到零件上的分型面位置和空间形状的简单化。分型面应在塑料件的最大截面处,否则无法脱模和加工型腔。②尽可能将塑料件留在动模一侧,这样设置和制造脱模机构简便易行。③有型芯时靠型芯的包紧力将型芯设在动模边;如遇厚壁件或无型芯,则将塑料件型腔设在动模一侧。④分型面要有利于保证塑料件的尺寸精度,有利于保证塑料件的外观质量,光滑平整表面或圆弧曲面上应尽量避免分型面。⑤考虑满足塑料件的使用要求,避免脱模斜度、飞边以及顶杆和浇口痕迹等工艺缺陷影响塑件的使用功能。⑥尽量减少塑料件在合模平面上的投影面积以减少锁模力。⑦长型芯应置于开模方向;在相互垂直的方向上都需设置型芯时,将较短型芯作为侧抽芯,以利于减小抽拔距。⑧有利于排气,为此应将分型面置于熔体充模流动的末端。⑨应有利于简化模具结构。安排制件在型腔中方位时,尽可能避免侧向分型或抽芯。特别要避免在定模部分侧向抽芯。非平面分型面的选择应有利于型腔加工和脱模方便。⑩有些情况下通过塑料件的结构修改,可避免模具的侧抽。有时通过结构的改进,也可以避免内侧抽芯和侧向分型
9	孔的设计	成型孔的直径和深度,对应在模具上就是型芯的直径和高度。模塑孔有盲孔和通孔之分。盲孔对应模具上的型芯是悬臂梁而通孔的型芯可以设计成简支梁。在注射强大的压力下,越是细长的悬臂支承的型芯更容易弯曲,型芯的位置更容易偏移。因此,型芯有最小直径和最大长径比的限制。由于型芯对充模熔体有分流作用,在孔的下游一侧有熔合缝。而脆性塑料和玻璃纤维填充塑料的熔合缝的力学性能很差,因此两孔之间以及孔与边壁之间的最小尺寸有所限制。此外,设计模塑孔时还需注意:① 装配紧固用连接孔应设置凸台,有时还附有凸台的加强筋;② 对矩形孔,塑料熔体流经型芯背时,容易形成可见流动痕迹,应用加大圆角的方法来避免;③ 塑料件上的斜孔、坡形孔、阶梯孔和三通等形状复杂的孔,设计成双向拼合的型芯为好
10	螺纹	塑料制品上的螺纹可以在模塑时直接成型,也可后续用机械切削办法加工;受力较大或需要经常拆卸处可以用金属嵌件。模塑螺纹的精度不能太高,否则型芯和型环加工困难。螺纹的始末要逐渐开始和结束(要有过渡)。内外螺纹可分别用型芯和型环成型。此时必须有脱螺纹机构。侧向分型是外螺纹的最有效成型方法,但有飞边,螺纹精度也不高。对带有内螺纹的软性塑料制品可将牙形设计成圆形,牙高也适当小一点,这样成型后可以强制脱模。当同一型芯或型环上有两段螺纹时,其旋向和螺距应相同,否则无法脱模。当制品上必须采用旋向相反或螺距不同的两段螺纹时,可采用两段型芯或型环组合在一起的办法,成型后分别拧下
11	凸凹纹	为了便于握持、旋拧或装饰,旋钮、手柄和瓶盖等塑料制品上常有凸纹或凹纹。设计凸凹纹时,应尽量使其方向与脱模方向一致,以免模具结构复杂
12	充分利用塑料弹性	注塑成型零件可以充分利用塑料的弹性和耐折弯特性,制出各类带弹性卡勾及弹性合页的构件。在许多需开合和拆卸的场合,这种结构十分简单,广泛用于各种盒类塑件上。聚乙烯和聚丙烯等软性塑料制作的带盖容器,可将盖子和容器本体通过塑料铰链注塑一体。塑料铰链的设计和成型应注意:①铰链厚度与制品厚度有关:制品壁厚大,则铰链厚也可大些。但铰链壁厚一般不可超过0.5mm,否则铰链会失效。②铰链折弯处厚度一定要均匀一致。③成型时,塑料熔体一定要从制品一边通过铰链流向另一边,脱模后必须立即折弯数次

各种塑料的脱模斜度

塑 料	脱模斜度
聚乙烯、聚丙烯、软聚氯乙烯	30′～1°
ABS、聚酰胺、聚甲醛、聚苯醚、氯化聚醚	40′～1°30′
聚碳酸酯、聚砜、聚苯乙烯、硬聚氯乙烯、聚甲基丙烯酸甲酯	50′～2°
热固性塑料	20′～1°

各种塑料在不同成型条件下的合适壁厚

塑料名称	塑料温度(℃)	注塑压力(MPa)	模具温度(℃)	壁厚(mm)
聚乙烯	150～300	60～150	40～60	0.9～4.0
聚丙烯	160～260	80～120	35～55	0.6～3.5
聚酰胺(尼龙)	200～320	80～150	80～120	0.6～3.0
聚乙烯(delrin)	180～220	100～200	80～110	1.5～5.0
聚苯乙烯	200～300	80～120	40～60	1.0～4.0
AS	200～260	80～120	40～60	1.0～4.0
ABS	200～260	80～120	40～60	1.5～4.5
亚克力	180～250	80～120	50～70	1.5～5.0
硬质PVC	180～210	100～250	45～160	1.5～5.0
聚碳酸酯	280～320	40～220	90～120	1.5～5.0
醋酸纤维素	160～250	60～120	50～60	1.0～4.0
醋酸纤维素丁烯	160～250	60～120	50～60	1.0～4.0

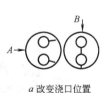

a 改变浇口位置 (A优于B)　　b 增加浇口 (增加B为好)

注塑板件的熔合缝强度的改善

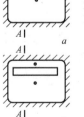

采用多点浇口增加熔接牢度
(b 比 a 优)

开设冷料槽以增加熔接强度

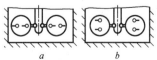

注意熔接痕在制件上的方位
(b 比 a 优)

塑料的加工成型工艺 [14] 注塑成型工艺和设备

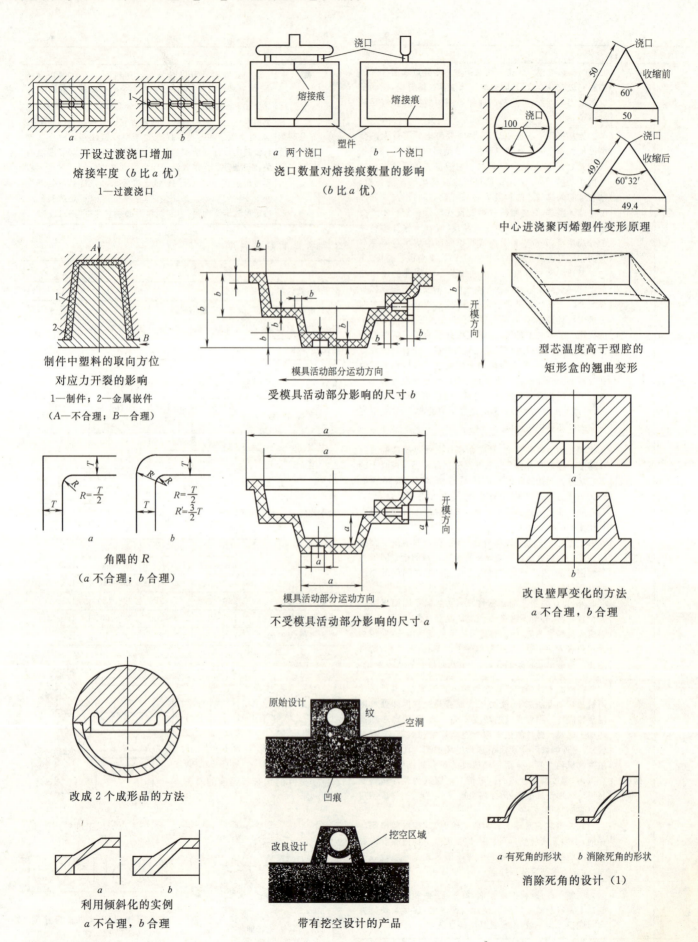

注塑成型工艺和设备 [14] 塑料的加工成型工艺

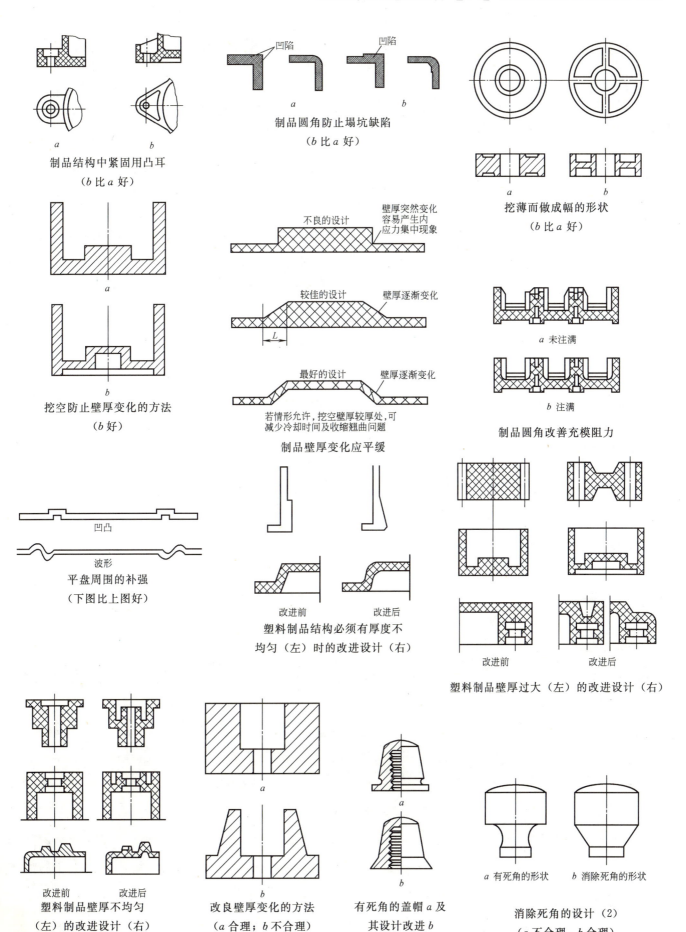

塑料的加工成型工艺 [14] 注塑成型工艺和设备

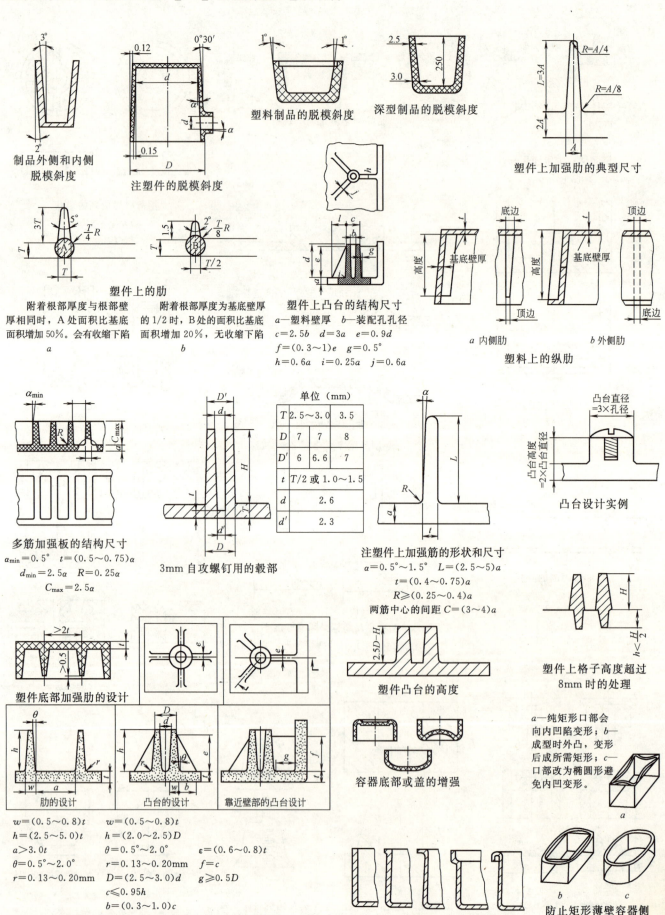

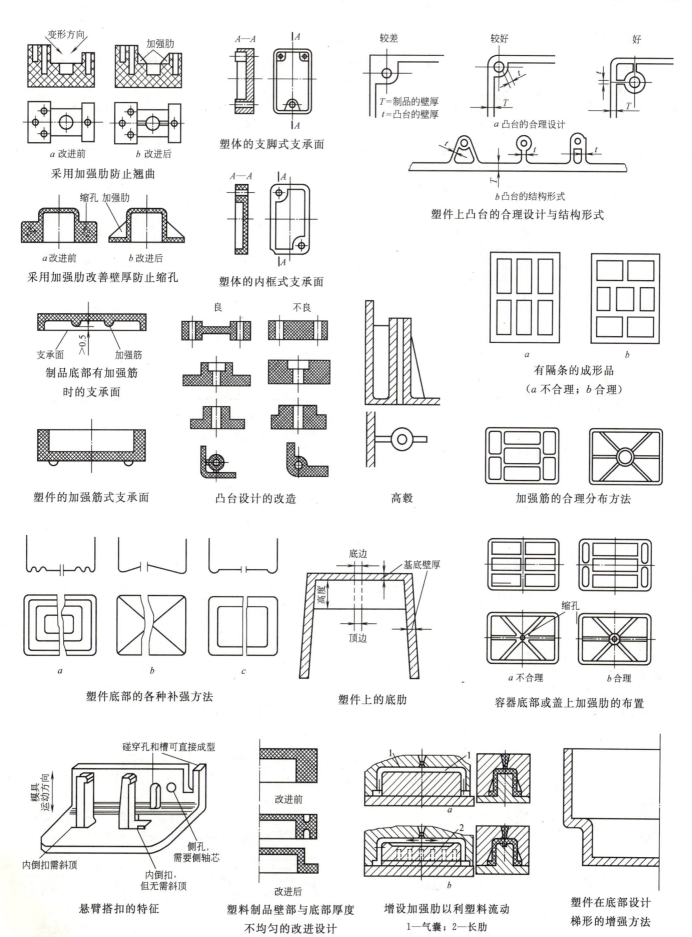

塑料的加工成型工艺 [14] 注塑成型工艺和设备

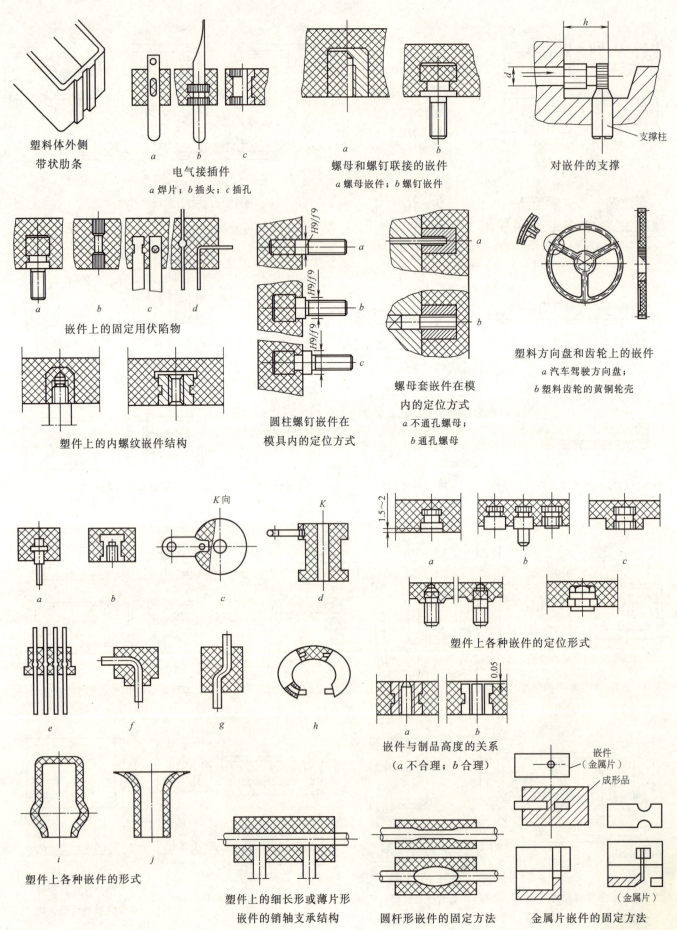

注塑成型工艺和设备 [14] 塑料的加工成型工艺

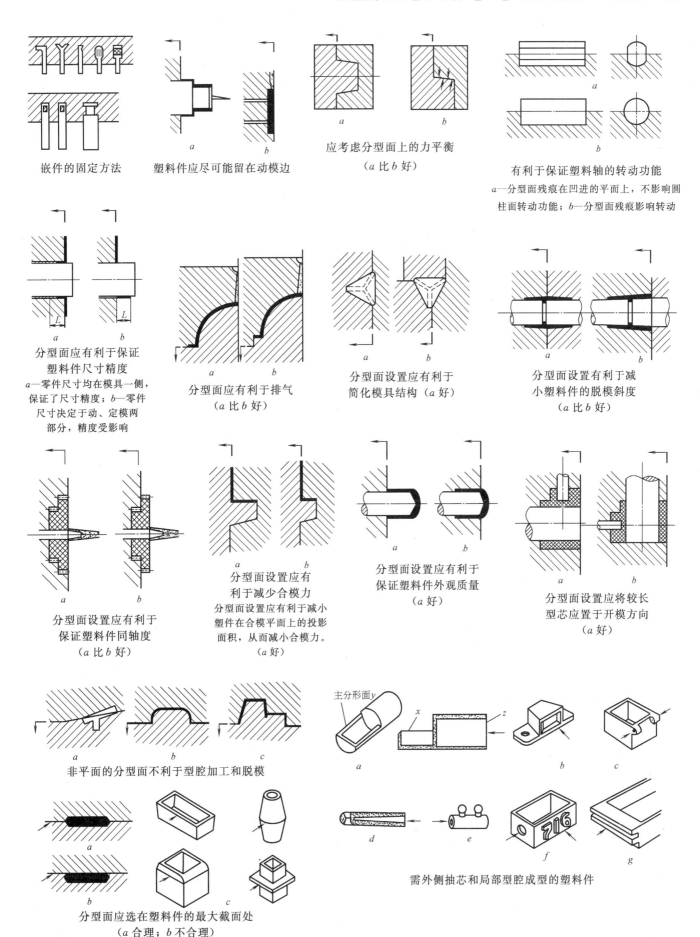

塑料的加工成型工艺 [14] 注塑成型工艺和设备

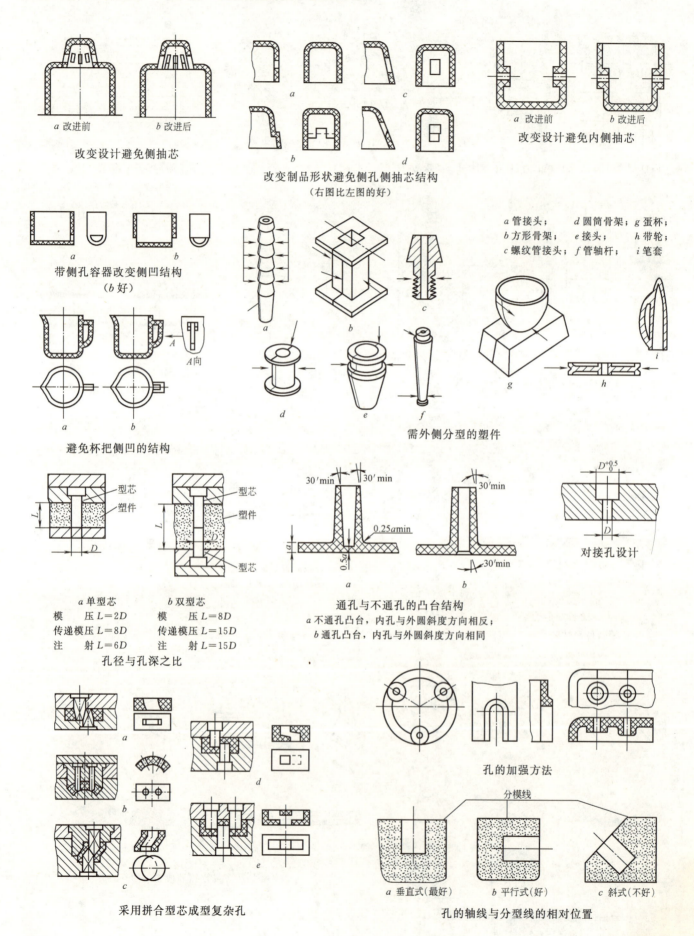

注塑成型工艺和设备 [14] 塑料的加工成型工艺

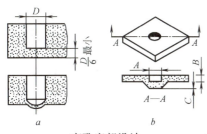

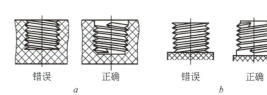

盲孔底部设计
a 孔底应有适当厚度；b 壁厚均匀的盲孔设计
A—孔径；B=(1~2)A；C=B

强制脱模的圆牙螺纹

塑件上阴、阳螺纹设计的正误比较
a 塑件的阴螺纹设计；b 塑件的阳螺纹设计

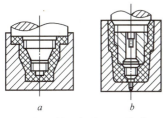
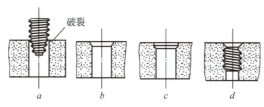

塑件上制品螺纹型芯设计

螺纹的机械加工（入口部应有倒角或导引部）

顺脱模方向的条纹滚花
容易脱模（b 好）

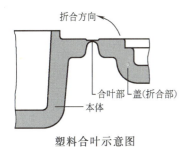

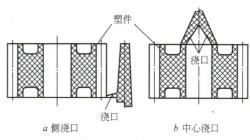

塑料合叶示意图

塑料合叶照片

齿轮类塑件的浇口位置
a 不合理；b 合理

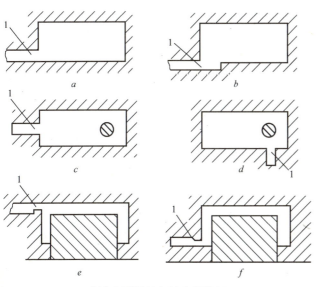
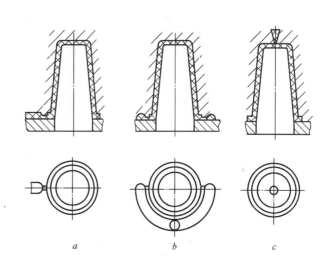

非冲击型浇口与冲击型浇口
1—浇口；左列 a, c 和 e 不好；右列 b, d 和 f 好。

改变浇口位置防止型芯变形
a 差，b 较好，c 最好

塑料的加工成型工艺 [14] 注塑成型工艺和设备·模压成型工艺

大型圆盘和箱体塑料件与点浇口的位置和数目关系

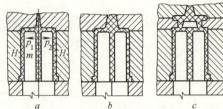

改变浇口形状或位置以防止型芯变形
a 不好，b 和 c 最好

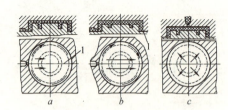

浇口位置对排气的影响
1—熔接痕　a 和 b 不合理，c 合理

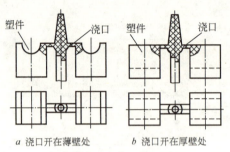

a 浇口开在薄壁处　　b 浇口开在厚壁处
浇口位置对塑件收缩的影响
（a 合理，b 不合理）

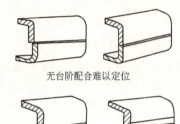

无台阶配合难以定位

使用唇板与沟槽的配合
使用唇板与沟槽提供良好的配合

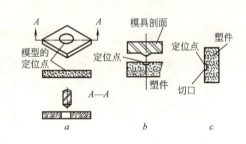

塑件上先成型后机械加工的孔应有机械加工的定位点

模压成型工艺

模压成型工艺

序号	名 称		说 明
1	分类	压缩模压	主要制造各种形状的热塑性塑料制品
		层压	主要用于生产各类板材
2	成型工艺		将粉状、粒状或纤维状的塑料物放入成型温度下的模具型腔中封闭加压而成
3	设备	压力机	多数是液压机（油压机）
4	用途		适用于各种热固性塑料

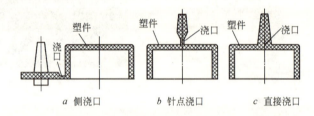

a 侧浇口　　b 针点浇口　　c 直接浇口
浇口位置对填充的影响（a 不合理，b 和 c 合理）

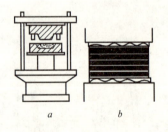

模压 a 和层压 b 示意图

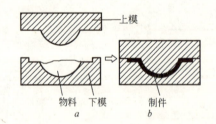

塑料模压成型示意图

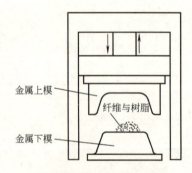

塑料模压成型系统示意图

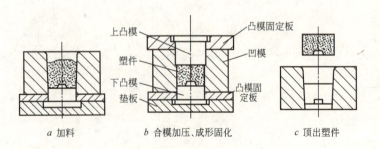

a 加料　　　b 合模加压、成形固化　　　c 顶出塑件
塑料模压成型过程示意图

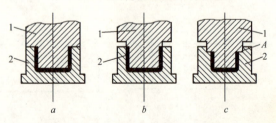

塑料模压成型的溢式、不溢式和半溢式模具
a 溢式模具；b 不溢式模具；c 半溢式模具
1—阳模；2—阴模

模压成型工艺 [14] 塑料的加工成型工艺

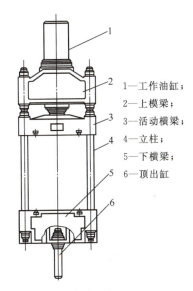

模压用上压式液压机
1—工作油缸；2—上模梁；3—活动横梁；4—立柱；5—下横梁；6—顶出缸

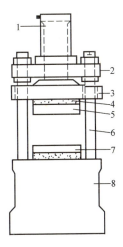

模压用上动式液压机示意图
1—主压柱塞；2—固定垫板；3—活动垫板；4—绝热层；5—上压板；6—拉杆；7—下压板；8—机座

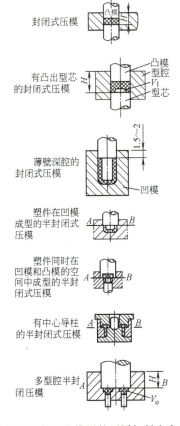

热固性塑料压注模用的不同加料室方式

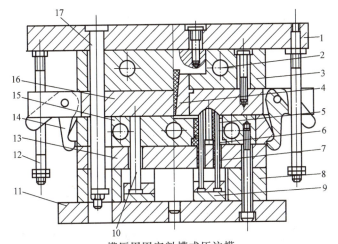

模压用固定料槽式压注模
1—上模板；2—压料柱塞；3—加料室；4—主流道套；5—型芯；6—型腔嵌件；7—顶杆；8—垫块；9—顶板；10—复位杆；11—下模固板；12—拉杆；13—下模垫板；14—拉钩；15—型芯固定板；16—上凹模板；17—定距拉杆

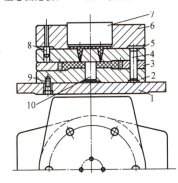

热固性塑料酚醛齿轮的移动料槽式模压模
1—下模板；2—固定板；3—型腔；4—导柱；5—上模板；6—加料室；7—压料柱塞；8—定位销；9—螺钉；10—型芯

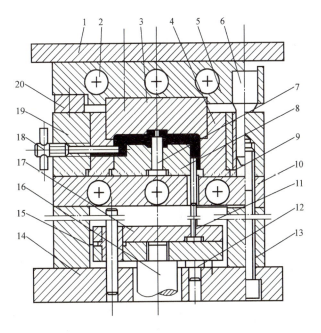

热固性塑料的压缩成型模压模的结构
1—上模板；2—加热模；3—上凸模；4—凹模；5—加热板；6—导柱；7—型芯；8—下凸模；9—导套；10—加热板；11—顶杆；12—挡钉；13—垫板；14—底板；15—顶板；16—拉杆；17—顶杆固定板；18—侧型芯；19—型腔固定板；20—承压板

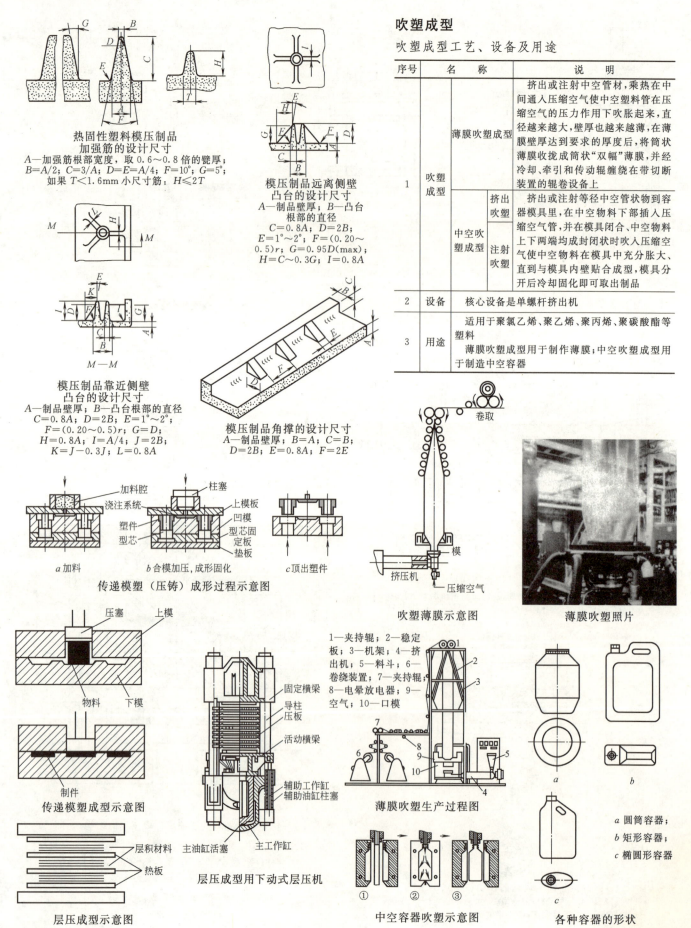

吹塑成型·热成型 [14] 塑料的加工成型工艺

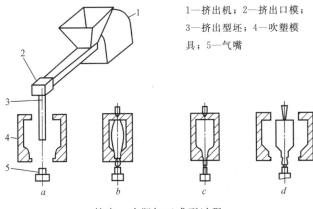

1—挤出机；2—挤出口模；3—挤出型坯；4—吹塑模具；5—气嘴

挤出—吹塑加工成型过程
a 挤出型坯；b 闭模吹塑；c 冷却；d 开模取出制品

真空吸塑示意图

产品顶出

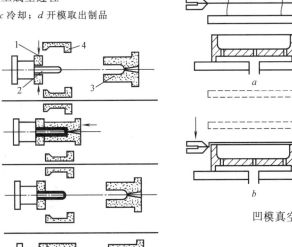

挤出—拉伸—吹塑成型加工工艺过程
a 挤出；b 型坯的吹塑；c 型坯移至吹塑模具拉伸；d 吹塑；e 脱模

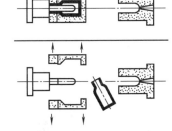

注射—吹塑成型加工过程
1—瓶口成型模板；2—吹气芯管；3—注射模具；4—吹塑两半模具

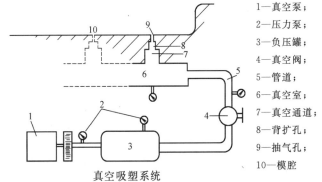

a 加热片材；b 片材移至凹模上成型位置；c 真空抽吸成型

凹模真空热成型加工过程示意图

1—真空泵；2—压力泵；3—负压罐；4—真空阀；5—管道；6—真空室；7—真空通道；8—背扩孔；9—抽气孔；10—模腔

真空吸塑系统

热成型

热成型工艺、设备及用途

序号	名 称		说 明
1	热成型	模压法 单阳模成型	
		单阴模成型	
		对模成型	
	差压法	真空成型	一面常压，另一面抽真空。俗称真空吸塑，应用最多
		气压成型	一面常压，另一面加压缩空气
		复合差压成型	一面抽真空，另一面加压缩空气
2	设备		热成型模具及压边设施，加热设备，气压或真空设备等
3	用途		适用于各种热塑性塑料的片材 常用于各种硬质塑料箱包及包装上使用的各种透明或不透明半软质盖

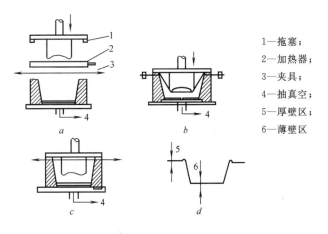

1—拖塞；2—加热器；3—夹具；4—抽真空；5—厚壁区；6—薄壁区

柱塞助压真空成型示意图

塑料的加工成型工艺 [14] 热成型

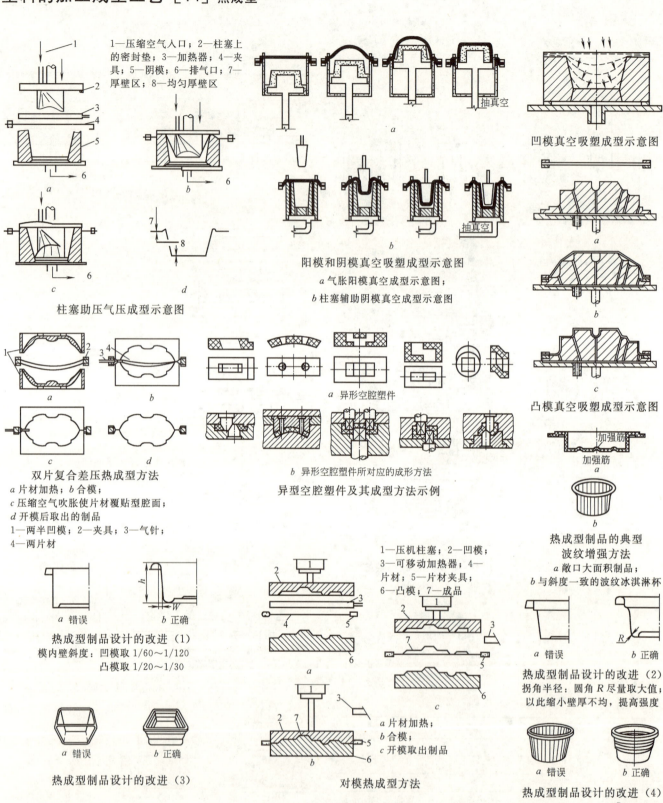

1—压缩空气入口；2—柱塞上的密封垫；3—加热器；4—夹具；5—阴模；6—排气口；7—厚壁区；8—均匀厚壁区

柱塞助压气压成型示意图

阳模和阴模真空吸塑成型示意图
a 气胀阳模真空成型示意图；
b 柱塞辅助阴模真空成型示意图

凹模真空吸塑成型示意图

凸模真空吸塑成型示意图

热成型制品的典型波纹增强方法
a 敞口大面积制品；
b 与斜度一致的波纹冰淇淋杯

双片复合差压热成型方法
a 片材加热；b 合模；
c 压缩空气吹胀使片材覆贴型腔面；
d 开模后取出的制品
1—两半凹模；2—夹具；3—气针；
4—两片材

a 异形空腔塑件
b 异形空腔塑件所对应的成形方法
异型空腔塑件及其成型方法示例

热成型制品设计的改进（1）
模内壁斜度：凹模取 1/60～1/120
凸模取 1/20～1/30

1—压机柱塞；2—凹模；
3—可移动加热器；4—片材；5—片材夹具；
6—凸模；7—成品

a 片材加热；
b 合模；
c 开模取出制品
对模热成型方法

热成型制品设计的改进（2）
拐角半径：圆角 R 尽量取大值；
以此缩小壁厚不均，提高强度

热成型制品设计的改进（3）

热成型制品的脱模斜度
a 多模腔高外壁制品；b 凸凹模成型制品；
c 聚苯乙烯泡沫碗的造形

热成型制品设计的改进（5）
径深比：杯状制品径深比值为
1:1最好，但最大不宜超过 1:1.5

热成型制品设计的改进（4）

热成型制品设计的改进（6）
视角效果：制品尖角难看，成品合格率低，上盖大于下盒受力差，应增加圆角 R

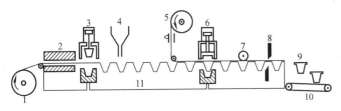

热成型-灌装-封盖生产线

1—卷料筒；2—加热位置；3—热成型位置；4—灌装位置；
5—加热封盖片材；6—封盖位置；7—滚压；8—剪切；
9—制品；10—传送带；11—销柱/链传动

发泡成型

发泡成型工艺的分类

序号	分类法	名称	说明
1	按"泡"分	开孔型泡沫塑料	
		闭孔型泡沫塑料	
2	按制成品硬度	硬质泡沫塑料	
		半硬质泡沫塑料	
		软质泡沫塑料	
3	按发泡程度	低发泡泡沫塑料	密度约 400kg/m³
		中发泡泡沫塑料	密度为 100~400kg/m³
		高发泡泡沫塑料	密度在 100kg/m³ 以下
4	按发泡方法	机械发泡泡沫塑料	混入气体、机械搅拌，如脲甲醛
		物理发泡泡沫塑料	用惰性气体加压引入，如聚苯乙烯
		化学发泡泡沫塑料	加发泡剂，如聚胺酯

注：1) 发泡成型制品是以树脂为基础、内部具有无数微孔性气体的气、固态非均相塑料制品。
2) 塑料的发泡成型几乎适用于所有树脂。常用的有聚苯乙烯（PS）、聚氨酯（PU）、聚氯乙烯（PVC）、聚乙烯（PE）和脲甲醛（UF）。
3) 发泡塑料的主要用途是制作隔音、隔热、包装缓冲材料以及轻质叠层板等。

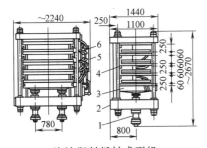

泡沫塑料板材成型机

1—液压缸；2—机架；3—压板；4—汽箱；5—冷却水总管；6—蒸汽总管

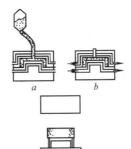

蒸汽发泡模压成型

a 加料；b 蒸汽发泡加热；c 脱模

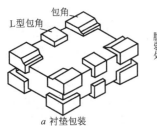

a 衬垫包装

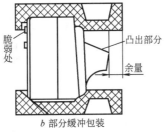

b 部分缓冲包装

部分缓冲包装

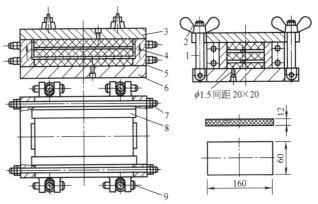

ESP 聚苯乙烯板材的手动蒸箱压模

1—铰链螺栓；2—并紧螺母；3—上模板；4—隔板；5—模套；
6—下模板；7—螺母和长螺栓；8—模套组合件；9—销轴

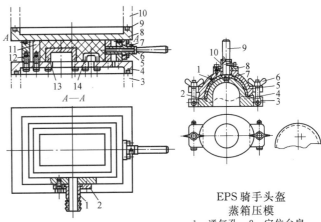

泡沫包装盒的蒸汽夹套式压模

1—回汽水管；2—压板；3—成型机上蒸汽箱；4—定型汽箱板；5—料套；6—料塞；7—挡销；8—动模汽箱板；9—密封环；10—成型机上蒸汽箱；11—成型套；12—外套；13、14—成型芯套

EPS 骑手头盔 蒸箱压模

1—通气孔；2—定位台扇；3—铰链螺栓；4—下模凸板；5—上模凹板；6—并紧螺母；7—通气槽；8—压板；9—料塞；10—进料套

其他塑料成型及前期准备工艺

浇铸成型工艺

序号	名称	适用	说明
1	静态浇铸	聚酰胺、有机玻璃、聚胺酯、EP（乙烯和丙烯的共聚物）等	在常压下完成
2	离心浇铸	聚酰胺、聚乙烯等	适用于黏度低、热稳定性好的熔体
3	流延浇铸	三乙酸纤维素（CTA）、不饱和聚酯、聚甲基烯酸甲酯等	热固性树脂和热塑性树脂配合后流布于回转的不锈钢带上，待固化后从载体上剥下，即所谓流延薄膜
4	嵌铸	多用于聚甲醛、不饱和聚酯、有机玻璃等透明塑料	用于非塑料件包封在塑料中电器上亦用于封装绝缘
5	搪塑与浸蘸成型		将糊状塑料倒入预热后的阴模（或用阴模浸蘸半液态塑料），未等塑料完全凝固即将其剥下。可制作玩具、手套、隔膜等
6	滚塑与旋转成型		将定量的液态或粉状（粉状原料需加热）塑料注入模具中，再经纵向滚动使其在模具内均布成型称为滚塑或（粉状原料称）旋转成型。适合于大型中空容器

注：浇铸成型也称铸塑，是在常压下将液状物料注入模具空腔成型。

塑料的加工成型工艺 [14] 其他塑料成型及前期准备工艺

增强塑料成型工艺

序号	分类	名称		说明
1	按增强材料分	玻璃纤维及其织物		如各种玻璃钢制品
		碳纤维		如伸缩式鱼杆
		硼纤维		
		布		如酚醛夹布胶木板
		其他纤维和合成纤维		如亚克力
2	按成型工艺	接触成型	涂敷装裱手糊	将纤维或其织物与树脂手工涂抹在模具上成型，效率较低
		缠绕成型		在芯模上缠绕纤维及树脂，再加热固化、脱模；可用铝、橡胶等作内衬保证气密
		注塑成型		目前已有将切短的纤维与树脂混合后用注塑的办法注入模型型腔的方法，大大提高速度，也提高了表面光洁度。但对注塑机压力要求高

注：1) 增强塑料是在塑料中添加纤维来提高塑料的强度。增强塑料是复合材料。
2) 增强塑料的塑料以使用酚醛树脂、环氧树脂（EP）和不饱和聚酯（UP）为多。
3) 酚醛中加木粉和布层叠压制成夹布胶木已有悠久历史，在电器中常作为绝缘底板。
4) 以玻璃纤维与环氧或聚酯制成的制品俗称玻璃钢也应用广泛，但由于环氧树脂有毒、且多手工成型，限制了进一步发展。

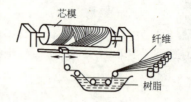

缠绕成型示意图

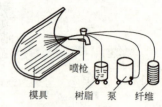

喷射成型示意图

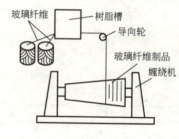

纤维缠绕成型示意图

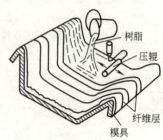

手糊成型示意图

涂覆制品成型工艺分类

序号	基底	说明	作用
1	布、纸类	可用于制造人造革、墙纸、地板革等	增加塑料的强度
2	金属	常用制造电线电缆和软霓虹管	起防腐、绝缘、耐磨、自润滑等作用

注：涂覆制品几乎适用于所有塑料，较常用的有聚氯乙烯、高压聚乙烯、聚酰胺和环氧树脂等。

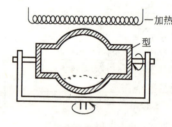

滚塑成型示意图

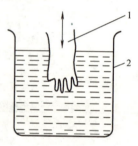

蘸浸成型示意图

1—阳模；2—糊塑料

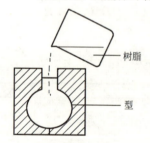

铸塑成型示意图

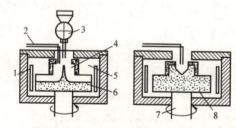

立式离心浇铸成型设备示意图

1—红外加热器；2—惰性气体输送管；3—挤出机加料口；4—贮备塑料空间；5—绝热层；6—塑料；7—转动主轴；8—模具

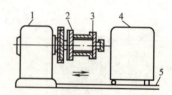

卧式离心浇铸成型设备示意图

1—传动减带机构；2—可旋转模具；3—加料器；4—电力热烘箱；5—轨道

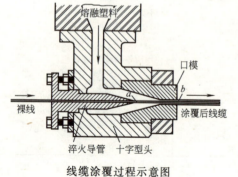

线缆涂覆过程示意图

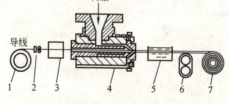

电线包覆过程示意图

1—放线装置；2—矫直机；3—预热炉；4—挤出机；5—冷却水槽；6—牵引辊；7—卷取装置

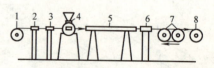

线缆包覆挤出工艺流程示意图

1—送料装置；2—矫正机；3—预热器；4—挤出机与直角机头；5—水槽；6—检验机；7—牵引机；8—卷取机

其他塑料成型及前期准备工艺 [14] 塑料的加工成型工艺

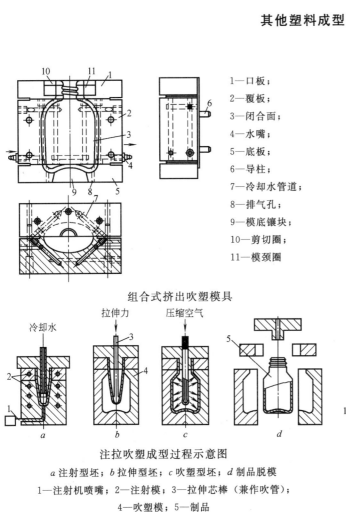

1—口板；
2—覆板；
3—闭合面；
4—水嘴；
5—底板；
6—导柱；
7—冷却水管道；
8—排气孔；
9—模底镶块；
10—剪切圈；
11—模颈圈

组合式挤出吹塑模具

注拉吹塑成型过程示意图

a 注射型坯；b 拉伸型坯；c 吹塑型坯；d 制品脱模

1—注射机喷嘴；2—注射模；3—拉伸芯棒（兼作吹管）；4—吹塑模；5—制品

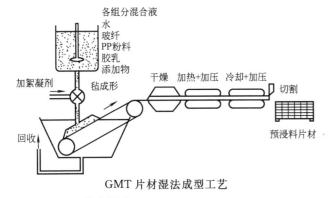

GMT 片材湿法成型工艺

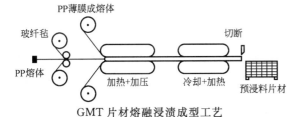

GMT 片材熔融浸渍成型工艺

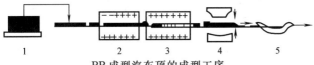

PP 成型汽车顶的成型工序

1—供给叠层体；2—一次加热；3—二次加热；4—成型；5—取出成型件

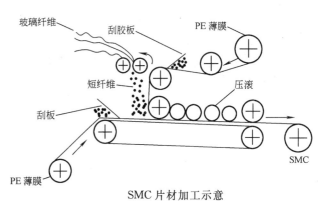

SMC 片材加工示意

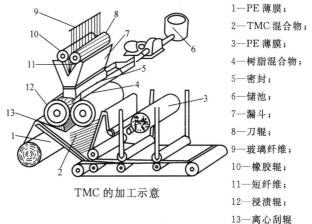

1—PE 薄膜；
2—TMC 混合物；
3—PE 薄膜；
4—树脂混合物；
5—密封；
6—储池；
7—漏斗；
8—刀辊；
9—玻璃纤维；
10—橡胶辊；
11—短纤维；
12—浸渍辊；
13—离心刮辊

TMC 的加工示意

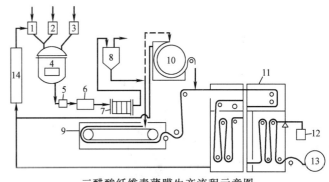

三醋酸纤维素薄膜生产流程示意图

1—溶剂贮槽；2—增塑剂贮槽；3—三醋酸纤维素贮器；4—混合器；5—泵；6—加热器；7—过滤器；8—脱泡器；9—带式机的烘房；10—转鼓机的烘房；11—干燥室；12—平衡用的重体；13—卷取辊；14—溶剂回收系统

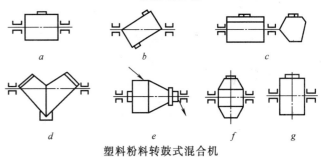

塑料粉料转鼓式混合机

a 筒式；b 倾斜筒式；c 六角形式；d 双筒式；e 锥式；f 双锥式；g 竖筒式

塑料的加工成型工艺 [14] 其他塑料成型及前期准备工艺

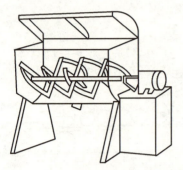

螺带式混合机

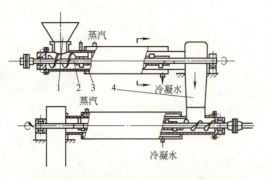

可高速连续混合的塑料物料管道式捏合机
1—连接通道；2—加热管道；3—搅拌器；4—加料斗

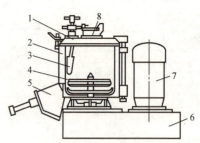

高速混合机结构示意图
1—回转盖；2—混合室；3—折流板；
4—搅拌桨；5—排料装置；6—机座；
7—电动机；8—进料口

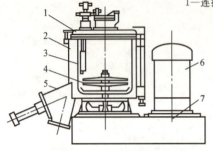

塑料润性和非润性物料高速混合机
1—回转盖；2—混合室；3—折流板；4—搅拌桨；
5—排料装置；6—机座；7—电动机

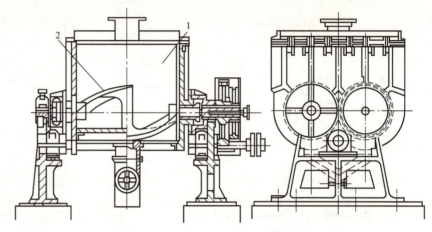

塑料润性和非润性物料混合用Z型混（捏）合机
1—混合器；2—搅拌器

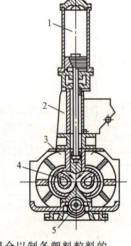

1—加料斗；
2—上顶栓；
3—密炼室；
4—转子；
5—下顶栓

在熔融态混合以制备塑料粒料的
密炼机结构示意图

塑料物料捏合机

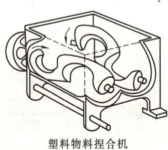

塑料物料开放式塑炼机
1—电机；2—减速装置；3—前辊；4—后辊；
5—机架；6—速比齿轮罩；7—排风罩

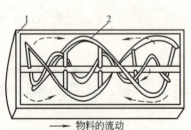

物料的流动

塑料粉料螺带式混合机
混合室结构示意图
1—夹套；2—螺带

塑料物料料斗干燥器
(a) HD-150型
1—料斗；2—干燥料斗；3—加热器；4—风机
(b) HD-200型
1—送风机；2—电控箱；3—温度自控箱；
4—加热器；5—干燥料斗

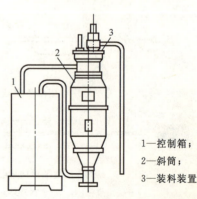

1—控制箱；
2—斜筒；
3—装料装置

塑料物料除湿干燥器

橡胶

橡胶的分类和特性

序号	名称及说明	
1	天然橡胶	采自于橡胶树树皮上的一种白色黏液。具有最佳的综合机械性能,但产量有限,限制了其应用
2	人工合成橡胶 — 通用合成橡胶	用于制造轮胎、运输带、胶管、电线电缆包皮、密封件、减震装置等各种工业制品,各种日常用品以及医疗器械中广泛使用的零部件
	人工合成橡胶 — 特种橡胶	特种橡胶在高低温时有良好的性能以及对酸、碱、油、辐射等介质有良好抗性,多用于有特殊要求的场合。例如:硅橡胶有良好的耐高低温(-90～+300℃)特性;氟橡胶具有优异的对酸碱和强氧化剂的耐腐蚀性能;丁腈胶的耐热、耐燃性能以及对常用有机溶剂的耐受性很好(但耐寒性差,耐酸性也差);氯丁胶的耐紫外光和抗老化性能很好,被称为"万能橡胶"(但其比重大,耐寒性和电绝缘性也差);导电橡胶,常用于制作计算器、各种遥控器的按钮

注:橡胶是一种高分子弹性材料,其特点是在很宽的温度范围(-50～+150℃)内有优越的弹性。所谓弹性大,是指在较小的负荷下产生很大的变形,而除去负荷后又能很快恢复原始状态。材料的弹性可以用弹性模量来表示。橡胶的弹性模量仅为钢铁的三万分之一;在相同的拉伸负荷下,橡胶的相对伸长会是钢铁的300倍。

常用橡胶的性能和用途

名称	代号	抗拉强度(MPa)	延伸率(%)	使用温度(℃)	特性	用途
天然橡胶	NR	25～30	650～900	-50～120	高强绝缘防震	通用制品轮胎
丁苯橡胶	SBR	15～20	500～800	-50～140	耐磨	通用制品胶板胶布轮胎
顺丁橡胶	BR	18～25	450～800	120	耐磨耐寒	轮胎运输带
氯丁橡胶	CR	25～27	800～1000	-35～130	耐酸碱阻燃	管道电缆轮胎
丁腈橡胶	NBR	15～30	300～800	-35～175	耐油水气密	油管耐油垫圈
乙丙橡胶	EPDM	10～25	400～800	150	耐水气密	汽车零件绝缘体
聚氨脂胶	VR	20～35	300～800	80	高强耐磨	胶辊耐磨件
硅橡胶		4～10	50～500	-70～275	耐热绝缘	耐高温零件
氟橡胶	FPM	20～22	100～500	-50～300	耐油碱真空	化工设备衬里密封件
聚硫橡胶		9～15	100～700	80～130	耐油耐碱	水龙头衬垫管子

橡胶制品的成形工艺

序号	名称	说明
1	混炼	将橡胶的各种组分(橡胶、填料及各种改性添加剂)经配制、混合、炼制成混炼胶
2	硫化注	将混炼胶搓揉成合适形状后填加入橡胶模具的型腔内进行硫化(加热)成形

注:硫化的作用是使橡胶的生胶分子在硫化处理过程中产生适度交联而形成网状结构,从而大为提高橡胶的强度、耐磨性和刚度,使橡胶具有既不溶解也不熔融的性质,克服了橡胶因温度上升而变软发黏的缺点。

橡胶制品的生产基本工艺流程

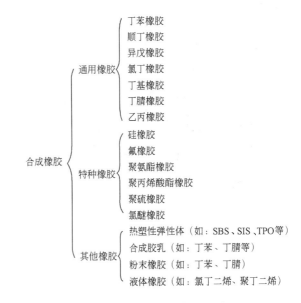

合成橡胶的分类及主要品种

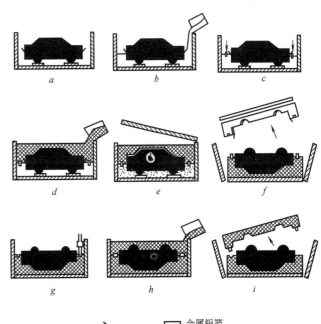

硅橡胶模的制造过程

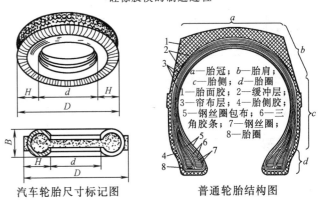

汽车轮胎尺寸标记图　　普通轮胎结构图

a—胎冠;b—胎肩;c—胎侧;d—胎圈
1—胎面胶;2—缓冲层;3—帘布层;4—胎侧胶;5—钢丝圈包布;6—三角胶条;7—钢丝圈;8—胎圈

其他非金属材料 [15] 橡胶

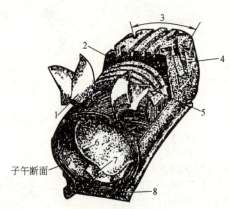

1—帘布层；
2—胎肩；
3—胎冠；
4—胎侧；
5—缓冲层；
6—内胎；
7—垫带；
8—胎圈

普通斜线轮胎构造图

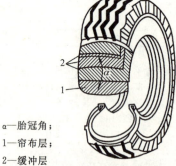

α—胎冠角；
1—帘布层；
2—缓冲层

普通轮胎外胎帘布层和缓冲层帘线的排列

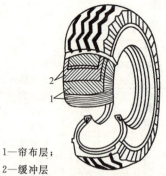

1—帘布层；
2—缓冲层

子午线轮胎帘布层和缓冲层帘线的排列

子午线轮胎结构图
1—帘布层；2—带布层；3—胎冠

1—气密层；2—胎圈橡胶密封层；3—气门嘴

无内胎轮胎断面结构图

合成橡胶主要品种的各种性能比较

	项 目	天然橡胶	丁苯橡胶	丁腈橡胶	氯丁橡胶	顺丁橡胶	丁基橡胶	乙丙橡胶	异戊橡胶
物理性能	密度(g/cm³)	0.93	0.93	1.00	0.25	0.91	0.90	0.85	0.92
	门尼(ML)值	—	185.4～272.1	293～376.8	—	167.5～230.3	167.5～209.3	—	230.3～272.1
	热导率(kJ·m⁻¹·h⁻¹·℃⁻¹)	0.12	0.21	0.21	0.16	—	0.078		
	电绝缘性	好	好	差	很好	很好	优异	很好	良好
机械性能	拉伸强度(MPa)	29.40～34.30	24.50～30.38	24.50～29.40	25.46～31.36	17.15～24.5	17.15～20.58	24.50～29.40	24.50～29.40
	300%定伸(MPa)	10.78～11.76	10.78～11.76	—	—	8.82～11.767	6.85～8.82	8.82～10.78	8.82～10.78
	相对伸长(%)	600～850	800～850	450～700	500～650	450～550	650～850	450～550	600～800
	回弹率(20℃)(%)	70～72	40～45	25～34	65～70	75～78	20～27	40～45	66～89
	抗撕裂性	优异	差	好	可以	差	好	好	很好
	耐磨性	很好	很好	很好	很好	优异	好	很好	很好
耐热性能	玻璃化温度(℃)	−73	−60～−75	−32～−55	−40～−50	−110	−67～−69	−59	−70
	适用温度范围(℃)	−51～80	−51～82	−17～121	−40～115	−85～80	−17～98	−20～89	−50～80
耐老化性能	耐光	可以	可以	可以	优异	可以	优异	优异	可以
	耐臭氧	差	差	差	很好	可以	很好	优异	差
	耐候	好	好	好	优异	可以	优异	优异	好
	耐燃	很差	很差	很差	优异	很差	很差	很差	很差
	耐热	差	可以	很好	很好	很好	好	好	好
耐药品性能	水	好	很好	很好	好	很好	很好	很好	好
	酸	好	好	好	很好	好	很好	很好	好
	碱	很好	好	好	好	好	优异	优异	好
耐溶剂性能	脂肪族	差	差	优异	很好	差	可以	差	差
	芳香族	很差	很差	好	差	很差	可以	很差	很差
	含氧溶剂	很差	很差	可以	很差	很差	好	差	很差

天然橡胶的物理常数

项 目	生 胶	纯胶硫化胶	项 目	生 胶	纯胶硫化胶
密度(g/cm³)	0.906～0.916	0.920～1.000	折射率(n_D)	1.5191	1.6264
体积膨胀系数(K^{-1})	670×10⁻⁶	660×10⁻⁶	介电常数(1kHz)	2.37～2.45	2.50～3.00
导热系数(W·m⁻¹·K⁻¹)	0.134	0.153	电导率(60s)(S·m⁻¹)	2～57	2～100
玻璃温度(K)	201	210	体积弹性模量(MPa)	1.94	1.95
熔融温度(K)	301		拉伸强度(MPa)		17～25
燃烧热(kJ/kg)	−45	−44.4	断裂伸长率/%	75～77	750～850

顺丁橡胶、天然橡胶、丁苯橡胶某些性能的比较

性能	玻璃化温度(℃)	20℃时的性能					100℃下老化96h的性能		
		拉伸强度(MPa)	相对伸长(%)	永久变形(%)	回弹率(%)	耐磨[cm³·(kW·H)⁻¹]	拉伸强度(MPa)	相对伸长(%)	永久变形(%)
顺丁橡胶	−110	21.56～26.06	500～590	10～15	52	80	13.42	200	2
天然橡胶	−73	31.36	640	40	40	300	8.82	200	11
丁苯橡胶	−60～−75	27.44	650	25	30	260	0.78	310	11

注：除玻璃化温度数据外，其余指已加炭黑的硫化胶。

橡胶·玻璃 [15] 其他非金属材料

几种乳聚丁苯橡胶和溶聚丁苯橡胶的比较

胶 种		S-SBR			E-SBR
结 构		低乙烯基含量	中乙烯基含量	高乙烯基含量	无规结构
商品牌号		Tufdene 2000R	Solprene 1204	TSR SL-574	1520
生胶特性	苯乙烯含量(%)	25	25	15	23.5
	门尼黏度(ML$_{(1+4)}$100℃)	45	56	64	52
	分子量分布	窄	双峰	双峰	宽
	玻璃化温度 T_g(℃)	-70	-64	-55	-52~-57
硫化胶物性	门尼黏度(ML$_{(1+4)}$100℃)	60	59	64	53
	300%定伸强度(MPa)	9.51	8.73	10.1~11.5	9.81
	拉伸强度(MPa)	23.14	23.73	13.6~15.9	24.32
	扯断伸长率(%)	580	590	340~404	540
	永久变形(%)	4	4	7	6
	回弹率(%)	57	55	50	53
	邵氏硬度 A	60	65	65	60

各类异戊橡胶与天然橡胶的性能比较

胶 种		天然橡胶	异戊橡胶		
			钛系胶	稀土胶	锂系胶
生胶特性	顺式-1,4-结构含量(%)	98	96~98	95	92
	特性黏度(dl/g)	6~9	3.5~6.0	4.0~8.0	6.5
	生胶门尼黏度(ML$_{(1+4)}$100℃)	90~100	80~90	40~70	60~70
	挥发分(%)	1.0	0.12~0.13	0.1~0.15	0.1
	灰分(100)	0.15~1.5	0.2~0.6	0.1~0.3	0.1
	玻璃化温度 T_g/(℃)	-72	-72~-70	-59	-70~-68
硫化胶特性	拉伸强度(MPa)	25~30	25~30	24~28	20~26
	300%定伸强度(MPa)	7~7.2	6~7	5~6	5~7
	扯断伸长率(%)	800~850	850~900	700~800	600~700

乙丙橡胶的性能指标

牌号 指标	二元乙丙橡胶				三元乙丙橡胶				
	P-0180	P-0280	P-0480	P-0680	0045	1035	1045	1070	1071
外观	无色或白色	无色或白色	无色或白色	无色或白色	白色	白色	白色	白色	白色
乙烯结合量(%)	74	74	74	74	48	58.5	58.5	57.5	59.5
挥发分(%)	<0.6	<0.6	<0.6	<0.6	<0.75	<0.75	<0.75	<0.75	<0.75
灰分(%)	<0.1	<0.1	<0.1	<0.1	<0.1	<0.1	<0.1	<0.1	<0.1
钒含量(×10^{-6})	<3	<3	<3	<3	<15	<15	<15	<15	<15
相对密度	0.87	0.87	0.87	0.87	0.86	0.87	0.87	0.87	0.87
二烯烃结合量(%)						5.3~7.4	5.3~7.4	4.2~6.3	4.7~6.8
碘值						12	12	12	10
熔体流动速率(g/10min)(230℃)	6.8~11.0	4.0~6.8	1.4~3.0	0.5~1.4					
门尼黏度(ML$_{(1+4)}$100℃)					35~45	25~35	33~43	60~74	60~74
特性	流动性最好	流动性较好,强度较高	流动性较好,强度较高	强度高	加工性能良好	挤出性能良好	挤出性能良好	物理性能良好	加工性能良好

玻璃

玻璃的分类

序号	名称	用途举例
1	容器玻璃	各种玻璃瓶
2	仪器及医疗玻璃	生物和化学实验室器皿
3	平板玻璃	窗玻璃
4	电真空玻璃	电光源和电真空器件外壳,如灯泡灯管壳、真空管壳、显像管壳
5	工艺美术玻璃	花瓶等玻璃工艺品
6	光学玻璃	各种光学镜头等
7	光纤玻璃	拉制光纤,用于激光信号传输通信
8	建筑玻璃	玻璃砖、玻璃大理石及建筑玻璃制品
9	照明器具玻璃	灯罩等
10	纤维和泡沫玻璃	隔热保温材料及制造增强和复合材料

注:玻璃是一种硅酸盐材料,用石英砂熔炼而成。

平板玻璃的制造工艺

序号	名称	说明
1	熔化	把原料(石英砂为主)熔化
2	拉制	将熔融的液态玻璃向上(传统平板玻璃拉制法)或水平(浮法玻璃制作)拉出冷却即可
3	切割	固化后两边切割整齐,并按定长切割、包装供货

平板玻璃再制品(加工板玻璃)的分类

序号	名称	用途举例
1	毛玻璃	即磨面板玻璃。如用掩模,则可加工成各式花纹图案
2	组合板玻璃	即夹胶玻璃或称安全玻璃,是用胶将两层玻璃粘合而成。可用作车辆的风挡玻璃(单件小批量)
3	(风冷)钢化板玻璃	玻璃加热到软化程度(600℃~650℃),用夹具使之维持所需的空间曲面形状后用冷风使其急冷而成。钢化玻璃不易破碎;受到强大外力而破碎时碎片无尖角,故可用作汽车风挡玻璃。缺点是需较高模具费用,故只能用于大批量生产场合。钢化玻璃不能切割使之达到所需形状
4	化学钢化玻璃	普通平板玻璃在专门溶剂中浸渍处理而成,其强度比普通玻璃略高,可切割,但比风冷钢化玻璃的强度要差得多。应用少

注:平板玻璃是玻璃中用量最大的一种。用传统向上拉制玻璃工艺制成的玻璃平整度较差。目前,高质量的平板玻璃均采用"浮法"生产,即把熔融的玻璃"膜"置于铅溶液之上冷却而成,平面度得到很大提高。

其他非金属材料 [15] 玻璃

玻璃主要类型及其特性和用途

类型	特性及用途
容器玻璃	具有一定的化学稳定性、抗热震性和一定的机械强度，美观、透明、清洁、价廉，并能经受装灌、杀菌、运输等过程；主要用作各种饮料瓶、食品瓶、药用瓶、安培瓶、化妆瓶等
建筑玻璃	具有采光和防护功能，良好的隔音、隔热和艺术装饰效果；可做建筑物的门、窗、屋面、墙体及室内外装饰用
光学玻璃	用于制造光学仪器或机械系统的透镜、棱镜、反光镜、窗口等玻璃材料；有眼镜玻璃、保护镜、紫外线用玻璃等
电真空玻璃	具有较高的电绝缘性能和良好的加工、封接气密性能；主要用作灯泡、玻璃芯柱、荧光灯、显像管玻璃、电子管等
泡沫玻璃	又称多孔玻璃，气孔占总体面积的80%～90%，具有良好的隔热、吸声、难燃等优点，可采用锯、钻、钉等机械加工；应用在建筑、化工、造船、国防等方面作隔热或吸声泡沫材料
光学化纤	用来构成各种光学纤维元件；用于传输光线、图像、信息等，如光学纤维镜、光学纤维传像束、光学纤维传光束、光缆等
特种玻璃	具有特种用途的玻璃，如半导体玻璃、激光玻璃、微晶玻璃、防辐射剂量玻璃、声光玻璃等

各种氧化物在玻璃中的作用

名称	加入目的	
	降低	增加
氧化硅	密度	熔融温度、化学稳定性、热稳定性、机械强度、退火温度
氧化硼	熔融温度、韧性、析晶性	化学稳定性、热稳定性、光泽、折射率
氧化钙	热稳定性	化学稳定性、机械强度、硬度、析晶性、退火温度
氧化镁	析晶性、韧性	耐热性、化学稳定性、机械强度、退火温度
氧化铝	析晶性	熔融温度、化学稳定性、机械强度、韧性
氧化钡	熔融温度、化学稳定性	密度、光泽、折射率、析晶性
氧化锌	热膨胀系数	热稳定性、化学稳定性、熔融温度
氧化铅	熔融温度、化学稳定性	密度、光泽、折射率
氧化钠	化学稳定性、热稳定性、熔融温度、析晶性倾向退火温度、韧性	热膨胀系数、介电常数、表面导电度
氧化钾	化学稳定性、热稳定性、熔融温度、析晶性倾向退火温度、韧性	光泽、热膨胀系数、介电常数、表面导电度

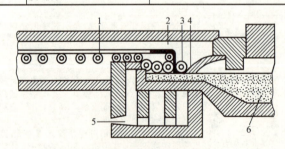

平板玻璃水平拉制示意图
1—玻璃板；2—转动辊；3—成型批；4—水冷挡板；
5—燃烧器；6—熔融玻璃

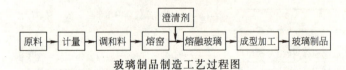

玻璃制品制造工艺过程图

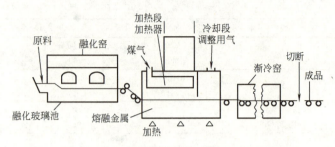

浮法玻璃生产线流程示意图

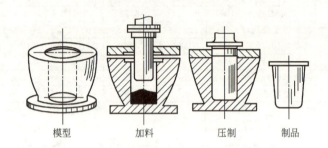

玻璃制品压制成型示意图

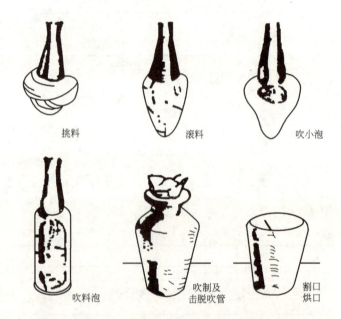

人工吹制玻璃杯示意图

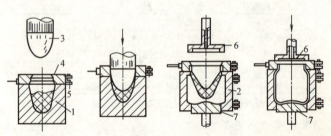

压-吹法成形广口瓶示意图
1—雏形模；2—成形模；3—冲头；4—口模；
5—口模铰链；6—吹气头；7—模底

玻璃·陶瓷 [15] 其他非金属材料

玻璃的应用前景

序号	名 称	与 说 明
1	玻璃纤维作增强纤维	可作为塑料和混凝土的增强纤维,应用前景广阔
2	镀膜节能玻璃	通过镀膜使某些波长的辐射不能或易于通过,可使建筑物冬暖夏凉而降低空调负荷,在未来的应用前景广阔
3	光敏玻璃	在光电子技术上应用前景特别可观,因为光敏玻璃在光掩模材料和光开关器件中的利用在许多方面都有现实和潜在的重大意义

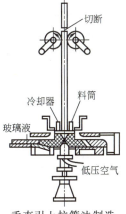

垂直引上拉管法制造玻璃管示意图

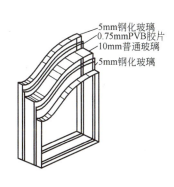

典型防弹玻璃结构

陶瓷

陶瓷材料的特点

序号	名 称 与 说 明
1	高熔点,耐高温,耐腐蚀:在1000℃以上仍能保持室温下的强度,且不氧化
2	高硬度,高耐磨性:硬度仅次于金刚石,远高于其他材料
3	高弹性模量:高于金属,较高分子材料高3~4个数量级
4	电和热的绝缘性好
5	塑性低,脆性大:室温下几乎无塑性变形,冲击韧性低,脆性大,是其最大缺点

 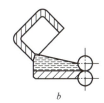

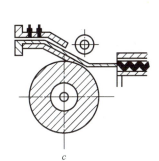 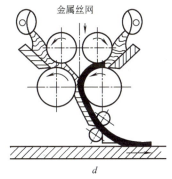

丝网玻璃压延成型示意图
a 平面压延;b 辊间压延;c 连续压延;d 加丝压延

陶瓷的分类

序号		名 称	与 说 明
1	传统陶瓷	日用陶瓷	缸盆碗碟之类餐具和日常容器
		建筑陶瓷	地砖、墙砖,卫生洁具,乃至琉璃瓦、普通砖瓦等
		电器陶瓷	闸刀等低压电器上用的绝缘瓷,高压瓷瓶,火花塞等
		化学化工陶瓷	耐酸碱的陶瓷容器、管道和液泵器件等
		多孔陶瓷	用于隔热保温
2	特种(近代)陶瓷	电容器瓷	介电常数高。可用于制造电容器
		压电陶瓷	钛酸钡类材料,在外力作用下会在外表面上产生电压。可制作力传感器
		磁性陶瓷	导磁率极高,可用于制造磁性材料和记忆材料
		高温陶瓷	可耐受极高的温度,且在高温下有相当的强度。在切削和高温场合有其特殊用途
		电光陶瓷	因其电光特性而在光电子领域有其特殊用途
		电热陶瓷	即PTC(陶瓷发热板)。系为正温度系数的热敏电阻,可以自动控制其自身加热程度而应用甚广
3	金属陶瓷		是金属与陶瓷的非均质复合物,加工工艺过程与陶瓷相同 也称粉末冶金 最大应用领域:(1)制造硬质合金,用作各种切削工具(以刃具,即硬质合金刀头为最多)和耐磨材料;(2)制作耐热材料(以碳化钛为主),可制作燃烧室、叶片、喷口等高温器件而在航空航天领域得到广泛应用

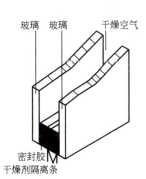 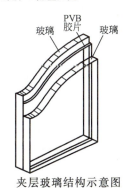

中空玻璃结构示意图　　夹层玻璃结构示意图

注:现代陶瓷的概念实际上是包含传统陶瓷和玻璃在内的一类广泛的无机非金属材料,通常称之为硅酸盐材料。

陶瓷的加工工艺过程

序号	名称	说 明
1	制粉	将各类原材料(黏土、石英、长石等)按需磨细、混合
2	成型	制成需要的坯型
3	烧结	送窑炉中在规定温度下烧制
4	表面装饰	进行表面加工、表层改性、金属化处理、施釉彩等表面装饰

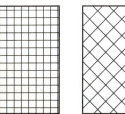 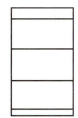

夹丝玻璃中的夹丝形式

其他非金属材料 [15] 陶瓷·木材

陶瓷材料的分类及用途

类别	特性	典型材料及状态	主要用途
工程陶瓷	高强度(常温,高温)	Si_3N_4,SiC(致密烧结体)	高温发动机耐热部件,如叶片、转子、活塞、内衬、喷嘴、阀门
	高韧性	Al_2O_3,B_4C,金刚石(金属结合);TiN,TiC,B_4C,Al_2O_3,WC(致密烧结体)	切削工具
	硬度	Al_2O_3,B_4C,金刚石(粉状)	研磨材料
功能陶瓷	绝缘性	Al_2O_3(薄片高纯致密烧结体),BeO(高纯致密烧结体)	集成电路衬底,散热性绝缘衬底
	介电性	$BaTiO_3$(致密烧结体)	大容量电容器
	压电性	$Pb(Zr_xTi_{1-x})O_3$(极化致密烧结体)	振荡元件,滤波器
		ZnO(定向薄膜)	表面波延元件
	热电性	$Pb(Zr_xTi_{1-x})O_3$(极化致密烧结体)	红外检测元件
	铁电性	PLZT(致密透明烧结体)	图像记忆元件
	离子导电性	β-Al_2O_3(致密烧结体)	钠硫电池
		稳定ZrO_2(致密烧结体)	氧量敏感元件
	半导体	$LaCrO_3$,SiC	电阻发热件
		$BaTiO_3$(控制显微结构体)	正温度系数热敏电阻
		SnO_2(多孔烧结体)	气体敏感元件
		ZnO(烧结体)	变阻器
	软磁性	$Zn_{1-x}Mn_xFe_2O_4$(致密烧结体)	记忆运算元件,磁芯,磁带
	硬磁性	$SrO·6Fe_2O_3$(致密烧结体)	磁铁

日用瓷(无釉)的主要理化性能

性能及单位	数值	性能及单位	数值
密度/$g·cm^{-3}$	2.3~2.5	表观密度/$kg·m^{-3}$	$(2.2~2.4)\times10^3$
开口孔率/%	0~0.5	吸水率/%	0~0.5
莫氏硬度(相对值)	7~8	弹性模量/MPa	$(73.5~78.4)\times10^3$
抗压强度/MPa	392~441	抗折强度/MPa	39.2~63.7
抗拉强度/MPa	23.5~31.36	冲击强度/$J·m^{-2}$	1.76~2.06
热膨胀系数(20℃~100℃)/$℃^{-1}$	$(2.5~4.5)\times10^{-6}$	热导率/$W·m^{-1}·K^{-1}$	0.00796~0.0105
平均比热(20℃~100℃)/$J·kg^{-1}$	838~1047.5	瓷化温度/℃	1300~1500
耐火度/℃	1530~1710	热稳定性	220℃不开裂

普通工业陶瓷的基本理化性能

种类	建筑陶瓷	高压陶瓷	耐酸陶瓷
密度 $g·cm^{-3}$	约2.2	2.3~2.4	2.2~2.3
气孔率(%)	约5	—	<6
吸水率(%)	3~7	—	<3
抗压强度(MPa)	568.4~893.6	—	80~120
抗拉强度(MPa)	10.8~51.9	23~35	8~12
抗弯强度(MPa)	40~96	70~80	40~60
冲击强度(J·m^{-2})	—	1.8~2.2	11.5
热膨胀系数(℃$^{-1}$)	—	—	$(4.5~6.0)\times10^{-6}$
介电常数	—	67	—
损耗角正切	—	0.02~0.04	—
体积电阻率(Ω·m)	—	$>10^{11}$	—
莫氏硬度	7	7	7
热稳定性(℃)	250	150~200	200
热导率(W·m^{-1}·K^{-1})	1.5	—	0.92~1.04

普通工业陶瓷的性能

种类	耐酸耐温陶瓷	耐酸陶瓷	工业瓷
相对密度	2.1~2.2	2.2~2.3	2.3~2.4
气孔率(%)	<12	<5	<3
吸水率(%)	<6	<3	<1.5
耐热冲击性(℃)	450	200	200
抗拉强度(MPa)	7~8	8~12	26~36
抗弯强度(MPa)	30~50	40~60	65~85
抗压强度(MPa)	120~140	80~120	460~660
冲击强度(J/m^2)	—	$(1~1.5)\times10^3$	$(1.5~3)\times10^3$
弹性模量(MPa)	—	450~600	650~800

注:热冲击性是使试样从高温(如200℃或450℃)激冷到室温(20℃)并反复2~4次不出现裂纹下测得的。

常见日用陶瓷的配料、性能及应用

陶瓷类型	原料配比/%	烧成温度/℃	性能特点	主要应用
长石质瓷	长石20~30 石英25~35 黏土40~50	1250~1350	瓷质洁白、半透明、不透气、吸水率低、坚硬强度高、化学稳定性好	餐具、茶具、陈设、陶瓷器、装饰美术瓷器、一般工业制品
绢云母质瓷	绢云母30~50 高岭土30~50 石英15~25 其他矿物质5~10	1250~1450	同长石质瓷,但透明度、外观色调较好	餐具、茶具、工艺美术品
骨灰质瓷	骨灰20~60 长石8~22 高岭土25~45 石英9~20	1220~1250	白度高、透明度好、瓷质软、光泽柔和,但较脆、热稳定性差	高级餐具、茶具、高级工艺美术瓷器
日用滑石质瓷	滑石约73 长石约12 高岭土约11 黏土约4	1300~1400	良好的透明度、热稳定性、较高的强度和良好的电性能	高级日用器皿、一般电工陶瓷

氧化铝瓷的性能

牌号	Al_2O_3含量(wt%)	相对密度	硬度(莫氏)	抗压强度(MPa)	抗拉强度(MPa)
85瓷	85	3.45	9	1800	150
96瓷	96	3.72	9	2000	180
99瓷	99	3.90	9	2500	250

木材

木材的特点

序号	说明
1	质轻
2	有美丽的天然色泽和花纹
3	易加工,易涂饰
4	电和热的传导率低
5	易燃
6	易变形,各向异性以及吸湿性使其在使用时又存在一定的缺点和局限性
7	不可避免地存在树节、虫害、弯曲变形、裂纹等天然缺陷,及运输和储存中可能造成的变色、腐朽等缺陷,增加了加工选料时难度,也降低了木材的利用率及使用外观效果

木材 [15] 其他非金属材料

木材的干燥

序号	名称	说明	
1	大气(天然)干燥	利用自然通风达到；设备简单，易掌握，费用低，但时间长，占用场地，干燥效果取决于场地环境及气候等自然条件，质量不易保证	
2	人工干燥	蒸汽窑	时间短，但需相应设备。目前应用较多
		电加热窑(远红外)	

注：木材在加工成型前必须经干燥使其含水率符合使用要求。木材干燥后能防止收缩、裂纹和变形，使制品质量保持稳定，结构坚固、平整、美观、耐用，避免变质和腐朽。木材干燥的同时还能够除去木材中的挥发成分，有些干燥方法（如蒸汽窑干燥）还能除去木材中的部分胶性物质。

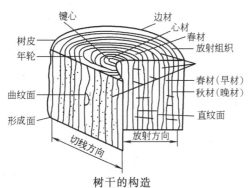

树干的构造

三切面图之一

a 横切面

b

b 径切面

c

c 弦切面

木材的三切面图之二

 彩席花纹　 火焰花纹　 锥形花纹　 毛状花纹　 松散花纹

 植物绒花纹　 贺锥花纹　 旋切花纹　 木节花纹

 鱼骨花纹　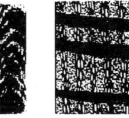 圆锥形花纹　 喷泉花纹

 带状花纹　 交错花纹　 波浪花纹

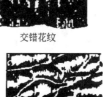 琴背花纹　 絮状花纹　 鸟眼花纹

木材的纹理形状

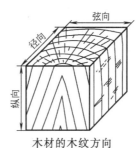

木材的木纹方向

木材各部位的变形之一

1—弓形缩后成橄榄核状；
2，3，4—瓦形反翘；
5—两头缩小成纺锤形；
6—圆形缩后成椭圆形；
7—方形缩后成菱形；
8—正方形缩后成矩形；
9—长方形缩后成瓦形；
10—长方形缩后成不规则形；
11—长方形缩后成矩形

木材各部位的变形之二

其他非金属材料 [15] 木材

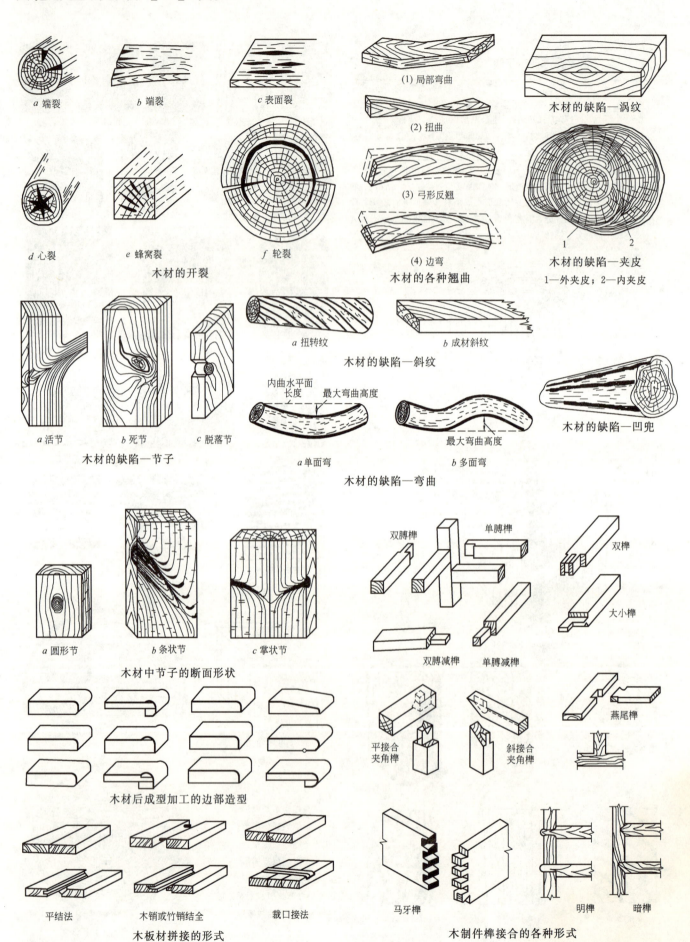

木材 [15] 其他非金属材料

常用木材的分类

序号	名 称 与 说 明		
1	原木	直接利用	电杆、桩木、坑木等
		方材	人工采伐得到的树干,去皮后按一定规格锯成一定尺寸的木材
		板材	板材和方材通常以宽度为厚度的三倍来划分
2	人造板材 利用原木、刨花、木屑、小材、废材以及其他植物（如竹材）或其纤维等为原料,经过机械或化学处理制成	胶合板	用奇数层的薄单板热压胶合而成。各层间木纤维方向互相垂直。胶合板平整,不易干裂、翘曲,适宜制作大面积板状部件,如家具、隔墙、顶棚以及吊顶、护壁板等室内装修
		刨花板	用木材废料加工成刨花后,经加胶热压制成。刨花板幅面大,表面平整,隔热、隔音性能好,纵横强度一致,加工方便,表面还可进一步贴面或装饰,价格较便宜。不宜用于潮湿处
		纤维板	用木材加工废弃料或植物纤维经破碎、浸泡、制浆、成型和热压等工序加工成。按容重分硬质、半硬质和软质三类。纤维板材质均匀,各向强度一致,不易胀缩和开裂,隔热隔音,加工性好。可用于各类家具的背板、底板和顶板等非外露部件,也可作隔热吸音材料
		细木工板	拼合结构板材,板心用细小木条拼接而成,外面再胶合两层面板。细木工板质地坚硬,板面平整,结构稳定,不易变形。广泛用于板式家具的部件材料
		空心板	与细木工板的区别在于空心板的中板由空心的木框或带少量填充物的木框构成。空心板重量轻,两面平整美观,尺寸稳定,有一定强度,隔热隔声,是制作家具的良好轻质材料
		塑料贴面板	人造板材的二次加工产品,可保护和美化人造板材表面,扩大其使用范围。贴面层可以是薄木单板贴面、三聚氰胺贴面、印刷装饰纸贴面、聚氯乙烯薄膜贴面等几种,以及木纹直接印刷、透明涂饰和不透明涂饰等表面印刷涂饰处理。如三聚氰胺贴面装饰板将三聚氰胺树脂浸渍过的纸胶贴到各类人造板上,其表面硬度大,耐磨,耐热,耐化学药品,抗酸碱、油脂和酒精,表面平滑,易清洗,适合在各类家具中应用

木制品与塑料制品的特性比较

	木制品	塑料制品
原料来源	树木	石油、天然气
原料获取程度	需长时间生长而得(难)	由化学反应合成而得(易)
原料的数量	数量有限	大量
原料特性	天然材料,复合组织构造体,各向异性,具有调湿特性	合成材料,均匀单一结构体,各向同性,无调湿特性
成形特性	多步工序成形,简单加工工具及木工机械;成形时间较长(以时计);多为手工操作	可一次成形,专业塑料成型机械设备;成形时间较短(以秒计);机械化成型
成形数量	单件	一次可同时生产多件
制品	表面以木本色、木纹为主;同品种表面外观各异;成本高	表面可呈各种色彩和肌理效果,同品种外观一致;成本低
使用特性	使用寿命长,耐用,不易破损;易变形,易虫蚀,易受霉菌侵蚀	使用期有限、易老化、易破损;稳定;不虫蚀、卫生洁净
感觉特性	自然、亲切、温暖、传统、感性	人造、轻巧、现代、理性
废弃	可燃烧、填埋、资源循环	产生有毒气体、不腐烂、环境污染

木材各种强度之间的关系

抗压强度(MPa)		抗拉强度(MPa)		抗弯强度(MPa)	抗剪强度(MPa)	
顺纹	横纹	顺纹	横纹		顺纹	横纹切断
100	10~20	200~300	6~20	150~200	15~20	50~100

刨花板物理、力学性能标准

指标名称	挤压板	平压板	
		一级品	二级品
干密度(kg·m⁻³)	450~750	450~750	450~750
平面抗拉强度(MPa)	—	>0.4	>0.3
静弯曲强度(MPa)	>1	>18	>15
吸水厚度膨胀率(%)	—	<6	<10
绝对含水率(%)	9±4	9±4	9±4

硬质纤维板的物理、力学性能

项 目	特级	普 通 级		
		一等	二等	三等
容量(kg·m⁻³) ≥	1000	900	800	800
静曲强度(MPa) ≥	50	40	30	20
吸水率(%) ≤	15	20	20	—
含水率(%)	4~10	5~12	5~12	5~12

复合材料 [16] 复合材料

复合材料

复合材料的分类

序号	分类	名称	举例
1	按复合目的分	结构复合材料	主要用于工程结构，以承受各类不同环境条件下的复合外载荷的材料。含有各种不同基体的复合材料，它们部分或完全弥补了原各类基体材料的性能缺陷，有优良的力学性能，加强了结构件的环境适应能力
		功能复合材料	为具有各种独特物理化学性质的材料，它们具有优异的功能性。通过复合效应增强了基体材料的各种物理功能性，如换能、阻尼、吸波、电磁、超导、屏蔽、光学、摩擦润滑等各种功能
2	按复合材料的基体分	树脂基	以各种树脂为基体
		金属基	以各种金属为基体
		陶瓷基	以各种陶瓷为基体
		碳—碳基	以各种碳—碳为基体
3	按被复合材料的多相体系分	金属与金属	如双金属片，用两种膨胀系数不同的金属层叠而成，在不同的温度时就会具有不同的曲率和弯曲，是最简单而有效的温控元件
		金属与非金属	如金属陶瓷
		非金属与非金属	如各种纤维增强塑料
4	按增强体特性分	（细）颗粒复合	如金属陶瓷
		层叠（状）复合	如酚醛夹布层压板
		纤维复合型	连续纤维复合：如玻璃钢瓦楞板
			短切纤维复合：如：添加"纸筋"（一种稻草制的黄纸）的石灰浆（我国民间盖房时涂抹墙面用，可防止其干燥时开裂）；各种纤维增强混凝土和塑料
			晶须型复合：如：碳化硅晶须增强铝基复合材料是针对航天航空等高技术领域的实际需求而开发的

复合材料的特点

序号		说 明
1	性能的可设定性	复合材料体系完全是人为确定的，因此可根据材料的基本特性，材料间的相互作用和使用性能要求，人为设计并选择基体材料类型，增强体材料类型及其数量形态和在材料中的分布方式；同时还可以设计和改变材料基体和增强体的界面状态，由它们的复合效应获得常规材料难以提供的某一性能或综合性能
2	力学性能好	如：比强度比模量高、耐疲劳性能好；高温性能（如高温强度和蠕变抗力）好；耐磨减摩性好；抗腐蚀性能好；断裂时的安全性高；等等
3	物理性能优异	如：低密度；膨胀系数小；导热导电性好；阻尼性好；吸波性好；耐烧蚀抗辐照，等等。目前已开发出压电复合材料、导电及超导材料、磁性材料、耐磨减摩材料、吸波材料、隐身材料和各种敏感材料
4	工艺性能好	如长纤维增强的树脂基、金属基和陶瓷基复合材料可整体成型，减少了结构件中装配零件数，提高了产品的质量和使用可靠性；又如短纤维或颗粒增强复合材料，可按传统的工艺制备（如铸造法、粉末冶金法），并可进行二次加工成型，适应性强

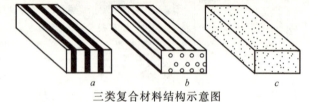

三类复合材料结构示意图

a 层叠复合材料；b 纤维复合材料；c 细粒复合材料

复合夹层材料的结构

1—面板；2—泡沫塑料；3—蜂窝；4—折板

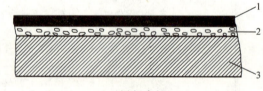

三层复合板

1—塑料层 0.05～0.3mm；2—多孔性铜 0.2～0.3mm；3—钢 0.5～3mm

双金属片工作原理图

热双金属主要系列

组合层合金		比弯曲 K (20℃～150℃) ($\times 10^{-6}$)	电阻率 ρ (20℃±5℃) ($\times 10^{-6}\Omega\cdot m$)	线性温度范围 (℃)	允许使用温度范围 (℃)	许用应力 (MPa)
主动层	被动层					
Mn75Ni15Cu10	Ni36	18.0～22.0	1.08～1.18	−20～+200	−70～+250	150
Mn75Ni5Cu10	Ni45Cr6	14.0～16.5	1.19～1.30	−20～+200	−70～+250	150
Ni20Mn6	Ni36	13.8～16.0	0.82～1.77	−20～+180	−70～+450	200
Cu62Zn38	Ni36	13.4～15.2	0.14～0.19	−20～+180	−70～+250	100
3Ni24Cr2	Ni36	13.2～15.5	0.77～0.84	−20～+180	−70～+450	200
Ni20Mn6	Ni34	13.0～15.0	0.76～0.84	−50～+100	−80～+450	200
Cu90Zn10	Ni36	12.0～15.0	0.14～0.19	−20～+180	−70～+180	100
Ni9Cr11	Ni42	9.5～11.7	0.67～0.73	0～+300	−70～+450	200
Ni	Ni36	8.5～11.0	0.14～0.19	−20～+180	−70～+430	100
3Ni24Cr2	Ni50	6.6～8.4	0.54～0.59	0～+400	−70～+450	200
3Ni24Cr2	Ni,中间层用Cu	12.0～15.0	0.14～0.18	−20～+250	−70～+250	150

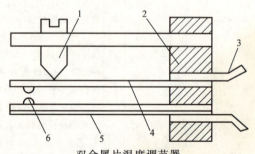

双金属片温度调节器

1—调温螺丝；2—绝缘体；3—引出端；4—导电簧片；5—双金属片；6—触点

纤维增强复合材料的分类

序号	名称	说　　明	举　　例
1	陶瓷(包括玻璃)纤维	目前常用的玻璃纤维增强复合材料主要是玻璃钢,即玻璃纤维塑料	以尼龙、聚烯烃类、聚苯乙烯、聚酯和聚碳酸酯等热塑性塑料为基材的热塑性玻璃钢
			以酚醛、环氧、不饱和聚酯和有机硅树脂为基材的热固性玻璃钢
2	碳纤维	碳纤维树脂复合材料,如卷制的拉杆式钓鱼杆	
		碳纤维碳复合材料,高强、高韧、化学稳定性好,主要用于航空航天业	
		碳纤维金属复合材料,高强、减磨	
		碳纤维陶瓷复合材料,强度与韧性大大提高	
3	硼纤维	如硼纤维和环氧、聚酰亚胺等树脂组成的复合材料,具有高的比强度和比模量,良好的耐热性。又如硼纤维-环氧树脂复合材料,其弹性模量分别为铝或钛合金的三倍或两倍,而比模量则为铝或钛合金的四倍,主要用于航空航天和军事工业	
4	难熔金属丝	如钨丝增强镍基、钨丝增强铜基等长纤维增强金属基复合材料	

不同增强材料与金属的性能比较

材料名称	密度	拉伸强度 (10^3 MPa)	弹性模量 (10^5 MPa)	比强度 (10^3 MPa)	比模量 (10^5 MPa)
钢	7.8	1.03	2.1	0.13	0.87
铝	2.8	0.47	0.75	0.17	0.26
钛	4.5	0.96	1.14	0.21	0.25
玻璃钢	2.0	1.06	0.4	0.53	0.21
碳纤维Ⅱ/环氧	1.45	1.5	1.4	1.03	0.965
碳纤维Ⅰ/环氧	1.6	1.07	2.4	0.67	1.5
有机纤维PRD/环氧	1.4	1.4	0.8	1.0	0.57
硼纤维/环氧	2.1	1.38	2.1	0.66	1.0
硼纤维/铝	2.65	1.0	2.0	0.38	0.75

常用玻璃钢的类型及性能特点

玻璃钢类型	性能特点
酚醛树脂玻璃钢	耐热性高,可在150℃~200℃温度下长期工作,价格低廉,工艺性较差,需在高温高压下成形,收缩率大,吸水性大,固化后较脆
环氧树脂玻璃钢	机械强度高,收缩率小(<2%),尺寸稳定性和耐久性好,可在常温常压下固化,成本高,某些固化剂霉性大
不饱和聚酯玻璃钢	工艺性好,可在常温常压下固化成形,对各种成型方法具有较广的适应性,能制造成大型异形构件,可机械化连续生产,但耐热性较差(<90℃),机械强度不如环氧玻璃钢,固化时体积收缩率大,成形时气味和霉性较大
有机硅树脂玻璃钢	耐热性高,长期使用温度可达200℃~250℃,具有优异的憎水性,耐电弧性好,防潮绝缘性好,与玻璃纤维的粘结力变差,固化后机械强度不太高

热塑性玻璃钢的性能

基体材料	尼龙66	ABS	聚苯乙烯	聚碳酸脂
密度(g/cm³)	1.37	1.28	1.28	1.43
抗拉强度(MPa)	182	101.5	94.5	129.5
弯曲模量(MPa)	9100	7700	9100	8400
膨胀系数(10^{-5}/℃)	3.24	2.88	3.42	2.34

热固性玻璃钢的性能

基体材料	聚脂	环氧	酚醛
密度(g/cm³)	1.7~1.9	1.28~2.0	1.6~1.85
抗拉强度(MPa)	180~350	70.3~298.5	70~280
弯曲模量(MPa)	21000~25000	18000~30000	10000~27000
膨胀系数(10^{-5}/℃)	210~350	70~470	270~1100

常用晶须及纤维的性能

材　料	密度 (g/cm³)	纤维直径 (μm)	抗拉强度 (GPa)	拉伸模量 (GPa)	延伸率 (%)
E-玻璃纤维	2.5~2.6	9	3.5	69~72	4.8
S-玻璃纤维	2.48	9	4.8	85	5.3
硼纤维	2.4~2.6	100~200	2.8~4.3	365~440	1.0
高模量碳纤维	1.81	7	2.5	390	0.38
高强度碳纤维	1.76	7	3.5	230	1.8
Nicalon 碳化硅纤维	2.55	10~15	2.45~2.94	176~196	0.6
Dupont 氧化铝纤维	3.95	20	1.38~2.1	379	0.4
高比模量芳纶纤维	1.44	12	2.9	135	2.5
石墨晶须	2.25	0.5~2.5	20	1000	—
碳化硅晶须	3.15	0.1~1.2	20	480	—
氮化硅晶须	3.2	0.1~1.0	7	380	—
氧化铝晶须	3.9	0.1~2.5	14~28	700~2400	—

复合材料 SiCw/Al 与其基体材料性能的比较

材料体系	性　　能	相对性能提高
17vol%SiC(W)/ZL109Al	耐磨性	16倍
17vol%SiC(W)/ZL109Al	弹性模量	37%
20vol%SiC(W)/6061Al	疲劳强度	1倍
15~20vol%SiC(W)/6061Al	断裂韧性	7.5倍
22vol%SiC(W)/6061Al	弹性模量	53%
20vol%SiC(W)/6061Al	膨胀系数	降低50%~75%

表面处理与涂装 [17] 金属的表面处理与涂装

金属的表面处理与涂装

表面处理和涂装的作用

序号	名称	说明
1	保护产品	包括保护产品的材质、表面光泽、色彩、肌理等外观因素，防止表面腐蚀、锈蚀，延长产品的使用寿命
2	美化装饰	美化装饰产品，以提高产品的附加价值及市场竞争力
3	其他特殊作用	使制品具有隔热、绝缘、耐水、耐辐射、杀菌、吸收电磁波、隔声、导电等特殊功能

表面处理和涂装的工艺的选择原则

序号	名称	说明
1	表面形态的时代性	所选择的产品装饰工艺应反映时代的科学技术水平
2	求简的单纯性	选择装饰工艺必须以清新的时代面貌展现产品单纯性的美观，以体现现代工业产品的鲜明特色
3	功能的合理性	除了美化产品外，表面处理和涂装还从多方面体现了产品功能的合理性，突出产品功能的主体部分，强调功能的正确使用要求，根据功能对操作的不同影响选择不同的处理方法。如不同场合对表面摩擦力以及防止眩光与反射的不同要求
4	情感的审美性	美感是人的主观感觉，它因人、因时代、因地域、因环境等因素而异。满足人们情感需求的审美性是表面装饰工艺选择的重要原则之一
5	产品档次的经济性	产品因消费层次的不同而有高中低不同档次。产品装饰工艺的选择必须考虑产品档次的经济性，以求得产品的合理装饰，获得理想的经济效益
6	成本	表面处理与涂装也有成本问题。不同工艺的成本不同。随着科学技术的进步，各种装饰工艺的相对和绝对成本都在变化。还要考虑到工艺成本与使用寿命之间以及工艺成本运行费用的辩证关系，保证消费者获得最好的综合经济效益
7	环保	选择表面处理和涂装工艺时要考虑到环境保护问题。应该选择那些能源消耗少、少消耗自然资源、给环境不带来污染、对人体没有毒害、寿命长的工艺

造型材料表面处理的分类

分类	处理的目的	处理方法和技术
表面精加工	有平滑性和光泽，形成凹凸花纹	机械方法（切削、研削、研磨）化学方法（研磨、表面清洁、蚀刻、电化学抛光）
表面层改质	有耐蚀、有耐磨性、易着色	化学方法（化成处理、表面硬化）电化学方法（阳极氧化）
表面被覆	有耐蚀性、有色彩性、赋予材料表面功能	金属被覆（电镀、镀覆）有机物被覆（涂装、塑料衬里）珐琅被覆（搪瓷、景泰蓝）

镀层金属的特性

镀层金属	镀层金属的颜色	镀层的色调	耐候性	指示影响
金	黄色	从带蓝头的黄色到带红头的黑色	厚膜时不变	不变
银	白色或浅灰色	纯白、奶黄色、带头的白色	泛黄、褪色	变
铜	红黄色	桃色、红黄色	泛红、泛黑	变
铅	带蓝头的灰色	铅色	—	不变
铁	灰色、银色	茶灰色	变成茶褐色	变
镍	灰白色	茶灰色	褪光	微变
铬	钢灰色	蓝白色	不变	不变
锡	银白、黄头白色	灰色	褪光	微变
锌	蓝白色	蓝白色、黄白色	产生白锈	变

金属表面防蚀层的比较

类型	举例	优点	缺点
有机	油漆、涂料	可变形弯曲，应用方便、便宜	老化，较软，使用温度限制
金属	惰性金属、电镀、喷涂、浸镀	可变形，不溶于有机溶剂，导电导热	选择好防护层/基体体系
陶瓷	搪瓷、釉、氧化物覆盖层	耐热，较硬，不与基体形成原电池	脆，隔热

铝及铝合金的氧化处理分类

序号	名称	说明
1	普通化学氧化	用化学氧化剂使铝或铝合金表面氧化
2	电化学氧化	即阳极氧化，是电镀的逆过程。在硫酸、磷酸、铬酸和草酸的混合电解液溶液中，把零件置于阳极的电化学处理

铝及铝合金阳极氧化溶液的类型

溶液类型	溶液组成(%)	电流密度(A/dm²)	电压(V)	温度(℃)	氧化时间(min)	膜颜色	膜厚(μm)	应用
硫酸	10~20	1~2	10~20	20~30	10~30	透明、无色	3~35	可作防护膜，封闭后有很好的耐蚀性；膜能染色；不用作连接件
	20~25	2.5	23~120	1~3	240	灰色	250	膜硬度高，有很好的耐磨性
铬酸	2.5~3	0.1~0.5	0~10 40 40~50 50	40	10~40 20~40 5~40 40	不透明的灰色	2~15	用作防护膜，很少作为装饰；不适合含量金属大于5%的铝合金
草酸	3~5	1~2	40~60	18~20	40~60	黄色	10~65	用作电解电容器的绝缘膜

铝及铝合金着色处理的分类

序号	名称	说明
1	有机染料着色	新鲜的三氧化二铝膜表面多孔，吸附能力特别强，容易吸附有机染料。着色色种范围较广，选择余地大；但受有机染料本身耐强光、耐紫外、耐气候性能的限制，不少染料较易退色
2	电解着色	氧化后在金属盐的着色液中进行。色彩只有黄色、古铜、灰色和黑色等几种
3	干涉着色	利用微孔对光波产生干涉的原理形成表面新色彩的一种着色机理。为此，通常要增加扩孔工艺过程。这种方法使色彩范围扩大，但多限于浅色范围，如浅蓝、浅红、浅绿和黄色

注：着色处理通常在铝及铝合金氧化后生成氧化膜后进行。

铜和铜合金氧化处理方法的分类

序号	名称	说明
1	过硫酸盐碱性溶液法	在60℃~65℃的过硫酸盐碱性溶液中煮5分钟，形成黑色氧化膜
2	铜氨液法	可形成蓝黑色表面；表面经硫酸活化后再用过硫酸溶液氧化也可形成古铜色。通常为了保持色彩，表面还要涂刷清漆或树脂涂料
3	碱性溶液法	适用于铜合金；即在碱(NaOH)溶液中处理

注：铜和铜合金在潮湿或海水（盐雾）环境中会在表面生成碱式碳酸铜，俗称铜绿。为防止铜和铜合金零件表面长铜绿，常需对其进行氧化。

金属的表面处理与涂装 [17] 表面处理与涂装

钢铁的氧化处理和磷化处理

序号	名称	说明
1	氧化处理	零件在浓碱溶液中煮,表面形成蓝黑色的四氧化三铁(Fe_3O_4)。弹簧垫圈与枪械零件大量采用这种表面处理方法。由于处理后表面呈深蓝色或蓝黑色,故常称为发蓝或发黑处理
2	磷化处理	将零件浸入磷酸盐中,使其表面形成铁的磷酸盐。由于稳定时间较短,常用作喷漆工艺的前处理,以提高漆膜与基体材料间的附着力

金属零件表面装饰的前处理工艺

序号	名称	说明
1	除油	用热碱水溶液除去零件表面的油脂
2	除锈	用酸溶液除去零件表面的锈蚀
3	磷化	通过表面磷化提高漆膜与基体材料间的附着力
4	钝化	使磷化处理后的表面磷化层经化学钝化处理后在等待喷漆前裸露于空气中的一段时间里不至于生锈,以保证喷漆的质量

注:1)在除油和除锈之间及之后,均需分别用热水与冷水冲洗以除去残留的碱或酸液。
2)金属零件的表面装饰大多采用涂镀法,在表面涂刷或镀上另外一种材料。为了使涂镀层与基底材料的附着良好,涂镀前的表面前处理就尤为重要。

金属零件表面装饰的分类

序号	名称	涂镀物、涂镀方法及说明	
1	镀层法	可镀物质范围很广,如金、银、铬、镍、铜、锡、锌……耐候性以铬和金最好	电镀 / 通过直流电和电镀液将被镀物质转移到零件表面
			化学镀 / 通过化学反应将被镀物沉积在被镀零件上
			真空蒸发沉积镀 / 通过电高温技术(电阻加热、电弧加热、离子束加热等)将被镀物质在真空室中蒸发后沉积在零件表面
2	涂层法	用各种方法将油漆或涂料涂刷到零件表面上	喷刷 / 涂刷涂层不仅可以起到保护和装饰美化作用,还可以起到隔热、绝缘、耐水、耐辐射、杀菌、隔声、导电等特殊作用
			静电
			电泳
3	搪瓷被覆	搪瓷是一种玻璃质材料,可以在零件表面形成复层,再在800℃左右的温度烧制就可以形成坚固、耐腐蚀、极富装饰性的表面。缺点是不耐冲击和温度剧变,有损伤后容易剥落	
4	其他方法	层压塑料薄膜 / 如表面贴压塑料膜等	
		热浸金属涂层 / 热浸金属如锌、锡、铅等。主要用于地下铠装电缆外表面、油箱内表面以及高频电焊的水煤气管	

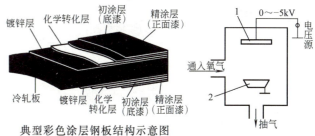

典型彩色涂层钢板结构示意图

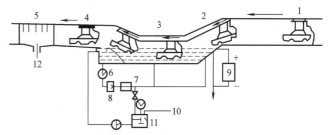

1—工件(基板);2—蒸发源
离子镀(一种物理气相沉积)原理图

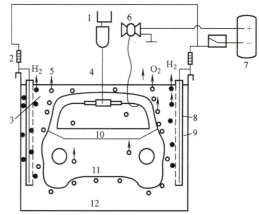

汽车车身电泳涂漆生产线示意图

1—电极安装;2—接触极杆;3—电泳涂漆;4—滴漏;5—水洗;6—溢流槽;7—热交换器;8—过滤器;9—电源;10—涂料补充;11—溶解槽;12—排水

阳极电泳涂漆装置示意图

1—输送带;2—阴极汇流排;3,8—氢释放;4—汽车悬挂架;5,10—氧释放;6—阳极汇流排;7—直流电源;9—阴极板;11—汽车阳极;12—在线槽

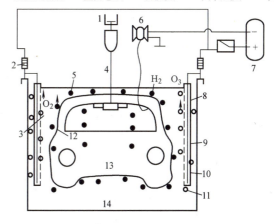

车身阴极电泳装置示意图

1—输送带;2—阳极汇流排;3,11—氢释放;4—汽车悬挂架;5,12—氧释放;6—阴极汇流排;7—直流电源;8—不锈钢阳极;9—阳极板;10—酸性阳极液;13—汽车阴极板;14—在线槽

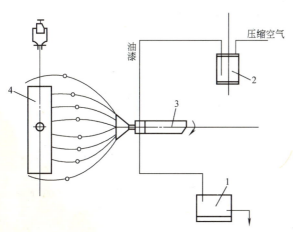

静电喷涂的示意图

1—高压发生器;2—输漆(罐)罐;3—喷枪;4—工作

表面处理与涂装 [17] 塑料的表面处理与涂装·木制品的表面装饰

塑料的表面处理与涂装

塑料的表面处理和装饰与金属的主要异同

序号	名称	说 明
1	相同处	适用于金属的许多涂装方法和涂装材料大多也适用于塑料(由于塑料不导电,塑料的电镀有其特殊性)
2	不同处	塑料表面不存在锈蚀,不需要除锈
		塑料零件在加工过程中表面沾染有脱模剂,要予以去除
		为了提高塑料基底与涂层的附着力,塑料表面需经过活化处理

塑料电镀的工艺流程

序号	名称	说 明
1	表面粗化	通过喷砂或用硫酸腐蚀等达到
2	表面去油	除去表面的油脂及脱膜剂
3	敏化	让塑料表面吸附一层易氧化的金属离子(实际是氧化亚锡)
4	活化	活化是用酸溶液与敏化生成的氧化亚锡反应,让锡离子还原沉积在塑料表面。经过敏化和活化后,塑料表面就形成了一薄层锡
5	化学浸镀	靠贵金属离子催化,形成较原来敏化和活化形成的锡层厚度多,真正可以作为电镀一极的薄层金属
6	电镀	由于已经形成了可以作为电镀一极的薄层金属,就可以正常进行电镀
7	抛光	提高电镀层金属的表观质量

注:1) 塑料表面可以电镀铜、镍、铝、银、金、锡等金属及其合金。
  2) 由于塑料是不导电的,因此塑料电镀的关键是要通过物理-化学方法在塑料表面可靠地形成一层可用于进一步电镀的金属薄层(即敏化-活化-化学浸镀)。

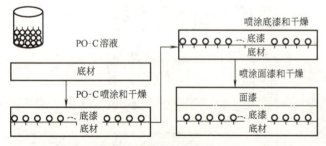

塑料表面处理—用氯化聚烯烃(PO-C)溶液处理 PP/EPDM 底材的示意图

木制品的表面装饰

木制品的表面涂饰工艺过程

序号	名称		说 明
1	前处理	干燥 自然干燥	即架空搁置。质量优,工艺简单,但耗时,工业化生产常不采用
		干燥 人工干燥	在各种烘箱(多用蒸汽烘箱)中进行。为干透并将挥发物充分析出,需要反复喷蒸汽并烘干
		去毛刺	多为人工用砂纸打磨
		脱色	脱色(木材中的天然色素)是为了装饰后木材表面的色润一致。常用双氧水、过氧化钠、次氯酸钠等漂白剂进行
		去除内含杂质	内含杂质常指松脂、单宁(酸)等。前者用溶剂或碱液等清洗;后者常用蒸煮的办法去除
2	底层	腻子	为表面平整而涂抹腻子。涂抹腻子后需用细砂纸磨平
		底层着色	为了达到最终的表面色润
3	面漆	多层各种油漆	通常每层油漆越薄越好,刷的遍数越多越好,而且每遍漆之间还要用砂纸打磨

木制品的表面装饰分类

序号	名称		说 明
1	表面覆贴	覆贴塑料膜	塑料膜可带单色、彩色或纹理。目前以聚氯乙烯膜为多
		覆贴木材薄片	大多覆贴名贵木材薄片,如水曲柳、楠木、榉木、红木等
2	涂饰		木制品的表面涂饰分前处理、底层和面漆三步

木材涂饰的作用

序号	作用		内 容
	装饰性	增加天然木质的美感	未经油漆涂覆的木材表面粗糙不平,涂饰后可使木器表面形成一层光滑并带有光泽的涂层,增加木纹的清晰和色调的鲜明
		掩盖缺陷	由于木材自身的缺陷和加工痕迹,常出现变色、节疤、虫眼、钉眼、胶合板中亦常有开裂、小缝隙、压痕、透胶和毛刺沟痕。通过涂饰能掩盖缺陷,使木材外观达到所需的装饰效果
		改变木质感	通过涂饰手段,将普通木材仿制成贵重的木材,提高木材的等级,也可根据需要,仿制成大理石、象牙、红木等质感,提高木器的外观效果
	保护性	提高硬度	除少数木材,如红木、乌木等比较坚硬耐磨外,一般木材的耐磨性较差,涂饰后会大大加强木材表面硬度
		防水防潮	木材易受空气湿度影响而湿胀干缩,使制品开裂变形,经涂饰后的木制品防水防潮性能有很大的提高
		防霉防污	木材表面含有多种霉菌的养料,容易受霉菌侵蚀。涂饰后的制品一般防霉等级能达到二级左右,并能大大改善木材表面的抗污和抗蚀性能
		保色	木材各有自己的美丽的颜色,如椴木为黄白色;桑木为鹅黄色;核桃木为栗壳色。但时间一长,会失去原有色泽,变得暗淡无色。经涂饰的木材制品能长久的保持木材本色

木材底层涂饰的工序及其作用

工序	作用	说 明
渗水老粉	对木材管孔有一定的填补作用,能对管孔着色并显示木纹	常用于水曲柳、柳桉等粗管孔木材的透明涂饰
刮腻子	对木材表面的缺陷及管孔有填平作用,有一定的着色作用	适用于洞、孔的填补
刷颜色透明漆	着色作用,封闭底层,防止面涂层渗入	对中间层着色封角
刷水色	着色作用	对底层着色
虫胶拼色	对底色不匀处进行修补	用于基本完成的底层上

木材的部分不透明涂饰用的面漆

涂料名称	主要成分	特 性	用 途
酯胶磁漆	短油度漆料、顺丁烯二酸酐树脂	干燥较快,漆膜光亮,颜色比较鲜艳,但质脆,耐候性差	室内木制品涂饰用
醇酸磁漆	中油度醇酸树脂	漆膜平整光滑、坚韧、机械强度好,光泽度好,保光保色、耐候性均优于各色酚醛磁漆。在常温下干燥快,耐水性次于酚醛清漆	可用于普通级木制品涂饰
硝基底漆	低黏度硝化棉、顺丁烯二酸酐树脂	打磨性良好,附着力强	用于木制品涂硝基漆前打底
酚醛磁漆	长油度松香改性酚醛树脂漆料	常温干燥,附着力好、光泽高、色泽鲜艳,但耐候性比醇酸磁漆差	用于普通级木制品涂饰

木材的部分透明装饰用的面漆

涂料名称	主要成分	特性	用途
凡力水	干性油	漆膜膜光亮耐水性较好,有一定耐候性	室内外普通级木制品的涂饰
虫胶清漆(泡力水)	虫胶、酒精	快干、装饰性、附着力较好;但耐热性、耐水性差	广泛用于木制品着色、打底,也用于表面上光
油性大漆	生漆	漆膜耐水、耐温、耐光性能好、干燥时间在6小时以内	用于红木器具等涂饰
聚合大漆	生漆氧化聚合物	干燥较速,遮盖力、附着力好,漆膜坚硬、耐磨、光亮	木制品、化学实验台等涂料饰用
醇酸清漆(三宝清漆)	干性油改性的中油度醇酸树脂	漆膜有良好的附着力、韧性及保光性。耐水性略次于酚醛清漆,能自然干燥	用于室内普通级木制品涂饰及醇酸漆罩光
硝基木器清漆(蜡克)	硝化棉、醇酸树脂、改性松香	漆膜平整光亮、坚韧耐磨、干燥迅速,但耐候性较差	用于高级家具、电视机等涂饰或调腻子
酸固化氨基醇酸木器清漆	氨基树脂、醇酸树脂	干燥较快,漆膜坚硬,耐热、耐水、耐酸碱性均好。平滑丰满、光泽好。固体分含量高(可达55%～60%)	用于普、中级木制品的涂饰
聚氨酸清漆	异氰酸酯树脂,分两组分,使用时按规定比例混合调匀,属羟基固化型	漆膜坚硬、附着力强、光泽好、耐水耐油。可以自干或烘干	用于木制品透明涂饰
聚酯清漆	不饱和聚酯,分装成四个组分	色浅、透明漆膜丰满光亮、硬度高、物化性能良好、属无溶剂涂料,每次涂层厚度大	用于中、高级木制品
丙烯酸木器漆	甲基丙烯酸不饱和聚酯、甲基丙烯酸酯改性醇酸树脂	可常温固化、漆膜丰满、光泽高、经抛光打蜡后漆膜平滑如镜,经久不变,耐寒耐热漆膜坚硬,附着力强。固体分含量高(40%～45%),施工简便	用于中、高档木制品的涂饰

木材涂层常见缺陷及其消除方法

缺陷名称	形成原因	消防方法及制品处理
咬底	涂料不配套,如油性涂料表面刷硝基涂料;对同类的热塑性涂料,反复重刷,底层未干就刷面层	对症处理,消除起因。处理:磨干后用正确的方式和配套涂料涂饰
颗粒	漆刷及涂料中含有杂质;涂料中颜料,填料分粗;涂装场地不清洁;工作表面有灰尘	对症处理,消除起因。处理:磨平、干燥、清洁后再除
慢干与发粘(油性涂料)	储存时间过长,催干剂过量消耗;涂料中混有煤油或过量的增韧剂;松木中有松油析出,底漆中蜡质过多	催干剂过量消耗可加2%的催干剂,涂料中有蜡质应重新配制,有不干的涂层除去后再涂
流挂(油性涂料)	涂刷不均,厚的地方易产生流挂;气温过低不易刷匀;干燥太慢	刷面漆时要用笔刷从上到下,从左到右反复刷匀处理:轻微流痕可磨平后补漆,严重流痕的全部除去重涂
皱皮	涂层过厚;涂刷不均;突然进入热烘箱	对症处理,消除起因。处理:将皱皮处修平,烘干,重涂
泛白(溶剂挥发型涂料)	环境温度过高,湿度过大,溶剂挥发过快;溶剂不平衡,含有不溶解涂料的慢挥发溶剂	预热后再喷,或喷后立即加热;溶剂不平衡应在溶剂中加入一定时的醋酸乙酯或环己酮处理:喷一道高沸点溶剂或面漆,不要喷得太厚
发笑	虫胶中含有蜡质引起水色"发笑";底材上有油引起涂层"发笑";聚氨酯漆涂在有油分的表面易"发笑"	水色"发笑"可加少量肥皂,其余对症处理。处理:磨平表面重新喷涂
气泡与针孔	木材含水率太高;压缩空气没净化;刷涂时,涂料黏度太大,带入气泡,木材管孔大,涂饰时孔眼未填实,加热时产生泡	对症处理,消除起因处理:除去起泡层重新涂饰
起泡	起泡一般都在高温或烘烤过程产生的,原因为木材含水太高,环境转热,水汽蒸发将漆膜拱起;油腻子、底漆未干透就进行下道工序,在烘烤时表面结膜,底层溶剂蒸发,将漆膜拱起	对症处理,消除起因处理:除去起泡层重新涂饰
渗色	与咬底相似;某些有机红颜料溶于溶剂后渗色	对症处理,消除起因处理:用虫胶封闭
涂层脱落	底、面漆不配套;层间有油污或杂物	对症处理,消除起因处理:除去结合力不牢的涂层后重新涂饰

涂料及涂装工艺

涂料的性能

序号	名称		说明
1	色彩		
2	光泽		有光、亚光、半亚光等
3	黏度		对施工和质量均有重大影响,过黏则可加稀释剂
4	漆膜	硬度	漆膜的硬度
		附着力	漆膜与基底的附着力
		韧性	漆膜的韧性
		耐气候性	漆膜抵抗阳光(含紫外线)、各种气候(含盐雾)的能力
		耐化学试剂腐蚀性	如用于化学实验台、医疗器械等场合,对漆膜就有此要求

表面处理与涂装 [17] 涂料及涂装工艺

涂料的成分

序号	名称		说明
1	主成膜成分	油料	动物或植物油。植物油为多:桐油,豆油等
		树脂	天然或合成树脂。天然树脂如虫胶、松香、天然沥青等;合成树脂如酚醛、环氧、丙烯酸树脂等
2	次成膜成分	颜料	着色和体质颜料。包括:无机颜料(钛白粉、氧化锌),有机颜料(酞菁蓝),防锈颜料和体质颜料(红丹、硫酸钡、滑石粉、碳酸钙)等
3	辅助成分		指用于固化、增塑、催干、稳定、防霉、乳化、润滑等目的的各种助剂
4	挥发成分		主要是溶剂或稀释剂(如二甲苯、香蕉水、乙酸乙酯、乙酸丁酯丁醇等)

常用涂料

序号	名称	说明
1	酚醛漆	历史悠久、成本低廉
2	醇酸漆	有包括底漆的众多品种,是最常用的油漆。综合性能好,但固化慢。工业中有广泛的应用
3	氨基漆	物理性能和保护性能都好的漆种。常作装饰漆用
4	环氧漆	树脂(双组分)漆。黏着力最强、化学稳定性好(但耐酸性较差)。不宜作室外和装饰用漆
5	聚酯漆	树脂(双组分)漆。黏着力强、化学稳定性好。装饰用漆
6	丙烯酸漆	优良的装饰用漆
7	沥青涂料	耐化学品性能好,防水,耐酸,价格低,施工方便
8	硝基漆	最常用的喷漆品种
9	过氯乙烯涂料	常用三防(防盐雾、防湿热、防霉菌)漆

涂料按功能的分类

涂料按功能可分为:
- 通用涂料——主要用于防护,形成保护膜
- 装饰涂料——主要用于装饰外表,不同颜色、图案
- 特种涂料——除上述两项功能之外有特殊应用的功能

涂料按使用状态的分类

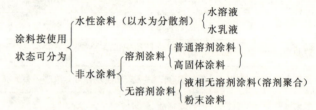

涂装工艺三要素

序号	名称	说明
1	正确选择涂料	要根据使用范围和环境条件,基底材质,并考虑到涂料的配套性(从腻子、底漆、面漆、罩光漆),经济效果以及施工设备和环保要求等因素予以综合考虑,正确地选择涂料,才能确保涂装的高质量
2	选择合适的施工方法	正确选择合适的施工方法是保证达到高质量涂装的关键。包括前处理、涂装本身的施工工艺以及涂膜干燥的工艺过程。涂装施工工艺方法很多,要根据全面的要求与使用条件予以综合的考虑,对刷涂、喷涂、电泳、静电喷涂等工艺方法直至施工过程中的许多工艺条件和参数都要予以认真的选择
3	严格工艺管理	在选定涂料和工艺方法后,在实施中要始终认真坚持是保证涂装高质量的最终保障。因此,让纸面上确定的东西具体落实到实施行动中,使规章条文的内容得到不折不扣地执行,最终的涂装高质量才能得以实现

■ 参考文献

1. 沈鸿：机械工程手册．北京：机械工业出版社，1980
2. 沈鸿：电机工程手册．北京：机械工业出版社，1980
3. 江建民等：设计工程学基础．北京：中国轻工业出版社，2001
4. 孙希羚：机械工艺基础．北京：北京理工大学出版社，1995
5. 杨可桢等：机械设计基础．北京：高等教育出版社，1989
6. 张绍甫等：机械零件学习指南与课程设计．北京：机械工业出版社，1999
7. 吴宗泽等：机械设计课程设计手册．北京：高等教育出版社，1999
8. 赵喆：机械基础标准新旧对比手册．南京：江苏科技出版社，2000
9. 枷场重明等：机械设计基础例题与习题集．张瀛仓译．北京：机械工业出版社，1988
10. 秦曾煜：电工学（上册）·电工技术．北京：高等教育出版社，1990
11. 辜承林等：电机学．武汉：华中科技大学出版社，2001
12. 叶淬：电工电子技术．北京：化学工业出版社，2000
13. 胡振亚等：新编家用电器．郑州：河南大学出版社，1999
14. 蒋汉文：热工学．北京高等教育出版社，1994
15. 方荣生等：太阳能应用技术．北京：中国农业机械出版社，1985
16. E. J. 赫恩：材料力学．孙立谔译．北京：人民教育出版社，1981
17. 上海化工学院、无锡轻工学院：工程力学（上册）．北京：人民教育出版社，1979
18. 苏翼林：材料力学（上册）．北京：人民教育出版社，1979
19. 刘鸿文：材料力学（上册）．北京：高等教育出版社，1992
20. 吴培熙等：塑料制品生产工艺手册．北京：化学工业出版社，1991
21. 周达飞等：高分子材料成型加工．北京：中国轻工业出版社，2000
22. D. R. Askeland：材料科学与工程（上册）．陈皇钧译．台湾：晓园出版社；北京：世界图书出版公司重印，1995
23. 大连工学院：金属学及热处理．北京：科学出版社，1977
24. 儿玉信正等：デザイン材料．东京电机大学出版局，昭和61年
25. Jim Lesko：Industrial Design Materials and Manufacturing Guide. Toronto：John Wiley & Sons, Inc., 1999
26. 陆亚声：力学、材料与加工（上、下册）．无锡：无锡轻工业学院（内部讲义），1990
27. 王玉林等：产品造型设计与工艺．天津：天津大学出版社，1994
28. 程能林：产品造型材料与工艺．北京：北京理工大学出版社，1991
29. 徐人平：工业设计工程基础．北京：机械工业出版社，2003
30. 江湘芸：设计材料及加工工艺．北京理工大学出版社，2003
31. 石安富等：实用塑料成型技术手册．上海科技教育出版社，1995
32. 上海市汽车运输公司技工学校：汽车材料．北京：人民交通出版社，1981
33. 王文俊：实用塑料成型工艺．北京：国防工业出版社，1999
34. 潘强等：工程材料．上海科学技术出版社，2003
35. 上海市高等专科学校《物理学》编写组：物理学（第二版）．上海科学技术出版社，1996
36. 徐佩弦：塑料制品与模具设计．北京：中国轻工业出版社，2001
37. 杨可桢、程光蕴主编：机械设计基础．北京：高等教育出版社，1989
38. 克里斯·莱夫特瑞：欧美工业设计5大材料顶尖创意——塑料．上海人民美术出版社，2004

39. 克里斯·莱夫特瑞：欧美工业设计 5 大材料顶尖创意——金属．上海人民美术出版社，2004
40. 克里斯·莱夫特瑞：欧美工业设计 5 大材料顶尖创意——陶瓷．上海人民美术出版社，2004
41. 克里斯·莱夫特瑞：欧美工业设计 5 大材料顶尖创意——木材．上海人民美术出版社，2004
42. 克里斯·莱夫特瑞：欧美工业设计 5 大材料顶尖创意——玻璃．上海人民美术出版社，2004
43. 韩冬冰：高分子材料概论．北京：中国石化出版社，2003
44. 虞钢等：集成化激光智能加工工程．北京：冶金工业出版社，2002
45. 曾光廷：材料成型加工工艺及设备．北京：化学工业出版社，2001
46. 韩永生：工程材料性能与选用．北京：化学工业出版社，2004
47. 唐志玉：大型注塑模具设计技术原理与应用．北京：化学工业出版社，2004
48. 沈其文：材料成型工艺基础（第二版）．武汉：华中科技大学出版社，2001
49. 刘来英：注塑成型工艺．北京：机械工业出版社，2005

图书在版编目（CIP）数据

工业设计资料集2　机电能基础知识·材料及加工工艺/
江建民分册主编. —北京：中国建筑工业出版社，2006
ISBN 978-7-112-08429-6

Ⅰ.工... Ⅱ.江... Ⅲ.工业设计-资料-汇编-世界　Ⅳ.TB47

中国版本图书馆 CIP 数据核字（2006）第 069895 号

责任编辑：李晓陶　李东禧
责任设计：孙　梅
责任校对：张树梅　王雪竹

工业设计资料集 2

机电能基础知识·材料及加工工艺

分册主编　江建民
总　主编　刘观庆

*

中国建筑工业出版社出版、发行（北京西郊百万庄）
各地新华书店、建筑书店经销
霸州市顺浩图文科技发展有限公司制版
北京盛通印刷股份有限公司印刷

*

开本：880×1230毫米　1/16　印张：15　字数：600千字
2007年10月第一版　2007年10月第一次印刷
印数：1—3000册　定价：**68.00**元
ISBN 978-7-112-08429-6
（15093）

版权所有　翻印必究
如有印装质量问题，可寄本社退换
（邮政编码 100037）